건설 프로그램 관리
PROGRAM MANAGEMENT

CONCEPTS AND STRATEGIES FOR MANAGING CAPITAL BUILDING PROGRAMS

CHUCK THOMSEN, FAIA, FCMAA 저

한국건설관리학회 역 | 제2판

Spacetime

건설 프로그램 관리(Program Management)
Chuck Thomsen, FAIA, FCMAA **저**

한국건설관리학회 역
책임역자 : 현창택, 김옥규
공동역자 : 김주형, 김진이, 민경석, 이민재, 최재현,
손명기, 김해곤, 김 환, 윤유상, 문현석

1판 발행 2011년 3월 25일 발행
2판 발행 2011년 9월 1일 발행

발행인 김기현
발행처 시공문화사 ***Spacetime***
등 록 1993년 3월 12일
주 소 서울시 서대문구 현저동 200 극동빌딩 5층
전 화 02) 3147-1212, 2323
전 송 02) 3147-2626
ISBN 978-89-5592-187-X
http://www.spacetime.co.kr
spacetime@korea.com

보다 나은 시설물을 건설하기 위하여 함께 노력하는
모든 발주자, 설계자, 엔지니어, 건설관리자, 시공자,
제조업자, 교육자에게 이 책을 바친다.

목차

제3편 프로그램 관리 시스템

제4편 리더십과 팀워크

역자 서문

최근의 건설사업은 대규모 사업비, 장기간의 사업기간, 참여주체들 간의 복잡한 이해관계, 민간 및 공공 개발영역의 혼재 등의 특성을 지닌다. 특히, 인천국제공항 건설사업, 다수의 도심재생사업, 세종시 건설사업, 미군기지 평택 이전사업 등과 같이, 다수의 프로젝트들이 동시에 추진되는 프로그램 수준의 건설사업들이 증가하고 있다. 이러한 추세에 따라 건설관리자들은 단일 프로젝트 관리를 넘어 다양한 형태의 프로젝트가 복합적으로 구성된 프로그램 차원에서의 관리능력을 요구받고 있다. 특히 대형 사업에 대한 정보 및 경험의 부족, 참여주체 간의 갈등, 기존의 프로젝트 관리와의 차별성 등으로 인해 사업추진에 많은 어려움이 발생하고 있다. 이를 해결하기 위해서는 기존의 단위 시설물 중심의 프로젝트 관리에서 벗어나 민간과 공공적 측면이 융합된 복합적이고 상호 조율된 프로그램 수준에서의 종합사업관리가 요구된다. 특히 유비쿼터스, 친환경시대에 발맞추어 IT 기술과의 접목을 통해 프로그램을 관리하고, 참여주체에게 실시간 정보를 제공할 수 있는 시스템적 접근이 필요하다.

이러한 상황에도 불구하고, 건설관계자들은 프로그램 관리(Program Management)를 생소하게 여기고 있으며, 전 세계적으로도 아직 초기단계에 있다고 할 수 있다. 이에 Chuck Thomsen이 미국CM협회(Construction Management Association of America, CMAA)를 통해 최근에 발간한 책인 'Program Management' 에 대한 번역서를 출간하게 되었다.

Program Management는 단순히 기술적인 업무가 아니다. 프로그램 관리 프로세스와 그 결과는 사업참여자들 간의 복잡한 이해관계 및 특성에 의해 매우 큰 영향을 받는다. 이러한 상황을 반영하여, 이 책은 다양한 계약형태와 조직구성, 프로그램의 목표와 관리프로세스, 리더십이 설계와 시공과정에 미치는 영향, 여러 조건들이 근로자의 생산성에 미치는 영향 등을 포괄적으로 다루고 있다. 이 책은 프로그램 차원의 건설관리를 위한 프로세스와 조직구성, 발주방식에 대한 소개, 프로그램관리 정보시스템(Program Management Information System, PgMIS)의 요구기능, 리더십과 사업참여자들의 속성에 대한 이해로 구성되어 있다.

이 책은 더 나은 건축물을 건설하고자 하는 발주자, 건축가, 엔지니어, 건설관리자, 시공자, 하수급자, 제조업자 및 교육자 모두를 위한 교본으로 활용될 수 있을 것이다. 국내에서 프로그램 관리라고 명명해야 할 건설관리 과업이 증가하고 있는 반면에, 프로그램 관리에 대하여 참고할 만한 책자가 전무한 실정에서 이 번역서가 프로그램 관리에 대한 실무와 연구에 도움이 되기를 기대한다.

이 책은 충북대학교, 남서울대학교, 충남대학교, 한국기술교육대학교, 서울시립대학교, 한양대학교의 CM관련 연구실 세미나를 통해 번역되었으며, 수차례에 걸친 역자들의 검토로 수정·보완되었다. 미국 California State University의 Jin-Lee Kim 교수도 번역과 검토과정에 참여하여 좋은 역서가 되는데 일조하였다.

번역서 출판을 허락한 Chuck Thomsen과 CMAA에게 고마움을 전하며, 초벌번역을 한 서울시립대학교, 충북대학교, 남서울대학교, 충남대학교, 한국기술교육대학교, 한양대학교 CM관련 연구원들에게도 감사의 마음을 전한다. 번역에 도움을 준 (주)삼우종합건축사사무소와 김홍용 소장, '메가프로젝트 건설관리 시스템 개발(국토해양부 R&D 과제인 도시재생사업단의 세부과제)' 의 연구책임자와 연구원 및 김성완 도시재생사업단장께 감사드린다.

그리고 2판 발행을 위해서 노력해 준 서울시립대학교 문현석 연구교수, 김해곤 연구원 및 하계세미나를 통해 1판에 대한 보완을 위하여 심혈을 기울여 준 건설관리 및 정책연구실 연구원들에게 감사의 마음을 전한다. 또한 2판 발행을 총괄해 준 서울시립대학교 현창택 교수, 충북대학교 김옥규 교수를 비롯하여, 완성도를 높이는데 기여한 한양대학교 김주형 교수, 충남대학교 이민재 교수, 한국기술교육대학교 최재현 교수에게도 감사드린다.

한국건설관리학회 회장 이찬식

책임역자: 현창택, 김옥규

공동역자: 김주형, 김진이, 민경석, 이민재, 최재현, 손명기, 김해곤, 김 환, 윤유상, 문현석

저자 서문(Author's Note)

오늘날 지어진 대부분의 건물은 지속적인 건설 프로그램을 가지고 있는 발주자를 위한 것이다. 이러한 프로그램을 관리하는 많은 사람들은 그들의 업무를 단순히 일련의 개별 프로젝트라기보다 프로그램으로 생각함으로써 그 결과를 개선하고 있다. 이것이 바로 이 책의 주제이다.

프로그램 관리(program management)는 단순한 기술적 사항이 아니다. 이 프로세스와 결과물은 예측가능한 특성을 가진 인간의 행동에 의해 매우 큰 영향을 받는다. 따라서 이 책은 계약형태 및 팀 조직이 사람들에게 어떠한 영향을 미치며, 목표가 관리 프로세스를 어떻게 구체화하는지, 리더의 인격이 설계와 시공 액티비티들의 관리에 어떠한 영향을 주는지, 그리고 이러한 조건이 사람들의 작업생산성에 어떠한 영향을 줄 것인지를 다루고 있다.

이 책은 기술 참고서가 아니다. 여러분은 이 책에서 리스크 분석을 위한 통계적 접근방법이나 BIM 시스템 상의 간섭사항에 대한 논의 또는 계약용어에 대한 상세한 표현은 찾을 수 없을 것이다.

오히려, 우리(나의 동료와 나)는 우리의 설계와 시공 프로그램이 각 발주자, 관리자, 설계자, 시공자, 그리고 제조업자들의 인격처럼 얼마나 다양한지를 보여주기 위해 열심히 노력해 왔다. 우리는 성공과 실패에 대한 내용들을 서술했다. 우리는 발주자와 공공이 성과를 측정하기 위해 사용하는 여러 기준에 대해 논의했고, 그 기준들이 과학적 측정방법 및 엔지니어링 분석에 얼마나 대립되는지 논의하였다.

나는 건설산업이 프로젝트 산업에서 프로그램 산업으로 서서히 변화했다고 믿는다. 그리고 많은 프로그램 관리자가 이 변화, 그리고 단일 프로젝트에서는 발견하기 어려웠던 지속적인 개선의 기회를 간과해 왔다고 생각한다.

이 시점에서 내 관점에서의 프로그램 관리가 무슨 의미인지 설명을 하고자 한다. 왜냐하면 어떠한 영역에서도 전문가들이 특정한 정의에 거의 동의하지 않기 때문이다. 어느 건축가 그룹도 건축에 대한 정의를 동의하지 않을 것이며, 최고의 예술가들이 예술에 대한 의미에 동의하지 않을 것이다.

프로그램 관리도 마찬가지이다. 이에 대한 책을 쓴 사람으로서, 나보다 훨씬 더 경험이 많은 사람들이 이 용어들에 대해 여러 정의를 개선시킬 것이라는 것을 알고 있다. 하지만 상관없다. 건설용어에 대한 공식적인 사전은 없다. 많은 주(state)들이 건축과 엔지니어링에 대한 법적 정의를 갖고 있지만, 이들에 대한 관리측면의 용어에 대한 기술은 거의 없다.

그러나 내가 의사소통을 위해 이러한 용어들을 사용할 것이라면, 내가 의미하는 것이 무엇인지 여러분에게 알려주어야 한다. 여기에 그 설명이 있다.

이 책에서 나오는 프로그램 관리는 대형 건설 프로그램(capital building program)에 대한 프로젝트 포트폴리오 관리를 말한다. 프로그램 관리자는 사람 또는 조직일 수도 있다. 프로그램 관리 조직은 프로젝트 관리와 건설관리 책임을 포함할 수 있다. 프로그램 관리는 사내직원에 의해 수행되거나 아웃소싱된 외부직원에 의해 수행될 수 있다. 종종 그들은 함께 프로그램 관리를 수행한다.

많은 전문가들은 '프로그램 관리' 라는 용어를 자금조달과 부지선정부터 단일 프로젝트에 대한 준공 및 입주 시까지의 모든 단계에 대한 관리로 정의한다. 그 말은 분명 타당하고, 건설산업에서 일반적으로 통용되며, 또한 이러한 정의에 대해 나 또한 반대하지는 않지만, 이 책의 목적을 위하여 이 정의를 단순히 프로젝트 관리(project management)라는 용어로 사용한다.

따라서 프로젝트 관리자는 단일 프로젝트를 관리하는 사람 또는 조직이다. 그들은 발주자 조직의 구성원이거나 발주자의 이해를 위해 발주자에 의해 고용된 컨설턴트일 것이다. 그 용어에는 또 다른 정의가 있다. 업무체계가 있는 각 조직은 그러한 업무를 관리하는 사람을 '프로젝트 관리자' 라고 부를 것이다.

내가 사용하는 용어 중 건설관리자는 일반수급자(general contractor)가 부족한 부분을 대신하여 단일 설계와 시공 프로젝트를 관리하는 조직이다. 일반적으로 건설관리자는 설계단계에서 고용되며, 설계기간 동안 공사비와 건설기술 측면에서 조언하는 역할을 한다. 건설관리자는 가끔 설계자를 관리할 책임을 질 수 있다. 건설관리(Construction Management, CM)에는 일반적으로 두 가지 방법이 있다.

1. 건설관리자는 고객을 위하여 다수의 원수급자들을 관리하는 에이전트 역할을 할 것이다. 일부 조직은 이를 용역형 CM이라고 부른다.
2. 건설관리자는 여러 하수급자들을 보유하고 있을 수 있다. 이 경우, 건설관리자는 최종 공사비와 일정에 대해 보증할 수도 있고, 그렇지 않을 수도 있다. 이 역할은 적격심사에 근거하여 선정된 원수급자에게 필수적이며, 그들은 시공 전(前)단계 용역업무를 수행한다. 일부 조직은 이를 책임형 CM 또는 CM-at-Risk라고 부른다.

한편 이러한 정의가 일반적이지만, 항상 통용되는 것은 아니다. 많은 발주자 조직들은 건설관리자라고 부르는 사내직원이 있고, 다른 건설전문가는 이 용어들을 다르게 사용할 것이다. 따라서 "...은 무슨 뜻인가요?" 라고 물어보는 것이 늘 현명하다.

이 책을 쓰면서, 우리는 성공에 대해 다양한 기준을 가지고 있는 우리의 프로젝트에 대해 생각해 보았고, 다른 프로그램을 관리하는 수많은 사람들과 이야기해 보았다. 그리고 우리는 깊이 생각해 보았다.

우리가 생각하는 바가 여기에 있다.

추천 서문(Foreword)

이 책을 위한 시대가 도래했다. 어쩌면 과거에 왔을지도 모른다. 만약 발주자가 프로그램 관리를 이해하고 건설산업에 적용한다면, 비용절감과 공기단축, 그리고 검토와 승인업무를 감소시키며, 반복적으로 프로젝트를 발주하는 발주자의 만족도 또한 향상시킬 것이다. 가장 중요한 것은, 우리가 시공한 건물의 품질이 크게 개선될 것이라는 점이다.

건설산업은 각 프로젝트와 팀이 고유하다는 점을 감안할 때, 개별 프로젝트에 대한 관리를 꽤 잘해 왔다. 지난 40년 동안, 우리는 예산의 각 항목들에 대한 통제 및 관리지원을 위하여 정교한 컴퓨터 기반의 시스템을 만들었다. 프로젝트 팀 사이의 의사소통은 이메일 사용으로 인해 훨씬 빨라졌다. 다양한 발주전략은 발주자의 고유한 요구사항을 최적화하고 리스크를 분산시키기 위해 개발되었다. 대학교에는 건설관리분야의 4년짜리 학위과정이 생겼다. 미국건설관리협회(Construction Management Association of America)의 공식적인 프로그램을 통하여, 개인이 자격과 전문성을 증명할 수 있는 공인건설관리자(Certified Construction Managers)가 될 수 있다. 지금까지 개별 프로젝트를 관리하는 기술은 크게 발전해왔다. 이러한 프로젝트 수준에서의 관리기술을 근본으로 하여, 이제는 다음 레벨인 건설 프로그램 관리에 초점을 맞추어야 할 때이다.

프로그램 관리라는 용어는 건설산업에서 대중화되어가고 있다. 하지만 무엇이 프로그램 관리인지 또는 무엇이 프로그램 관리이어야 하는지에 대한 어떠한 명확한 정의도 아직 거의 없다. 프로그램 관리를 정의하는 것이 어려운가? 나는 그렇지 않다고 생각한다. 이 책의 목적은 프로그램 관리를 일반적인 발주자 또는 시공자의 다수 건설 프로젝트에 대한 설계와 시공 프로세스를 위한 표준화된 관리와 프로젝트 관리 시스템을 적용하는 전문적인 접근방법으로 생각하게 하는 것이다.

그 외에도 수많은 목적이 있다. 가장 중요한 것은 준공 비용과 일정을 통제하고, 지속적 개선기회를 찾고, 이러한 개선을 이루고, 설계와 시공 프로세스를 가진 발주자의 만족도를 향상시키고, 건물의 품질을 향상시키는 것이다. 프로젝트 성과에 대한 개선기회는 모든 건설 프로그램에 대한 각각의 세 가지 기본요소에서 찾을 수 있다.

첫째, 발주자의 건물에는 일부 공통적인 요소가 항상 존재한다. 건물들은 모두 지붕과 기초를 가지고 있으므로, 특정 요소는 표준설계의 기반이 될 수 있다. 설계비는 절감될 수 있다. 모든 건물에는 공기조화시스템이 있으므로, 발주자는 많은 공급자로부터 특별구매자의 지위를 유지할 수 있다. 유지관리부서는 그들이 관리해야 하는 소변기 세척밸브가 여러 종류가 아니거나 벤치의자의 재고를 최소화할 수 있기를 바란다. 기회들과 여러 혜택은 계속된다. 이러한 기회들은 프로덕트와 관련이 있다.

둘째, 하나의 건설 프로그램에는 일련의 프로젝트가 존재하기 때문에, 프로그램 관리자는 발주 프로세스 그 자체를 개선시킬 수 있는 매우 많은 기회가 있다. 우리 모두는 무엇이든 반복적으로 수행할 때 보다 나아지는 경향이 있다. 발주방식과 프로세스 또한 마찬가지이다.

디자인빌드(Design-Build) 프로젝트 관리가 세 번째라면, 처음보다 두려움이 많이 사라졌을 것이다. 이전에 두 가지 유사한 프로젝트를 해 본 경험이 있다면 프로젝트 상에서 가변적인 비용이 무엇인지 정확하게 예측하는 것은 훨씬 더 쉬울 것이다. 또한 여러분의 건설 프로그램 실적으로부터 데이터베이스를 만들었을 때, 그 건설 프로그램에 대한 미래비용을 예측하기 위한 기초자료로서 데이터를 수집하고 사용하는 것이 보다 용이할 것이다. 이러한 기회들은 그 프로세스와 관련이 있다.

셋째, 스마트한 프로그램 관리자에게 열려있는 여러 기회들은 단지 개인과 그 팀원들의 상상에 의해 제한된다. 그 핵심은 특별한 건물에 대한 발주자의 고유한 요구사항을 만족시키기 위하여, 설계자의 창의성을 간섭하거나 프로젝트 팀의 능력에 제약을 두는 것 없이, 설계와 시공 프로세스에 대한 개선의 혜택을 극대화시키는 것이다. 이러한 기회들은 사람과 관련이 있다.

마지막으로, 커뮤니케이션 기술의 발전은 개인의 업무효율성을 크게 증가시켜왔다. 웹 기반 프로젝트 정보시스템, 이메일과 인터넷 상의 정보 활용은 관리자의 효율성을 급격하게 향상시킨다.

반면, 이러한 기술적 진보에 지나치게 의존하는 것은 관리자의 효과를 낮추는 결과를 초래한다. 우리가 이메일을 가능한 빨리 전송을 시키기 위해 작성하려고 노력하다 보면, 그 완성도가 떨어지고 그 의미가 퇴색된다. 우리가 '천 마디 말보다, 한 번 보는 것이 낫다'는 격언을 믿기 시작할 때, 종합적인 프로젝트 정의를 수행하기 위하여 발주자와 논의를 시작하는 것 대신 BIM이 탄생했다. 우리는 이러한 점을 간과하기 쉽다.

우리는 건설 프로그램과 프로젝트 관리를 지원하기 위해 보다 나으면서도 더 빠른 도구를 끊임없이 개발하고 있다. 이러한 도구들의 편익을 극대화시키기 위하여, 우리는 또한 끊임없이 우리의 의사소통 능력 개선에 초점을 맞출 필요가 있다.

사람... 프로세스... 건설생산물 — 이는 무엇이 건설 프로그램 업무를 제대로 만드는지에 관해 생각해보기 위한 훌륭한 프레임워크이다. 이는 또한 저자에 대해 설명하는데 도움이 된다. Chuck Thomsen은 1970년대 이후 건설관리 산업을 이끌어 온 사람 중 한 명이다. 건축가로서, 그는 항상 건설산업이 만들어내는 프로덕트의 품질 향상에 대해 진지하게 고민해왔다. 또한 그는 건설산업에서 건설생산물 발주 프로세스를 향상시키는 것에 대해 고민했기 때문에, 가장 우수한 용역형 CM회사를 운영하기 시작했다.

그의 회사들이 사업측면에서 성공했지만, 나는 Chuck의 가장 훌륭한 성과가 바로 사람이라고 생각한다. 그는 사람에 기반을 둔 매우 성공적인 두 회사를 설립했다. 그는 종종 그의 성공을 "내가 세상에서 최고의 CM이 아니라는 것을 알지만, 그 최고들을 어떻게 찾는지는 확실히 안다." 라면서 설명했다. 그는 그렇게 성공했다! 그의 회사 출신들은 건설산업의 여러 분야에서 리더역할을 하고 있다.

이제 프로그램 관리에 직면한 문제를 살펴보자. 지금 이 순간이 바로 우리가 지금까지 프로젝트 관리를 수행해 온 만큼 프로그램 관리 능력을 연구하고 완성시키기 위한 시간이다. 그 기회들은 프로그램 관리에 있다. 지금이 바로 그 시간이다. 행운을 빈다.

Don Russell, CCM, FCMAA

Sacramento, 2007

개요(Overview)

연속발주자의 부상(The Rise of Serial Builders)

연속적인 건설 프로그램(building program)을 가진 조직은 미국 내 건물의 대부분을 건설한다. 당신은 우리의 건물들이 부동산 개발업자, 국가와 지역정부, 교육과 건강관리 기관, 포춘지 선정 1,000개 회사, 병원, 레스토랑, 엔터테인먼트와 창고형 할인매장 체인(retail chain), 군대와 방위조직에 의해 건설되는 것을 믿을 수 있는가?

모든 건물은 지속적으로 건설된다. 여러분의 지역사회를 운전하며 지날 때에 주위의 건물들을 보라. 대다수의 건물들은 연속발주자(serial builder)에 의해 건설된 것을 알 수 있다. 이 발주자는 우리의 건설환경을 창조하고 있다. 따라서 미국에서 수행되는 대부분의 설계와 시공 사업은 프로그램의 일부분이다(이 책에서는 '프로그램은 다수의 프로젝트를 가진 대형 건설활동'으로 정의한다). 하나의 프로그램에 속해 있는 프로젝트들은 대개 같은 목적을 가지고 있으며, 고유한 특성을 가진 조직에 의해 수행된다.

이러한 프로젝트들은 건설 프로세스에서 유사한 특성이 있을 것이고, 유사한 용역수행자(service providers)를 고용할 것이고, 그 건설 생산물에 유사성을 가지고 있을 것이다. 이 유사성은 공사비를 절약하고, 공기를 단축하며 품질을 개선하기 위한 특별한 기회를 제공한다.

'Program Management' is a term that is often used to describe the management of the sequential steps (from site selection to occupancy) of a single project. However, for the purpose of this book, we use the term to refer to the management of a capital building program with multiple projects.

'프로그램 관리'는 하나의 프로젝트에서 이루어지는 순차적인 관리활동(대지의 선정에서부터 입주까지)을 뜻하기도 하나, 이 책에서는 '프로그램 관리'를 여러 개의 프로젝트가 있는 대형 건설 프로그램을 관리하는 것으로 정의한다.

This book is for people who may be employees of an owner's organization or people who provide their services to these owners.

이 책은 발주자 조직의 직원 또는 발주자에게 용역업무를 제공하는 사람들을 위한 것이다.

이 책은 연속발주자를 위해 일하는 용역수행자들을 위한 것이다. 용역수행자들은 발주자 조직의 직원이거나 연속발주자에게 용역업무 또는 건설생산물을 제공하는 설계자, 건설사업관리자(Construction Manager, 이하 CMr) 또는 시공자일 것이다. 어느 주체이든, 이 책은 '프로그램'을 어떻게 관리할 것인지를 다룬다.

❖

The construction industry is rotating.

건설산업은 순환된다.

반세기전 필자가 실무를 시작할 때, 필자는 한 건물을 필요로 하는 발주자를 위해 일했다. 이 프로젝트는 매우 중요한 사업이었고, 설계와 시공을 위하여 모든 시간을 투자했다. 그러나 이것은 변화했다. 이때는 자사건물을 신축하는 기업은 건물을 설계하고 시공하기 위해 설계자와 시공자를 고용했다. 오늘날, 그들은 경험을 가진 개발업자로 돌아왔다. 한 병원은 매 5년 또는 10년마다 병동을 증축하였다. 오늘날 그들은 지속적인 설계와 시공 프로그램을 운영하는 건축시설물 그룹을 가진 네트워크의 일부분이 되었다. 매장주인은 더 이상 그들 자신의 상가를 시공하지 않는다. 그들은 개발업자에 의해 건설된 쇼핑센터 내 공간을 빌린다. 우리산업은 프로젝트 지향적에서 프로그램 지향적으로 바뀌고 있다.

그리고 프로그램 지향적 산업은 큰 개선의 기회를 제공한다. 이는 명백한 현실이다. 우리는 처음 어떤 것을 할 때 실수를 한다. 우리는 실수를 통해 배우고, 연습을 통해 나아진다. 그것은 책을 쓰고, 골프를 하고, 학교를 설계하고, 벽돌을 쌓거나 피아노를 치는 등 우리가 하는 모든 것에 적용된다. 또한 설계와 시공을 관리하는 것에 응용된다. 따라서 프로그램 관리자(Program Mamager, 이하 PgMr)는 반드시 계약으로서 소속된 회사들과 업무 프로세스들을 묶는데 집중하여야 한다. 이를 통해 구매에 대한 규모의 경제를 달성하며, 지속적인 개선을 위한 표준을 구축한다.

물론 아직도 자신의 집, 교회나 박물관 등, 하나의 프로젝트를 위한 발주자가 있다. 그러나 그들은 일반적이지 않고, 예외적이다. 비행기 여행과 인터넷 연결은 큰 조직을 가능하게 했다. 정부, 기관 및 기업들은 성장하고, 습득하고, 그리고 통합하는 중이다. 그들은 모두 건설 프로그램을 가지고 있다.

연속발주자들은 새로운 것이 아니며, 지금 이들의 주요한 아이디어 중 일부는 오래된 것이다. 150여 년 전, 철도산업은 기차역을 위한 프로토타입 설계를 개발하였다. 카네기 도서관도 프로토타입 설계를 갖고 있었다. 그럼에도 불구하고, 20세기까지 계승된 주요한 점은 대부분의 고객이 일시적인 고객이었다는 것이다. 이 고객들은 그들에게 와서 직접 프로젝트를 발표할 건축가와 엔지니어들을 고용하고, 설계와 시공에서 어려운 부분을 지도하기도 한다.

그것은 변화했다. 지금 우리의 고객들은 그들의 프로그램을 관리하는 건설전문가라는 직원을 가진 연속발주자이다. 여기서 우리는 '용역업무를 수행' 하는 PgMr, 설계자, CMr 또는 시공자로서 일을 하고, 또한 발주자의 고용인으로서 일을 하고 있는 다른 PgMr, 설계자, CMr 또는 시공자들을 위하여 일을 할 수도 있는 것이다. 많은 경우에, 발주자 조직에 있는 건설전문가는 그들에게 용역업무를 제공하는 우리들보다 프로젝트의 요구사항에 대하여 보다 많이 알고 있으며, 어떻게 해야 발주자를 가장 만족시킬 수 있는지를 안다. 우리는 그것이 단순히 직원을 보강하고 그들의 리더십을 강화하는 정도인 것을 종종 발견한다.

Our clients are serial builders with a staff of construction professionals.

우리의 고객은 건설전문가를 고용한 연속발주자이다.

불행히도, 발주자와 용역수행자인 대부분의 건설전문가들은 프로젝트 관리 조직 내에서 단순한 진급을 통해 성장하였다. 그래서 유감스럽게도 이들은 아직도 건설 프로그램을 개별 프로젝트의 연속으로만 이해한다.

There are enormous benefits that can be bad by viewing the program as a whole.

프로젝트 관리의 장점이 프로그램 관점에서 단점이 될 수 있다.

1. 변화에 대한 저항 (Resistance to change)

전문화, 분업화, 거대화된 산업구조는 변화에 대하여 상당히 저항한다. 우리는 프로젝트를 성공하기 위해 수백의 회사들을 특수한 조직으로 밀접하게 결합시켜야 한다.

그리고 법률, 규칙, 표준기업규약, 융통성 없는 발주규정, 정치적인 영향 또는 과거 전통에 대해 전혀 의심하지 않는 것은 우리의 프로세스들에 영향을 미친다. 건설산업은 혁신에 유일하게 저항하는 산업이다.

1) 건설산업(The construction industry)

변화가 매우 어렵다는 또 하나의 이유는 건설산업이 너무 거대하고 복잡하다는 것이다. 건설산업은 2008년 기준으로 의료계 다음으로 미국에서 두 번째로 큰 산업이다. 미국 건설산업은 $5조 2천억인 세계 시장의 28%인 $1조 2천억이다. 이는 미국 내의 총 생산량의 8%에 해당하며 미국에서 매 $12 매출 중 $1가 건설산업에서 생산되는 것을 보여준다. 그것은 분업과 전문화이다. 44,000 개별코드 관할지역에서 17,000업체 안에 13만명의 건축가가 일을 하고 있다.

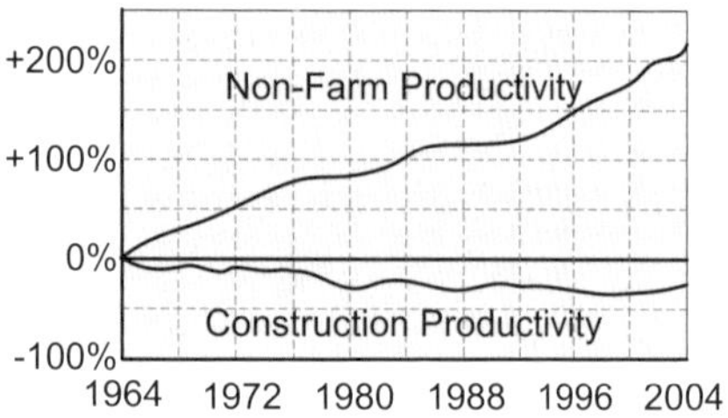

만일 건설산업이 제조업이나 타 산업과 같은 정도의 생산성을 가졌다면, 사람들에게 지금의 절반 가격으로 건물을 제공하였을 것이다.

건설산업에는 모두 1,250,000개의 회사가 있으며, 그 중 98%가 직원 수 50명 이하의 회사이다. 하수급자(subcontractors)의 평균 존속기간은 2.8년이다. 만일 건설산업이 제조업 생산성의 증가 비율로 성장을 하였다면, 절반의 공사비로 같은 규모의 공사를 수행했을 것이다. 그러나 지금의 건설산업은 부분적으로는 그렇지가 않다. 왜냐하면 아직도 건설산업은 분화되어 있고 노동 집약적이고 맞춤작업이며, 개별 프로젝트 기반 산업으로 현장에서 날씨의 영향을 많이 받는 산업이기 때문이다. 통계적으로 현장에서 전체 건설노무자의 47%만이 동시에 일을 한다. 나머지는 자신의 업무와 관련된 자재 또는 장비, 지시 또는 그들의 순번을 기다리고 있다.

그래서 단순히 일회성으로 분리된 여러 개의 프로젝트보다 '프로그램' 안에 있는 대형 건설 프로그램의 생산성을 향상시키는 것이 관리자에게는 중요하다. 그들은 반복적인 업무를 확인할 수 있고, 그것을 보다 효율적으로 수행하는 기술적인 방법들을 발견했다. 정확히 말해서 미국 내에서 가장 정교한 설계와 시공 프로그램들이 생겨나고 있다는 것이다.

2) 전통(Tradition)

Tradition is the glue that holds us together.

전통은 우리를 서로 밀접하게 해주는 역할을 한다.

전통은 변화와 개선을 하는데 있어 장애요인이다. 그러나 우리의 거대하고, 복잡하고, 고도로 전문화되고, 분화된 건설산업은 기능의 원활성을 위하여 전통을 필요로 한다. 수백 개의 조직은 가장 단순한 프로젝트를 건설하기 위하여, 수천 개의 조직은 주요 건물의 건설을 위해서 함께 협력해야 한다. 시공자는 1억달러 규모의 프로젝트의 입찰을 전화통화로 결정하고, 브레인스

토밍과 같은 검토과정도 없이 각각의 새로운 프로젝트를 위하여 새로운 계약관계를 정의하는 관리계획을 수립한다. 건축가, 엔지니어, 컨설턴트, 수급자(contractors), 하수급자, 제조업자(manufacturers), 공급자(suppliers)와 인허가기관(regulators)은 정기적으로 함께 그들의 서비스를 항상 새롭고 특별한 조직으로 변화시킨다. 회전반경이 1마일이 소요되는 초대형 유조선처럼 위 조직은 변화가 거의 불가능한 것처럼 보인다.

그러나 전통이 항상 나쁜 것은 아니다. 전통은 우리를 하나로 묶고, 프로젝트에 대한 프로세스를 알려준다. Winston Churchill이 말했다.

> *"전통에 대한 사랑은 국가를 약하게 하지 않는다. 전통은 오히려 위기상황에서 국가를 강하게 한다."*

따라서 그것은 우리 건설산업과 함께한다. 미국 건설산업은 대부분의 국가의 GDP보다 크다. 전통을 포기하는 것은 위험하다. 조직은 일반적인 관행을 바꾸는 것에 대해 신중하다. 그래서 다수 프로젝트(multiple projects)를 가진 여러 프로그램은 그 주변의 세계가 변화할 때, 변화하지 못하였다. 그들은 프로그램이 아닌 프로젝트를 생각했다. 그들은 지속가능한 건설 프로그램(sustainable building program)에서 혜택을 얻지 못했다. 그들은 시간과 공사비를 줄이고, 더 나은 건물을 만들 수 있는 큰 기회를 놓쳤다.

그러나 다행스럽게도 전체를 하나의 '프로그램' 으로 이해하는 것이 많은 혜택이 있다는 것을 경험한 건설전문가의 수가 지속적으로 증가하고 있다. 이들은 프로젝트 지향적인 전통에서 탈출하여 진일보하였다. 이들은 우리가 최근 건설산업에 대한 연구를 수행할 때, 우리에게 많은 것을 가르쳐 주었다.

연구와 실무를 수행하는 과정에서 우리는 여러 프로젝트를 수행하면서, 지속적인 개선을 이끈 건설전문가를 고용한 발주자들을 만났다.

이 혁신적인 전문가들은 자신들이 관리하는 프로젝트에서 공통사항을 규명하기 위하여 작업흐름을 시험하고 있었다. 이 공통사항은 프로젝트 발주의 진행에 따른 프로세스들과 유사한 작업을 하는 사람들, 건설생산물들에 관한 것이다. 이로부터 그

These innovative people identify the commonalities: processes, products and people.

혁신적인 사람들은 건설에서 공통적인 것을 규명하였으며, 이는 프로세스(process), 건설생산물(product)과 사람들(people)이다.

들은 개별 프로젝트로부터 프로그램으로 그 공통점을 순환하였다(이 중요한 생각이 명료하지 않더라도 관심을 기울여 주기 바란다. 이 책의 첫 번째 장은 '순환, 반복과 개선' 의 개념으로 이루어진다).

3) 동일한 것은 없음(No two alike)

All the organizations we've studied are different and manage their programs differently.

우리가 연구했던 모든 조직들은 서로 다르고, 그들의 프로그램 역시 다르게 관리한다.

우리가 연구한 조직들과 우리가 일해 왔던 조직들은 모두 다르다. 이들은 다른 리더십, 임무, 제한, 정치, 전통, 인구통계, 경제 등을 가지고 있다. 몇몇은 거의 유사한 프로토타입 건물을 건설한다. 다른 조직들은 독특한 시설물을 건설하지만 그들의 용역수행자에 있는 표준절차, 표준빌딩시스템 및 연속성을 지속적으로 개발한다(관점에 따라서 이를 제품, 프로세스, 관련자들로 분류할 수 있다).

내가 이끌었던 그 회사는 여러 국가에서 수백억 달러의 건설사업을 설계하고 시공 및 관리업무를 수행하였다. 우리는 새로운 국가에 갈 때마다, 그 국가의 관련자들은 모든 것에 대해 다르게 본다는 것을 깨달았다. 또한 우리는 우리의 마음을 연다면 그들로부터 많은 것을 배울 수 있다는 것을 깨달았다.

우리는 큰 경험을 가지고 있다. 그러나 우리 연구를 수행하게 된 동기 중의 하나는 '집단순응사고(group think)' 의 위험성을 지각하게 된 것이다. 이 집단순응사고는 자신의 의견을 자신만이 가지고 있고, 타인의 관점과 의견을 무시하여, 결과적으로 자신 내부에 자아의 고집과 철학만을 쌓아 놓는 것이다.

We interviewed the managers of 47 organizations with continuous building programs.

우리는 지속적인 건설 프로그램을 가지고 있는 47개 조직의 관리자들을 인터뷰하였다.

우리는 풀타임 연구팀에게 그들의 자본 개선 프로그램(capital improvement program)을 어떻게 운영하는지 조사하라고 지시하였다. 우리는 지속적인 건설 프로그램을 통하여 여러 조직에 있는 관리자들을 인터뷰하였다. 그들은 교육, 건강관리, 의료계, 방위, 창고형 할인매장 및 상업용 부동산 개발 등 여러 분야에 있었다.

우리는 경청하였다. 동일한 메시지가 반복적으로 발견될 때 우리는 이것을 기록하였다. 독특하고 일관성이 없는 메시지 일 때 우리는 보다 심도 있는 연구를 수행하였고, 이를 통하여 조직의 개별성이 독창적으로 구축되는 것을 발견하였다.

이러한 대화는 우리의 관점과 시점을 넓힌다. 그들과 우리의 경험을 통해 우리가 예전에 수행했던 잘못을 교정할 수 있었다.

아무도 동일하게 수행하지 않는다. 서로 다른 조직은 서로 다른 프로그램을 적용한다. 그들의 리더십과 임무는 프로그램이 어떤 방법으로 운영될 것인가를 결정한다.

No one does it the same.
아무도 동일하게 하지 않는다.

따라서 우리는 실제 건설경험과 여러 조직에서 일하고 있는 따뜻한 마음의 사람들을 통하여 프로그램 관리의 엄청난 차이점을 부각하고자 한다.

우리는 작은 'best practices(모범사례)'를 연구하는 동안 수백 명의 관련자와 함께 하였다. 각 기관들은 자신들의 발전을 위해 사소하고 작은 아이디어를 찾고 실행하였다. 일례로 Hines는 공사시작 전에 제출물 워크샵(submittals workshops)을 개최했다. HEB는 표준화 되었고 많은 프로젝트에서 철근조이스트는 한 부재로 사이즈를 규격화하여 조달했다. 다양한 물건을 취급하는 Target사는 하수급자들을 위한 온라인 발주시스템을 개발하였고, 이는 지속적으로 개선되었으며 많은 자재조달에 큰 도움이 되는 시스템이 되었다. L.A.통합교육구(Los Angeles Unified School District 이하, LAUSD)는 건축가에게 그들의 지침에 적합한 학교건축의 구성요소로 이루어진 소량의 도면(mini-drawings)을 제공하였다. 좋은 아이디어는 풍부했다.

이런 좋은 사례 중 몇몇은 유일한 것이며, 다른 프로그램으로 전달할 수 없는 독특한 것이었다. HEB의 표준화한 철근조이스트는 대부분의 건설 프로그램에 대해 적용되지 않을 것이다. 그러나 많은 사례들은 타 프로그램에 적용할 수 있었으며 모두가 제출물 워크샵을 가질 수 있다.

이러한 사례 검토를 통해 우리는 무질서한 건설산업에 대한 이해를 증진시킬 수 있는 몇 가지 원리를 찾아냈다.

우리는 설계와 시공 프로그램을 관리할 훌륭한 방법에 관한 좋은 아이디어를 발견했다. 우리는 많은 아이디어를 계속 발견하고 발전시킬 것이다. 그러나 최상의 보편적인 방법은 없다는 것을 명심하라.

4) 일반적인 평가규정은 없다(No common metrics)

우리는 다른 프로세스 및 프로젝트 발주전략의 가치를 측정하기 위한 평가규정을 찾아내려고 노력했다. 그러나 그런 일은 일어나지 않았다. 너무 많은 변수들로 인해, 우리는 공통적인 평가

To compare different processes to determine the best, you must hold all the variables but one constant. We can't do that with design and construction.

최상의 것을 선정하기 위해 두 개의 다른 프로세스를 비교할 때, 공통의 평가기준이 있는 모든 변수를 고려하여야 한다. 그러나 설계와 시공에서 우리는 그렇게 할 수 없다.

기준을 찾을 수가 없었다.

일반적으로 좋은 비교분석을 하기 위해서는 하나의 변수에 대한 영향을 지속적으로 측정하는 것이 아닌, 모든 변수를 고려할 수 있는 연구자가 필요하다. 하지만 우리는 그렇게 할 수 없다. 우리는 같은 시간, 장소 및 사람으로 두 개의 프로젝트를 만들 수 없고 모든 것을 간단히 변경할 수도 없다. 우리는 프로젝트의 발주전략이 없는 두 개의 프로젝트에서 설계시공일괄방식(Design-Build, 이하 DB)와 CM-at-Risk를 비교할 수 없다. 우리가 할 수 있는 최선은 대형공사에서 공사결과를 측정하고 공사수행 사례들을 규명하는 것이다. 좋은 수행사례분석의 가치가 절대적이라는 증거가 있다. 한 통계분석 결과는 프로젝트 정의(project definition)의 가치를 보여주고 있다(43쪽 상단 참조). 그럼에도 불구하고 여기에는 고민해야 될 것이 있다는 것이다.

'Best practice' 는 조직의 임무와 연계되어 있다. 우리가 언급하는 각각의 조직은 최종결과에 영향을 미치는 다른 목표를 가지고 있다. CM의 전통적인 3대 요소, 즉 비용, 시간 및 품질이 그곳에 대개 존재한다. 그러나 조직의 사명과 조건에 따라서 3대 요소의 중요성과 정의는 시대에 따라서 변화한다. 비용은 초기비용, 투자수익 및 생애주기비용을 말할 수 있다. 시간은 가능한 빠르게를 의미한다. 또는 학교 가을학기 개강이나 매장의 크리스마스 쇼핑시즌 오픈 등의 특정 날짜를 의미할 수 있다.

다음은 품질이다. 건설산업에서 품질은 가장 평가하기 어렵다. 개인적으로 품질은 규정하기가 종종 혼란스럽다. 합리적인 조직에서 설계와 시공에서 품질은 '요구사항의 적합성' 을 의미한다. 그러나 요구사항에는 요구사항의 변경과 설계변경을 기술하는 경우도 있다. 요구사항은 기능, 내구성, 미학 또는 다른 어떠한 것이든지 될 수 있다.

기타 비슷한 중요사안들 또한 설계나 프로세스에 영향을 미친다. 일부 발주자는 지역사회와의 관계에 관심을 가지고, 다른 발주자들은 침체된 시장경제에서 기업환경이나 일자리 제공 또는 그린빌딩 등에 관심을 가진다.

이러한 두 가지 목표는 서로 다른 엄격한 평가기준으로 평가되어야 한다. MIT는 혁신의 상징으로 현대건축양식 아이콘의 교육기관을 건설하기 원했다. 미학과 기술의 경계에서 그들은 설계와 시공의 고뇌를 겪게 될 것이다. Frank Gehry는 여러 해를 Stata Center를 설계하면서 보냈고, 이 사업비는 꾸준히 상승했다.

반면 Wal-Mart는 최소 비용으로 동일한 이미지의 매장을 빠르게 구축하기를 원한다. BSW International의 Bob Workman은 하루 안에 표준 구성요소를 수정하여 독특한 Wal-Mart 매장을 위한 디자인과 도면을 작성할 수 있다고 말한다. 어떻게 비교할 것인가? Wal-Mart 입장에서는 MIT 캠퍼스 내 건물을 실패로 볼 것이며, Stata Center 설계에 10개월 이상을 소요한다는 것은 설계자에게 사기당한 것으로 판단할 것이다. 여러분들은 이 두 가지 프로젝트에 대해 이렇게 판단을 할 것이다. 디자인 지향형의 독자는 Stata Center에 감탄할 것이고, 생산지향적 독자는 Wal-Mart 과정에 감탄할 것이다.

그것은 극단적인 예이다. 그러나 심지어 유사한 조직이라도 큰 차이가 존재한다. Texas A&M와 Texas 대학은 일을 다르게 한다.

따라서 그것은 서로 이해하기 힘들고, 설계와 시공의 이러한 다양성으로부터 유용한 정보를 제공받기란 매우 어려운 과제이다. 우리는 하나의 일관된 기준을 적용할 수 없다. 우리가 연구 초반에 프로그램 관리에 대한 신념과 소신을 강조하고 확대하는 동안, 우리는 도출되는 그 차별성에 더욱 큰 인상을 받았다. 궁극적으로 그 차별성은 유사성보다 더욱 교훈적이었다.

물론, 일부 일관된 목표들이 있다. 건축분야의 최초 출판물 저자인 Vitruvius는 약 25 B.C.E(Bachelor of Civil Engineering)에 그 목표를 '일상의 편리함(commodity), 튼튼함(firmness), 기쁨(delight)' 이라고 기술했다. 이 3가지 가치는 변하지 않는다. 이들 가치는 현재에도 중요하며, '형태(form), 기능(function), 기술(technology)' 로 다시 기술된다.

이 동일한 세 가지 원칙은 조직구조에 영향을 미친다. 대형 프로그램에서는 기능적인 요구사항(편리함)을 전문적으로 다루는 그룹, 건설기술(튼튼함)을 전문적으로 다루는 그룹, 그리고 디자인(즐거움)을 전문적으로 다루는 그룹이 있을 것이다.

또 다른 세 가지로 '비용, 일정 그리고 품질' 이 항상 존재한다. 하지만 해석과 기본적인 관계에 대한 중요도는 여러 조직적 목표의 환경에 따라 변한다. 따라서 우리가 보편적인 모범사례

다른 목표는 다른 프로세스와 다른 건축물을 만든다. Wal-Mart와 MIT는 극명하게 다르다. 그러나 유사한 조직이라도 큰 차별성이 존재한다. Texas A&M 과 Texas 대학은 일을 다르게 처리한다. Wal-Mart와 Target도 마찬가지다.

We learned more from the differences in the programs than from the similarities.

우리는 프로그램에서 유사성보다는 차별성으로부터 더욱 많은 것을 배웠다.

라고 표명하기 어렵다는 것을 깨닫는 동안, 여러 관리팀들은 다수 프로젝트의 프로그램의 향상을 위해 동일하게 적용할 수 있는 매뉴얼을 개발했다.

2. 프로그램 관리자의 기본(Fundamentals for a Program Manager)

Here is a mantra to live by. A Program Manager must have a clear view of the process, systems to manage detail and an ability people.

우리가 항상 알아야 할 진리가 있다. PgMr은 상세한 사항 및 사람의 능력을 관리하기 위하여 프로세스와 시스템을 명확하게 이해하여야 한다.

좋은 관리자는 어떠한 것이든 관리를 할 수 있다는 말이 있다. 우리는 설계와 시공에 많은 경험이 없는 일부 PgMr이 성공을 하는 경우를 보았다. 그러나 이들은 자신들 주변에 경험 있는 좋은 사람들이 있고, 이들의 주장을 긍정적으로 받아들여 성공한 것이다. 이들은 이런 좋은 사람들을 어떻게 긍정적으로 평가하고, 이들의 의견에 잘 경청하여야 하는지를 안 것이다. 실제로 경험이 많은 대부분의 사람들은 이와 같은 일을 할만큼 충분히 현명했다.

우리는 모든 프로그램에서 일관성을 보이는 PgMr을 위한 종합적이고 필수적인 기술에 대해 언급했다. 우리는 성공적인 사업 수행을 위하여 PgMr이 프로세스에 대한 명확한 이해, 세부 관리를 위한 기술적 시스템의 이해와 사람들과 함께 일을 하는 능력이 요구된다고 확신한다. 이 세 가지를 충족하는 사람은 극히 적기 때문에, 대부분은 팀을 이루어서 작업을 수행한다.

1) 프로세스에 대한 정확한 이해(A clear view of the process)

Leaders must have a vision of how things should unfold.

리더는 반드시 어떠한 일을 어떻게 풀어나갈지에 대한 비전을 가지고 있어야 한다.

팀의 두뇌집단은 팀의 목표에 대한 방향과 그 목표를 어떠한 방법으로 달성해야 하는지에 대한 정확한 이해를 반드시 해야한다. 리더는 빌딩시스템(building system)이 어떻게 조립되는지와 누가 조립하는지에 대한 지식과 함께 명확한 비전이 있어야 한다. 그들은 설계 및 시공에 대한 각각의 공정을 알아야 하고, 이를 바탕으로 전체 공기를 산정할 수 있어야 한다.

그들은 어떠한 조직이 어떠한 종류의 일을 하는지를 알고, 이를 통해 그 일에 적합한 사람과 조직을 배치할 수 있어야 한다. 그들은 주요한 항목에 대한 비용을 파악하고 있어야 한다. 계약이 무엇을 말해야 하는지, 어떻게 추적하고 상세히 기록하고 그것을 어떻게 실시할지를 알고 있어야 한다. 그들은 컴퓨터를 잘 다룰 줄 알아야 하며, 이를 활용하여 공동작업 및 정보관리를 위한 특별한 도구의 가치에 관심을 가져야 한다. 가장 중요한 것은 이러한 작업을 하는 사람의 재능과 기술을 평가하는 방법을 알고 있어야 한다.

프로젝트에 적용하기 위해, 이에 관한 여러 서적과 발주자, 설계자 및 건설조직에서 발간한 연구보고서로부터 우리는 지식체계(bodies of knowledge)를 학교에서 배워왔다. 이와 관련된 책은 많다. 그래서 우리는 프로젝트 관리(project management)에 관한 기술적인 세부사항을 생략했다.

그러나 프로그램들을 적용할 때, 실적 프로젝트에 관한 구체적인 액티비티들은 변화한다. 프로그램은 단일 프로젝트보다 설계와 시공에 대해 훨씬 다양한 선택사항이 있다. 다수 프로젝트에서는 비용과 일정상의 우선순위가 변한다. 문서와 보고업무는 더 많은 도전에 직면한다.

Classic project-related activities change when applied to programs.

프로그램에 적용될 때 기존의 실적 프로젝트와 관련된 액티비티들은 변화한다.

따라서 우리 목적은 프로젝트 대신 프로그램을 적용할 때, 이 일을 가장 잘하게 하는 방법에 대해 기술하는 것이다. 우리는 특히 다양한 프로젝트가 있는 프로그램에서 중요한 다섯 가지 문제를 발견하였다.

(1) 순환, 반복과 개선(Rotation, Repetition and Refinement)

이 장의 메시지는 우리가 처음에는 실수하지만, 반복적인 경험과 연구를 통하여 신뢰할 수 있는 결과와 효율적인 일의 흐름을 얻는 것이다. 그러나 많은 연속발주자들은 그들의 프로젝트에 대한 반복성에 대해 집중하지 않았다. 반대로 능숙한 연속발주자들은 그들의 프로젝트에 대해 조사하고 표준화 및 지속적인 개선을 하였다. 그 다음 그들은 프로젝트 일의 흐름에서 프로그램 일의 흐름으로 특징을 순환시켰다.

Standardization is a springboard for continuous improvement.

표준화는 지속적인 개선을 위한 도약판이다.

개별 프로젝트를 통하여 선임된 최고의 인력과 프로세스들 그리고 경험을 토대로 한 최상의 조직은 프로그램으로 승화되어 다수 프로젝트를 관리하게 된다. 이들은 표준화되어야 하지만 여러 가지 제약으로 완벽한 표준화는 이루어지지 않는다. 그러나 이 제약들은 다음에 개선된 결과를 가져오기 위해 도약할 수 있는 발판이 될 것이다. 이 결과는 비용, 공정과 품질의 지속적인 개선을 이끈다.

(2) 프로그램과 프로젝트 정의(Program and Project Definition)

우리들은 반복적으로 기본적인 원리를 듣는다. "당신은 일을 하기 전에 계획하라. 요구사항을 정의하고, 일의 순서를 정하라." 그리고 "당신이 계획을 세울 때, 가능한 많은 최신정보를 얻어라"

고객의 승인시점을 정의해라. 일정과 관리의 변경은 철저하게 하라. 프로그램이 있을 때, PgMr은 각 후속 프로젝트의 요구사항에 대한 정의를 지속적으로 수행해야 한다. 그것은 프로젝트 팀의 능력을 향상시키고, 작업을 가속화 시키는데 도움이 된다.

(3) 프로그램 관리의 아웃소싱(Outsourcing Program Management)

All programs had construction professionals who were owner employees and all outsourced some of the work.

모든 프로그램에서는 발주자에 고용된 건설전문가가 있으며, 일부는 아웃소싱을 하게 된다.

우리가 알았던 모든 프로그램에는 발주자 소속의 건설전문가가 있었다. 그럼에도 불구하고 몇 가지 일은 별도로 아웃소싱하였다. 내부직원들이 하는 일과 아웃소싱해서 처리하는 일의 업무는 극명하게 다르다. 일부 조직은 아웃소싱한 결과만을 발주자에게 대신 보고하는 경우도 있다. 또는 일의 피크시에만 외부전문가에게 아웃소싱을 주고, 나머지 기간에는 내부직원이 일을 모두 처리하는 경우도 있다.

극단적 차이는 조직이 아웃소싱한 회사와 규칙을 설정하는 방법에 있다. 어떤 경우에는, 발주자가 아웃소싱된 조직을 자신의 소속으로 통합하고, 다른 경우는 아웃소싱 조직이 발주자의 시설관리 그룹 아래 함께 근무하지만 독립조직으로 두는 것이다.

(4) 조직(Organization)

There are as many organizational structures as there are organizations

조직이 존재하는 한 많은 조직의 위계가 존재한다.

조직 내에 많은 조직구조가 있는 것처럼 보인다. 하지만 최선의 방법을 찾아 지식을 축적하고, 다시 프로젝트에 그 지식을 응용하는 것이다. 최선의 조직은 다음과 같은 특성이 있다.

- 사용자와 함께 개인 네트워크를 유지관리 할 수 있는 리더, 용역수행자의 대표와 리더
- 능력을 평가하고 프로젝트 팀을 모으고 운영하는 관리자
- 상세하고 막대한 양의 정보와 확장된 프로그램 팀의 정보를

처리하는 정보그룹

- 상위조직의 기능적 요구사항을 이해하는 그룹
- 최상의 빌딩시스템에 대한 요구사항과 이들을 건설하기 위한 최상의 방법을 이해하는 그룹

(5) 프로젝트 발주전략 (Project Delivery Strategies)

지난 반세기 동안, 공공 발주자들이 건설사업을 발주하는 방식에 건설사업관리(Construction Management, 이하 CM)과 브리징방식(bridging)의 출현 그리고 공공분야에서 DB방식의 증가와 같은 근본적인 변화가 있었다. 우리들은 건설산업이 전문화 되어가는 것을 지켜보게 되었다.

한때 설계자가 건설기술의 마스터였을 때가 있었지만, 전문 컨설턴트, 하수급자, 제조업자, 설계자, 시공자를 포함하는 대규모 팀이 나타났다. 설계자의 직업은 변화하였다. 그들의 주된 임무는 빌딩시스템을 설계하는 것이 아니고, 제조업자들에 의해 설계된 시스템을 융합하고 평가하는 것이다.

It takes a team.

그것은 하나의 팀을 구성한다.

우리는 전형적인 건설 프로젝트에서 하수급자가 50개 이상으로 증가하는 것을 보았다. 그리고 우리는 종합서비스를 제공하기 위한 설계회사가 하나의 프로젝트에 관해 적어도 20개 부분의 컨설턴트를 활용한다는 것을 알았다. 우리는 여러 건축시공이 현장에서 공장으로 옮겨가는 것을 보았다.

건설산업은 많이 변화되었기 때문에 우리가 이 책을 현재 사용하는 방법들에 국한시킨다면, 이 책은 곧 시대에 뒤떨어질 것이다. 그래서 우리가 어디에 건설산업의 발전이 있는지 이해하고, 미래를 예측하는 적극적인 시도를 위해 지식을 이해하여야 하며, 프로젝트 발주전략에 대한 토론을 통해 건설산업의 역사를 기술하게 된다. 우리가 앞으로 자주 언급할 설계와 시공과정을 그들이 수행했던 내용을 간단한 설명과 함께 기술했다.

If we limit these pages to current methods, the book will soon be dated.

우리가 이 책을 현재 사용하는 방법들에 국한한다면, 이 책은 곧 시대에 뒤떨어질 것이다.

이것은 '수행방법과 그 이유, 타당성, 그리고 예상결과' 에 대한 한 단계 뛰어 넘는 철학들을 알게 하여 준다. 만일 우리가 우리 비즈니스 사례를 통하여 얻었던 경제적이고 기술적 환경을 이해하면, 우리는 지속적으로 변화하는 비즈니스 환경에 적응할 수 있다.

This book is about 'how to do it, how it got that way, does it still make sense? and what' s it likely to be?'

이 책은 '수행방법과 그 이유, 타당성, 그리고 그 예상결과' 에 대한 것이다. '그것을 수행하는 방법' 또한 '어떻게 그것을 얻었던 방법' 그리고 '아직도 그것은 의미를 가지는가?' '그것은 무엇과 같은가?' 에 대한 것이다.

2) 세부관리를 위한 기술적 시스템들(Technical systems to manage detail)

기술적인 건설 프로그램은 많은 세부사항을 의사소통하게 하며, 문서통합, 저장 및 검색할 수 있도록 한다. 이것을 관리자에게 알려주고 협력을 강화하고, 설계를 향상시키며, 상위 의사결정자에게 보고하게 된다. 이는 인간의 두뇌에 담을 수 없으며, 중간사이즈의 파일 캐비넷으로는 부족할 정도로 방대해졌다.

지난 20년 동안 우리는 이 작업에서 컴퓨터 기술의 막대한 영향력을 보았다. 그것은 결정적인 도구이지만 아주 잘 사용되어지지는 않는다.

(1) 통제(Controls)

Cost, schedule and quality control change when a project becomes a program.

프로젝트가 프로그램이 될 때 비용, 공정과 품질관리는 변화한다.

프로젝트가 프로그램이 될 때 비용, 공정과 품질관리의 고전적인 기능은 바뀐다. 그리고 관리활동이 활발해지는 동안 그 프로그램도 활발히 진행되게 된다.

(2) 프로그램관리 정보시스템(Program Management Information Systems)

Information systems provide a window into the program.

정보시스템은 프로그램을 조망할 수 있는 창이 된다.

좋은 PgMIS는 그들의 프로그램 창으로 복잡한 풍경의 전체를 파악할 수 있도록 경영진에게 제공한다. 온라인, 웹기반 시스템은 프로그램 현황정보를 축적하고, 확장된 프로그램 팀(extended program team)에게 협력적인 지원을 제공하기 위한 기본적인 관리도구들이며, BIM(Building Information Modeling)은 기본적인 설계와 커뮤니케이션을 위한 도구이다.

3) 사람들과 일할 수 있는 능력(An ability to work with people)

Human behavior and interpersonal skills have at least as much to do with success and failure as technical competence.

인간의 행동과 인간관계에 대한 역량은 기술적인 능력만큼이나 성공과 실패를 좌우하는 것이다.

설계와 시공 프로그램에는 많은 사람들이 있기 때문에 대부분의 다수 건설 프로그램에서 일하는 종사자들의 행동에 대한 예측은 종종 성공과 실패를 반복한다.

(1) 리더십(Leadership)

Leadership will define the measurements for success-subtly or with precision.

리더십은 성공에 대한 평가기준을 면밀하고 정밀하게 정의할 것이다.

리더십은 프로그램에 상당한 영향을 준다. 경영진, 사용자, 설계자, 시공자는 프로그램을 운영한다. 리더십은 비용, 일정과 품질의 가치 중 어느 것을 강조하느냐에 따라 영향을 준다. 일정 및 품질에 대한 의사결정과 평가기준은 성능과 성공을 측정하는데 사용된다. 리더는 면밀하고 정밀하게 이를 수행하여야 한다. 이러한 정의는 정기적인 업무나 변화의 허용치에 대하여 영향을 미치게 된다. 리더십은 프로그램 기간 동안 변화할지도 모르며, 이 경우 기준 역시 변화할 것이다.

(2) 팀의 행동(Team behavior)

우리는 함께 일하는 사람들의 개인적 관계, 스트레스와 예측 가능한 행동에 관한 기본적인 메커니즘을 이해할 필요가 있다. 또한 우리는 팀워크의 완성을 위하여, 어떻게 상부상조하고 관리하는지에 대한 방법을 배울 필요가 있다.

과거조직은 지금보다 작았고, 이 조직은 필요할 때 만들었다. 오늘날의 조직은 매우 크며 그들은 지속적으로 존재한다. 미국 전역에는 각양각색의 연속발주자들이 있다. 스펙트럼 한쪽 끝에는 하나의 건축을 혁신적이고 시대의 아이콘으로 부각시켜 건설하는 그룹이다. 또 다른 하나는 반복적이고 매우 평범한 건물을 짓는 발주자이다. 이들 모두의 프로젝트는 정부, 학회와 개발업자의 결과물이다. 그들은 나라의 모습을 바꾸고 있고, 우리가 인생을 보내는 환경을 결정하고 있다.

이러한 프로세스의 변화는 설계와 시공전문가를 훈련시키는 대학에서 보다 큰 이해가 필요하다. 이는 확실히 숙련된 전문가들이 아주 잘 이해할 것이다. 그러나 가장 중요한 것은 우리의 고객을 보다 잘 이해시키는 것이다.

이 책은 보다 나은 사업발주를 위한 프로그램 프로세스에 관한 것이다. 더 나은 사업발주는 시간과 비용을 줄이는 것이다. 또한 보다 나은 설계는 우리 환경에 대한 지속가능성과 기능성을 가진 건물을 창조하는 것이다.

위대한 디자인과 위대한 신뢰성은 동시에 이루어지지 않는다. 우리를 감격시키는 세계적인 건물, 우리의 가장 빛나는 건축가에 의해 설계된 건물은 예산과 일정이 초과되었고, 지붕에서는 물이 샜다. Frank Lloyd Wright의 말을 인용하면 아래와 같다.

> *"물론 물이 샌다. 그래서 우리는 그것이 지붕인 줄 안다."*

역설적으로, 가장 평범한 빌딩과 때때로 추하고 반복적인 건축이 기능적인 측면에서 가장 신뢰할 만한 건물이 되는 경우도 있다.

우리는 그 모순을 받아들일 필요는 없다. 만일 우리가 프로그램 관리 기술에 집중한다면 우리들의 프로세스와 건설생산물을 빛낼 수 있을 것이다. 그리고 우리들은 미적인 것과 실용적인 것을 개선할 것이다.

제1편 프로그램 관리의 프로세스와 조직

순환, 반복과 개선
(Rotaion, Repetition and Refinement)

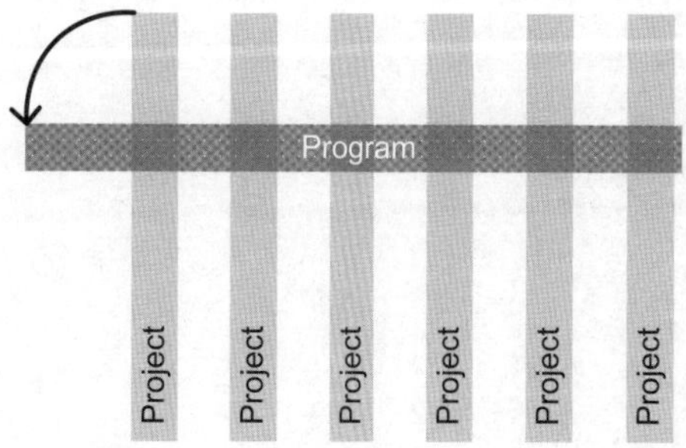

PgMr은 프로젝트 관리자(Project Manager, 이하 PMr)가 갖지 못한 기회를 갖는다. PgMr은 유사성의 발견을 통해서 개별 프로젝트를 검토할 수 있다. 유사성이 있다면, 프로젝트의 작업방법을 프로그램의 작업방법으로 유사성을 순환시킬 수 있다. 그래서 모든 신규 프로젝트를 새롭게 재기획하는 대신, 반복과 개선의 기회를 갖는다. 그 결과 공기, 원가, 품질의 커다란 이점을 얻을 수 있다.

순환은 관습, 일반화의 전환, 프로젝트 지향의 지속적인 공정 활동, 프로그램 지향의 표준 과정을 설명하는데 사용되는 용어이다. 표준공정, 표준제품, 표준인력참여(standard human participation)를 통해 시간과 비용을 절감할 수 있다. 하지만 표준은 고정적인 것이 아니므로, 그들은 지속적인 개선을 위한 기준이 되어야 한다.

사람들은 경험을 통해 일을 더욱 능숙하게 처리한다. 경험은 그들의 프로세스, 작업생산물(work products), 건물을 향상시킨다. 그리고 사람들은 스스로 진보하게 된다.

프로그램에서 얻을 수 있는 순환, 반복, 개선의 양은 프로젝트의 수, 프로젝트의 유사성, 그리고 표준을 준수하고 개선하기 위한 PgMr의 권한으로 된 요소의 조합이다.

순환, 반복, 개선 과정의 요구는 다음과 같다.

1. 유사성을 발견하기 위해 프로그램 내의 프로젝트를 분석한다.

2. 가장 반복적이거나, 표준화 및 지속적인 개선 가능성이 가장 큰 유사성을 도출한다.
3. 프로그램 수준에서 이 표준들을 향상시킬 수 있는 방안에 집중한다.

❖

당신이 무슨 일을 처음으로 시도할 때, 얼마나 형편 없이 수행할지를 생각해보라. 당신이 골프공을 치든, 체스를 두든, 악기를 연주하든, 2차 방정식을 풀든, 벽돌을 쌓든, 자전거를 타든, 학교를 설계하든 상관없다. 그때는 어떠했는가?

We make mistakes the first time we do things. We get better with practice.

우리는 어떠한 일을 하던 처음에는 실수를 한다. 우리는 연습을 통해 나아진다.

우리는 처음에 어떤 일을 할 때는 실수를 한다. 그러나 많은 연습과 실행을 통하여 우리는 배우고 점점 좋아진다. 경험을 쌓고 난 뒤에 것과 처녀작을 비교해 보라. 얼마나 설계와 시공에 향상된 수준으로 적용할 수 있을지를 생각해 보라.

우선 연습에 소요된 시간에 대해 생각해 보자. 모든 골퍼의 꿈은 일관된 스윙(repeatable swing)이다. 그리고 모든 골퍼는 당신이 게임을 하기 위해 멋진 샷을 할 필요가 없다는 것을 알고 있다. 당신은 단지 일관된 스윙이 필요할 뿐이다. 당신은 매홀 파를 하기 위해 좋은 샷을 치기만 하면 된다. 위대한 골퍼들은 스윙을 끊임없이 연습한다.

반복을 통한 개선의 가능성은 생각보다 크다. 내가 타이어를 교체하려면 30분이 걸릴 것이다. 하지만 약간의 연습과 기술을 통해, 타이어 가게의 기술자는 단지 몇 분 안에 교체할 수 있다. 경쟁의 압박 때문에 Indianapolis의 경주용 차량 정비공은 몇 초만에 4개의 타이어를 교체할 수 있다.

그것은 엄청난 향상이다. 나는 타이어를 교체하는데 경주용 차량 정비공보다 500배나 더 오래 걸린다. 프로젝트 발주에서 500배의 개선 잠재력을 가진 업무를 부여할 수 있을까? 우리는 긍정적으로 생각한다.

Improving one process stimulates improvement in related processes.

한 개의 과정을 향상시킴으로 관련된 과정의 향상을 자극할 수 있다.

게다가 만약 당신이 하나의 공정을 개선하면, 관련된 다른 공정까지도 향상할 수 있도록 유도하게 된다. Indianapolis의 경주용 차량 타이어 교체 정비공의 작업이 연료충전 담당자가 연료탱크에 연료를 채우기 전에 작업을 끝나면, 연료충전 담당자는 충전을 좀 더 빨리 할 수 있는 방안을 강구하게 될 것이다.

단일 프로젝트를 고려해 보자. 일반적으로 숙련자들이 업무를 한다. 일부는 도어상세도를 그리기도 전에 이미 갖고 있을 것이다. 그 상세도가 약간 다를 뿐이다. 그리고 일부는 현재 조적공사를 하기 전에 이미 해당 공종을 여러 번 수행해 왔던 사람들이다. 그 방식만 약간 다를 뿐이다. 이들은 일반적으로 현재 업무를 수행함에 있어, 과거의 방식에 약간의 변화를 주어 수행한다.

다른 문제를 살펴보자. 팀은 새로운 프로젝트마다 매번 바뀐다. 일부 사람들은 서로 같이 일을 해본 적이 없다. 그리고 불가피하게 업무는 고유할 뿐만 아니라 일의 조합도 고유하다. 프로젝트의 안과 밖에서 수많은 작업 지연시간이 발생한다. 프로젝트 고유함은 곧 수많은 임의성으로 인해 비효율과 실수를 양산한다.

물론 모든 프로젝트들은 고유한 특성을 갖는다. 표준을 비표준화된 요구사항들에 적용할 때 문제점이 생기곤 한다. 그러나 어느 프로그램 내에서든 항상 유사성을 띈다. 유사성은 해당 건축물을 짓는데 사용되는 유사한 용역, 과정, 제품들의 필요 속에 존재한다. 유사성을 찾고, 임의적인 고유성을 제거하기 위해 노력한다. 그러나 고유성을 스스로 반복적으로 강조하는데 고유한 요구사항이 있을 때에는 고유한 결과를 확신하는 것이 필수적이다.

Every project has unique parts. It's bad to apply a standard to a non-standard requirement.

모든 사업은 고유한 특성이 있다. 때문에 비표준화 된 요구사항들에 표준을 적용하는 것은 쉽지 않다.

우리가 순환에 관해 이야기하면 언제나 발주자나 시설물 관리자들은 종종 그들을 위한 일이 아니라는 반응을 보인다. 왜냐하면 그들은 다른 건물을 지을 것이기 때문이다. 그래서 이번에는 특이한 생각을 해보도록 하자. 순환의 이득을 취하는 것은 표준설계를 하거나 반복적으로 짓는 것이 필요하지 않다. 사실상 우리는 우리의 모든 연구에서 지역사회를 지나가면서 볼 수 있는 주변 풍경에서 프로토타입을 사용하는 연속발주자들을 볼 수 있다.

맥도널드의 설계팀은 초기에 프로토타입설계를 할 때는 Santa Fe 버전의 갈색벽돌 톤의 고유한 미학은 고려하지 않을 것이다. 그러나 전국적으로 사용되는 가장 일반적인 프로토타입 형태도 각 지역 고유의 미적인 부분과 독특한 사이트와 지역의 요구사항을 자주 반영한다.

물론 그런 경우는 드물다. 패스트푸드와 창고형 할인매장은 프로토타입을 생성하고 끊임없이 도안을 만들어 낸다. 일부는 견본을 만들고 추리한다. 그러고 나서 그들의 신 모델을 선보인다. 자동차 산업을 보면 알 수 있다. 다른 경우는 단지 지속적으로 향상시키는 경우이다. 그러나 가장 평범한 프로토타입으로 시공한 발주자조차도 종종 맥도날드 Santa Fe 지점(21쪽 우측사진 참조)과 같이 독특한 조건들에 맞추어 그것들을 수정한다.

그래서 건물은 각양각색의 형태로 나타난다. 한 지역에서는 프로토타입 설계로 고객을 대하고 다른 지역에서는 지방자치제와 같이 건물의 형태를 다르게 하는 프로그램에 따라 고객에게 서비스한다. 아마도 그에 따라 그들은 경찰서, 소방서, 도서관, 행정기관, 골프 코스를 지어야 할 것이다. 그러나 극단적인 경우조차도, 과정과 건설생산물, 시스템 그리고 일을 집행하는 사람들 속에서 많은 유사성이 존재한다.

모든 개별 프로젝트들은 성숙하게 된다. 프로젝트의 성향은 우리 산업계에서 강세를 보인다. 우리는 연속발주자와의 인터뷰에서 이들이 난로의 연통(정보가 서로 교류되지 않는)처럼 프로젝트와 프로젝트의 연계성을 고려하지 않고 각 사업을 다루는 것을 알 수 있었다. 그들은 프로그램적인 생각을 하지 않고, 단지 프로젝트만을 위한 생각을 한다.

그로 인해 우리는 '모든 프로젝트가 다르다' 라는 전형적인 반응을 보인다. 우리는 항상 도전한다고 한다. 우리는 대화로써 학습할 수 있다. 그러므로 우리가 검토하는 모든 프로그램들에서 반복되는 많은 유사성을 확인할 수 있다.

1. 산업계의 순환(Rotation in industry)

우리가 순환과 반복, 개선에 대해 생각하는 것과 동시에 다른 산업계에서는 순환이 어떻게 발생하게 되는지 생각해 보는 것은 제법 가치가 있는 일이다. 실제로 전체 산업은 순환하고 있고 이용할 수 있도록 반복되며 개선되고 있다.

백여 년 전 자동차산업을 살펴보자. 최초에는 단일팀이 한대의 자동차를 모두 조립하는 체계로 되어 있었다. 자동차는 한 장소에서 머물며 모든 조립과정을 거쳤고 근로자들이 앞, 뒤로 이동하면서 부품을 부착시켰다. 건설산업과 마찬가지로 처음부터 끝까지 다른 근로자들이 어떠한 일을 할 때 일부는 주변에서 서 있거나 지켜보았다.

Ford의 조립 순환방식으로 T모델의 생산원가를 $300으로 낮추었다. K모델의 원가는 $3,000이었다.

Henry Ford의 K모델(T모델의 전신)의 원가는 약 $3,000이었다. 1913년 이래로 인플레이션은 거의 2,000%에 달했다. 오늘날 21세기의 현가로 환산하면 K모델 당 가격이 무려 $60,000가 된다. 이는 구식 기계로 발동기도 없고 지붕이나, 문, 창문도 없었다. 각종 기술에 힘입은 근대의 자동차는 $500,000나 나가기도 한다.

자동차 수요가 증가하자 이를 생산하는 1팀 1대 생산방식은 이를 감당하지 못하게 되었다. 그래서 최고의 기술자 중 일부는 공정을 설계하여 공정의 각 단계에 비숙련 노동자를 투입하여 훈련시켰다. 그들은 조립공정을 순환하였다. 각 노동자는 하나의 업무를 맡았고, 한 장소에 머무르며 자동차가 조립라인에서 움직이게 하였다. 품질은 급속도로 증가하고, 원가는 급속도로 감소했다. Ford의 이러한 조립 공정에 따라 T모델의 비용은 대당 $300까지 하락하였다. 이는 K모델의 10% 수준이었다. T모델은 10배의 원가를 절감시켰고 훨씬 우수한 제품이 되었다.

유사한 예로, General Motors(이하 GM)이 Chevrolet, Oldsmobile, Buick and Cadillac을 선보였을 때, GM은 개별 회사에 상관없이 차체 디자인, 엔진 제조, 기계 사용과 같은 많은 기능을 순환시켰고, 최고의 인재와 각 자동차사의 모든 제조 재원을 호환하도록 지원하였다.

1980년대 초 컴퓨터산업에서 순환구조의 가장 좋은 사례가 탄생했다. 오래전 IBM이나 DEC 등 일부 컴퓨터 제조사는 수직적으로 통합된 산업구조를 통해 우위를 차지하였다. 그들은 컴퓨터를 설계하고 각기 고유의 메모리, 프로세서, 프린터, 카드리더기를 만들었다. 그들은 각기 자사의 소프트웨어를 만들고, 이를 판매 및 서비스를 하여 그들의 컴퓨터를 공급하였다.

The computer industry is a spectacular example of rotation.

컴퓨터산업은 순환구조의 가장 좋은 예이다.

당시 시장에서 이 합리적인 가격의 PC 공급은 급증하였고, 수요도 급증하였다. 전체 산업은 순환하였다. Intel이 프로세서를 제조하고, MS가 소프트웨어를 만들었으며, HP는 프린터를 아시아에서 메모리를, Dell은 우수한 공급망 관리로 전문적인 제조업자를 통해 부품을 조립하였다.

또 다시 비용은 급감하고 성과는 증가하였다. 1978년 Intel의 8086의 가격은 트랜지스터 당 $0.012였고 초당 100만MIPS(Million Instructions per Second)에 $480이었다. 1995년에 펜티엄프로의 초기가격은 트랜지스터당 $0.0002센트였고 MIPS당 $4가 되었다. 21세기 초 MIPS당 0.42$가 되었다. 이는 비용이 1,000배 가량 감소된 것이다. 그리고 만약 당신이 최초 전자컴퓨터 시기로 되돌아가 비

The cost benefit ratio in the computer industry has exceeded 10,000X.

컴퓨터산업의 비용대비 편익비율은 1만배를 초과한다.

교해 보면, 비용대비 편익비율이 10,000배에 달한다.

이례적으로 이러한 순환이 반복되어 DEC나 IBM과 같은 수직적 조직을 가진 회사들은 거의 파산하였다. Compaq은 DEC를 합병하였고 이는 나중에 HP에 합병되었다. IBM은 재편되어 다수 협력업체(multiple horizontal producers)로부터 우수한 제품을 통합하여 그들을 지원하는 오래된 소비자들에게 서비스를 공급하고 있다.

The Koreans and Japanese dominate the shipbuilding industry. They lowered cost 20% and shortened schedules 30% by creating a database of standard components that could be assembled into custom-made ships.

한국과 일본은 조선업계를 선도한다. 그들은 주문자 제작방식으로 조립될 수 있는 표준구성요소의 데이터베이스를 만들어 냄으로써 원가의 20%를 절감하고 공기의 30%를 줄였다.

물론 이 산업들은 매우 유사한 상품을 생산한다. 반면 건설산업이 가까운 미래에 자동차산업이나 컴퓨터산업 수준의 순환을 하게 되리라고는 생각하기 어렵다. 아마도 미국에서 건설산업과 가장 유사한 업역은 조선산업일 것이다. 미건설산업연구원(Construction Industry Institute, 이하 CII)는 세계 조선산업을 연구하기 위한 연구비를 제공했다. 근본적으로 조선산업은 한국과 일본이 선도하고 있다. 그들은 시공상세와 공급망 정보를 갖추고 있는 표준선박 '구성요소(building blocks)' 의 '임시 데이터베이스(interim database)' 를 작성하여 비용과 공기를 감소시켰다.

이들 구성요소는 전통적인 건조방식으로부터 순환되어 온 작업구성 요소였다. 이들은 임시 데이터베이스로부터 표준화된 구성요소를 조립할 수 있었다. 이러한 기술로 정형화된 설계를 해냈으며, 미국과 유럽 조선업계와 대비하여 원가는 20%, 공기는 30%를 절감하는 성과를 달성하였다. 이는 거의 5배의 향상을 이루어 낸 것이다.

Rotation increases with similarity and multiple editions and when leaders want to capitalize on specialization, economies of scale, consistency and continuous improvement.

순환은 유사성과 이들의 많은 적용을 통하여 발전하며 리더들은 특수화, 규모의 경제, 일관성과 지속적인 개선을 원한다.

'단일 생산품의 제조는 1차원적인 활동' 이라는 원칙이 있다. 동일상품에 대한 생산수량의 증가에 따라 많은 프로젝트 업무와 생산물, 서비스를 프로그램으로 순환시킬 수 있으며, 새로운 창안이나 새로운 자원의 투입 없이 개별 프로젝트에 활용할 수 있다. 순환은 많은 유사성과 많은 적용을 통하여 특수화, 규모의 경제화, 일관성, 지속적인 개선을 이룰 수 있다.

건설산업의 순환은 초기단계이다. 그러나 점점 발전하면서 개선 중이며, 이는 미국의 한 도시를 통해 시작되고 있다. 고객은 다수 건설 프로그램으로 법원, 학교, 병원, 호텔, 대학, 패스트푸드식당, 식료품점, 대학, 창고형 할인매장 등을 건설한다. 이들 고객 중 일부는 산업계 업무를 변화시키고 있다.

우리 경제가 세계화됨에 따라 회사, 협회와 정부단체들은 통합되어 가고 있다. 일부는 표준화된 시스템과 제품으로 지어진 표준화된 건물을 갖고 있다(다른 건물들은 각기 다른 설비시스템을 갖고 있지만, 이 또한 표준화가 진행 중이다). 대부분 순환구조화 하고, 관리를 표준화하고 있다. 우리는 프로젝트 지향의 산업구조에서 프로그램 지향의 산업구조로 이동하고 있다. 최근 여러 건설 프로젝트를 관리하는 발주자는 프로젝트들의 발주 프로세스를 각각 진행하고, 해당 분야들을 재배치할 수 있는 건설전문가들을 확보하고 있다.

Organizations are getting larger, they have continuous building programs. They add construction professionals to their staff to manage their programs. Our clients are now construction professionals.

조직은 커져간다. 그들은 지속적으로 프로그램을 만들어 간다. 그들은 그들의 프로그램을 운영할 그들의 직원에게 건설의 전문성을 부가시킨다. 우리의 고객은 지금 건설전문가이다.

2. 순환의 세 가지 카테고리(Three categories of rotation)

내가 주제를 이해하는 체계적인 방법을 개발할 때, 가장 우선시한 것은 지속적으로 제공되는 정보를 받기 위한 버킷(buckets)과 같은 카테고리를 설정하는 것이었다. 순환에 대한 사항은 예외가 없다. 순환의 기회를 이해하기 위한 최선책은 세 가지 광범위한 그룹으로 카테고리들을 분류하는 것이다.

1) 사람들(용역업무)(People (services))

발주자는 그들의 건설 프로그램을 운영할 건설전문가(외부 PgMr, 자사직원 또는 둘 다)를 고용한다. 또한 발주자는 다수 프로젝트 업무를 담당할 설계자, CMr나 컨설턴트를 고용할 수도 있다.

2) 프로세스(액티비티)(Process (activities))

동시에 경영자는 팀의 선정, 승인, 의사소통과 같은 수많은 의사 절차를 위한 접근방법을 개발하고 표준화 한다.

3) 건설생산물(빌딩시스템과 자재)(Products (building systems and materials))

세 번째 단계는 대체로 장비, 빌딩시스템, 기능적인 배치, 가끔은 표준화된 건물과 같이 제품을 표준화 하는 것이다.

3. 사람들(People)

건설 프로그램을 대면한 CEO를 생각해 보자. 그들은 설계자나 CM을 관리하기 위해서는 시간이 필요하다는 것을 재빨리 깨닫는다. 그들은 그들이 프로그램을 관리할 수 없으며 건설조직 또

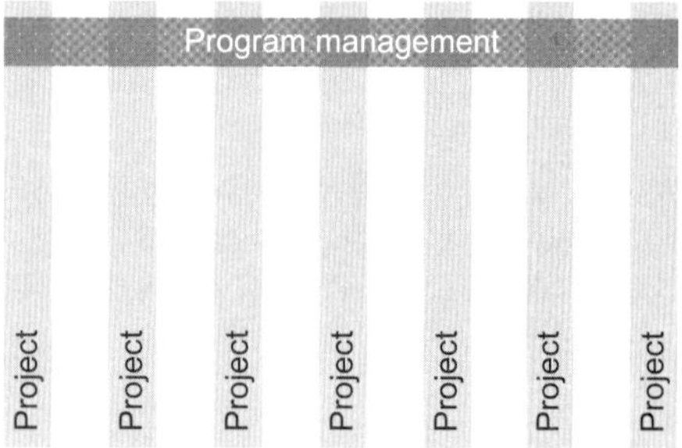

먼저 건설 프로그램을 담당한 조직의 리더는 책임질 누군가를 선임한다. 그리고 프로그램 관리가 시작된다.

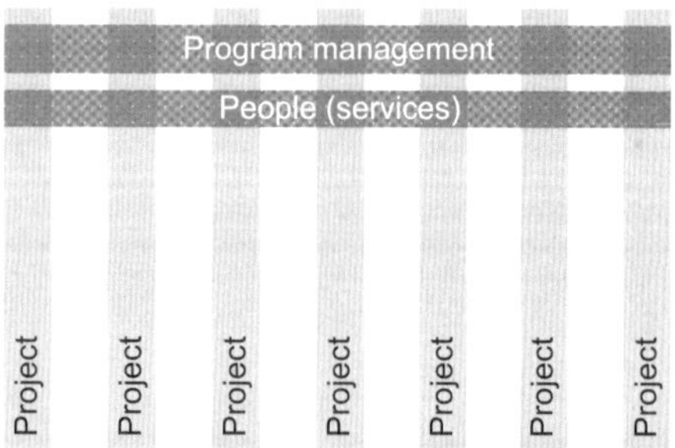

연속성은 다른 서비스에 가치를 부여한다. 그래서 PgMr은 업무 집행에 필요한 무수한 전문적인 서비스를 순환한다.

한 관리할 수 없다는 것을 인지한다. 그래서 우선 그들은 건설을 책임질 누군가를 임명한다. 그들은 임명된 사람들이 건설전문가이고, 이들이 프로젝트를 계속 관리, 감독하게 되면, 더 나은 결과를 가져올 것이라고 믿는다.

그 후 담당자는 팀의 조직을 담당하게 될 신규직원이나 외부업체를 지정한다. 그리고 프로그램 관리가 시작된다. 관리는 첫 번째 순환의 활동이다. 관련자들은 개별 프로젝트의 작업흐름에서 다수 프로젝트의 프로그램 흐름으로 순환한다.

여기에 '순환된' 지속적인 관리의 가치를 알려줄 혁신적인 사례가 있다. CMAA(Construction Management Association of America, 미국CM협회)와 함께 일하는 대형 건설관리 컨설팅회사인 FMI를 통해 지속적인 건설 프로그램을 보유한 발주자를 대상으로 한 설문조사 결과가 밝혀졌다. 7년에 걸친 발주자들에 대한 설문결과는, 견실한 관리팀(자사조직이든 외주조직이든 간에)을 활용한 조직은 그들의 관리비용을 30% 절감시키는 것으로 나타났다.

조직화된 지식의 가치체계는 발전한다. 프로그램 경험의 증대는 팀원들을 효과적으로 관리하는 팀장의 수를 증대시켰으며, 이들의 판단능력을 향상시켰다. 이는 문서나 데이터베이스로 대체 할 수 없다.

동시에 프로그램 관리팀은 전문적인 용역업무를 공급할 수 있다는 것을 알기 시작한다. 이들은 여러 프로젝트들을 수행하면서 항상 건설최고의 지식수준과 업무가 필요하다는 것을 알고 있다. 그래서 그들은 업무를 진행하기 위해 필요한 많은 전문적인 서비스를 '순환' 한다. 그들은 다수 프로젝트를 진행하기 위해서 내부적으로 전문 직원이나 외부조직을 활용한다. 이들은 프로젝트 초기에는 직접 프로젝트 업무를 수행하지 않고, 단순히 외부조직을 활용할 것이다.

프로젝트에 대한 시험이나 검측 또는 지붕공사나 습식, 방수공사, 보안, 조경, 데이터통신 등을 담당할 다른 컨설팅사와 협의하기도 한다. 또는 다른 극적인 예로 그들은 모든 프로젝트를 위한 전체 설계팀을 두어야 할 수도 있다.

일부 좋은 사례가 있다. Parsons는 전체 미국 우체국의 리모델링과 신규공사를 위한 설계와 시공을 관리하였다. Bovis Lend Lease는 영국 석유공사를 위한 업무를 계속 하고 있다. 우리는

Wal-Mart의 4,000번째 지점의 설계업무를 수행하고 있는 BSW를 만났다.

다수 프로젝트에서 단일 설계자를 고용함으로써 발주자의 지출비용을 줄이고, 프로젝트를 개선할 수도 있다. 업무상 여러 건설관련자를 고용해야 하는 공공보다 민간이 단일 설계자를 고용하기 쉽다. 그러나 각 프로젝트에서 개별 설계자를 고용하는 것이 '순환'의 길을 막는 것은 아니다. 설계자는 우수한 컨설팅사를 광범위하게 활용한다. 활용에 대한 비용을 일식으로 단일 설계자의 용역비로 계산하여 발주자의 업무를 줄여준다. 이들 컨설팅사의 주요한 업무는 프로그램 성격에 따라 달라진다.

AEs, like GCs, have a surprising number of specialized subcontractors.

설계자들도 종합건설업자와 같이 전문화된 하수급자들을 많이 가지고 있다.

설계자는 점차 그들 업무의 대부분을 외주로 주는 수급자와 동일한 형태로 되고 있다. 현재 설계자는 매우 많은 전문컨설팅사를 보유하고 있다. 전문컨설팅사는 지붕공사, 방수공사, 시청각 시스템, 통신, 보안, 방재, 접근성, 지속가능성, 위탁관련, 시험과 검측, 가구와 장비, 음향시설, 조명시설, 식당시설, 조경, 그래픽과 사인물, 토목 및 지반공학, 교통, 주차 및 신호공학, 인테리어 설계, 하드웨어 및 잠금장치 등의 업무를 담당한다. 물론 이들 컨설팅사 모두가 모든 사업에 필요하지는 않다. 모든 건물에 지붕을 설치할 것이라고 해서 모두 식당시설이 있는 것은 아니다.

발주자는 이들 컨설팅사들을 '순환' 시킬 수 있다. 이들 컨설팅사들은 특정 프로젝트의 설계자에 의해 고용될 수 있지만, 당 프로젝트 발주자의 특별한 컨설턴트이며, 프로그램 차원의 책임을 부여 받는다. 컨설턴트는 보편적인 수수료를 받고, 그들의 첫 프로젝트을 위한 초안 CAD도면, 기본 시방서 및 프로토타입 설계를 작성할 수 있다. 그와 동시에 이들 표준설계와 시방서는 각기 후속 프로젝트 팀에게 제공될 수 있다. 이들 컨설팅사는 매우 적은 수수료로 이들 후속 프로젝트를 검토할 수 있다. 게다가 컨설팅사는 그 결과를 검토할 수 있고, 각 후속 프로젝트의 결과물을 향상시킬 수 있다.

Many of the subconsultants that AEs use should be program-wide consultants.

설계자가 활용하는 여러 하수급 컨설턴트들은 프로그램에 참여할 수 있는 컨설턴트이어야 한다.

이러한 개념을 설명하기 위해 지붕공사를 예로 들어보자. 우리에게 부여된 업무를 하기 위해 우리는 약 20억 ft^2의 건물을 고려해야 한다. 일반적으로 가장 문제시되는 것은 물에서부터 시작한다. 건축의 4,000년 역사에서 보건데 여전히 물을 제어하는 방법을 잘 알지 못한다. 지속적인 개선으로, 보다 주의를 기울여야 하는 세계적인 시설물에서도 물을 제어할 수 있는 방법을 찾아내기란 쉽지 않다.

이제 PgMr은 건축주가 지정한 컨설팅사가 되어, 최선의 지붕공사와 방수공사 컨설팅사를 선택해야 한다. 지붕공사 컨설팅사는 우선 약정된 모든 수수료를 받으려 한다. 보통은 설계자의 수수료에서 지급해야 한다. 지붕공사 컨설팅사는 시방서와 표준 지붕공사의 도면과 여러 상세도를 준비할 것이다. 이러한 패키지는 시스템의 표준이 된다.

그 후 매번 지붕공사 시스템이 새로운 프로젝트에 필요할 것이고 컨설팅사는 프로토타입 설계와 질의사항에 대한 답변, 도면검토 결과를 설계자에게 제공한다. 이러한 반복서비스의 수수료는 전체 수수료의 약 1/3 수준이 된다[1].

Rotating consulting services would save significant amounts of the consultant' s costs.

컨설팅 서비스의 순환은 컨설팅 비용을 현저히 줄여준다.

이러한 컨설팅 서비스의 순환은 첫 프로젝트 후 컨설팅사의 비용의 2/3를 절감시켜 준다. 표준상세이기 때문에 비용예측 가능성은 높아지고 일정은 짧아진다. 더욱이 지붕공사 후 각 부위의 표준상세를 검토함으로써 지붕공사 시스템의 지속적인 개선이 가능하다. 이로써 유지관리 비용은 절감되고 과실도 줄어든다. 이제 우리는 물이 새지 않는 지붕을 정말로 갖게 된 것이다.

물론 접근방향은 매우 다양하다. 만일 정치적인 이유로 여러 컨설팅사를 고용해야 한다면, 발주자는 평지붕 및 경사지붕을 담당할 수 있는 지붕공사와 방수공사 컨설팅사에 대해 각각 두 개 사를 고용할 수 있다. 경제성은 비슷하지만 약 세 배의 개선효과가 있다. 유사한 접근방법으로 다른 컨설팅사에도 적용될 수 있다.

Most things cost less in larger quantities.

대부분 양이 많아질수록 비용은 감소한다.

발주자들은 대량 구매할 때 일반적으로 거래효과를 얻을 수 있다고 본다. 그러나 규모의 경제는 통상 생산물보다 조달측면에서 효과적이다. 여러 프로젝트를 위해 창문을 구입하는 경우 10%를 절감할 수 있지만, 보다 나은 설계를 하는 것은 10% 이상을 절감할 수 있다. 만일 하나의 좋은 아이디어를 발굴해 낸다면, 어떤 상세공사는 비용이 절감되거나 사라진다.

건축물은 우리 경제에서 설계비용 전체에 거의 대부분 시달

---

1. 비용절감분을 견적할 때 우리는 대형회사이고, (우리 개인적인 의견으로) 매우 경쟁력 있는 지붕 및 방수/방습공사 전문컨설턴트사인 Inspec사의 Fred King에게 의뢰했다. Inspec사는 Minesota 대학에 대한 용역을 수행한다. 다른 컨설턴트들은 다른 수수료 조건으로 업무를 수행하겠지만, 결과는 동일할 것이다.

려야만 하는 흔한 건설생산물일 뿐이다. 만약 iPod의 설계비용이 단일 제품에 포함된다면 그 가격은 매우 비쌀 것이고, 우리는 iPod을 갖기 힘들어 질 것이다. 우리가 하나의 개별 프로젝트를 다룰 때, 우리는 많은 대안을 검토하고, 많은 실험을 수행하고, 많은 과정을 효율화 하기 위한 시간과 돈이 충분하지 않을 수도 있다. 하지만 PgMr은 이와 같은 노력으로 다수의 프로젝트에 적용할 수 있고, 지속적인 이윤을 얻을 수 있다.

4. 프로세스(Process)

이를 시도해 보자. 다수 프로젝트들의 프로그램 중에서 몇 개의 프로젝트를 고르자. 설계와 시공의 공정을 도식화하자. 당신은 계약, 요구사항정리, 의사소통, 의사결정, 문서화, 인가, 조정 등에서 많은 반복적인 과정들을 발견할 것이다.

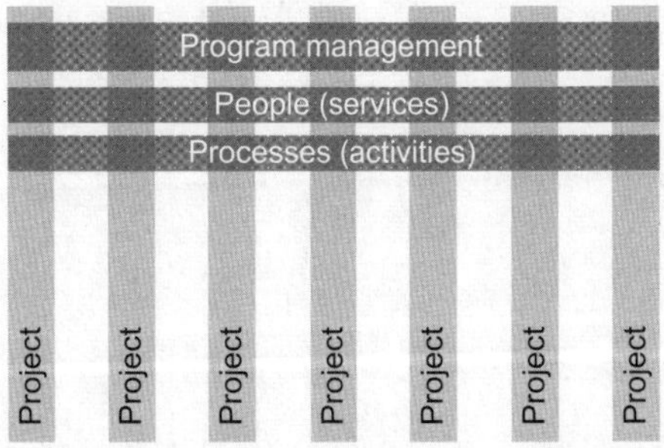

이는 계약, 요구사항의 정리, 의사소통, 의사결정, 문서화, 인가, 통제 등에 많은 반복적인 프로세스가 있다.

매우 많은 사람들이 건물을 짓는데 관여하고 있기 때문에, 모든 팀이 참여하는 프로세스를 디자인하는 것 – 의사소통, 협조, 협약서의 계획 및 작성 – 은 건물을 설계하는 것만큼 중요하다.

그래서 이들 반복적인 과정에 대한 생각에서 우리는 스스로에게 되묻는다. 타이어 교환의 예가 보여주듯, 500배의 이익 효과를 순환시킬 수 있지 않을까 하고 말이다.

여기 한 가지, 여러 우수한 프로그램 발주자는 이미 선정한 숙련된 팀이 있다. 보통은 주 단위 또는 월 단위로 설계나 시공 계약을 한다. 발주자의 담당 변호사는 설계자나 CM의 담당 변호사와 만난다. 참석자들은 고객의 잠재위험에 대해 다소 빈정대는 투로 시간을 보낸다. 그들은 논점에 대해 언쟁하고, 그들 각자의 고객과 개별 임시 중간미팅을 계획한다. 변경은 번잡한 절차를 통해 이루어진다. 다자간 미팅은 일정상의 상충에 의한 지연을 감수해야만 한다.

일부 발주자는 그들의 용역수행자와 만나서 공정한 표준계약서를 작성하여 문제를 해결한다. 그들은 입찰안내서(Request of Proposals, 이하 RFP)에 그 표준계약서를 포함시키고 질의내용을 정리하여 회사에 답변한다. 이러한 피드백 과정은 기본 계약사항에 지속적이고 점진적인 개선을 만들어 낸다. 처음부터 계약이 공정하였다면, 마지막 계약은 만남 없이 서명만으로 이루어진다. 이러한 과정은 HEB의 바조이스트(bar joist)만큼 프로젝트 기간조정에 도움을 준다. 이는 약 500배의 효과가 있다.

연속발주자는 통상 산업기준을 응용하여 프로젝트 발주 프로세스를 개발한다(하지만 현재 프로젝트 발주를 위한 산업기준이 사라지고 있다). 유능한 PgMr은 상호간 효율적으로 일할 사람들을 구하기 위해 그들의 명확한 비전을 설정하고 전문가의 지적 경험을 극대화하기 위한 도구를 개발하며, 정보시스템을 설정하고 같이 일할 수많은 사람들의 효율적 협업 프로세스의 명확한 방법을 찾는다.

PgMr은 모든 이들이 무엇을 해야 하는지 알게끔 하는 프로세스를 필요로 한다. 1990년대에 우리 회사는 전기와 인터넷에 기반한 개별 고객 맞춤형 매뉴얼을 개발하였다. 온라인 양식과 많은 절차와 지침을 수록하였다. 한 수급자가 온라인에 접속하면 발주자의 지급명령을 읽을 수 있었다. 그 이후에 수급자는 대금 지급용 온라인 양식을 사용한다. 여러 다른 조직에서 이와 같이 하고 있다.

프로젝트를 재빨리 규정하고 정보를 모으는 기술은 중요한 과정에 대한 개선의 단적인 예이다. Hines는 세계도처에 수많은 오피스빌딩을 건립했다. Hines의 사람들은 국제적으로 유명한 설계자를 고용하였는데 그들은 창조성, 독창성, 세계 수준의 디자인을 통해 최상급 회사를 고객으로 유치하였다.

Hines는 세계 어느 발주자보다 우수한 건축물을 짓고 있다. 만약 당신이 Hines의 모든 오피스빌딩를 보게 되면 모두 다르다는 것을 알게 될 것이다. 건물의 독특한 외관에도 불구하고 해가 거듭될수록 Hines가 개선하는 많은 유사성이 있음을 알 수 있다. 그들은 동일한 5ft 모듈을 즐겨 사용한다. MEP 시스템, 천장 조명 시스템, 승강기, 문틀, 구조구획, 하드웨어 등은 전부터 즐겨 사용하던 것들이며 점차 개선되어지고 있다.

모든 Hines 오피스빌딩은 다르다. 하지만 Hines의 조직들이 수년에 걸쳐 개선한 건축재료와 시스템은 여러 유사점이 있다.

잠재 고객과 지역에 따라 가격이 다른 각 시스템의 이용으로 몇몇의 다른 선택이 가능하다. Hines가 프로젝트를 시작 했을 때 화장실, 로비층고, 승강기 마감재 등과 관련된 45쪽짜리 체크리스트가 있었다. Conceptual Construction Group을 경영하는 Jerry Lea는 매 신규 프로젝트의 목록을 상세히 기술하고, 프로젝트의 첫 몇 주간에는 설계자와 지역 Hines팀으로 하여금 이러한 아이템을 결정하게끔 하였다.

또한, Hines에는 프로젝트의 혼란을 줄일 수 있는 제안검토 과정이 있다. Hines는 착공 전에 제출물 워크샵을 개최한다.

일반적으로 프로젝트의 진행 과정 중에 제안이 나오기 시작한다. 이는 작업을 지연시킨다. 이후 마지막으로 누군가 최종적으로 제안사항을 검토하게 된다.

이는 이슈를 해결하기 위한 몇몇 모임을 촉진시킨다. 일정상의 상충으로 몇 주를 보내게 된다. 그렇기 때문에 프로젝트 일정은 늦어진다. Hines는 프로젝트 시작 전에 모든 것을 한다. 그들은 설계자에게서 가져온 주요 부수적인 내용을 한자리에서 살핀다.

여기 생산물 '순환'의 다른 예가 있다. Rice 대학은 건물이라는 최종 생산물의 미적인 개념을 순환시켜 왔다. Cram, Goodhue, Ferguson에 의해 본래의 설계개념이 정립되었다. Ralph Adams Cram은 학교용 기준을 제정하고 건축양식을 고안하였다. 건축물은 신 비잔틴 또는 비잔틴 로마네스크로 자주 불리었다. 이는 독특하며 학교에 대한 비전을 향상시킨다.

Rice 대학의 역사교수인 Stephen Fox는 Rice의 초기를 다음과 같이 기술했다.

> *"Rice 대학의 건축물은 의지의 비상한 단면을 나타낸다. 그것은 문화적 기관의 정체성을 대표하도록 고안되었다. 왜냐하면 기존에는 정체성 없이 신축되었기 때문이다[2)]".*

건축물은 신규 대학의 상징으로서 대학을 세련되게 해준다. 비록 오늘날 Rice 대학이 세계적인 건축가에게 건물설계를 의뢰하지는 않지만, 설계원안의 미적연속성(aesthetic continuity)을 유지하고자 그들에게 자문을 받는다. 어느 누구도 재료나 외관구성 요소들에 대한 결정을 논의하지 않는다.

Austin의 Texas 대학 또한 20세기 초에 설립된 위대한 건축의 전통이다. 이 대학은 현명하게도 건축적 유산을 가치 있는 자산으로 생각하며 이를 보존하고 있다[3)]. 그래서 이 대학은 미적설

Rice 대학교는 최종 건설 생산물인 건축물에 대한 미적 개념을 순환해 왔다. Lovett Hall(위)은 1917년에 건축되었고, Baker Hall(아래)은 80년 뒤에 지어졌다.

2. Stephen Fox, Rice *University; an architectural tour*, Princeton Architectural Press, 2001. p. 2.

계의 지칭을 매뉴얼로 발전시킨 Cesar Pelli에게 요청하였다. 이들 지침은 건축가에게 제공하여 설계과정을 촉진시키고, 환경의 미적연속성을 유지관리하고 있다.

5. 건설생산물(Product)

건설 프로그램이 개별적인 프로젝트의 연속이라고만 생각한다면, 각 프로젝트는 분리된 팀에 의해 운영되는 분리된 지적 굴뚝(intellectual smkestack)과 같다. 실패한 프로젝트는 다른 프로젝트에 교훈을 준다. 때때로 설계자들은 좋은 건축물을 생산하지만, 새로운 설계자에 의한 건축물은 지난 것 보다 나아지는 경우가 많지 않다.

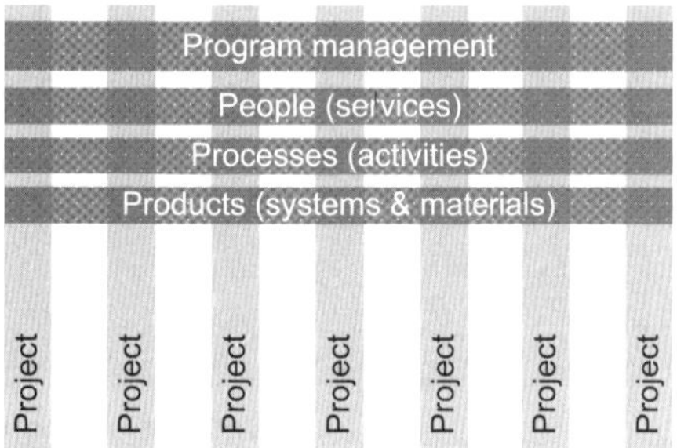

비록 프로그램에서 건물은 각기 고유할지라도 많은 요구사항들은 일반화될 수 있으며, 많은 건설생산물들은 여러 프로젝트에서 활용할 수 있다.

비록 독창적인 설계로 발주자가 건물을 요구할지라도 수많은 기능적 요구사항은 일반화될 수 있다. 예로써, 교육기관은 다른 교과목을 위해 각기 다른 건물이 설계되길 원할 것이다(수학과 건물, 영어과 건물, 기술공학과 건물 등). 하지만 교수실, 교실, 실험실, 화장실, 기숙사와 같이 동일한 요구사항을 가진 건물들로 구성된다. 그리고 지붕공사, AV, 데이터통신, MEP, 조명 등과 같은 빌딩시스템은 반복된다.

이들 유사성들은 각기 쉽게 지속 발전하는 '프로그램'이 될 수 있다. 성과를 증진시키고 비용을 절감시키는 PMr은 그들이 축적한 경험으로부터 배울 수 있다. 그들은 최선의 기능적 구획을 반복할 수 있다. 그들은 빌딩시스템을 개선시키고 유지관리 항목을 최소화 시킬 수 있는 장비를 선정할 수 있다. 그들은 한정된 자원과 심화되는 경쟁 속에서 지속적으로 존재할 수 있는 좋은 건축적 실적을 만들 수 있다. 가장 중요한 것은 새로운 것을 재발견하거나 더 못한 것을 생산하는 것 대신 최고의 경험(the last set of experience)에 의지하여 각 프로젝트를 만들어 갈 수 있다는 것이다.

With standards, owners won't need to fight political battles with their users for capricious requirements on every project.

표준을 갖고 있는 발주자는 모든 프로젝트에 사용자의 변덕스런 요구사항에 대한 정치적인 다툼을 하지 않아도 된다는데 있다.

관리자의 삶도 마찬가지로 향상될 것이다. 만약 발주자가 성능기준과 빌딩시스템 표준을 갖고 있다면 그들은 매 프로젝트에서 사용자들의 수시로 변하는 요구조건에 따라 다툴 필요가 없다. 원가관리는 용이해질 것이고 발주자가 제기하는 설계변

3. Cass Gilbert, Paul Phillippe Cret, James M, White and Herbert M. Greene are considered the visionary architects who set the aesthetic style for the campus.

경은 시공기간 동안에 감소할 것이다.

우리가 관리하는 큰 규모의 지역사회 대학 건설 프로그램 사례에서 책임자는 자본 개선 프로그램을 관리할 수 있는 복합적인 설계자들을 고용하여 만족하였다. 원래의 계획은 다섯 개의 캠퍼스에서 각각 설계자를 고용하는 것이 였다. 그러나 얼마 후 바로 다섯 명의 책임자들은 공간(다섯 개의 서로 다른 시스템, 다섯 개의 서로 다른 교수실, 교실 등과 같은)을 가지고 그들의 설계자를 경쟁시키는 것을 알게 되었다.

우리는 '프로그램 정의' 단계를 위해 하나의 설계자를 고용할 것과 프로젝트의 실행단계에서는 다수의 설계자들을 고용할 것을 제안하였다. 발주자들은 우리의 충고를 받아들였다. '프로그램 정의 설계자(program definition AE)'는 마감, 접근가능성의 표준, LEED 요구조건, IT통신 지침, 조경 및 관개시설, 가구 및 장비선정, 보안표준과 에너지 코드 등을 설정했다. 그리고 나서 프로그램 정의 설계자는 조명, 음향, 온도 및 실내 공기질, 설계된 일반 및 교수실 같은 반복적인 공간에 대한 표준을 정했다. 프로그램이 진전됨에 따라 프로젝트 설계자들은 각 건물을 위한 시방들을 정리하였고, 일은 잘 진행되었다.

다음은 표준화된 건물설계가 없는 순환의 또 다른 예이다. 스타벅스는 공항, 업무시설, 서점, 쇼핑센터와 같은 특정 지역에 까페를 짓도록 한다. 우리는 약 30개소의 스타벅스 매장 시공을 관리하였다. 우리는 어느 곳 하나도 서로 같지 않다는 것을 쉽게 알 수 있다. 매장은 서로 다른 건물에 입주한다. 가끔 스타벅스는 독립건물을 짓지만, 백화점이나 기타 어느 타입의 건물이든 간에 주변 건물설계와 맞추어 설계하였다.

따라서 스타벅스는 프로토타입 건물이 없다. 하지만 가구, 장비, 마감재는 표준화하였다. 스타벅스는 그들의 자재를 대량으로 구입하고 대형창고에 저장하고 건설현장에 이를 운송한다. 이 러한 표준방식은 설계시간을 단축시켰고, 대량 구매방식은 비용을 절감시켰으며, 대형창고는 시공기간을 단축시켰다. 그리고 소비자가 기대하는 일관된 조건으로 배송된다.

내가 가장 좋아하는 사례 중에 남서부의 대형 식료품매장인 HEB가 있다. Howard E. Butt는 그의 식료품매장에서 그들이 할 수 있는 지역공동체의 미학을 존중하고 따르는 정책을 설정

Starbucks can't design a prototype building. But Starbucks can standardize the cabinetwork, equipment and finish materials and deliver the environment its customers expect.

스타벅스는 표준화된 건물을 설계하지 않지만 소비자의 기대에 따른 환경에 부합하게 가구, 장비, 마감재 등을 표준화한다.

했다(그의 아들 Charles Butt는 의장이고 같은 정책을 실행한다). 따라서 매장에는 주변과 접목하는 외관처리 방침이 있다. 일반적인 강철구조 디자인으로 상세설계도의 준비, 승인, 제작, 발주 및 조립공사 등이 주요한 업무였다. 그래서 HEB는 표준화된 구조에 단지 하나의 표준크기 철근조이스트를 사용하기로 결정했다. HEB는 수년째 대량으로 공급되는 하나의 철근조이스트를 사용하고 있다. 여기서 철근조이스트 재료비를 다소 절감시켰지만, 조달기간의 혁신으로 몇 달의 사업기간을 단축할 수 있었다. 또 다른 미국방식료청(Defence Commissary Agency, 군사기지에 식료품점을 건설하는 기관, 이하 DeCA)의 시공자는 세계의 군사기지에 식료품점을 건설한다. 대부분의 기지에 설계지침(설치호환지침서)이 있다. 서로 다른 외장재, 창호 및 지붕라인을 요구하는 몇몇 기지는 규모가 더 커서 더 큰 식료품점을 필요로 한다.

DeCA는 스타벅스처럼 프로토타입 건물을 지을 수 없다. 그러나 DeCA는 표준화된 레이아웃, 구조, MEP 시스템, 가구, 선반, 냉장고, 계산대, 프레임 등을 디자인할 수 있다. DeCA는 개별 기지 요구사항에 적용할 수 있는 8가지의 프로토타입 레이아웃을 가지고 있다. 시설물표준 검토위원회는 재검토하여 프로토타입을 업데이트 했다. 아이디어는 온라인 채팅방과 웹사이트를 통해 제공되었다. DeCA는 자주 프로토타입을 변화시킨다. 한 변경사항은 San Francisco 또는 New Orleans 지점에 있는 생선시장을 추가할 수 있다.

Many programs hire individual AEs for each project who then replicate each other's work endlessly.

많은 프로그램은 각 프로젝트를 위해 개별적으로 설계자들을 고용하고 그들은 끝없이 서로를 모방해야한다.

대부분의 PgMr은 각 프로젝트에 대해 개별 설계자들을 고용한다. PgMr이 프로그램 표준을 설계팀에 알리지 않는 경우, 설계자들은 처음부터 건물을 설계할 것이다. 다른 설계자가 이전 건물에서 얼마나 많이 조명, HVAC, 구조와 같은 기본적인 요구사항을 만족스럽게 정립하였더라도, 그들은 이러한 기본적인 요구사항부터 분석할 것이다. 종종 그 중에는 새로운 설계안보다 더 좋은 기존 설계안이 있을 것이다. 이는 지속적인 개선이 아니다.

반대로 말하면, 우리가 인터뷰했던 연속발주자들은 유사한 요구사항으로 건물을 지었으며, 각각이 독특해야 한다는 생각을 버렸다고 한다. 그들은 요구사항이 독특할 때에만, 독특한 구성요소로 설계한다. 그 후, 그 요구사항이 변경되지 않을 때, 그들은 표준을 사용하거나 표준의 마지막 버전을 개선하기 위하여 노력한다. 일부는 큰 효율성을 가진 이러한 표준을 적용하기 위한 방법을 찾는다.

LAUSD는 미국에서 가장 큰 건설 프로그램을 갖고 있다(2007년 당시 $192억). LAUSD의 정책은 그들의 학교가 그들 지역사회의 건축성격에 적합해야 한다. 그래서 각각의 프로젝트는 설계안이 개별적이다. 그리고 여러 공공고객들처럼, LAUSD 직원들은 그들이 지역사회에서 반드시 여러 다른 건축사사무소와 일해야 한다고 생각한다. 그들은 또한 최고(trophy)의 건물을 위하여 소수의 유명한 회사를 고용한다.

학교건물의 첫 번째 라운드에서 그들은 건축가에게 낱장으로 된 좋은 학교의 특성을 묘사한 3쪽짜리 안내서를 주었다. 몇 년 후, 첫 번째 라운드에서 그들의 특성이 반영된 좋은 설계안의 CAD 도면과 시방서가 들어있는 CD를 다음 라운드의 학교 프로젝트에 제공하게 되었다. 이 CD는 좋은 부지의 배치부터 도서관 출납책상 설계까지 모든 것을 포함하고 있었다.

교훈: 순환이라는 개념으로부터 건물 전체에 대한 프로토타입을 고려할 필요는 없다. 시설물의 일부를 프로토타입 순환에 의해 생산성을 향상시키는 방법은 여러 가지가 있다. 그리고 다른 부분은 독특한 요구사항을 포함하는 설계안으로 충족시키면 된다.

Buildings don't have to be prototypes to benefit from rotation

건물 전체가 순환의 장점을 위해 표준화 될 필요는 없다.

6. 모두 함께 일한다(All together now)

만약 PgMr이 자발적으로 순환을 책임지고 맡는다면, 세 가지 카테고리(사람, 프로세스, 건설생산물)가 함께 순환할 때, 성공의 기회는 점진적으로 증가한다.

The chance of success increases if all three-people, process and products-are rotated.

성공의 기회는 세 가지, 즉 사람, 프로세스, 그리고 건설생산물 모두가 순환될 때 증가한다.

만약 그렇지 않다면, 실패할 가능성이 높다. 예를 들면 공군은 막사에 대한 '확고한 설계(definitive design)' 를 하기로 결정했다. 공군 직원은 그 요구사항들이 모든 기지에 일관성이 있어야 한다고 생각했다. 그래서 설계자를 고용하여 그러한 설계를 개발했고, 그것을 여러 기지로 보냈다. 원하는 설계 및 시공안을 가지고 있는 기지들은 그들의 설계자를 고용했다.

이 세 가지 카테고리가 동시에 순환되고 아래 사항들이 갖추어진다면, 분명 효과가 있을 것이다.

1. 그들이 적용했던 확고한 설계안을 검토하기 위한 시간(the process)
2. 표준설계를 적용할 강력한 방침(the product)
3. 표준설계의 현장적용성을 감독하기 위한 설계자와의 계약(the people)

7. 표준과 개선(Standards and improvement)

A standard should be a current working standard (CWS) that is subject to continuous improvement.

표준은 지속적인 개선을 위하여 현재작업표준(CWS)이 되어야 한다.

순환은 비용과 시간만 절감시키는 것이 아니라, 품질 또한 향상시키는 장점이 있다.

프로세스와 건설생산물의 표준을 수립하려는 움직임은 "순환할 수 있는 것은 무엇인가?"라는 질문에 대답하는 것에서 출발한다. 대규모의 프로젝트를 수행하는 미조달청(General Services Administration, 이하 GSA)은 설계자들에게 제공하는 여러 표준서가 있다. 하지만, 내가 GSA의 표준에 대해 설계자와 대화할 때, 나는 그들의 불쾌한 모습을 본다. 가장 뛰어난 설계자들의 표정이 어두워진 것이다. 이러한 표준노트가 프로젝트에 새롭게 적용되는 기술의 혁신이나 자신의 창조적인 생각을 저해 할까봐 걱정을 한다. "그러나 이 반대가 실현되어야 한다." 표준서를 가지고 있는 조직은 항상 현재작업표준(Current Work Standard, 이하 CWS)을 위하여 각각의 표준서를 참조해야 한다. CWS는 누군가 더 좋은 생각을 제시할 때까지 존재한다. 표준서는 쓸데없이 낭비하는 시간의 비용과 프로젝트가 악화되는 가능성을 감소시킨다. 개선하고자 하는 기준점으로서의 표준을 설명하고자 하는 프로젝트팀을 격려해야만 한다. "표준은 우수하지만, 개선은 위대하다."

최고의 연속발주자들은 그들 자신의 표준을 버리지 않는다. 그들은 끊임없이 그들을 조정한다. 한편 만약 더 좋은 생각이 아니라면 그들은 CWS를 현재 프로젝트에 적용하고, 현재 사업발주방식에서 효율성을 얻는다. 이는 분명 모든 프로젝트에서 모든 부분을 새로 창출해야 하는 것과 다르다.

대부분 대형 건설 프로그램은 몇 년간에 걸쳐 진행되는 프로젝트가 있다. 그러나 그들은 예산과 일정을 충족해야 한다. PgMr이 유사한 표준으로 프로젝트들을 건설한다면, 시간과 비용은 더욱 예측가능할 것이다. 더 나아가 PgMr은 비슷한 프로젝트와 더 경제적인 것을 찾아 처리할 것이다.

시설물 원가는 전체 비용에 비하면 극히 일부분(보통 10% 미만)에 지나지 않는다. 에너지 소비, 운영 및 유지관리의 사후 평가는 지속적인 개선 프로그램에 의해 피드백 된다.

나는 Barbara White Bryson과 대화를 했다. Barbara White Bryson은 Rice 대학에서 설계와 시공을 담당했다. Barbara는 정해진 일정과 예산 내로 설계하는 세계 최고의 건축가이다. 그녀는 개선을 위해 끊임없이 전통 프로세스와 조사를 문제시 한다. 그녀는 Rice 대학에서 상부관리자 한 사람과 대화를 반복했다. 그는 모든 작업흐름이 끝난 것이라면 예산절감을 얼마나 할 수 있을지 그녀에게 물었다.

How much would we save if everything were done right?

모든 일을 제대로 한다면 우리는 얼마나 예산절감을 할 수 있을까?

"얼마나 절약될 수 있을지 누가 알고 있겠는가?" 아마도 5% 또는 10%이다. 아마 그 이상일 수도 있다. 그러나 우리는 질문에 대한 몇 가지 개선에 대하여 논의했다.

첫 번째로 각 프로젝트는 고유한 하나의 작업방법만을 가지면 이는 올바르게 가지 않는 것이다. 우리는 어떤 일을 처음 할 때만 실수를 하는 것이다. 즉, 우리는 실천을 통해서야 좋은 결과만을 얻을 수 있다.

We make mistakes the first time we do something; we only get it right when we practice.

우리가 어떤 것을 할 때 처음에는 실수를 한다. 그러나 반복적인 실습과 실행이 이러한 실수를 바로 잡아준다.

두 번째 우리가 업무를 '순환' 하고 그것에 초점을 맞추면 초기건설단계는 올바르게 가고 있는 것이다. 그것은 5~10% 향상을 얻을 수 있다. 그러나 연습, 그리고 때로는 새로운 기술을 통해 우리는 거대하고 막대한 이익을 생성할 수 있다.

따라서 더 나은 질문은 "얼마나 순환할 수 있는가? 그리고 순환생산으로 무엇을 절약할 것인가?" 일 것이다.

독특한 건물을 설계하는 것 대신, 우리도 진행될수록 보다 나아질 수 있는 반복과 개선을 통해 우리의 설계를 훌륭하게 마무리할 수 있는가? 우리는 그렇게 생각한다. 그리고 이 책을 위한 자료수집 및 연구에 관련된 사람들도 그렇게 생각한다. 게다가 그들은 그것을 수행하여 그것을 증명했다.

Must each building be a unique work of art or will we have better architecture with repetition and refinement?

각각의 건물은 독특한 예술작품이어야만 하는가? 아니면 반복과 개선되는 더 나은 건축물을 가질 것인가?

8. 순환의 장애물(Barriers to rotation)

설계와 시공은 전통적으로 프로젝트이지, '프로그램' 을 지향하지 않는다. 전통은 변경하기 어렵다. 전통은 하나의 프로젝트에

Tradition governs the relationships.

전통은 관계를 지배한다.

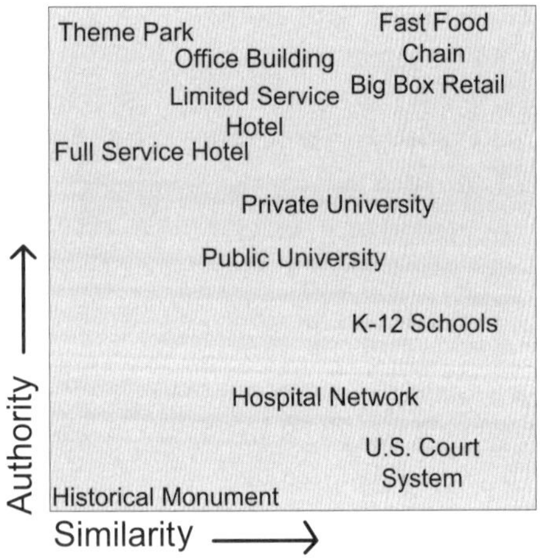

서 포함하는 수많은 조직 속의 관계를 관리한다.

시간과 돈을 절약하며 지속적으로 실행하는 것에는 변경이 요구된다. 그것은 변경의 방안에 대한 권위를 가진다. PgMr이 건설 프로그램의 제어를 완벽하게 할 수 없다(실제로 완벽하게 제어하는 사람은 없다). 위원회, 사용자와 관리자 모두 영향을 발휘한다. 설계자들은 의견을 가진다. 거기에는 많은 권한을 갖고 있는 기관이 있고, 그들이 제시하는 문제들을 통과해야 하는 승인사항들이 있다.

프로젝트에서 프로그램까지 사람, 프로세스, 건설생산물을 순환시키는 능력은 그 건축물의 유사성에 있는 것뿐만 아니라 PgMr의 권위에도 있다.

프로그램을 통해 표준화 및 지속적인 개선을 실행하기 위해서, PgMr은 변경을 독려하고 표준을 강화할 수 있는 권위가 있어야 한다. 개별 프로젝트는 독립적인 아이디어를 가진 지적인 사람들로 구성된 광범위한 조직에 의해서 실행될 것이다.

물론 어느 PgMr도 늘 우세할 수 없다. 변덕스러운 아이디어와 즉흥적인 생각을 가진 힘 있는 사람은 표준에 대한 변경을 요구할 것이다. 그러나 PgMr은 그 사람이 영향을 미칠 수 있는 지속적으로 개선할 부분을 파악해야 하고, 그 사람의 업무를 벗어나는 영역에 대해서는 자신만만하게 대처해야 한다.

어느 날, Sid Sanders는 왼쪽 상자와 유사한 도표를 스케치 했다. 그의 요점은 순환의 정도가 프로그램에서 건물의 유사기능뿐만 아니라 PgMr이 가지는 권한 정도에도 있는 것이었다[4].

그 점을 설명하기 위해 그는 다이어그램을 그리고 우리는 그것을 함께 기입했다. 우리의 추측은 패스트푸드 체인과 창고형 할인매장은 PgMr이 프로젝트에 대해 상당한 권한을 가지고 있고, 그 시설물은 유사한 요구사항을 가지고 있다는 것이다. 그래서 그들은 상당부분을 순환할 수 있다. 오피스빌딩의 개발자는 많은 권한이 있을 수 있지만, 프로젝트의 유사성은 지역 시장과 지가에 의해 영향을 받을 것이다. 제한된 서비스를 제공하는 호텔은 풀 서비스를 제공하는 호텔보다 더 많은 유사성을 가질 것

4. Sid는 그 당시 Texas 대학의 시설물계획/설계/시공팀의 팀장이었다. 그는 현재 Texas의 Houston에 위치한 Methodist Hospital 조직의 시설물관리 및 시공팀 팀장이다.

이다. 역사적인 기념물은 완전히 독특한 요구사항이 있으며, 그 설계에 영향력이 있는 여러 그룹에 적절하다. 미국 법원은 비슷한 요구사항들이 있지만, 지역 판사가 디자인을 통제한다. 테마파크의 PgMr은 높은 권한이 있을 수 있지만, 건물 요구사항들은 매우 독특할 것이다.

9. 순환과 설계 (Rotation and design)

이 장의 반복되는 메시지는 처음 일할 때는 실수도 하고, 처리속도도 느리다는 것이다. 효율적이고 신뢰할 수 있는 결과는 반복과 학습으로부터 왔다. 이는 필연적으로 건축이 예술과 각 건물을 독창적으로 창조해야 한다는 것을 느끼는 많은 건축가들 사이에서 우려가 되기 시작했다.

건축의 전통은 모든 건물이 고객에 맞도록 설계되는 것이다. 그것은 그 지역의 독특한 특성에 적합해야 한다. 어느 설계자도 다른 것을 복사하고, 그 자체를 반복하지는 않는다. 조명을 위한 기본설계 결정, HVAC 및 구조는 각 프로젝트에 대해 새롭게 검토해야 한다.

전통은 직업에 베어든다. 의심할 여지도 없이, 그것은 여러 고객의 태도를 설정한다. 그리고 실제로 많은 프로젝트는 독특하고 고유하다.

하지만 한 고객이 그 생각에 질문을 던졌다. 그 질문의 핵심은 바로 "독특한 건물을 각각 개별적으로 설계하는 것 대신, 우리의 진행과정에서 반복과 개선을 통해 더 나은 설계를 할 수 있을까?" 였다. 우리는 그렇게 믿고, 그렇게 되는 것을 보고 있다.

훌륭한 설계를 좋아하는 많은 사람들을 위한 희망은 있다. 실력 있는 건축가는 현재 건설환경 그 이상으로 영향력을 행사할 수 있다. 만약 Michael Graves가 Target 매장을 위해 차 주전자와 같은 설계를 한다면, 이유를 불문하고 그것은 연속발주자를 위해 설계하는 것이 아니다.

Talented architects can leverage their skills across more of our built environment.

실력있는 건축가는 어떠한 주어진 건설환경을 넘어서 그들의 능력을 활용할 수 있다.

나는 Washington, D.C.에 방문할 때마다, Renwick 갤러리를 방문하려고 노력한다. 그 갤러리는 공예품을 전문적으로 전시한다. 그 곳에서 'Studio Furniture' 란 행사가 있었는데, George, Nakashima, TageFrid, Sam Maloof(모두 의자장인)이 제작한 멋진 의자를 전시했다. 나는 이 장인들과 그들의 작품에 감탄한다. 당신은 Sam Maloof가 제작한 흔들의자를 지금 $7,000에 주문할 수 있다(만일 당신이 그 흔들의자를 위해 수년을 기다릴 각오가 되어 있다면 말이다).

만일 당신이 그렇게 할 수 있다면, 당신은 놀랄만하고 독창적인 수제품을 가질 것이다. 하지만 그 정도 가격을 고려하면, 그것은 완전하게 독특하지는 않을 것이다. 어딘가 그것과 유사한 것이 있을 것이다. 비록 내가 장인정신을 숭배하고 나 또한 그런 제품을 갖길 원하지만, 나는 Bill Stumpf가 디자인하고, Human Miller가 대량생산한 Aeron 의자 또는 Charles Eames가 디자인한 여러 의자처럼 실용적이고 편안함을 주는 그런 의자를 더 선호한다. 미적측면에서도 부족함이 없다. 그러나 장인이 만든 의자는 확실히 훨씬 비싸다.

During the 20th century, our art forms became repeatable.
20세기동안 우리의 예술적 표현이 반복되었다.

20세기 동안 우리의 예술적 표현방식은 반복 가능하게 되었다. 무대공연은 영화가 되었고, 그림은 인쇄가 되며, 음악과 사진은 이제 흔히 복제가 된다. 아마 21세기 건축도 이러한 변화를 갖게 될 것이다.

❖

물론 어떠한 조직도 가능하다고 해서 모든 유용한 혁신적인 개념을 채택하지 않는다. 일부는 신속하게 개선의 기회를 인식하고 변경권한을 갖지만, 대부분은 그렇지 않다. 이는 이해가 간다. 한 건설 프로그램에는 많은 사람들과 규제가 있고, 큰 돈이 투입된다. 그리고 이러한 건설 프로그램들은 일반적으로 건설을 이해하지 못하고 근본적으로 보수적인 관료조직과 함께 한다. 따라서 개선이 어렵다. 그리고 우리는 시대에 뒤떨어지게 된다.

생산성은 반복적인 작업을 위한 기술을 적용함으로써 향상된다. 건설산업의 생산성이 향상되지 않는 이유는 고유한 단품생산이고 노동집약적이며, 주문제작형 생산물이기 때문이다. 프로그램 관리의 큰 희망은 반복성 작업을 선택하고, 어떻게 작업들을 효율적으로 하고 표준화하여 생산성을 크게 향상시킬 수 있는지, 선택적인 기술을 적용하여 건설생산을 크게 향상시킬 수 있는지이다.

프로그램과 프로젝트 정의
(Program and Project Definition)

설계관리와 변경의 최소화(Managing Design, Minimizing Change)

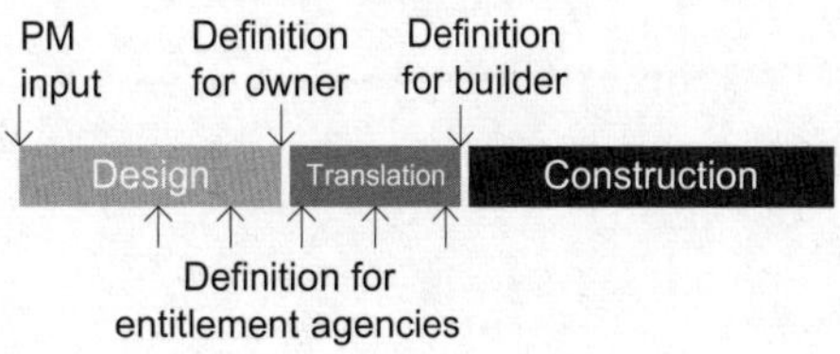

PgMr은 발주자, 인허가기관, 시공자를 조율하기 위해 프로젝트 요구사항을 결정하고, 승인을 위한 프로젝트 스케줄을 작성해야 한다.

앞서 언급한 세 가지 그룹을 위한 철저한 프로그램과 프로젝트 정의는 설계를 향상시키고 변경을 최소화한다. 이 정의를 통해 각 분야의 모든 관계자의 업무가 포함되어야 하며, 프로그램의 특성에 맞추어 작성되어야 한다.

사업이 진행됨에 따라 설계변경의 부정적인 영향은 기하급수적으로 증가한다. 변경은 작업지연, 원가상승, 분쟁, 소송 등을 일으킨다. 따라서 우수한 정의를 통해 사업비용을 절감하고, 사업기간을 단축하고, 분쟁을 줄일 수 있다.

자본 개선 프로그램 내 여러 유사사례에서 개별 프로젝트들에 적용하기 위한 광범위의 체크리스트로부터 요구사항들에 대한 해결책을 준비할 수 있는 매우 중요한 기회를 제공한다. 이러한 체크리스트는 프로젝트의 지속적 개선을 돕고 프로젝트를 정의하는 프로세스의 효율을 획기적으로 향상시킬 수 있다. 지속적인 개선과 프로젝트 정의 과정은 각각의 프로젝트를 조율하는 관리자를 능가하여 PgMr의 가치를 증대시켜 준다.

승인하는 그룹이 설계를 충분히 이해하고, 그 설계가 원가, 공기, 기능을 만족하는 것이 중요하다. 때문에 모든 관련 자료는 발주자를 충분히 이해시킬 수 있도록 발주자의 언어로 기술되어야한다.

발주자의 승인 뒤, 설계자는 반드시 제출용어를 공사와 관계된 기술적, 법률적 용어로 바꾸어야 한다. 물론 인허가기관에는 특수한 용어로 된 요구사항이 있을 수도 있다.

❖

여기에 당연한 결과가 있다. 여러 조직의 사람들은 사업이 확정되기 전에 합의해야 한다. 이러한 합의는 프로젝트 상황보다는 프로그램 상황에 가깝지만 시간과 돈을 현저히 절감시켜 준다.

Great efficiencies call be achieved by using Program Definition over Project Definition.

큰 효율성은 프로젝트 정의를 기반으로 한 프로그램의 정의를 사용해서 달성하는 것이다.

전통적으로, 개별 프로젝트에서 건축가의 업무는 프로젝트의 요구사항을 결정하는 것이다. 그러나 프로젝트의 반복적인 사항들로부터 PgMr은 여러 가지 주요한 결정을 할 수 있다. 사업간 반복되는 프로그램 속의 요구사항이라는 점에서 10배의 능률 향상이 가능하다.

요구사항을 규정함으로써 여러 복잡한 팀의 업무를 설명할 수 있으며, 요구사항들을 빠르고 효율적으로 변경 없이 수행할 수 있다.

프로젝트에는 항상 심각한 변경요인들이 있다. 하지만 이를 최소화할 수 있다. 규정화된 정의 과정은, 이를 성취하기 위한 최선의 접근방법이다.

설계와 시공을 담당하는 두 조직은 프로젝트를 정의하는 역할에 큰 관심을 기울여야 한다.

Poor Project Definition increases costs substantially.

부족한 프로젝트 정의는 대체로 원가를 증가시킨다.

Virginia의 시공 컨설턴트인 Independent Project Analysis는 주로 석유화학분야와 제약공장에 대한 프로젝트 사례 데이터베이스를 보유하고 있다. 대표이사인 Ed Merrow는 우수한 프로젝트 정의에 의해 시작된 시공은 평균보다 17%의 비용절감 효과가 있다는 것을 DB가 말해준다고 하였다. 역으로 부족한 프로젝트 정의로 시작된 경우는 평균보다 20%의 비용이 더 들었다. 이는 37%의 차이가 난다. 또 다른 그의 통계치에 의하면 우수한 정의로 시작된 것보다 부족한 프로젝트 정의는 약 50%의 비용이 증가되는 경향이 있다고 한다.

CII는 프로젝트 정의 연구에 많은 연구비를 투자하고 있다. CII는 PDRI(Project Definition Rating Index, 프로젝트정의 평가지수)를 개발했다[1]. PDRI는 설계의 진행에 따라 여러 단계에서 자료의 등급을 평가하는 방법이다. 이는 정보가 누락될 가능성이 있는 분야와 잠재적으로 리스크가 있는 분야를 강조하는데 유용하다.

PDRI는 정의를 돕는 64개의 가중치가 부여된 요소로 이루어진 체크리스트이다. 이는 용어를 표준화하고, 잠재된 불확실성을 강조하고, 경과를 관찰하며, 확장된 사업팀을 통해 시스템 수립을 돕는다. PDRI는 또한 팀을 올바른 사업인지(why?), 올바른 범위인지(what?), 올바른 사업발주전략인지(how?)에 대해 질문하고, 생각하는 것을 장려한다.

Program Managers need the power of PDRI or a similar tool.

PgMr은 PDRI의 기능이나 이와 유사한 도구가 필요하다.

잘못된 사업을 수행하는 것은 발주자에게 명백하게 해로우며, 올바른 범위를 설정하지 않으면 불확실성과 설계변경을 양산하게 되고, 사업발주전략의 정의를 생략하게 되면 사업은 반드시 지연된다. PDRI의 첫 번째 부분은 그 '이유를', 두 번째 부분은 '무엇을', 세 번째 부분은 '어떻게'에 대해 다룬다.

PDRI는 강력한 도구이다. 모든 PgMr은 이를 이해하고, PDRI 기반의 유사한 다른 것이라도 그들 자신이 사용할 줄 알아야 한다.

GSA, 미항공우주국(National Aeronautics and Space Administration, 이하 NASA) 등이 PDRI를 사용하고 있으며, 이는 완벽한 발주자 사업팀을 정비하는데 유용하다.

Edd Gibson[2]은 Texas 대학의 전직 교수이며, 현재 Alabama 대학 교수로, 오랜 시간에 걸쳐 PDRI의 개발과 발전을 이끌었다.

---

1. 건축사업에 대한 PDRI 문서(Implementation Resource 155-2, 2nd Edition)와 여러 기타 통찰력 있는 연구문헌은 CII로부터 구매할 수 있다(http://www.construction-institute.org). CII는 토목사업에 대한 PDRI 또한 출판했다. CII는 PDRI 툴이 Implementation Resource 113-3, Alignment During Pre-Project Planning과 함께 적용되길 권한다. 이 또한 CII로부터 제공된다.
2. Edd Gibson의 이메일은 egibson@eng.ua.edu이다.

흥미롭게도, CII는 주요 프로젝트에 관계가 없는 제3자를 포함시켰을 때, 상세하고 공정한 PDRI 평가가 이루어진다는 사실로부터, 외부의 중재인이 큰 도움을 줄 수 있다는 것을 알게 되었다.

CII 회원들에 대한 조사 결과, 발주자와 수급자를 포함하여 43개의 조직이 PDRI를 활용하는 것으로 나타났다. CII는 총 $23억 규모의 108개 건축물에 200점 기준의 PDRI를 적용하였다. PDRI 점수가 200점 이하(낮을 수록 좋음)인 프로젝트들은 다른 프로젝트들에 비해 지속적으로 더 우수한 성과를 냈다. 반면, 200점을 초과하는 프로젝트들은 평균 3배 이상의 비용초과와 4배 이상의 공기지연, 그리고 33% 이상의 설계변경이라는 결과를 초래했다.

1. 정의에 대한 정의(A definition of definition)

Program and Project Definition are processes.
프로그램과 프로젝트의 정의는 프로세스이다.

Program and Project Definition are Products.
프로그램과 프로젝트의 정의는 건설생산물이다.

프로그램 정의와 프로젝트 정의는 아래와 같이 과정인 동시에 성과이다.

- 사업집행의 필수역할과 업무의 승인 및 허가를 하는 그룹의 경우, 사실을 수집하고 해결방안을 도출하는 과정에서 합의를 이끌어낸다.
- 성과란 당사자 간 중요한 용어의 합의를 기술한 것이며, 상호간 이해와 그들이 동의하는 것이 무엇인지를 이해하기 위해 상호간에 세부사항이 필요하다.

프로그램의 수준에서, 위원회, 의회, 증여자 및 기타 재정 당사자 등의 동의가 반드시 수반되어야 한다. 프로그램 정의를 기술한 문서는 지속적인 예산투입 계획으로 불리게 될 것이다(212쪽 '계획' 참조).

프로젝트 레벨에서는 앞에서 언급한 확장된 발주자 그룹의 일부와 인허가기관, 시공자가 있다. 이들 협의사항을 기술한 문서는 발주자를 위해 3D 디자인으로 표현될 수 있고, 미환경보호청(Environmental Protection Agency, 이하 EPA)을 위한 환경영향평가, 또는 시공자를 위한 계약도서에 표현될 수 있다.

2. 변경에 대한 비용증가(The accelerating cost of change)

PDRI의 장점은 분석과 변경이 어려운 프로젝트 초기단계에 내용이 집중되어 있다는 것이다. PDRI는 개별사업의 발주에 연관되어 있지만, 우수한 개념은 사업간의 유사성이 있는 한 대형 건설 프로그램에 의해 쉽게 추정할 수 있다는 것이다.

PDRI concentrates on front-end planning.
PDRI는 착수단계 계획에 집중된다.

PgMr은 사업간 일관되고 설계변경이 용이한 요소들을 증명하는 광범위한 체크리스트를 만들 수 있다(30쪽 '순환, 반복과 개선' 참조). 이는 내 생각이 아니다. Wal-Mart는 매 사업에 사용한 1,800개의 아이템 체크리스트를 보유하고 있으며, Hines는 45쪽 분량의 체크리스트를 가지고 있다.

더욱이, PDRI툴을 사업 초기단계에 발주자와 승인을 받아내는 데 초점을 맞추는 동안, 사업을 추진하기 위하여 인허가기관 및 시공자와 승인을 받는 데 동일한 개념과 방식이 적용될 수 있다(누구든 Washington D.C.의 Fine Arts Commission 또는 Santa Fe의 City Planning Commission과 함께 승인과정을 겪어 본 사람이라면, 인허가기관으로부터 시공허가를 받아내는 것이 얼마나 어려운 일인지 이해할 수 있다).

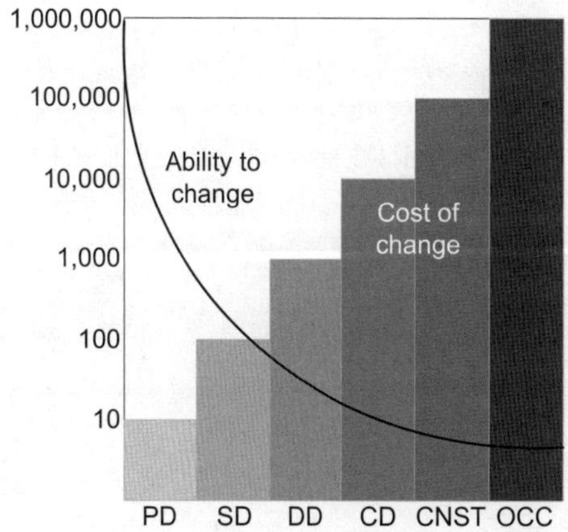

생각은 단순하다. 요구사항을 확정하고, 저렴하고 시기적으로 용이할 때 변경하면 된다. 사업초기에 대안들은 무한하며 그들을 분석하는데 소요되는 비용은 낮은 편이다. 사업이 진행됨에 따라 대안의 숫자는 줄어들고 변경에 따른 비용은 증가한다.

변경에 따른 비용은 대체적으로 프로젝트의 '현재 상태'에 대한 변경범위에 해당하는 만큼 증가한다. 그 이유에는 두 가지가 있다. 첫째, 프로젝트를 정의하는 방법은 변경하는 데 점차 더 많은 비용이 소요된다. 둘째, 더 많은 빌딩시스템과 더 많은 프로세스와 더 많은 참여자들이 변경에 관여된다.

자, 생각해보자. 초기에 프로젝트를 정의하는 방법은 문자와 숫자를 조합하는 것이다. 이 때 변경은 저렴하다. 팀은 소규모이며, 소수의 사람만이 관여된다. 대안분석에는 시간이 소요되는데, 설계 전에는 더 많은 것을 결정할 수 있다. PgMr은 이전 사업의 요구사항과 해결방법을 수집하여 일을 성공리에 마칠 수 있고, 사업팀을 향상시킬 수 있다.

Change is cheap at the start.
사업초기의 변경은 비용이 적게 든다.

설계단계에 접어들면 하나의 변경이 설계의 다른 양상에 영향을 주게 된다. 방 크기의 변경은 평면과 입면까지 영향을 준다. 보다 많은 노력이 요구되며, 팀은 커지기 시작하고 이에 따라 보다 많은 사람들의 관여가 필요하다. 게다가 불만이 야기된다. 사람들은 비용이 드는 재작업을 꺼려한다. 설계자에게 설계변경건이 있을 것이고, 일부는 지연될 것이다.

실시설계도서를 수정하는 것은 다른 것의 10배의 비용을 증가시키는 일이다. 하나의 변경은 평면에 영향을 줄 수 있으며, 천장도, 입면도, MEP, 구조 및 시방서에 또한 영향을 줄 수 있다. 엔지니어와 컨설턴트들의 확장된 사업팀은 이에 연관된다. 이것들은 불만을 증가시키고, 설계자에게 설계변경을 요청할 것이다.

Change becomes exponentially more expensive as the project moves through each medium: alphanumeric, design. construction documents, construction and post-occupancy.

변경은 사업이 진행됨에 따라 더 많은 비용을 발생시킨다.

시공단계에서는 변경으로 인한 비용증가가 더욱 크게 발생한다. CAD 프로그램에서 삭제 후 재작업 하는 것 보다 타설한 콘크리트를 깨부수는 것이 훨씬 더 비싸다. 게다가, 변경에 따른 시공단계의 단위 공사비는 원가보다 반드시 높다. 설계자나 수급자, 하수급자, 노무자와 같은 많은 사람들이 포함되며, 변경에 따른 가격에 대해 항상 의견 차이를 보이고 불만이 쌓여 소송을 야기한다. 변호사나 관료, 위원회가 소송에 개입하게 된다.

입주 후에는 변경에 따른 비용이 더욱 증대된다. 일반적으로 조직의 가동비용의 10% 보다 사용비용은 적으나 가동이 중단되면, 중단으로 인해 시공비의 10배 이상이 소요된다. 이제 시공에 대한 마찰은 발주자의 핵심 비즈니스를 방해하고, 피고용자 및 설계자, 수급자, 하수급자와 노무자들을 매우 힘들게 한다.

그래서 처음부터 올바르게 하는 것이 중요하다. 문자와 숫자의 조합 수준이었을 때의 변경비용은 매우 낮으나, 입주 후에는 수백만 달러에 이를 수 있다.

사람들은 시작할 때 종종 두려워한다. 그들은 다른 분석을 수행하는 것에 대해 납득할 수 없어 서로 논쟁한다. 그들의 만트라(mantra)는 설계를 시작하는 것이고, '그 이후 얻는 것(get after it)' 이다. 그러나 일정을 단축한다는 생각에 프로젝트 팀이 충분한 사업 정의를 하지 않을 경우, 비용초과와 공기지연에 대한 위험이 도사리게 된다. 만약 피할 수 없는 결과가 나타나게 되면, 그 프로젝트의 전 단계를 다시 검토해야 하고, 또 재작업에 따른 비용낭비와 공기지연을 낳는다.

A rush to construction causes delays in the long run.

성급한 시공단계의 착수는 장기적으로는 지연의 원인이 된다.

성급한 시공은 변경과 지연을 초래한다. 일단 시공이 시작되면, 사람들은 혼란스러워 한다(Houston의 Methodist Hospital System의 관리자인 Sid Sanders로부터 빌린 내가 가장 즐기는 표현이다). 아무리 공기가 부족하더라도, 요구사항을 정확하게 정의하고, 발주자와 관련 기관, 그리고 시공자와 최선책을 도출하면 가장 빠른 결과를 얻는다.

가능한 가장 종합적인 체크리스트로 시작해서 확장된 프로젝트 팀에서 나올 수 있는 모든 지적 에너지를 발산시켜라. 가능한 빠른 시간 내에 많은 정보를 모아라. 그리고 변경이 용이하고 다른 대안이 많을 때, 여러 대안을 고려하라. 다음 단계로 진행하기 전에 가능한 모든 것을 정의해야 한다는 교훈을 잊지 말자.

그 후, 프로그램 내 후속 프로젝트를 위하여 의사결정 사항을 문서화하고 체크리스트 항목에 추가하라. 이는 예측가능한 결과를 이끌 수 있는 가장 확실하고 저렴한 방법이다.

3. 패스트트랙 사업(Fast-track projects)

이 부분에서 많은 이들이 다음과 같은 평을 하며 휘파람을 분다.

> *"시간이 있다면 좋겠지만, 우리는 사업을 최소공기로 조기착공을 해야만 한다. 우리는 모든 것을 정의하기 전에 이미 사업을 하기 시작해야 한다."*

그러나 사실은 그 반대이다. 패스트트랙 방식에서 비용통제를 하려한다면 정의를 더 적게 하는 것이 아니라 더 많이 해야 한다. 즉, 각 공종에 대해 제대로 정의를 하지 않으면 비용이 초과될 것이다.

패스트트랙 사업은 정의되어야 하며, 단계별로 문서화되어야 한다. 분명히 당신은 모든 가구상세도가 나오기 전에 기초공사를 시작할 수 있다. 그러나 역행시공은 후속설계에 비용통적이거나 고비용의 변경시공을 초래한다. 따라서 PgMr은 기초가 정위치에 놓여 있다는 자신감으로 평면계획을 끝냈다는 것을 알아야만 한다. 최종 평면계획은 기초공사의 프로젝트 정의 패키지에 의해 확정된다. 만약 평면계획에 대한 요구사항이 제대로 정의되지 않았다면, 기초 또는 평면계획이 변경될 것이다. 반면 가구상세는 지연시킬 수 있다. 이것은 건물기초에 영향을 주지

Fast-track projects require more, not less definition, but done in packages.

패스트트랙 사업들은 더 적은 정의가 아니라 더 많은 정의를 필요로 하며 패키지로 수행되어야 한다.

않을 것이다.

즉, 설계팀은 사업을 패스트트랙하기 위해서 조기착공 패키지화로 인한 후속설계의 특징을 충분히 고려해야 한다. 패스트트랙 방식은 선행작업이 최종설계와 잘 맞을 것이라는 것을 강조하기 위해 이외의 것들에 대하여 충분한 정의가 있어야 한다.

우리는 설계자와 발주자가 중요한 새로운 생각을 얻어(최첨단 기술연구시설이나 웅장한 쇼나 테마파크에서 즐기는 것처럼) 공사가 진행됨에 따라 설계를 지속적으로 다듬어 매우 독창적이게 된 사업을 가끔 본적이 있다. 이러한 경우에 변경은 초기예산을 초과하기 마련이지만, 발주자는 가치 있는 개선을 위해 비용초과를 용인한다.

설계변경이 종종 발생하므로, PgMr은 이에 대한 팀구성 및 계획수립을 추진해야 한다.

4. 협약을 위한 세 관계자(Three constituencies for agreements)

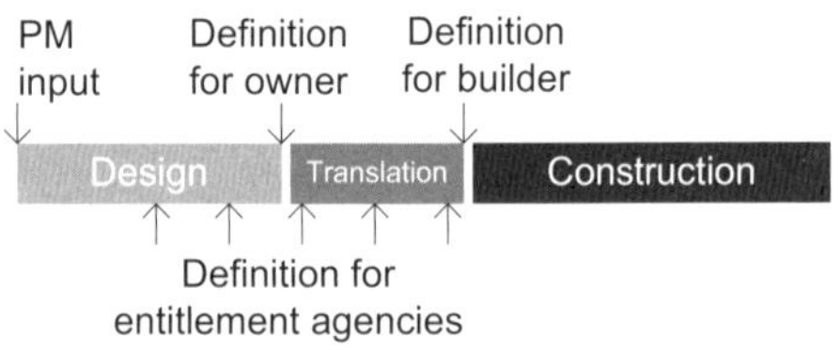

설계자가 3D도면과 사업자용 보고서를 인도할 때 발주자의 요구사항을 모두 충족하였는가가 핵심이 된다. 서류는 반드시 '모든 것은 발주자의 수준과 동일하게 한다.' 승인시에 설계자는 이를 시공자와의 의사소통을 위해 기술, 법률적인 언어로 바꾸어야 한다. 한편 설계자는 인허가기관을 만족시켜야 한다.

이렇게 생각해 보자. 프로그램과 프로젝트 정의의 목적은 사업발주에 참여하는 모든 주체 간의 협약체결에 있다.

따라서 프로젝트 정의와 증빙자료는 세 주체간의 의사소통에 의해야 하며, 합의가 이루어져야 한다.

- 발주자 혹은 그 조직
- 인허가기관(entitlement agencies)
- 시공자

설계도서가 적합하고, 각기 요구사항을 만족시켜야 하는 것은 당연하다. 발주자는 설계가 그들의 목표에 적합하다고 받아들여야 할 것이다. 인허가기관은 설계가 그들의 규정에 적합하다면 동의할 것이다. 시공자도 문서에 충분한 공사정의가 명시되어 있고, 계약조건이 수용가능한 수준이라면 동의할 것이다.

프로젝트 정의가 셋 중 누구라도 불완전하다면, 변경이 생길 것이고 이는 곧 사업비의 증가, 공기지연, 품질저하, 그리고 궁극적으로는 프로젝트를 함께한 모두의 만족도 저하로 이어질 것이다. 이를 방지할 수 있는 방법은 앞선 두 주체(발주자와 인허가기관)가 요구하는 업무를 수행하는 것이다. 그 후 세 번째 주체를 위한 공사에서 시공자는 어느 누구도 마음을 바꾸기 전에 가능한 빨리 수행한다.

지속적인 건설 프로그램에서 개별 프로젝트들은 정의와 승인의 유사성을 갖는다. PgMr은 당해 문서를 기안하고, 엄격한 의사결정과 원칙하에 관리해야 한다. 프로젝트 정의와 승인의 데이터베이스는 프로그램 내 다음 프로젝트까지 확대적용될 수 있다.

The Project Definition database should expand with each new project

프로젝트 정의 데이터베이스는 새로운 각 사업에 확대적용할 수 있어야 한다.

계획은 프로젝트 팀이 동의한 것으로부터 요구사항을 어떻게 찾아서 취합할 것인지를 서술한다. 그 후 발주자와 인허가기관이 결정할 필요가 있는 정보를 정의한다. 마지막으로 계획은 계약도서를 위한 문서양식을 정하게 된다.

계약도서는 법률적 건설용어로 요구사항을 규정한다. 그들은 시방서를 포함한 실시설계도서를 갖출 수 있고, 브리징 발주방식을 위한 설계개념과 성능시방서가 될 수도 있으며, DB발주를 위한 숫자와 문자로 된 요구사항이 될 수도 있다. 하지만 많은 발주자가 이해할 수 있는 언어로 발주자의 요구사항을 규정하는 것도 아니고, 인허가기관의 요구사항을 반드시 만족시키지도 않는다.

건설은 집약적인 생산이다. 설계는 결정의 총체이다. 이러한 승인과정을 기획하기 위한 책임은 PgMr과 CMr 사이에 중요한 차이가 있다. 개별 프로젝트의 설계기간 동안 설계자는 통상적으로 인허가부분을 공정에 반영한다. CMr은 설계그룹 리더의 의견에 따른다. 하지만 지속적인 건설 프로그램에서 PgMr은 주요 프로젝트 발주를 원활하게 진행하기 위한 기준공정과 체크리스트를 구축하고, 후속 프로젝트에서 공사기간과 사업비를 절감하여야 한다.

The Program Manager establishes prototype schedules and checklists.

PgMr은 초기 사업안의 일정과 체크리스트를 정한다.

요구사항과 승인의 일정 패키지를 관리하는 이러한 업무는 프로그램 관리와 개별 프로젝트 관리의 근본적인 차이점이다.

5. 발주자(The owner)

발주자측 조직은 계약도서와 시공에 있어 많은 변경을 초래한다. 이것은 종종 PgMr의 실수이지만, 이는 엄격한 정의를 통해 피할 수도 있다.

Owners have become multi-beaded and may have conflicting interests.

발주자가 다양한 의사결정이 필요한 사람이 되면, 이익이 상호간에 상충되기 마련이다.

고객의 의사결정을 관리하는 것은 설계나 시공만큼이나 엄격하게 발주자의 확장된 팀을 관리하는 PgMr[3]의 고부가가치의 예술이다. 게다가 발주자는 많은 의사결정이 필요한 사람이 된다. 일반적으로 위원회 또는 이사회 임원, 관료, 사용자, 시설관리자, PgMr로 대표된다. 이들 각자는 책임이 있으며, 편견과 의견을 지니고 있다. 그리고 이것들은 이해상의 모순이 된다. 아마도 임원들은 예산과 공기에 관심을 가질 것이며, 사용자들은 그들이 얻을 수 있는 가능한 한 많은 편의성을 바랄 것이다.

Hill International사의 선임부사장인 Bob Hixon은 다양한 의사결정이 필요한 발주자들과의 긴밀한 제휴의 중요성을 귀가 중에 농담반 진담반으로 이야기 했다. 국회의 사업예산안을 수립하는 초기 PDRI 회의 중에 팀에서 질문이 나왔는데 "모두가 사업의 재정 목표를 이해했는가?" 라는 질문에 투자자들은 "예" 라고 답했고 모두가 어리둥절했다. 재정분석 자료는 제출되지도 않았기 때문이다. 향상된 기계설비 시스템과 리모델링된 현관홀, 현대화된 승강기 등에 따른 $40/ft^{2}의 비용을 거주자가 지불해야 한다(아이템은 업무범위를 반영한다).

빌딩관리자는 이 건물이 새로운 지붕과 태양광 패널이 있어야 한다고 주장하고, 설명한다. 경비직원은 향상된 경비시스템을 요청한다.

투자자들은 ROI(return on investment) 측면에서 추가 임대료 없이 추가 공사를 수행할 수 없다는 반응을 보였다. 하지만 임차인이 건물 유지관리 비용을 지불하지 않을 것이고 추가된 보안비용을 감당할 수 없을 것이다. 팀은 그들이 한 방향으로 의견이 정리되지 못한다는 것을 실감하였다. 물론 계약서를 작성하는 동안이나, 값을 정하기까지 많은 문제가 노출되는 때이기도 하다.

Problems uncovered early are the easiest to solve.

조기에 문제점을 발견하는 것이 해결하기 가장 쉽다.

Bob의 요점은 이러한 특정상황은 아마도 손쉬운 해결방안이 된다는 것이다. 이러한 쟁점이 조기에 노출되기까지 업무범위는 임대나 ROI를 협의할 수 있다. 만약 당사자 중 일부가 그들이 원하는 모든 것을 얻지 못한다는 것을 깨닫게 되면, 수용하고, 절충안을 받아들인다는 것이다. 만약, 계약기간, 비용책정기간 동안 문제가 표면에서 겉돈다면 예산의 결정이나 부가적인 자금조달을 위한 요청부분이 삭제되어 공기가 지연되고, 공사비

3. 건설 프로그램을 가지고 있는 고객은 대개 건설전문가인 직원이 있다. 물론, 그들은 PgMr이다. 따라서 내가 "그 PgMr"이라고 언급하면, 이는 그 고객의 직원, 아웃소싱된 외부 PgMr, 또는 이들 둘 모두를 의미한다.

가 증가할 것이다.

프로그램 안에도 이러한 다양한 의사결정에 대한 이슈가 존재한다. 더 많은 관계자가 있으면 이슈는 더욱 증가한다. 어느 건물이 어느 범위에서 가장 먼저 완공되어야 하는가? 그 첫 번째 건물에 후속 건물을 위해 어떠한 시설이 필요한가? 첫 번째 건물의 주요 운영구조 일부로서 어떠한 설비방식을 선정할 것인가?

프로그램에서 이것을 정하기 위한 결정과 과정은 지속적인 창출을 필요로 하지는 않는다(하지만, 과정은 향후 거북스러운 문제를 제한하기 위한 방법을 배우기 위해 개정, 갱신되어야 한다).

Contract Documents are a legal milestone.

계약도서는 법적인 마일스톤이다.

계약도서는 법적용어와 건설기술의 문서화가 완료되어야 잘 작성된 마일스톤으로 나타낼 수 있다. 계약도서는 설계자가 법적. 건설의 기술적 언어로서 시공자를 위한 프로젝트 정의를 내렸을 때 그 요점을 표시한다.

A Project Definition milestone for the owner is fuzzier. An explicit point of approval is needed.

발주자를 위한 프로젝트 정의 마일스톤은 불분명하다. 승인의 확정지점이 필요하다.

불행하지만 설계자가 발주자의 언어로 발주자를 위한 프로젝트 정의를 내리는 경우에, 전통적이고 일반적인 과정들의 마일스톤이 동등하게 잘 인지되지는 않는다. 너무 자주 발생하는 것은, 발주자를 위한 프로젝트 정의가 계약도서를 완성하기 위한 전진의 성과물로 혼동된다는 것이다.

프로젝트 정의가 명확하지 않으면, 모든 사항을 검토하고 변경해야 한다. 그렇지 않으면 비싼 대가를 치루게 될 것이다.

현명한 PgMr은 시공자가 계약문서 승인 예상시점을 기다리기 보다 발주자의 최종승인 예상시점을 설정할 것이다.

발주자의 프로젝트 정의는 발주자팀이 무엇을 얻을지, 그들이 무엇을 지불해야 하는지, 그들이 언제 얻을 수 있는지 등에 대해 이해하고 동의하였을 때, 결정해야 한다. 즉, 발주자와 설계자가 설계안이 요구사항과 결정사항에 충족한다고 동의한 때이다. 그 순간은 계약문서 작성 전에 이루어져야 하며, 아래와 같이 보다 정확하게 기술할 수 있다.

"발주자가 관심있어 하는 모든 것은 발주자가 이해할 수 있는 언어로 기술되어야 한다."

Owners care about everything they use and see.

발주자는 그들이 사용하고 보는 모든 것에 관심이 있다.

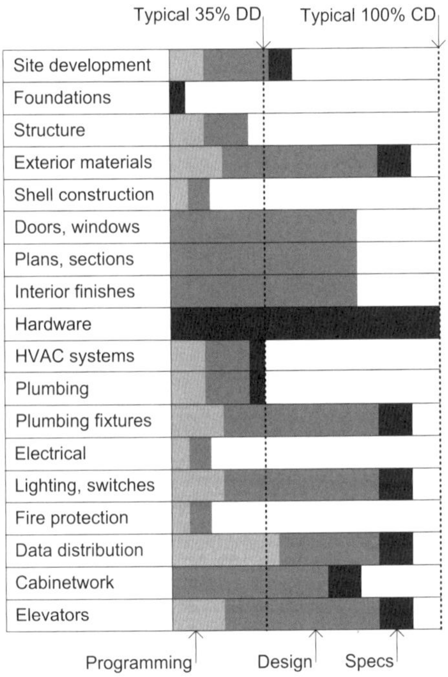

발주자와 협약을 위한 프로젝트 정의는 계획설계, 기본설계, 실시설계의 전통적인 단계에서는 조금밖에 이루어지지 않는다.

따라서 발주자가 관심있어 하는 모든 사항이 완벽해질 때까지, 발주자의 프로젝트 정의는 없다.

정말로 발주자가 관심을 두는 것은 무엇인가? 물론 다양할 것이나, 보통 그들이 사용하고 볼 수 있는 모든 것에 대해 관심을 갖는다. 부지선정, 마감, 공간과 장비의 기능적 관계 등이 있다. 그들은 사업비와 공기에 관심을 갖는다. 발주자는 엔지니어링 시스템 성과에는 관심이 있어도, 덕트 사이즈, 전기의 흐름, 콘크리트 보강용 강철봉, 기초 등과 같이 볼 수 없는 것에 대해서는 관심을 두지 않는다.

각 발주자의 관심사는 각기 다르다. PgMr의 업무는 이러한 결정을 정밀히 표현하여 설계자가 의사결정 과정을 집중할 수 있고, 그들이 수행한 것을 표시할 수 있도록 한다.

George Heery와 나는 이러한 생각을 표현하기 위해 그래픽 작업에 상당한 시간을 들였다. 왼쪽에 예시가 있다. 밝은 회색은 요구사항의 문자-숫자를 의미하고, 중간회색은 설계도면을 표현하고, 짙은 회색은 시방서를 뜻하는데, 이들은 성능 또는 프로덕트 기반일 수 있다.

차기 프로그램을 위해 이 예시를 그대로 맞추려고 하는 생각은 잊어라. 이는 예제일 뿐이다. 차기 프로그램은 수익률과 카테고리도 다르듯이, PgMr은 발주자의 이익이 되는 곳을 정밀하게 표현하는 것에 집중해야만 한다(예제보다 더욱 상세하게). 팀은 이들의 선택에 집중할 수 있다. 만약 PgMr이 어떠한 것을 빠뜨리면, 변경을 유발할 것이다. 그림에서 흰 부분은 일종의 함정을 의미한다. 지도는 설계 전에 만들어져야 하며, 각 사업을 발전시키기 위해 필요하다. 설계가 진행되고 당신의 업무진행에 따라 조사하여 발주자의 이득이 되는 부분을 찾는 것은 적합한 방법이 아니다.

집을 목적지로 운전할 때, 반대로 가고 있다고 생각해 보자. 설계자가 단순히 설계를 거의 마무리 할 즈음, 발주자의 구체적인 고려사항이 반영되지 않은 상태에서 완전한 계약문서 세트를 완성하기 위해 반드시 고려되어야 하는 모든 사항을 그제서야 걱정하는 것이다. 그리고 도면은 발주자가 관심이 없는 기술적인 상세도로 작성되고 있다.

과다한 문서는 발주자의 관심사항을 애매하게 만든다. 또한 더욱 심각한 것은, 설계변경을 요청할 때 업무전체에 영향을 미친다는 것이다. 재작업에 대한 지연과 변경비용은 상승하게 된다.

발주자의 프로젝트 정의 패키지에 포함되기 위해 고려해야 할 것들은 사업부지, 공간계획, 친근하고 기능적인 관련성, 가구, 비품, 장비, 층고, 내외장의 채색, 재료선정, 색상, 공사비, 견적, 운영비용, 수입과 지출, 현금흐름, 사업조직, 사업발주전략, 계약조건, 시스템 성능, 통신, 스마트 시스템, 사용자 운영시스템 등을 포함할 것이다. 이것은 약과다. 완벽한 리스트는 수십 쪽에 달한다.

Program Managers must identify the various owner groups and meet their individual requirements.

PgMr은 다양한 발주자 그룹을 구별하여 그들의 개별적인 요구사항을 접하도록 해야 한다.

물론 각기 다른 발주자 그룹이 계획을 검토함으로써 프로젝트 정의를 전개시키게 된다. PgMr은 발주자 그룹이 결정을 내리고 이들에게 필요한 사항을 규정하여야 한다. 예를 들면, 경영진은 예산, 공기, 품질을 요구할 것이다. 사용자들은 방의 크기와 관련된 사항, 장치와 그 품질에 대해 검토하길 원한다. 관리자들은 평균 유효압력이나 관련된 다른 빌딩시스템에 대해 알고 싶어 한다. 각 개별 관심사나 관련된 요구사항을 명쾌히 파악하지 않고서는 이들 검토와 그에 수반되는 부분적 변경이 계약도서에 지속해서 반영될 것이다. 이는 고통스러운 비용상승과 시간소모를 야기한다.

Change is inevitable.

변경은 필연적이다.

그러나 아무 것도 완벽하지 않다. 비록 발주자의 관심사를 정의하는 것이 가혹하기는 하지만, 변경은 필연적이다. 우수한 사고방식을 가진 새로운 이들이 사용자 그룹이나, 조직 행정관리로서 참여하게 될 것이다. 외부에 의해 요구사항에 영향이 미칠 것이다. 이들 중에는 시설이 사용되거나 가공 중에도 조금씩 발생하여 발주자의 동의가 필요한 문제도 있다. 이들 문제는 하찮아 보일 수 있으나, 부주의에 대한 결과는 상당할 수 있다. 페인트 색상을 정하는 것과 같은 무비용의 결정사항이 지연되어, 사업전체가 지연되고 고비용의 결과를 야기할 수도 있다. 만약 우리의 프로젝트 정의 체크리스트와 마일스톤을 사용함으로써 이러한 수많은 결정을 사업초기에 최대한 정리한다면, 변경을 최소화할 수 있다.

일부 발주자 조직은 이러한 정의활동을 어렵게 한다. 일반적인 문제는 그것을 위한 시간을 쓰지 않기를 바라기 때문이다. 따라서 협상은 설계계약에 제한적이다. 프로젝트에서 심각성을 이해하지 않고 결정이 지연되면 반드시 비용은 늘어난다.

더욱이 사업의 갱신, 정정, 변경은 특히나 사용 중인 시설군에서는 변경시에 어려움에 처할 수 밖에 없다. 매우 훌륭하게 계획된 프로젝트에서 조차 임차인과 사용자가 프로젝트가 진행되는 과정에서 변경을 요구할 것이다.

연속발주자들과의 대화로부터, 변경 없이 시공한 적이 없다는 것을 알 수 있었다(가장 알려진 이야기 중 하나로 Las Vegas 교육구 사례가 있다. 그들은 표준형 학교를 건설한다. 우리는 그들이 첫 번째 표준설계를 적용한 프로젝트에서 전체 시공비의 약 4%에 해당하는 설계변경이 발생했다고 한다. 그 후 관련 문서를 수정하였고, 설계변경 비용은 0.25% 이하가 되었다). 일부는 시공과정 중에 요구사항 변경항목을 검토해야 하는 위치에서 번거로운 절차를 거쳤지만, 그럴 만한 사항이라고 여겨지면 감수할 수 있었다. 패스트푸드 체인점이나 창고형 할인매장의 일부 사례에서만 '추가 변경 없음' 의 철칙을 준수하려고 애쓸 뿐이다.

Project Definition for owners must be in a language that lay people can understand.

발주자를 위한 프로젝트 정의는 관계자들이 이해할 수 있는 언어로 되어야만 한다.

대부분의 시공자를 위한 프로젝트 정의 언어는 전문가가 아닌 사람들이 이해할 수 있어야 한다. 만일 일부 사용자가 기술적 계획이나 시방사항을 이해할 수 있을지라도, 대부분 그렇지 않기 때문이다. 그래서 단순히 도면을 오해한 시공자는 변경을 유발 시킨다. PMr는 이러한 오해를 불식시키기 위해 주의 깊게 살펴야 하며, 끊임없는 변경이 양산되기 전에 그러한 것들을 바로 잡아야 한다.

도면이나 시방서, 특히나 계약도서는 전문가가 아닌 사람들이 사용하는 언어가 아닌, 건설기술용어로 되어 있다. 우리는 최종 시공결과를 본 사용자의 당황해하는 모습을 경험한 바 있으며, 그들은 불쾌해하고 변경을 요구한다.

설계자는 시공자가 이해하는 법적, 기술적 언어로 어떻게 사업을 정의해야 하는지 잘 알고 있다. 우리는 사용자가 이해하는 언어로 사용자에게 설계를 보여줌으로써 조기에 이러한 과정을 잘 처리해야 한다.

Extracting owners' requirements is an art.

발주자의 요구사항을 이끌어 내는 것은 일종의 예술이다.

일부 설계자는 이에 능통하다. C of CRS의 이사인 Bill Caudill은 발주자의 요구사항을 끌어내기 위해 수년간의 집중검토 과정을 수행했다. 그는 발주자의 사무실에서 한 주 이상 회의를 주관하면서 발주자의 요구사항이 적힌 문서를 작은 5X8사이즈의 스노우카드라 불리는 것을 벽에 붙인다.

이는 사업을 위한 우수한 프로세스이다. 이는 또한 PgMr에 의해 프로그램에 응용할 수 있다. 프로그램의 모든 사업은 독창성과 보편성을 모두 지니고 있다. 사람이든 과정이든 결과물이든 보통의 요구사항을 카탈로그로 만드는 것은 PgMr에게 대단히 유용하며 프로젝트 워크샵에서 독창적인 요구사항을 다듬는 것을 촉진한다. 일부 설계자가 발주자의 요구사항을 취합하는데 능숙하더라도 다른 이들은 지도가 필요하다. 그들은 최종성과물로서 계약도서를 생각하기도 하고, 계약도서를 완성하기 전까지 계속 진행될 도면작업도 괜찮지 않나 생각할 것이다. 이는 효과가 있는 것처럼 보인다. 그러나 사용자가 이러한 기술도면을 이해하지 않으면 변경이 되거나 계약도서의 성과물로 혼란을 겪게 될 것이다. 우리는 발주자 팀과 의사소통한 기술적 시방대신 명료한 영문설명으로 된 도면을 그려낼 때 더욱 더 유능해진다.

6. 인허가기관(The entitlement agencies)

건축허가를 받는 것은 어렵다. 예전보다도 더 많은 규제가 따르고 그에 따른 허가사항도 많다. 환경보호운동가, 예술증진위원회, 역사유물 보호가, 지역위원회, 미환경보호국, 도시계획전문가들이 건축을 제한하거나 아예 거절하기도 한다. 시민단체는 공공, 민간사업에 영향을 끼친다. 여론은 설계를 통제하는 공무원들을 당황하게 한다.

The number of approvals required before construction continues to increase.

시공전 요구되는 수많은 인가사항은 계속적으로 늘어난다.

많은 미국인들은 건설이 좋은 것을 얻기 위해 필수적이라는 것을 더 이상 믿지 않는다. 이미 너무 많은 것을 지었고, 어떤 지역사회는 시민단체의 집요한 성장억제책에 묶여 있다. 청정공기, 깨끗한 수질, 이동성, 역사유물 보호, 지속가능성, 도시디자인은 공공의 화제거리이다. 우리는 개발로 인해 조세감면의 기회를 잃게 되었다. 주정부는 성장억제 운동, 시당국은 개발제한 규정을 시행한다.

Agency agreements can be as crucial as owner requirements.

인허가기관의 동의는 발주자 요구사항 만큼이나 중요하다.

이러한 요구사항들로 인해 여러 사업자들이 난관에 봉착할 수 있다. 인허가기관은 독창적인 완화를 요구하여 다양한 지역에 프로토타입을 양산시키게 된다. 비록 개별적인 설계라도 PgMr은 인허가기관의 기준에 적용가능한지 그 표준을 확인할 것이다 - 순환되는 사람, 절차와 건설생산물- 설계자는 정당한 자격을 가지고 있는가? 예술증진위원회는 특수한 대가를 요구하진 않는가? (Santa Fe나 Washington D.C. 시내에 동일한 프로토타입 디자인으로 시공을 추진해 보아라) 이들 인허가사항은 프로젝트 정의에 결정적인 영향을 주며, 발주자의 요구사항에 따라 일정을 계획할 것이다.

그리고 대형 건설 프로그램이 다른 여러 관할에 속한 사업을 포함한다면, 관련 법제도도 다양할 것이다. 미국에는 44,000개의 법률적 관할권이 있다. 때로는 당신이 도로를 가로지르는 순간에도 이들이 변한다. 어떠한 경우는 사업부지의 정중앙을 통과하기도 한다. 똑같은 프로토타입을 지을 수 있다고 생각하는 일부 고객들조차도 지역사회에 의해 다양성을 제공하도록 강요된다.

7. 시공자(Constructors)

몇 년 전, 철강 생산성의 정립에 대한 발표를 통해 약 50여 개 사의 CEO를 대면한 적이 있다. 발표자는 세 가지의 접근방식을 비교했다. 철골자재를 반입한 후,

1. 대지에 무질서하게 쌓아 놓는다.
2. 세우기 작업을 하기 위해 질서 있게 쌓아 놓는다.
3. 땅에 전혀 닿지 않도록 세우기 크레인으로 운반 트럭에서 하나씩 내려놓는다.

내 옆에는 미국 내 굴지의 건설사 대표가 앉아 있었다. 그가 언급한 내용은 정확하게 기억이 나지 않지만, 마지막에 그는 다음과 같이 불평했다.

> *"난 결코 계획이 비용절감이 된다는 것을 보여주는 어떠한 발표를 듣길 원한 것이 아니다. 난 저런 내용을 알고 있다. 내가 알기를 바라는 것은 그것을 하기 위해 우리가 어떻게 하느냐는 것이다."*

무엇이 지어질 것인가에 대한 완전한 정의를 하는 것과 이를 시공할 수 있는 시공자와 합의하는 것이야 말로 시공이 진행됨에 따라 변경사항이 복잡해지지 않을 수 있는 확실한 계약이 된다. 도면과 서류 없이 시공자는 계획할 수 없다.

거만하고 사람들의 말을 수용하지 않는 자세로 업무에 임하는 건설전문가가 대부분이다. 그들의 고객은 많은 돈을 들여야 한다. 매년 더 많은 건물은 주문형의 현장제작품 대신에 공장제작품으로 지어지고 있다. 제조업자와 하수급자는 건축가, 기술자, CMr 보다 건설기술과 비용적인 면에서 보다 전문적으로 되어가고 있다.

AEs have much to learn from the construction industry.

설계자는 건설산업으로부터 많은 것을 배워야 한다.

건설산업은 설계협업 과정과 경쟁을 유지하면서 그들의 전문지식을 이끌어내는 사업발주방식을 고안하기 위해 노력하고 있다.

가능한 조기에 프로젝트 정의를 완벽하게 하기 위한 최선의 노력에도 불구하고, 일부는 지속적으로 정의를 해야할 필요가 있다. 그래서 프로젝트 정의는 사업팀이 사용의 최종 목표에 도달할 때까지 지속되는 설계와 시공의 끊임없는 여행에 비유될 수 있다.

Project Definition is an ongoing process.

프로젝트 정의는 진행 중의 과정이다.

우리가 계약도서를 완성하고 착공할 때에도 끝나지 않았다. 제출물은 사용자들이 입주할 때 까지 PgMr 사무실과 설계자의 사무실로 하나씩 들어온다.

그들이 제출물 준비를 하지 않고 공사를 지연시키는 설계자에 대한 불만을 하지 않았을 때, 우리는 시공자 또는 하수급자와 거의 대화를 하지 않았다. 그리고 발주자를 통해 필요한 잡일을 조금씩 던져주는 실망스러운 설계자를 본다. 결정을 관리하기 위한 PgMr의 역할은 시공의 시작과 함께 신속히 결정된다. 이는 커미셔닝(기계적인 완성검사)과 사용 시기까지 계속된다.

Decisions continue through occupancy.

의사결정은 입주 후에도 지속된다.

유능한 설계자는 설계를 빠르게 진행하기 위한 워크샵을 개최한다. 그들은 집중업무회의를 수 일간 하기 위해 설계팀을 통해 발주자팀으로부터 핵심 결정권자 모두를 데려온다. 이는 결정을 서두르고 건설사업의 추진력을 가할 수 있는 효과적인 접근방법이다. 새로운 기술은 요청에 따라 적용한다.

시공초기에 Hines의 조직은 제안내용을 검토하고, 시공 중에 예측불가능하게 발생되는 많은 결정사항들을 위해 설계자와 시공자를 함께 부른다. 일의 진행을 신속하게 가속화하며, 설계업무를 촉진시킨다. 그리고 제출물 워크샵은 시공을 촉진시킨다.

Not all decisions can or should be made early.

모든 결정이 조기에 가능하지는 않다.

창고형 할인매장, 서비스 체인점, 패스트푸드 체인점 중 일부는 페인트 색상이나 천의 선택과 같은 하위단계의 결정사항과 같은 것을 포함해 거의 완벽한 그들만의 프로젝트 정의 패키지를 갖고 있다. 그러나 이는 대부분 발주자에게는 무용지물이다. 신속한 의사결정을 할 수록, 이것은 종종 나쁜 결과를 이끈다. 일부 발주자에서 볼 수 있듯이, 조기 의사결정은 쉽게 변경된다.

전형적인 예로 정부청사나 기관단체의 오피스빌딩이 있다. 계약단계에서 일부 발주자 조직은 설계자에게 계약 패키지의 일부로서 완벽한 인테리어 도면을 요구하는 경우도 드문 일이 아니다. 시공 1~2년이 지나면, 새로운 사람들이 발주기관에 부임하거나 계획되지 않은 사안들이 새롭게 요구사항으로 부각된다. 많은 변경은 사업팀을 좌절시키고 예비비를 축낸다. 개발업자처럼 초기에 성능발주를 하여 시공단계에서 건물의 옵션에 대한 선택의 여지를 주고 인테리어 설계는 추후에 하는 것이 현명한 방법이다.

우리가 시공초기에 내린 모든 결정이 모두 좋은 결정이라 할지라도 변경될 수밖에 없다. 사용자들은 그들의 의견을 주장하는 새로운 사람들이 될 것이고, 기술적 진보는 새로운 장비를 사용가능하게 한다.

따라서 그들이 필요할 때까지 그 의사결정 사항들을 중 일부를 연기하는 것이 타당하다. 페인트 색상과 같은 일부사항은 사업비에 영향을 주지 않는다. 기타 다른 사항들은 아직 알려지지 않은 이벤트들을 예측했을 때, 이를 미연에 방지할 수 있다. PgMr은 공기를 지연시킬 수 있는 사항에 대해 충분히 인지하고 있어야 다음 프로젝트에서 의사결정 사항을 계획하고, 그 의사결정 사항들에 대한 체크리스트를 조정할 수 있다.

8. BIM

BIM is a graphic and alphanumeric database.

BIM은 그래픽과 문자, 숫자로 조합된 데이터베이스이다.

BIM(Building Information Modeling)이 일반화 됨에 따라 프로젝트 정의에 큰 도움이 될 것이다. 발주자, 인허가기관, 시공자의 협의를 도출해내는 것에 도움이 될 것이다.

BIM은 전체 사업을 설명해 주는 본질적인 데이터베이스이므로, 세 관계자에게 요구되는 각기 다른 언어로 된 정보의 부분을 가지고 특정 그룹에게 제공될 보고서를 만드는 것을 용이하게 한다. 도면을 조합한 자료와 BIM 소프트웨어의 3D 특성은 발주자와 사용자들이 설계를 이해하는데 도움이 될 것이다. BIM 모델의 특정 부분을 기술한 보고서로부터 인허가기관을 위한 맞춤형으로 내용을 구비함으로써 사업팀에게 도움이 된다. BIM은 설계기간 중 시공자와의 협력을 가능하게 하고, 계약도서에서 상세도를 통합하여 보증함으로써 시공자와 더 나은 협의의 형태를 이루는데 도움이 될 수 있다.

19~20세기의 건축가와 엔지니어들의 대부분은 도면과 시방서를 가지고 그들의 설계를 표현했다. 이는 통상 종이에 목탄으로 그리거나, 숫자와 문자로 구성된 소책자였다. 그러나 컴퓨터의 등장으로 인해 수작업의 도면은 컴퓨터로 작업된 도면으로 대체되었다.

At first CAD was an electronic file with formulas for lines, circles, arcs and polygons, plus coordinates to locate them in space.

초기의, CAD는 선이나 원, 호, 다각형을 사용하기 위한 수식으로 공간에 그들을 위치시키기 위한 좌표를 추가하여 전자파일화 한 것이다.

제1세대 CAD는 전자기적 공간에 이들 좌표 형태를 위치시키는 것을 돕고, 선, 원, 호, 다각형 등을 공식화한 전자기적 파일로서 목탄과 종이를 대체했다. 단일부문의 2D 그림의 합성정렬은 다른 척도로 작성될 수 있고, 높은 정확도와 변경의 용이함을 제공하고 3D로 표현하기 위한 초기단계의 형태를 띄고 있다. 하지만 도면파일은 수동적인 상태로 남겨졌다.

The second generation of CAD included smart objects.

CAD의 2세대는 정보화된 객체를 탑재하고 있다.

제2세대 CAD는 동일한 기본 좌표축으로 되어 있다. 하지만 놀라울 정도의 새로운 개념을 탑재하고 있다. 좌표 선과 곡선을 그리는 것이 창호, 벽, 계단, 지붕과 같은 3D형상의 멋진 객체가 되었다. 사용자는 모서리에서 창문을 끌어다가 늘릴 수 있다. 그 창문은 문설주와 창문턱(jamb and sill)의 길이를 확장시키지만, 문설주와 창문턱의 구획부를 증가시키지는 않는다. 증가한 사이즈에 적합하게 크기를 제한하거나 부설 창유리를 삽입할 수도 있다. 계단을 늘리는 경우, 자동적으로 적당한 비율로 커지게 하거나 간격을 두게 할 수 있다.

하지만 대단한 부가효과가 있었다. 자료는 시방서, 보증서, 원가, 교체부위, 제조업자 연락처, 공급망, 조달일자, 자료색인, 유지관리 지침과 같은 것을 첨부할 수 있어 여러 가지로 유용하다.

이는 단지 BIM의 간단한 개념단계에 불과하다. 이러한 생각은 전체 건물을 멋진 객체로 만들 수도 있다. 창문과 같은 곳에 정보가 내장될 수도 있다. 그리고 BIM 소프트웨어는 CD 재생기를 증폭기에 연결하는 것처럼 다른 부가적인 소프트웨어를 연결하는 것을 허용한다. 기계적인 지능이 부가되면, 설계는 창문이 추가되었을 때 열의 손실과 획득을 계산할 수도 있다. 구조적인 지능이 부가되면, BIM 모델은 방이 확장되었을 때 증가된 건축면적도 계산할 수 있다. 도면이 3D로 되고, 구조와 기계도면이 BIM 모델의 부분이 되면서 '도면상 불일치의 발견' 의 일상화가 보와 배관이 동일 공간의 어느 곳에서 간섭되는지의 여부를 알려준다.

비록 간단한 개념수준이지만, 이는 대단한 일이다. BIM 은 설계 연습을 강화시켜 주는 수준을 초월한다. BIM 프로세스는 어떻게 건물을 발주할 것이며, 어떻게 주체간의 의사소통을 잘할 수 있는가하는 부분에 대한 개선을 약속한다. 방대한 양의 자료는 시공, 계약, 완공 후 건물의 유지관리를 위한 파일에 추가할 수 있다. 다양한 단일 부분의 2D도면을 가지고 건물설계를 논의하는 것보다는 다양한 분야에서 사용가능하도록 통합된 그래픽 이미지를 BIM 모델 데이터에서 가져올 수 있다.

BIM 은 더이상 CAD도 아니고 3D 컴퓨터 모델도 아니다. BIM은 데이터베이스가 통합되어 이해하기 쉽다. 그림과 숫자, 문자로 구성된 BIM 데이터베이스로부터 출력된 2D나 3D도면은 유용한 보고서의 한 양식일 뿐이다. 분명 시방서 또한 완벽해 질 수 있다.

시공순서와 일정에 건물의 요소는 추가될 수 있으므로 사용자는 조립과정을 이해할 수 있고, 계획된 공정을 영화를 보듯, 과정을 단계별로 보기 위해 날짜를 입력할 수 있다. 3D에 시간개념이 추가되어 많은 이들이 4D로 부르고 있고, 일부는 비용부분을 탑재해 5D라 부른다.

The greatest promise of BIM is enabling collaboration.

BIM의 가장 큰 장점은 협업을 가능하게 한다는 것이다.

아마도 가장 큰 장점은 BIM이 협업을 가능하게 한다는 점이다. 일반적으로 수직적인 구조에서 구획되어 있는 산업계 내에서 광범위한 협업을 가능하게 하는 도구이다. 프로젝트를 개량하기 위하여 그것의 지적자본을 협동하는 웹기반 협력 소프트웨어는 관리를 제공하는 설계에 동일한 기회를 제공한다.

BIM은 우리의 현 상황에서 많은 문제점을 해결할 수 있는 거대한 잠재력을 가진다. 협업도구로서 효율적일 수 있는 BIM은 건설산업의 일반적인 계약방식에 근본적인 변경을 요구한다. BIM의 효과를 충분히 내게끔 하기 위해 시공자는 설계 시작시 설계자와 협력해야만 한다. 우리는 설계완료 전에 그들과 계약하게 될 것이다.

어떻게 지을 것인가를 포함해 건설업자들을 선정하는 것은 좋은 생각이다. 만약 당신이 화성에서 지구로 와서, 지구상에서 가장 큰 시공자에게 건축물을 어떻게 지을 것인지 묻게 된다면, 당신은 인류에게 더욱더 진화(커뮤니케이션 기술의 발전)가 필요하다고 생각하게 될 것이다.

오늘날 설계와 시공의 수많은 기술적 지식은 하수급자와 제조업자와 함께 한다. 수많은 건물들이 하수급자와 제조업자의 방식으로 지어졌으며, 설계자보다도 오히려 사고방식이 합리적이다. 대체적으로 계약도서의 절반은 시공상세도면이 차지하고 있다. 만약 계약도서의 가격이 설계용역비의 40%라면, 이에 대한 반이 버려진다(설계와 시공의 총비용의 2-3%가 버려진다는 의미). 이는 엄청난 낭비이다.

분명히 수급자, 하수급자, 제조업자가 BIM능력을 개발하면, 전통적인 2D 도면 종이 대신 전자파일로 된 숫자, 문자와 그림의 정보를 제공할 수 있을 것이다. BIM 모델에서 이들 도면을 통합하면, 입찰도서의 상당 부분을 차지하는 시공상세도 제본에 소요되는 비용낭비를 막을 수 있다. 그리고 물론 시공도면을 검토할 대규모 팀의 협력으로 착공 전에 오류를 잡아낸다. 제작된 프로덕트가 3D 공간 상에서 제대로 맞지 않는다면, 이는 분명 문제가 있는 것이다.

설계단계 동안 제조업자와 전문 하수급자와 함께 사업발주전략을 활용할 때, 보다 더 나은 설계를 얻을 수 있다. 그들은 시공단계에서 적용되는 3D 시공상세도를 BIM 모델에 업로드할 수 있다. 현재, 시공자들은 시공단계 동안 많은 도면들을 정리해야 하는 문제로 스트레스를 받고 있다. 모든 현장사무실의 선반 위에는 설계자가 제공한 다량의 도면이 있다. 그리고 또 다른 선반에는 별도의 많은 시공상세도가 존재한다. 공사감독관들은 불쌍하다. 하나의 통합된 도면세트로 시공이 가능하다면, 이는 얼마나 대단한 일인가.

New project delivery strategies will be required to fully enable the potential of BIM,

BIM의 잠재력이 완전히 가능하기 위해서는 새로운 사업발주전략이 요구된다.

BIM은 완전한 이행을 의미하는 것이 아니다. 다만 PgMr이 가능한 정도를 파악하거나 건설비용 및 기술에 대한 지식적 접근을 용이하게 하여, 이를 설계에 반영하게 한다(185쪽 '발주방식의 개념' 참조).

BIM 프로세스에는 사업발주팀에 새로운 참여자가 필요하다. 빌딩시스템과 BIM 모델의 데이터 구성요소 사이에서 너무 많은 프로그램화된 관계가 있기 때문에, 잘못된 데이터 또는 좌표를 추가시 빌딩 구성요소에 영향을 미쳐 엉망으로 만들 수 있다. 따라서 특정 프로세스에 요구되는 책임그룹(일부는 이들을 BIM 모델 관리자라고 칭함) 간의 데이터 교환은 데이터베이스를 모델링한 BIM을 위하여 반드시 모니터링 되고, 조정, 대응해야 한다. 이는 생각해 보면, 기타 데이터 전환절차와 다르지 않다. 예를 들면, PgMr이 PgMIS 소프트웨어의 회계업무를 운영하더라도, 어느 재무총괄책임자(Chief Financial Officer, 이하 CFO)도 검토 없이 회계자료를 허락하지 않을 것이다.

Our traditions lag our technical advances.
우리의 전통은 기술적 진보에 뒤쳐져 있다.

법률적이고 전문적인 보험업무는 이러한 기술발전에 뒤쳐져 있다. 여러 주법(state laws)은 건축가의 도면과 시방서를 관리한다. 과다설계를 제거하는 것은 BIM 과정의 목표이긴 하지만, 인가된 건축가와 기술자들은 그들의 직접 감시 하에 준비된 도면과 시방서를 단지 확인할 뿐이다. 건축적, 기술적으로 실현가능한 것들이 뜻밖의 방법(사업에 이익이 되지만, 설계자에게 상당히 부담이 되는)을 후속 BIM 프로세스에 사용하고자 할 때, 보험회사들은 실수와 누락을 보험으로 보장하는 것에 대해 우려한다.

물론 이러한 문제는 표준약관에 획일적인 가정인 건축가와 엔지니어가 건물을 설계하고, 시공자가 이를 시공해야 한다는 원시적인 가정에서 기인한다. 이 책에서 반복해서 주장하는 것은 현 건축가와 기술자는 제조업자와 하수급자에 의해 그들이 직접 이를 설계하기 보다는 설계된 빌딩시스템을 자주 평가, 통합해야 한다는 것이다.

물론, 그 법의 내재된 의미 중 하나가 여러 면에서 실무적으로 맞지 않겠지만 건축가는 설계도서의 적합성에 대해 어느 정도 책임을 반드시 져야 한다는 것이다. 어느 건축가가 엘리베이터 브레이크 메커니즘의 효과를 평가할 수 있겠는가?

이에 대한 해답은 하수급자가 그들이 시공할 부분에 대한 시공상세도와 빌딩요소에 해당되는 설계부분에 대해서는 반드시 책임을 져야 한다는 것이다. 그리고 물론, 사업발주방식 중 연합방식의 적용 또한 크게 도움이 될 것이다.

BIM은 단계적으로 발전해 가고 있다. 초기단계의 BIM은 데이터가 결합된 건물 구성요소에 대한 도면과 시공도면 제작도구인 종전의 CAD를 대체하는, 간단한 3D 도면 제작도구였다. 그 후 MEP, 구조, 토목설계자로부터 작성된 도면들을 용이하게 통합하는 단계까지 와 있다.

하지만 매우 중요한 단계는 전문 하수급자와 제조업자들로부터 시공상세도와 시방서를 통합하는 것이다. 이 단계에서 BIM은 견적기능, 컴퓨터를 활용한 시공기능, 그리고 시공자와 입주 후 발주자를 위한 많은 종합정보를 제공기능이 내재된 완성된 빌딩모델 그리고 최신 기술이 담긴 시공도면 통합세트인 수직적 협업도구이다.

마지막 단계는 기술적으로 어렵지 않지만, 다른 사업발주전략과 계약구조의 재조정이 설계와 시공단계에서 흔히 요구될 것이다.

반면 우리는 이런 장기 문제를 잠정적으로 해결할 방안을 찾아야 한다. John Hawkins(여러 건축가, 엔지니어, CMr, 수급자들을 고객으로 갖고 있는 John은 Houston에 위치한 Porter and Hedges, LLP의 실력 있는 건설전문변호사이다)가 제안한 하나의 임시방안은 BIM 프로세스를 적절한 법률적 요소로 규정할 때 까지, 전통적인 품질관리 방안의 강화를 잠정적으로 제한하는 것이다. 또한 건물설계의 각 참여자(건축가, 엔지니어, 컨설턴트, 하수급자, 제조업자)가 BIM 모델링 데이터를 작성하고 그 작성한 부분에 대해서는 소유권을 인정해 주는 협업 방식이 권장된다. 하지만 공동목적의 데이터 사용 권한은 다른 참여자에게도 주어져야 한다.

1) 설계단계(Phases of design)

빌딩 프로젝트에서 설계는 일반적으로 기획설계(Programming), 계획설계(Schematic Design), 기본설계(Design Development), 실시설계(Construction Documents) 단계로 구분된다. 이 전형적인 단계는 프로젝트를 기술적, 법적으로 정의하는 계약도서(Cotract Documents)와 시방서 작성에 초점을 맞추어 설정되었다. 그 목적은 시공을 위한 법적 강제력이 있는 계약을 성립하고 시공방향을 제공하기 위함이다.

모든 도서들은 설계에 반드시 동의해야 하는 세 그룹 중 오직 한 그룹에게만 초점이 맞추어진다. 불행히도 너무 많은 설계자들이 설계안을 작성하고 검토하고 발주자에게 승인을 얻는 이 단계들을 적용한다. 이것은 불편한 접근방식이다. 이들 전통적인 단계 각각에 대해 살펴보자.

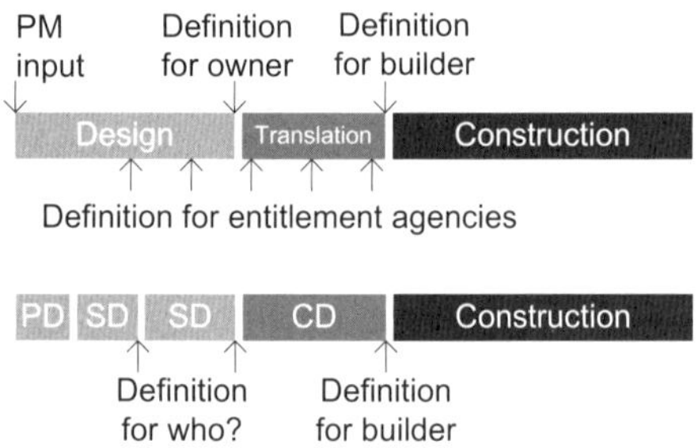

발주자를 위한 명확한 프로젝트 정의를 확정하는 것에 대한 문제점은 설계의 전통적인 단계에 초점을 맞추는 것이 아니다. '발주자가 이해할 수 있는 언어로 발주자가 관심 있어 하는 모든 것'으로 정의된 최종승인단계에 대한 포인트는 없다. 이는 보통 계약도서를 위한 부산물이다.

기획설계 단계에는 공간, 기능적 유사성, 성능과 같은 사용자 요구사항을 파악하는 데 초점이 맞추어진다. 프로젝트 정의는 '발주자가 관심 있어 하는 모든 것을 만족시키기 위해' 더 많은 정보가 필요하다.

계획설계나 기본설계 단계에는 시공을 하지 않는다. 적어도 발주자를 위한 프로젝트 정의는 장비활용 일정, 자재와 마감 선정, 관리계획 등을 포함해야 한다. 하지만 프로젝트 정의가 실시설계도서는 아니다. 실시설계도서는 발주자가 관심 없거나 발주자의 언어로 되어 있지 않은 법률적, 기술적 상세사항으로 가득하다.

발주자를 위한 프로젝트 정의는 프로세스에서 요점이 명확히 반영되어야 한다. 발주자의 검토가 단지 계약도서의 일부에 그친다면, 비용적인 면에서 낭비인 재시공이 될 것이다. 계획설계, 기본설계, 실시설계의 전통적인 단계처럼 발주자를 위한 프로젝트 정의는 마일스톤이 되어야 하며, 설계자의 총 비용의 비율과 관련되어야 한다. 개별 고객에 맞추어진 문서화와 승인과정은 제도화 되어야 한다. 설계자가 말한 내용 속에 핵심이 있다.

> *"이것이 당신이 바라던 것인가? 우리는 모두 잘 되었다고 할 수 있는가?" 만약 최종 대답이 "예"라면 설계자는 "우리는 당신의 언어로 요구사항을 정의했다. 이제 우리는 우리의 사무실로 돌아가 시공언어로 이들 요구사항을 번역할 수 있다. 그 후 우리는 더 이상 당신을 괴롭히지 않을 것이다."라고 말할 수 있다.*

Some changes will be valuable. But capricious ones should be avoided.

일부 변경은 가치가 있지만, 변하기 쉬운 것은 피해야 한다.

이러한 놀라운 순간이 찾아왔을 때, 의견조정이 일단락된 것이다. 쉬운 말로, 그 프로젝트는 문서화 작업에 승인된 것이다. 프로젝트 정의의 모든 구성요소를 발주자가 승인한 후에 설계자는 더 이상 발주자와의 대화 없이 계약도서를 편하게 제작할 수 있다. 비록, 발주자의 건설전문가나 PgMr이 계약도서에서 요구사항이 제대로 반영되었는지와 종합품질을 검토하지만, 설계검토나 요구사항 자체에 대한 검토는 더 이상 필요하지 않다.

좋은 이야기지만 실상 그렇지 않다. 새로운 사람들이 발주자팀에서 나타날 것이고, 새로운 기술이 생겨날 것이고, 인구통계 또는 기타 등등이 변화될 것이다. 나는 '이후 변동 없음' 의 지점과 같은 것을 선언한 대형 연속발주자와 프로젝트 수행하는 것은 생각해 보았지만, 결코 본적은 없다.

미래는 항상 예측하지 못한 것을 유발시킨다. 모든 차후 변경을 차단시키는 급한 일정은 비현실적이고 최선의 결과를 가져오지 못한다. 비용측면에서 불리하더라도, 가치 있는 새로운 아이디어 발상, 새로운 기술적용, 새로운 연구결과 적용과정을 막아서는 안 된다.

하지만 최종정의에 대한 명확한 포인트를 설정하는 것은 적어도 모든 사람들의 관심을 얻을 수 있다. 훌륭한 관리자는 그 이후에 변덕스런 변경을 방지하기 위하여 편익 대비 비용, 일정상의 효과에 대한 검토회의를 개최할 것이다.

대부분의 인허가기관은 그들의 요구사항에 대한 기술적 정의사항과 필요한 문서를 갖고 있다. 그리고 설계자는 수급자를 위한 계약도서 준비에 많은 경험이 있다. 그러나 발주자를 만족시키기 위해 얻어진 그 정보는 발주자마다 다르다. 설계자는 발주자의 관심사항을 정확히 이해하지 못할 수 있다. 심지어 발주자들 자신조차 그들의 관심사항을 정확하게 이해하고 있지 못할 수 있다.

따라서 자본 개선 프로그램에서 PgMr을 위한 고부가가치 활동은 발주자의 관심사항에 대한 범위를 정의하는 것이다. 여기서 새로운 것은 무엇인가?

그 새로운 것은 바로 엄격함이다. 그것은 계약도서 작성 및 시공단계에서 가설울타리를 설치하고 터파기를 시작하기 전에 모든 사항들을 도출하고 고려하기 위해 규정된 종합적 프로세스이다.

또 다른 새로운 것은 바로 미디어이다. 설계자는 일반적으로

The Program Manager manages decision-making.
PgMr은 의사결정 사항을 관리한다.

Go slow at the start so you can go fast at the end.
시작단계에서 천천히 수행해야 결국 끝에서는 빨리 진행할 수 있다.

도면작업을 너무 빨리 시작한다. 처음 몇 주간 정보의 상당부분은 저렴한 문자와 숫자 조합형식의 문서로 커버될 수 있다.

PgMr의 역할 또한 새로운 것이다. 발주자의 다수 프로젝트로부터 경험의 혜택을 누리는 PgMr은 프로젝트 시작단계에서 대부분의 기본적인 의사결정을 해야 한다.

마지막으로 새로운 것으 바로 예산수립이다. 일부 고객들은 여전히 설계를 완료해야 가격을 정할 수 있는 것으로 생각한다. 그러나 꼭 그렇지 않다. 대부분의 프로젝트, 특히 한 프로그램 내 유사한 프로젝트에서 우리가 프로젝트 규모, 빌딩시스템, 시공기간과 합리적인 예산을 파악하기 위해 설계를 할 필요는 없다. PgMr은 반드시 그 의사결정 사항들을 체계적으로 끌어내고, 그 관계를 이해하고 정의하며, 장애요인을 예측하고, 각각의 사항과 지식체계를 공정상 적절한 위치에 배치해야 한다. 시작단계에서 천천히 수행해야 결국 끝에서는 빨리 진행할 수 있다.

9. 계획과 공기의 정의(Planning and scheduling definition)

계속 반복하지만, 설계와 시공에 포함된 사람과 조직은 많다. 업무흐름의 명확한 청사진을 보여주는 것과 이상적인 결과물은 모든 사람들이 올바른 길을 갈 수 있도록 하는데 분명 도움이 된다.

지속적인 건설 프로그램의 연구가 진행되는 동안, 우리는 *'행하기 전에 하려하는 것을 계획하라' 라*는 이 간단한 교훈을 계속해서 깨달았다.

가장 능숙한 PgMr은 사업 시작시기에 가능한 많은 정보를 얻기 위해 노력하며, 가능한 빨리 의사결정을 하고, 상세도면의 변경이 어려워지기 전에 주의 깊게 검토하고, 사업참여자들로부터 동의를 확보하고, 어느 주체이든 설계변경을 요청하기 전에 공사를 완료한다.

우리의 연구에서, 가장 우수한 PgMr 그룹은 그들 자신의 경험으로부터 배우려고 노력한다. 그들은 새로운 프로젝트의 원활한 진행을 위해 실적데이터 보관실을 만들었다. 지속적인 건설 프로그램에서 사업 초기에 좋은 정보를 갖고 있다는 것은, 누군가 이전 사업을 마무리하면서 기록해 놓은 정보이다.

이 PgMr 그룹은 시스템, 절차, 기능적 요구사항에 대한 광범위한 체크리스트를 개발했다. 그들은 이 체크리스트를 사업착수를 위해 사용했고, 이는 즉각적인 추진력으로 작용한다. 그들이 아직 의사결정할 준비가 되지 않았을 때, 그들은 어느 사항들이 의사결정 되어야 하는지 리스트를 제공했다. 즉 설계자에 대한 그들의 업무지시 사항에서, 그들이 알고 원했던 사항, 그리고 생략된 정보와 의사결정이 되었어야 하는 그들이 알지 못했던 사항들까지도 리스트화 했다. 그 후 그들은 가능한 빨리 오픈된 쟁점사항을 해결하는데 집중했고, 프로젝트 정의를 완료했다.

지식에는 세 가지 카테고리가 있다는 격언이 있다.

1. 당신이 아는 것이 무엇인지 당신이 아는 것
2. 당신이 모르는 것이 무엇인지 당신이 아는 것
3. 당신이 모르는 것이 무엇인지 당신이 모르는 것

세 번째의 경우가 우리를 괴롭힌다. 따라서 목적은 각 프로젝트가 3→2 그리고 2→1로 옮겨갈 수 있도록 하는 데 있다.

What you don't know can hurt you.
당신이 모르는 무언가가 당신을 다치게 한다.

10. 설계착수 지시(Kick-off instructions to AEs)

PgMr은 프로그램에 맞추어진 주요 세 관계자의 개별 요구사항들을 문서화하며 CII의 PDRI 도구의 개념과 유사한 '요구사항 체크리스트' 를 보유해야 한다. 이 요구사항 체크리스트는 프로젝트 착수단계에서 일반적인 '설계자에 대한 업무지시서' 의 일부분이 되어야 한다.

우리는 우리의 연구에서 요구사항 체크리스트에 대한 단적인 예를 Wal-Mart와 Hines로부터 찾았다(Wal-Mart는 1,800개의 체크리스트 항목을 갖고 있고, Hines는 45쪽 분량의 체크리스트를 갖고 있다). 이 체크리스트는 사업 착수단계에서 반드시 결정되어야 하는 사항에 대해 나열하고 있다. 이러한 체크리스트를 보유하는 것만으로도 프로젝트 정의에 매우 큰 효과가 있다.

물론 대부분의 프로젝트가 Wal-Mart나 Hines 프로젝트보다 개별적이다. 이는 설계자나 발주자가 반드시 의사결정해야 하는 사항들을 예상한다는 것 자체가 어려울 수 있다는 것이다. 그 프로세스는 완벽하지 않을 것이다. 하지만 PgMr은 각 프로젝트에 대한 각 설계자와 함께 업무를 수행할 수 있고, 설계자에 대한 업무지시사항을 지속적으로 발전시킬 수 있다. 이러한 프로세스는 설계과정에서 쟁점사항이 하나씩 표면 위로 나타나기를 기다리는 것 보다 훨씬 효율적이다.

명확한 프로젝트 정의 패키지는 설계변경과 그에 따른 비용을 최소화하는 것 외에도 두 가지 부가효과를 제공한다.

A clear view makes work more efficient.
사업의 명확성은 시공을 보다 효율적으로 만든다.

업무가 보다 효율적이게 된다. 사람과 조직, 확장된 프로젝트 팀은 그들이 그 프로젝트에 대한 명확하고 종합적인 전망을 갖고 있을 때 더욱 효율적으로 일할 것이고, 모든 의사결정 사항들을 정확하게 알고 있을 때 계약도서 작성에서부터 시공단계까지 진행함에 있어 부담을 갖지 않을 것이다.

Quality begins with Project Definition.
품질은 프로젝트 정의와 함께 시작한다.

또한 품질이 향상될 것이다. 설계와 시공단계에서 품질에 대한 정의는 오직 '요구사항과의 일치' 뿐이다. 따라서 품질은 프로젝트 정의, 즉 모든 요구사항에 대한 명확한 파악과 함께 시작한다. 그리고 이는 확장된 프로젝트 팀이 분명하게 이해할 때에만 효과가 있다.

가장 좋은 경우는 프로젝트 정의가 품질(발주자의 요구사항, 인허가기관과 시공기술의 요구사항)을 규정하는 것이다. 품질은 요구사항에 순응하므로, 품질은 반드시 프로젝트 정의에 따른다.

11. 성공을 측정하는 기준(Metrics for measuring success)

프로젝트 정의의 역할은 목표와 지속적으로 성공을 측정할 수 있는 기준을 수립하는 것이다. 그러나 최상의 설계와 시공 프로세스에 대한 수많은 논쟁이 존재하는 이유 중 하나는 그 목표에 매우 많은 변화가 생기기 때문이다. 실제로, 리더는 다년간의 프로그램 기간 동안 변할 수 있다. 그렇다면, 그 목표 또한 아마도 문서화되지 않는 방식으로 변경될 것이다.

설계자에게 초기 작업지시에 있어 성공을 측정하기 위한 상세하고 명확한 기준, 즉 목표를 설정한다는 것은 불가피한 설계변경에 따른 결과에 대한 혼란을 완화시키는데 매우 좋은 방법이다.

12. 설계변경의 종류(Categories of change)

내 경험을 통틀어, 우리는 설계변경이 없는 프로젝트 진행을 꿈

꾸워 왔다. 하지만 우리는 그 꿈 근처에도 가 보지 못했다.

설계변경에는 여러 종류가 있으며, 모든 설계변경이 언짢았던 것은 아니다.

Setting goals mitigates the disruptions of change.

목표설정은 변경의 혼란을 완화시킨다.

1) 발주자에 의한 설계변경(Owner-initiated changes)

때때로 발주자는 마음을 바꾸거나 어떤 것을 가감하기도 한다. 아마도 그들의 시장이 변화하거나, 신기술이나 새로운 리더에 의해서 바뀐다. 가끔씩 새로운 고객이나 발주자는 상충되는 새로운 요구를 한다. 우리는 그들이 원하는 것이 무엇인지에 대해 늦게까지 그들의 생각을 결정하지 못하는 고객과 PgMr이 이들의 의사결정을 이끌지 못하며 뒤늦게 발생하는 설계변경으로 인한 큰 비용증가에 대해 설명하지 못하는 모습을 보아왔다.

2) 불완전한 문서(Incomolate documentation)

가끔 우리는 문서가 불완전한 상태에서 공사를 시작했거나 인허가기관으로부터 누락된 요구사항들에 대해 지적을 당해왔다. 때때로 시공계약에 대한 문서는 불완전하거나 결점이 있다.

3) 오류와 누락(Erros and omissions)

프로토타입이 반복적으로 발주된다 하더라도, 완벽한 계약도서 세트를 만들 수 있는 설계자는 없었다. 아마 설계자가 설계에 서둘렀거나 충분한 시간과 비용을 프로젝트 정의를 위해 미리 사용할 수 없었을 것이다. 가끔 발주자의 PgMr은 손실을 최소화하고 업무량을 감소시키기 위하여 설계자와 이와 관련된 협상을 진행한다.

4) 외부요인(External events)

가끔 날씨, 기술, 경제, 정치, 시장이나 기타 예측불허한 이벤트들이 우리의 프로젝트에 영향을 준다[4]. Santa Fe Convention Center의 기초공사에서 터파기 중 다량의 유골을 발굴하여 대규모 고고학자 팀에 의해 수 개월간 공사가 중단된 적이 있다. 개

4. 내 경력 상 계획하지 않았던 이벤트 중 가장 심각했던 사례는 2년 동안 수행된 리노베이션 후에 다시 Pentagon의 Wedge 1으로 되돌아갔을 때인 2001년 9월 11일 이다.

조(retrofit), 보수(repair), 변경(alteration)은 특히 사용 중인 시설물에서는 어려운 문제이다. 우리는 예상치 못한 조건들을 파악한다. 가장 잘 계획된 프로젝트 조차도 임차인와 사용자는 프로젝트 진행 흐름에 따라 설계변경을 요구할 것이다.

❖

수년 전, 나는 한 학교운영위원회에서 우리의 용역업무를 제안한 적이 있다. 위원 중 한 명은 탁자를 박차고 설계변경을 용인할 수 없다고 공표했다. 나는 설계변경 없이 건물을 발주하는 것은 비합리적이라고 설명했고, 결국 우리는 그 공사를 수주하지 못했다.

The Program Manager must be the one to plan for change.
PgMr은 설계변경 계획이 있어야 한다.

우리는 변경을 수용해야 한다. 그리고 위에서 언급한 쟁점사항들에 대해 고민하게 하고, 잠재된 설계변경에 맞게 계획과 예산을 설정하게 하는 것은 PgMr의 업무이다.

최상의 프로젝트 정의 조차도 설계변경을 완벽하게 제거할 수는 없다. Las Vegas의 Clark County 교육구는 표준형의 학교를 지었다. 그들은 최초 버전에서 약 5%의 설계변경을 감소시킬 수 있었으며, 이후 사업에서 1% 이하로 감소시켰다. 하지만 결코 0% 로 만들 수는 없었다. 그들이 사막평지에서 일반토양 조건에서 시공했음에도 불구하고, 불가피한 현장여건이 존재했다. 그 후 프로젝트 팀은 각각의 새로운 프로젝트에 대한 문서에 개선사항(refinements)을 추가했다.

13. 설계변경 최소화 전략(A Strategy to minimize change)

프로그램에서 설계변경을 최소화할 수 있는 몇 가지 방법이 있다.

1) 융통성 있는 건물디자인(Design flexible buildings)

건물 설계가 유동적이게 , 즉 예측불가한 미래에 적용이 가능하게 되어 있다면, 설계와 시공 중에 발생하는 설계변경에 보다 적절히 대응할 수 있을 것이다.

내 경험에 비추어 볼 때, 설계 중에는 우리가 건물을 실제로 어떻게 활용할 지에 대해 꼼꼼하게 예측하기란 매우 어렵다. 그러나 우리는 여전히 미래환경에 대응하기 어려운 비유동적인 설계를 하고 있다.

Design flexible buildings for the unforeseeable future.

예측 불가능한 미래를 위해 융통성 있는 건물을 설계하라.

비록 우리가 무엇이 앞에 놓여져 있는지 알고 있다고 생각하더라도, 미래는 항상 우리를 놀라게 한다. 나는 한 건물이 계획했던 대로 5년 이후에도 정확하게 활용되고 있을 것이라고 생각하지 않는다. 건물 설계에 있어 대부분 흔히 하는 실수는 그 건물이 어떤 기능을 할 것인지 안다는 사용자의 믿음으로부터 온다.

여러 해 전, 우리는 한 주립대학의 고등교육시설 변경 건을 검토했다. 그 변경에 대한 목적은 건물을 대부분 리모델링 했을 때 달성될 것으로 판단되었다. 우리는 최초사용으로부터 7~10년이 되었을 때, 리모델링을 가장 많이 실시한다고 생각했다. 그런데 그렇지 않았다. 리모델링이 가장 흔한 시기는 최초사용 전 6개월 이내였다. 이는 시설물을 설계하고 시공하는 데 너무 오랜 시간을 필요로 한다. 시공자가 현장에 그만큼 상주하는 한 사용자들은 아마 계속 설계변경을 요구할 것이다.

현명한 발주자들은 그들의 사용자들이 비유동적인 건물로 만드는 요구사항들을 막기 위해 통제한다. 그러나 PgMr은 대부분의 고객들을 현실을 직시할 수 있도록 반드시 도와야 한다.

Wise clients avoid inflexible buildings.

현명한 고객들은 융통성 있는 건물을 선호한다.

2) 요구사항에 대한 빠짐없는 규정(Define requirements cumulatively and exhaustively)

다수 프로젝트 상에서, PgMr은 시공하려는 시설물에 대한 지식창고를 만들 수 있다. 그 후 개별 프로젝트 정의에 대한 논리적이고 효과적인 의사결정 프로세스를 개발할 수 있다. 그 프로세스는 지식창고로부터 일반적인 프로젝트 요구사항을 도출할 것이고, 특수한 요구사항을 명확하게 파악하도록 할 것이다.

The decision-making processes are all aimed at reaching agreement for requirements and approvals.

의사결정과정은 요구사항과 승인을 위한 합의에 도달하기까지 모든 것을 목표로 삼는다.

이 프로세스는 발주자, 인허가기관, 시공자로 구성된 세 개 기관장의 동의를 얻어내고, 정보를 도출하는데 초점을 맞추어 매우 상세해질 수 있다. 그 목표는 요구사항에 적합하고, 완벽한 것을 승인하겠다는 것이다.

이들 동의와 그들이 의존하는 정보와 의사결정 사항에 문제가 있는 것은 아니다. 당신은 그것을 평가할 수 없다. 그러나 중요하지 않는 액티비티들을 일정관리하는 것은 수 많은 건설자재를 조립하는 일정관리만큼이나 매우 중요하다. 그리고 이 비중 없고 복잡한 과정들은 프로젝트가 끝날 때 까지 끝나지 않는다.

이 동의를 얻는 것에 대한 효율은 시공하고자 하는 건설생산물과 의사결정 프로세스에 대한 지식 축적의 결과이다. 이 건설생산물의 심오한 지식과 프로세스는 Ed Merrow의 보고서에서 언급한 것처럼 ±37%의 비용 효과를 낸다(42쪽 참조). 그리고 이 효율은 37% 이상 크게 공기를 단축시키고 그만큼의 헛수고를 절감시킨다.

Gathering relevant knowledge from similar projects and organizing the decision-making process is the strength of the Program Manager.

유사 프로젝트로부터 관련 지식을 모으고 의사결정과정을 구성하는 것은 PgMr에게 큰 힘이 된다.

유사 프로젝트로부터 관련 지식을 모으고 의사결정 프로세스를 구성하는 것은 프로그램 관리의 핵심이다. 그들의 건설 프로그램을 단지 일련의 개별 프로젝트로만 바라보는 고객이 설계와 시공 프로세스에서 그런 효과를 거두는 것은 불가능하다. 그리고 단일 프로젝트를 보유한 CMr와 설계자에게도 적용이 불가능하다. 건설 프로그램에서 반복적인 패턴을 관찰하고, 비전과 통찰력으로부터 지속적인 개선이 가능한 PgMr(일부 설계자 또는 CMr인 경우도 있음)에게 요구된다.

3) 승인시점을 설정하라(Establish approval set points)

PgMr은 반드시 프로세스를 설정해야 한다. 많은 설계팀은 프로젝트를 기획설계, 계획설계, 기본설계 진행에 따라 마일스톤으로서 계약도서 작성을 위한 일정으로 관리한다. 이는 요구사항을 정의하고, 승인을 받기 위한 필수과정이다. 이보다 나은 현실적인 접근은 PgMr이 각 관계자들의 요구사항 및 프로젝트 착수시점에서 설계팀에게 제공되는 정보가 담긴 여러 개별 승인사항을 규정하는 것이다.

승인 이후에 설계변경에 발생했을 때, PgMr은 발주자를 위해 그 비용과 일정을 신속하게 정의해야 한다. 발주자는 사용자 그룹의 변덕스러운 설계변경을 막기 위해 소규모 위원회나 믿을 수 있는 책임자가 있는 것이 현명하다.

❖

이렇게 상상해 보자. 당신은 다수 프로젝트 프로그램을 위한 PgMr이다. 당신은 한 프로젝트에 대한 설계자를 선정하고 그 설계자에게 발주자가 검토하고 동의한 이전 프로젝트에 대한 당신의 데이터베이스로부터 완벽한 한 세트의 요구사항을 준다. 그 후 당신은 설계자에게 필요한 모든 승인사항 준비회의 세부 일정을 줄 것이다. 그 일정은 각 승인사항의 최종 일정을 보여준다. 그리고 당신은 시공팀을 선정하고 동일한 과정을 반복할 것이다.

반면, 하수급자와 제조업자는 모든 빌딩시스템을 검토하고 개선사항을 제안한다. 그들은 BIM 모델에서 통합된 시공상세도면을 제공하여, 최종 시공도서는 완전히 통합된다. 그리고 모든 제출사항은 BIM 모델의 일부이며, 착공일자가 승인된다.

물론 우린 완벽할 수는 없지만, 노력할 수는 있다.

프로그램 관리 아웃소싱
(Outsourcing Program Management)

일부 회사는 사내에 자체적인 PgMr이 있다. 그 외 회사는 외부업체에 아웃소싱을 한다. 대부분의 회사는 사내 PgMr과 외부업체의 자원을 통합한다. 그러나 가장 중요한 것은 좋은 회사를 선정하고, 발주자 조직과 함께 설계와 시공과정을 통합하며, 작업결과를 평가하는 방법을 아는 현명하고 경험이 많고 책임 있는 경영진이다.

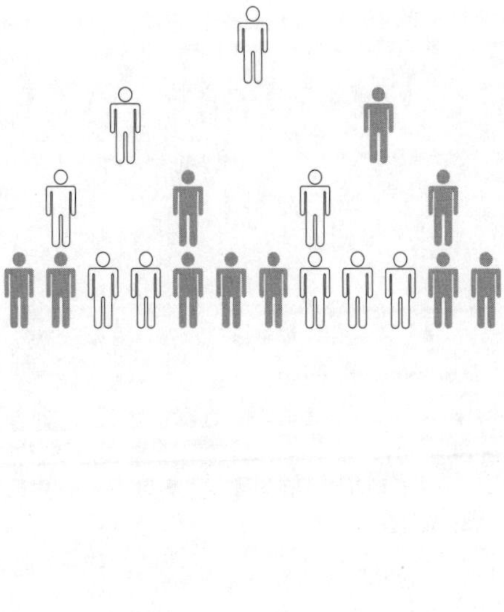

일부 발주자 조직들이 고착화되고 비효율적으로 되듯이, 영구적으로 아웃소싱 된 조직 역시 그러하다. 이에 대한 해결책으로 두 가지 방안이 있다. 첫째는 성과평가를 할 수 있는 사내경영진을 두는 것이며, 둘째는 사내직원 또는 외부조직을 상대적으로 비교하는 것이다.

아웃소싱한 업무에는 ham and eggs(개별방식), layer cake(계층방식), fruit salad(통합방식)와 blue plate(책임방식)이라고 별명을 붙인 네 개의 고전적인 접근방법이 있다. 각각의 접근방법에는 찬반 양론이 있다. 그러나 이익을 얻기 위해 발주자 조직은 외부업체와 협업할 때가 많다. 각 조직은 다른 조직으로부터 배우게 될 것이다.

More school superintendents lose their jobs over a failed building program than a failed education program.

교육시설 감독관은 실패한 교육 프로그램보다 실패한 건설 프로그램에 의해 더 많이 그들의 일자리를 잃는다.

좋은 친구이자 조언자인 Nolen Estes 박사는 아마 어느 교육자보다 더 많은 교육시설 감독관들을 Texas 대학의 대학원 과정에서 교육했다. 그래서 그는 많은 교육시설 감독관을 알고 그들의 성공을 지켜보았다. 그는 대부분의 교육시설 감독관들이 실패한 교육 프로그램보다 실패한 건설 프로그램을 통해 자신의 일자리를 잃게 된다고 나에게 말했다. 단지 몇 가지 명목적인 변경으로, 관련 공공, 기관, 민간과 같은 여러 조직들에게 반복적으로 발생할 수 있는 이야기이다.

건설 프로그램을 가진 조직은 유능한 사람들과 함께 그것들을 통제하거나 붕괴, 큰 실패 및 재난을 함께 감수해야 한다.

따라서 이 장은 발주자와 PgMr이 그 위치에 있는 사람들을 바로 잡고 긍정적인 결과를 얻기 위한 방법을 설정할 때 고려해야 하는 사항에 관한 것이다.

공공, 기관 또는 민간과 같은 여러 조직은 큰 규모의 자체적인 설계자와 시공능력을 가지고 있었다. 미국정부는 20세기 초까지 모든 프로젝트를 건설하기 위하여 직원을 고용하고, 20세기 중반까지 자체적으로 여러 프로젝트를 건설해 왔다. 1941년에 Pentagon을 설계하고 시공한 사람은 공무원이었다. 기업도 마찬가지다. DuPont은 20세기 동안 자체 건설회사가 있었다.

Some organizations manage their programs with in-house staff; some outsource the work; others combine in-house and outsourced resources.

일부 조직은 사내직원으로 그들의 프로그램을 관리하는 반면, 일부는 그들의 업무를 아웃소싱한다. 사내조직과 외부조직을 결합하여 관리하는 조직도 있다.

오늘날, 자체적으로 설계와 시공조직을 갖는 것은 드물다. 우리가 인터뷰하거나 연구한 모든 미국 정부조직은 그들의 건설공사와 대부분의 설계업무를 아웃소싱 한다.

그러나 프로그램을 관리하는 것은 다른 문제이다. 일부 조직은 완전한 사내 프로그램 관리 그룹이 있다. 다른 조직은 설계자, CMr 또는 프로그램 관리를 전문적으로 하는 회사에게 업무를 아웃소싱한다. 대부분은 내부 조직과 외부업체 자원을 결합한다.

1. 아웃소싱에 대한 논쟁(The arguments for outsourcing)

Harry Truman의 대표적인 코멘트를 기억하고 있는가?

> *"내가 경제학자에게 질문을 할 때마다, 대답은 '한 편으로는 등등, 그 외 다른 편으로 등등' 이었다. 그러나 내가 필요한 사람은 하나의 방향을 제시해주는 경제학자이다."*

아웃소싱 문제에 대해서는 여러 논점이 있다. 그래서 우리는 양측(positive & negative)에 대한 논의를 하고, 우리들은 몇 가지 쟁점을 삭제하고, 몇 가지는 남긴다. 따라서 우리는 우리 자신의 의견을 조금 누그러뜨리고 양측의 논쟁을 전할 것이다.

Ed Feiner는 GSA에서 우수한 설계 프로그램을 이끌었다. 그의 경력을 되돌아 볼 때 그는 많은 프로그램 관리를 아웃소싱 하는 것은 발주자를 위한 좋은 생각이 아니라고 생각한다. 그는 발주자 조직에 고용된 사람들이 발주자가 구입해야 하는 것이 무엇인지 이해해야하고, 제 가격에, 제 시간에 작업이 진행될 수 있게 책임져야 한다고 말한다.

Bob Fraga는 미체신부(U.S. Postal Service, USPS)에서 수석 계약담당 관리자였다. 그는 모든 프로그램 관리용역은 수탁책임을 제외하고 모두 아웃소싱이 가능하다고 믿었다. 발주자의 직원 중에는 발주자의 임원들로부터 신임을 얻는 능력 있고 경험이 풍부하며 책임있는 직원이 반드시 있다. 그들은 어떻게 용역을 아웃소싱해야 하는지를 알고 있으며, 작업결과물을 평가하고, 발주자의 조직과 함께 설계와 시공 프로세스를 통합한다.

It's bard to outsource fiduciary responsibility.

수탁책임을 아웃소싱하는 것은 현명하지 않다.

이들 두 가지의 관점은 다르게 보이지만, 이들 '현명하고 경험과 책임이 있는' 사람들이 발주자를 위해 용역을 발주하고 평가하는 방법을 이해하는 데에는 어떠한 차이도 없다.

능력 있는 사내 관리자는 매우 중요하다. 만일 관리자가 발주자의 리더십을 적극적으로 신뢰할 경우, 그들은 아웃소싱된 설계와 시공팀에 많은 가치를 둔다. 나는 발주자의 변덕을 통제할 능력이 없는 PgMr은 프로젝트 비용을 증가시키며, 진행을 어렵게 만든다고 생각한다. 게다가 그들을 위해 일하는 설계와 시공회사는 금전적 손해를 입고, 그에 맞는 결과물을 인계한다.

A strong in-bouse manager with the full confidence of the owner's leadership is valuable to outsourced teams. The weak in-bouse managers are bad clients.

발주자의 리더십을 완전히 신뢰하는 뛰어난 사내 관리자는 외주팀에 중요한 존재이다. 실력 없는 사내 관리자는 좋지 않은 고객이다.

GSA, COE와 미해군시설사령부(Navel Facilities Engineering Command, 이하 NAVFAC)는 조직 내에 완전한 프로그램 관리 그룹이 있다.

Target사는 설계와 시공관리를 발전시키고자 600여명의 내부 인력으로 브랜드관리와 지속적인 개선을 하려했지만, 내부조직과 아웃소싱을 50:50으로 유지하면서 관리했다. 유사한 사업체인 Wal-Mart는 상당부분을 Target 보다 많이 아웃소싱을 했고 그 접근도 성공적이다. 이 두 가지 방법은 모두 효과적인 수행전략이 있다.

Target does most of it in-bouse. Wal-Mart outsources.

Target사는 대부분 사내조직으로 수행하고, Wal-Mart는 아웃소싱으로 수행한다.

Hines는 린 조직(lean organization)을 운영한다. Hines는 지역의 실력 있는 PgMr과 함께 12명 이하의 Conceptual Construction Group의 직원들로 프로젝트를 관리한다. 그들은 그들의 직원을 증가시키기 위해 매 프로젝트마다 컨설턴트를 유지한다.

결국 무엇이 옳은가? 우리는 이 질문과 고심하고 보편적인 최상의 답을 찾아내기에 위해 내면을 집중적으로 파헤쳤다. 항상 전문적인 접근은 전문적인 조직에 의해 주도된다. 다양한 관점으로 벌어지는 논의는 개별 프로그램에 대해 의문을 제기할 때 유용할 수 있다. 그리고 다시 나타난 일반적인 개념이 있었다.

2. 핵심 비즈니스(Core business)

The common argument for outsourcing is that an organization should stick to its core business and outsource to companies whose core business is managing construction.

아웃소싱에 대한 일반적인 주장은, 조직은 그 핵심 비즈니스를 수행하고, 건설관리를 핵심 비즈니스로 하는 회사에 아웃소싱해야 한다는 것이다.

우리가 아웃소싱에 대하여 듣는 가장 일반적인 논쟁은 조직이 가장 잘 알고 있는 것을 가장 잘 한다는 것이다. 경영진들은 그들의 핵심 비즈니스를 고수해야 하고, 건설관리를 핵심 비즈니스로 하는 조직을 선임해야 한다. 사내에 설계 및 시공 그룹을 관리하는 것은 발주자의 경영진들에게 부정적이다. 이는 시간낭비이며, 행정업무가 과중된다. 만일 그룹이 회사의 핵심 비즈니스에 필요하지 않으면, 그 조직은 방해가 된다. 게다가 만약 명확한 방법이 없고 경영진이 기술 그리고 설계와 시공과정에 생소한 경우, 그들은 알고 있는 지식에 한해서 형편없는 고용을 하게 될 것이다.

Many design and construction professionals want to be in an organization focused on their professional with opportunities for ownership and entrepreneurial rewards.

많은 설계와 시공전문가는 그들의 소유권과 기업적 보상이 따르는 전문성 중심의 조직이 되기를 원한다.

핵심 비즈니스가 기업문화를 형성한다는 논쟁은 계속되고 있다(보상 메커니즘, 권한구조, 산업동료의 네트워크, 공급자와의 거래방법, 고객과 직원, 야근에 대한 경영진의 입장 등). 만일 그 비즈니스가 설계와 시공이 아닌 경우, 그 문화는 설계자와 시공자에게 적합하지 않을 것이다. 최고전문가는 그들의 전문성을 핵심 비즈니스로 가진 회사에 자연히 끌리게 된다. 그들은 그들의 전문성을 지적 목표로 가진 문화적 환경을 중요하게 생각한다. 그들은 설계와 시공에 대한 대화가 일어나는 조직에 있기를 원한다. 그들은 그들 자신 분야에서의 리더십과 소유권, 기업적 보상에 관심을 가진다.

따라서 일부 발주자는 문화 또는 설계와 시공 조직을 선호하는 일류 컨설턴트 및 하수급자를 선별한다. Michael Graves는 Target사의 설계업무를 하기 위해 회사가 지향하는 디자인 문화를 버리지 않을 것이다. 그리고 Target사가 그 설계사를 지속적으로 고용하고 있을 확률도 낮다. 그러나 Target사는 매장을 위한 시험연구의 자문과 그들이 제공할 건설생산물의 일부를 설계하기 위해 그 설계사를 고용할 수 있었다.

Herman Miller는 Charles Eames, Bob Probst, George Nelson과 Bill Stumpf와 같은 위대한 설계자와 50년이란 오랜 기간을 친밀한 관계로 지내고 있다. 그러나 이 설계자들은 심지어 훌륭한 설계를 위해 심혈을 기울이는 Herman Miller조차 제조업 문화에서는 아마도 직원으로서 편하지 않았을 것이다.

Great designers would probably not be comfortable in a manufacturing environment—or any large bureaucracy.

훌륭한 설계자는 아마도 제조업 문화나 거대한 관료주의가 있는 환경이 편하지 않을 것이다.

설계자는 Michigan주 Zeeland의 큰 도시환경의 지적자극을 선호할 것이다. 그러나 이 문제에 대해 어떠한 의견도 일치하지 않을 것이다. Herman Miller는 훌륭한 설계자 몇 명을 직원으로 채용했다. Alexander Girard는 정규직원이었다(그러나 Girard는 Zeeland의 문화적 느낌을 위해 예술적으로 매우 정화된 분위기의 Santa Fe에서 오랜 시간을 보냈다).

이는 모두 좋은 말이다. 그러나, 핵심 비즈니스에 대한 문제는 다루기 힘든 사안이 아니다.

But the core business argument isn't a slam-dunk issue.

그러나 핵심 비즈니스에 대한 논쟁은 다루기 힘든 사안이 아니다.

첫째, 이 주제의 일부는 핵심 비즈니스 내 건물의 역할에 달려있다. 비록 회사의 핵심 비즈니스가 창고형 할인매장, 건강관리시설 또는 교육시설일 수도 있지만, 이를 위한 시설물은 성공에 결정적일 수 있다. 많은 사례로 주택, 제약실험실, 레스토랑 또는 테마파크에서의 건축자재는 때때로 기업의 성공에 중대한 영향을 끼친다. 능력이 있는 건설전문가는 조직의 목표달성에 참여함으로써 좋은 경험이 될 수 있다.

An organization's buildings may play a vital role in its success.

한 조직의 시설물은 그 조직의 성공에 있어 중요한 역할을 할 수 있다.

둘째, 우리는 연구기간 동안(그리고 우리가 일했던 경력 동안) 발주자 조직의 정규직원이나 다름없는 여러 PgMr을 만났다. 흔히 그들은 반복적인 프로젝트로부터 그들이 고용할 수 있었던 어느 외부 PgMr보다 시설물 유형에 대한 지식을 습득할 수 있었다.

셋째, 일부 건설전문가는 설계와 시공 이외의 사업이 기존 건설산업보다 큰 보수와 고용안정을 제공할 수 있다는 것을 발견했다. 그리고 그 이외의 사업은 개인의 업적에 큰 기회를 제공할 수 있다. Michael Graves가 Target에 참여하지 않는 동안, AIA의 실력 있는 건축가이자 AIA 회원인 Rich Varda와 함께 했다. 그

Some businesses offer larger rewards, more stability than is traditional in the construction industry.

일부 사업은 기존 건설산업에서 제공하는 것 보다 더 많은 보상과 고용안정을 제공한다.

리고 Jerry Lea는 그가 기계설비 컨설턴트로 남았을 때 보다 Hines에서 더욱 직업적 만족을 얻을 수 있었다.

3.지속적인 개선(Continuous improvement)

Owner is apt to staff internally if they are looking for a long-term program of continuous improvement.

발주자는 그들이 지속적인 개선의 장기 프로그램을 찾는 경우 내부에 인력을 배치하기 쉽다.

Lea가 말하길, 비록 일반적 건물유형이더라도 발주자가 만약 결과물을 계속 수정하고 싶다면, 발주자는 그 수정을 위한 내부인력을 배치할 확률이 높다는 것이다. Lea는 그들의 프로젝트 경험을 결합할 책임이 있는 Hines의 Conceptual Construction Group을 운영한다. 일찍이 Hines의 개발자로 일할 때, 그는 회사의 모든 프로젝트를 배우기를 결심했었다. 무엇이 많은 의미를 가질 수 있는가? 대부분의 사람들은 일부 사람들로 조직화할 수 없다는 것에 동의할 것이다. 그러나 Hines는 해냈다. Lea의 임무는 이전 시설물 보다 다음 오피스빌딩을 잘 건설하는 것이다. 그리고 전 세계 수백만 개의 오피스빌딩이 있더라도 Hines는 약 700여개 건물을 가지고 있고, 더 나아지기 위해 노력하고 있다.

프로그램 관리에 매우 많은 아이디어가 있는 것처럼, 성공에도 많은 방법이 있다. 지속적인 발전을 위해 발주자는 외부업체와 지속적인 관계를 가지는 경우가 있다. Mayo Clinic은 거의 한 세기 동안 Ellerbe(지금의 Ellerbe Beckett)로 함께 일했다. 그러나 대부분의 발주자는 최소한의 사내직원으로 직접 통제하여 결과물을 발전시켜 나가는 방식이 지속적인 개선을 위한 최고의 전략이라고 믿는다.

4. 큰 비용을 통제하는 관리자를 위한 보상(Compensation for managers who control large expenditures)

Some owners outsource Program Management because their compensation policies won't allow them to hire the adequate expertise in-house.

일부 발주자는 프로그램 관리를 아웃소싱한다. 그 이유는 그들의 보상정책에 적합한 사내전문가 고용을 허락하지 않을 것이기 때문이다.

건설전문가는 아마 수백만, 아니 수십억 정도의 달러를 관리할 것이다. 유능한 건설전문가는 보수를 잘 받는다. 일부 발주자는 그것에 대한 내부 문제를 가지고 있다. 이러한 문제를 반복적으로 보았다.

갑자기 대형 건설 프로그램을 소유한 교육구를 고려해 보자. 큰 건설리스크 경험이 있는 계약직 PgMr은 교육구의 어느 관리자보다 더 많은 보수를 요구할 것이다. 교육위원회는 관리자보다 시설감독에게 더 높은 임금을 지불하는 것에 압박감을 느낄 수 있다. 따라서 그들은 문제를 회피하고자 적합한 능력을 가진 회사에 아웃소싱하게 된다(여담으로 총장보다 축구감독에게 더 많이 연봉을 지급하는 대학은 흔하다. 우리는 현명한 교육구가 가치 있는 관리자에게 더 높은 연봉을 지급하는 것과 같이 건축 리더 혹은 더 나은 그들을 위해 더 높은 연봉을 지급하는 것을 볼 수 있다).

일부 발주자는 단순히 사내 PgMr이 얼마나 큰 비용과 리스크를 관리하고 있는지 모른다. 발주자는 임금을 충분히 주지 않고 관리자는 기량을 충분히 발휘하지 못한다. 매우 안타깝게도, 저임금의 건설전문가를 큰 건설 프로젝트를 관리하기 위해 고용하는 것이다. 급여에서 수천 달러를 절약하기 위해 그들은 수백만 달러의 리스크를 안게 된 것이다.

또 다른 안타까운 일은, 회사 중심 임무에 대한 기여 및 견해로 경영진이 건설전문가를 일류가 아닌 이류로 평가하는 것이다. 따라서 회사는 이류 전문가를 고용한다. 일류 가격을 위해 이류 전문가는 이류 회사에서 이류 시설을 생산한다.

A sad spectacle is a company that views construction professionals, who manage millions, as second-class citizens.

안타까운 것은, 수백만 달러를 관리하는 건설전문가를 이류 시민처럼 바라보는 회사이다

건설산업은 이런 종류의 내부 편견으로부터 자유롭지 않다. 설계자, CM과 건설조직은 그들의 건설관계자를 제대로 대우하지만, 정작 사내 변호사와 회계사에게는 낮은 대우를 하는 비슷한 실수를 범한다.

5. 시설물 및 소유과정(Commodities and proprietary processes)

일부 발주자는 그들의 직원을 고용하는 것보다 아웃소싱을 하는 것이 더 저렴하다고 생각하기 때문에 아웃소싱을 한다. 만약 쉽게 이용가능한 전문용역이라면 그들이 옳을 것이다.

만일 설계, 시공 또는 관리업무가 건설시장에서 흔하다면, 발주자는 비용과 품질 측면에서 경쟁적인 사내조직을 구축하지 않을 것이다. 따라서 현실적인 조직은 유용한 서비스를 아웃소싱할 경향이 있다.

It's unlikely that an owner can build an in-house capability for common tasks as cheaply as what is available from the marketplace.

발주자는 시장에서 값싸게 활용할 수 있는 일반적인 업무를 위하여 역량 있는 내부조직을 구축하지는 않을 것이다.

하지만 발주자는 독점적인 프로세스가 있거나, 그들이 특별한 무언가를 해야 하거나, 또는 예측할 수 없는 긴급상황에 대비해야하거나, 조직의 임무수행에 필수적인 기능을 가지고 있다면, 아마도 그들의 직원을 고용할 것이다.

Owners with proprietary or unusual processes will likely build their own staffs.

고유한 또는 독특한 프로세스를 가진 발주자는 그들의 내부직원들을 활용하여 시공할 것이다.

분명히 경쟁기업의 생산프로세스 본질을 소유(proprietary nature)하

는 것은 DuPont 같은 회사에서 사내조직을 늘리는데 동기를 부여하는 것 중 하나이다.

그리고 Disney 테마파크를 만들 때에는 창조적 역량에 대한 강한 욕구가 있었다. 물론 가짜 바위와 나이든 나무, 걷고, 말하고, 우스운 기계 생물(이동하고, 말하는 익살맞은 기계로 만든 동물), 스릴쇼와 놀이기구 등과 같은 많은 특별한 구조물이 있다. 이런 것은 설계하고 시공관리하는 경험이 있는 사람들은 쉽게 얻을 수 없다. 그들이 심지어 경험이 있을지라도 Disney는 아마 그들에게 아웃소싱하지 않을 것이다. 창조적 관리에 대한 그들의 내부적인 목표(독창성을 위한 그들의 목표)는 너무 강하다.

따라서 Disney는 자신들이 알아서 관리한다. 그들은 그들의 쇼와 놀이기구를 디자인하기 위해 디자이너와 엔지니어를 소집하고 창작품을 만들기 위해 작업장을 건축한다. 그리고 놀이기구 중 한 대에 무엇이 부서져 만일 아이들이 터널에 갇힐 경우, Disney는 외부 대원을 기다릴 수 없기 때문에, 이를 위한 긴급 대응팀이 상주한다.

Disney가 Florida에 Disney World를 지었을 때, 그들은 프로그램을 관리하기 위해 Tishman Construction사를 잔류시켰다. 그러나 그 관리자들을 관리하는 현장 Imagineering(신선하고 새로운 서비스를 제공하기 위해 만든 프로젝트 조직)팀이 항상 존재했다.

Orlando에는 중심명소로써 Disney와 더불어 다른 테마파크가 있다. 그들은 Disney와 다르게 자체 설계와 시공능력이 없었으므로, 전문 시공을 위한 민간기업을 활용했다.

곧 Orlando에 오래된 나무와 인공 바위, 특색 있는 건축물을 만드는 회사가 여러 개 생겼다. 그러나 Disney의 창조적 작업에 대한 절대통제권을 유지하는 것에 대한 최우선적 문화가 너무 강해서 Disney가 아닌 회사가 공사를 제대로 수행할 수 없었다. 그래서 그들은 사내조직으로 공사를 계속 수행했다.

Disney 개발팀은 길, 발전소, 유틸리티, 호텔 및 오피스 시설물을 관리했지만, Walt Disney의 Imagineering팀은 테마파트의 건설공사를 디자인하고 관리했다. 그들은 오디오 애니매트로닉스(animatronics, animation+electronics), 피부, 털과 깃털, 그리고 캐릭터 머리를 만드는 장소가 있고, Disney의 성공에 핵심인 이 엄청난 창조적 기술이 필요한 쇼와 놀이기구를 디자인 함에 있어 독특하고 특별한 재능을 가진 인재를 채용했다.

6. 리스크 분산(Delegating risk)

일부 발주자는 업무를 외부 PgMr에 위임하는 것은 리스크를 최소화 한다고 말했다. 하지만 그렇지 않을 수도 있다.

An owner owns all the risk of project delivery. No way around it.

발주자는 프로젝트 발주의 모든 리스크를 안는다.

궁극적으로 발주자는 프로젝트 발주의 모든 리스크를 소유하며, 관리 리스크를 위임하는 것은 극도로 어렵다. 왜냐하면 PgMr은 발주자 측에 있어야 하며, 항상 그 고객의 관심에 따라 행동해야 한다. 만일 발주자가 리스크를 그 PgMr에게 할당하는 경우에 PgMr은 계획과 일정상의 피해를 최소화할 수 있는 조치를 취해야 한다. 다만 협업 투명성은 낮아진다.

게다가 만약 경영진이 리스크를 PgMr에게 할당하고 그 PgMr이 실패하는 경우, 당신은 리스크 할당 지시를 내린 경영진을 어떻게 판단할 것인가?

그러나 발주자가 자체적으로 가지고 있는 것 보다 설계와 시공 리스크를 관리할 수 있는 경험과 전문기술이 있는 관리자에게 아웃소싱하는 것이 발주자를 위한 현명한 전략이다.

7. 자원평준화(Resource leveling)

아웃소싱에 대한 설득력 있는 주장은 직원의 요구사항과 균형을 이룬다.

작업이 늦어질 때 모든 조직, 특히 공공 조직에는 어려움을 해결하는 직원이 있다. 1명의 공공 발주자는 다음과 같이 말했다.

> *"언제든지 내가 해고할 수 있는 사람을 원한다."*

업무량이 늘어날 때에는 내부에서 경험 있는 사람을 찾기가 힘들다. 그래서 아웃소싱을 해야 한다.

8. 전문가에게 배우기(Learning from specialists)

Outsourcing for learning also makes sense.

학습을 위한 아웃소싱은 타당하다.

또 다른 주장은 사내 프로젝트 관리팀이 아웃소싱하게 되는 컨설턴트로부터 배울 수 있다는 것이다. 어떤 현명한 발주자라도 전문적 문제를 해결하기 위하여 고도로 전문화 된 사람을 고용하는 것은 좋은 생각임을 알 수 있을 것이다. 우리는 조인트벤처(joint-venture)나 우리를 위해 일하는 컨설턴트와 같은 경쟁자 및 우리의 고객들로부터 교훈을 얻기 때문에, 이 주장을 진심으로 신뢰한다.

9. 지속성과 경쟁(Continuity and competition)

Entrenched in-house groups can build empires, become calcified and inefficient.

경쟁 없는 고착된 사내그룹은 제국을 형성할 수 있으나, 이는 조직을 경화시키고 비효율적으로 만들 것이다.

이 책은 계속해서 사람들, 과정, 그리고 건설생산물을 만들고 유지하는 프로그램의 지속성의 가치를 강조한다. 그러나 많은 발주자는 경쟁 없는 고착된 사내그룹이 제국을 형성할 것이고, 이는 조직을 경화시키고 비효율적으로 만들 것이다. 우리는 확실히 그에 해당하는 일부 그룹을 보았다. 그 문제의 해결책은 사내조직의 생산력을 판단할 수 있는 발주자의 경영진에게 있다. 그리고 판단하는 최고의 방법은 비교이다. 그것은 일부 업무의 아웃소싱을 의미한다.

정부기관, 협회, 컨설턴트와 자율시민활동단체(self-appointed civic action group)는 수시로 아웃소싱 업무비용과 자체 프로그램 관리 비용을 비교하는 연구를 한다.

우리의 경험으로 볼 때 연구가 발주자 조직에 의해 행해지는 경우에는 기관의 실제 간접비는 제대로 포함되지 않는다. 만약 이 비교가 외부 경영컨설턴트에 의해 수행된다면, 복잡한 관리체계는 무시될 것이고, 이렇게 비교가 된 서비스는 공정하지 않을 것이다. 결국 그 기준은 일관성이 없고 일회적이며, 결론은 연구자의 관점에 맞추어져 나올 것이다.

그러나 분명히 지속성은 유리하다. 앞서 언급한 FMI의 연구는 소수의 용역수행자와 지속적인 관계를 유지하는 발주자는 그들의 관리비용이 30% 까지 절감되는 경향이 있다는 것을 보고했다(26쪽 참조). 우리는 FMI가 성과를 측정한 경우라면 그것 또한 향상되었을 것이라고 생각한다.

그러나 지속적으로 아웃소싱하게 되는 관계가 너무 친밀해지면, 나태하게 되어 비효율적일 수도 있다. 큰 문제가 여기에 있다. 당신은 변화가 급격한 프로그램 관리 그룹을 사내조직으로 유지하겠는가? 아웃소싱 하겠는가?

첫 번째 조건은 사내조직과 아웃소싱 하는 조직 양쪽 모두의 생산성을 판단할 수 있는 '뛰어나고 경험 있고 책임 있는' 발주자의 경영진이 있어야 한다는 것이다.

Outsourced relationships can get cozy and inefficient too.

아웃소싱된 관계가 너무 친밀해지면 비효율적일 수도 있다.

두 번째, 외부직원들과 사내직원들을 결합시키는 것은 그들 양쪽 모두를 긴장하게 하기 위한 것이다(서로를 보고 경쟁시키기 위한 것이다).

세 번째, 일부 발주자는 하나 이상의 PgMr로 이루어진 팀을 고용한다. 여러 회사에서 온 사람 모두는 다른 사람에 의해 평가될 것이라는 것을 알고 있다. 한 발주자는 말했다.

> *"우리는 적어도 경쟁하는 동안 우리를 위해 일할 수 있는 조직을 원한다. 그것은 두 개를 의미한다."*

10. 외부직원의 통합(Interrating an outsourced staff)

당신이 내부직원과 외부직원의 통합이 타당하다라는 주장에 동의한다면, 다음 질문을 종종 간과한다. 만약 당신이 당신의 건설 프로그램에 대한 관리를 지원하기 위해 외부 PgMr을 고용했고, 또한 당신이 사내에 동일한 업무를 수행하는 조직이 있다면, 이 두 조직 간의 관계는 어떻게 되는가? 누가 선임인가? 함께 일하는가 아니면 따로 일하는가? 따로 일한다면, 업무분장은 어떻게 할 것인가? 함께 일한다면, 팀을 어떻게 배치할 것인가?

Who is the boss? How do you divide up the work? If together, how do you arrange teams?

누가 선임인가? 업무분장은 어떻게 할 것이고, 팀을 어떻게 배치할 것인가?

프로그램 관리를 아웃소싱 하는 경우를 위한 네 가지(아래 11~14)의 고전적인 접근방법이 있다. 우리는 그들에게 별명을 주었다.

11. 개별방식(Ham and Eggs)

발주자는 발주자의 프로그램 일부분을 외부 PgMr에 맡기고, 다른 부분을 발주자의 사내직원에게 맡기며 유지한다.

발주자가 건설 프로그램의 일부를 외부 PgMr에게 맡겼다고 가정하자. 아마도 한 교육구는 신축공사를 외부 PgMr에게 할당하고 지속적 리모델링 및 보수는 내부직원에게 할당할 것이다. 또는 아마도 새로운 매장 오픈을 가속화하고 있는 대형할인매장 체인은 10개 매장의 조기오픈에 대한 중요업무를 할당하고, 지속적인 프로그램 관리 일부는 사내그룹에 할당할 것이다.

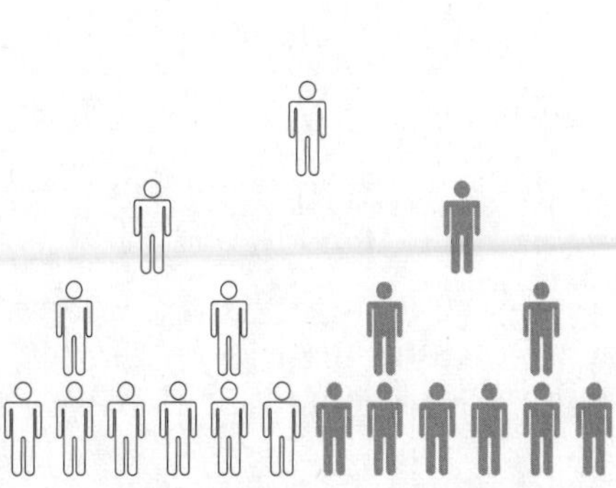

외부 PgMr은 사내직원이 나머지를 관리하는 동안 프로젝트 준비에 대한 책임을 질 수 있다.

Dividing the work between in-house staff and an outsourced company has clarity of responsibility.

사내조직과 외부조직의 업무를 분할하는 것은 책임의 명확성이 있다.

이 접근방식의 장점은 책임의 명확성이다. PgMr은 할당되는 특정 업무를 수락할 수 있고, 발주자 경영진에게 직접 보고할 수 있다. PgMr은 자신의 시스템과 절차를 사용할 수 있고, 빨리 시작할 수 있다. 발주자의 사내 프로그램 관리 조직은 외부 PgMr과 별도로 움직이므로, 발주자는 이들 다른 두 조직 간의 통합에 대해 고민할 필요가 없다. 각 조직은 자신의 기본원칙 및 습성을 유지할 수 있다.

There separate organizations are intellectual silos.

분리된 조직은 지적저장소이다.

그러나 분리된 조직은 지적저장소(intellectual silos: 경제학 용어로서 다른 조직과 소통하지 않고, 자신의 이득만을 추구하는 조직이나 부서), 즉 서로 배울 수 없다. 발주자는 서로 다른 양식의 현황보고서를 받을 것이며, 서로 다른 프로젝트에 예비비를 평준화 하는 것은 어려울 것이다. 순환의 혜택은 더욱 줄어들 것(19쪽 '순환, 반복과 개선' 참조)이고, 프로젝트 정의를 위한 프로그램의 특정 체크리스트를 만드는 능력 또한 감소될 것(41쪽 '프로그램과 프로젝트 정의' 참조)이다.

프로그램 내에서 아마도 일부 책임이 겹칠 것이다. 그리고 누군가 두 그룹의 성과를 비교할 것이다. 분명 발주자의 사내조직과 외부조직은 경쟁적인 관계가 될 것이며, 일부는 스트레스를 야기할 것이다.

12. 계층방식(Layer Cake)

발주자는 외부 PgMr과 관계를 맺고, 그 관리를 사내 PgMr에게 맡길 수 있다.

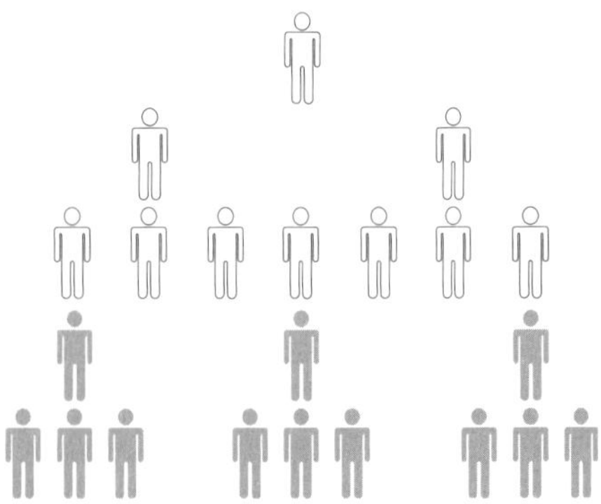

외부 PgMr은 일부 프로젝트에 대해 책임이 있고, 사내 프로젝트 관리자에게 보고한다. 사내 PgMr은 다수의 외부 PgMr과 관계를 맺을 수 있다.

사내 프로그램 관리 그룹이 있는 여러 조직은 일부 작업을 위한 별도의 외부 프로그램 관리 계약에 의해 업무량이 증가하였다는 이유로, 단순히 직원보강을 요청한다. 그 외부 PgMr은 발주자 그룹의 직원 중 일부에게 보고한다. 때때로 발주자 조직은 다수의 PgMr과 관계를 맺는다.

외부 PgMr은 할당된 업무에 대해 명백한 책임이 있다. 그러나 이러한 외부 PgMr은 그들 고객의 조직에 제 역할을 하기 어려울 수 있고, 발주자측 사내 프로젝트 관리자에게 작은 부분까지 통제를 받을 수 있다. 그들은 외부 PgMr이 발주자의 업무절차와 표준 그리고 발주자의 관리 및 보고시스템(비록 구식이더라도) 사용을 원할 수 있다. 왜냐하면 외부 PgMr은 발주자의 이러한 것들에 익숙하지 않으므로, 발주자의 직원들은 발주자 자신의 조직과 더불어 외부 PgMr이 제 성과를 내지 못할 것이라고 생각할 것이다.

사내 PgMr과 외부 PgMr 사이에 책임구분을 규정하는 것은 어려려운 일이다. 그리고 불가피한 문제가 발생할 경우, 비난을 받게 될 것이다. 만일 발주자가 best practice들을 이해하고, 경험이 있으며, 그들이 관리하고 있는 회사의 프로그램들이 더 나아지거나 적어도 현 상태를 유지할 수 있는 능력이 있다면, 물론 가능한 일이다. 그러나 우리가 보아 온 이사회가 있는 조직들은 다음과 같이 말한다.

> *"우리는 건물을 지어본 경험이 많지 않기 때문에, 나는 우리 시설부서에서 크고 새로운 프로그램을 운영한 경험이 없을 것이라고 생각한다. 이에 이를 관리할 수 있는 세계 최고의 회사를 찾자. 그러면 그들이 우리 시설부서에 보고할 것이고 우리는 더 이상 걱정을 하지 않아도 될 것이다."*

하지만 그럴 가능성은 없다. 그들은 무수히 많은 걱정을 하게 될 것이다. 전문적인 외부 PgMr이 그들의 고객의 권한과 비전을 뛰어 넘는다는 것은 거의 불가능하다. 세계 최고의 회사도 발주자의 그 무능한 시설부서로부터 잘못된 방향을 지시 받아 업무를 수행할 것이므로, 그 무능한 시설부서가 자체적으로 이제까지 해 온 업무보다 나아지기는 어렵다.

아웃소싱 개념의 계층방식은 프로그램 관리 업무를 관리하는 발주자의 하급 조직원이 수행해 온 것 보다 더 나은 성과를 거두지 못할 것이고, 심지어 더 악화될 수도 있다. 네 가지 접근방식 중에 가장 곤란에 쉽게 빠질 수 있다. 그러나 이 책에서 자주 언급하듯이, 언제나 예외는 있다. 경쟁력 있는 시설부서가 있는 조직은 계층방식이 유용할 것이다. 만일 외부 PgMr을 관리하는 발주자의 프로젝트 관리팀장은 외부 PgMr에게 발주자의 업무절차를 기꺼이 가르치려 할 것고, 지속적인 관계를 만들어 나갈 것이다.

Layer cake will perform no better than the bottom tier of people in the owner's organization would have performed.

계층방식은 발주자의 하급 조직원이 수행해 온 것 보다 더 나은 성과를 거두지 못할 것이다.

미국에서 가장 큰 건설 프로그램을 관리하는 LAUSD는 통합방식과 계층방식을 통합한 사례이다. 그들은 여러 회사 중

LAUSD의 프로그램 관리 직원과 함께 지속적으로 일할 경쟁력 있는 회사를 선정한다. 그 후 그들은 각 회사에 그들의 프로젝트 일부에 대한 설계와 시공관리 업무를 할당한다.

13. 통합방식(Fruit Salad)

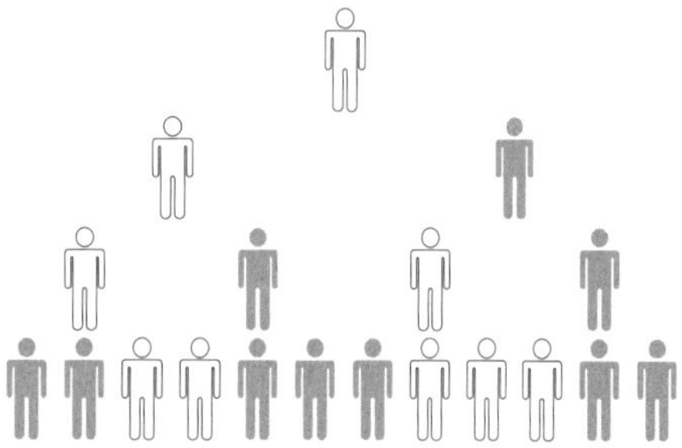

일부 발주자 조직은 경쟁력 있는 하나 또는 다수의 외부 PgMr을 선정하여, 내부직원과 통합시킨다.

사내 프로그램 관리 그룹이 있는 일부 조직은 그들이 필요한 주요 직무를 선정해서 해당 직무에 맞는 직원을 아웃소싱 한다. 그들은 그 직원을 임시고용하고 리드의 책임을 부여한다. 프로그램 관리팀은 사내직원과 외부 PgMr 직원이 함께 구성되어 있다.

이는 훌륭한 결정이다. LAUSD($190억 이상) 및 Pentagon 리노베이션(9/11 이후 재건축 비용을 포함하여 $12억)은 모두 이 접근방법을 사용한다. 새로운 자리가 생겼을 때, 발주자는 직무 설명서를 지속협력 계약을 맺은 여러 PgMr에게 제공한다. 그 회사들은 이력서와 함께 답변을 보내고, 발주자는 최적의 회사를 선정한다.

통합방식은 훌륭한 방식이지만, 사내조직과 외부조직을 통합하기 위해 최상위 조직의 뛰어난 리더십이 필요하다. 물론, 무능한 시설부서가 리더로서 참여할 경우 효과는 없을 것이다. Pentagon과 LAUSD는 매우 훌륭한 리더십이 있다.

14. 책임방식(Blue Plate)

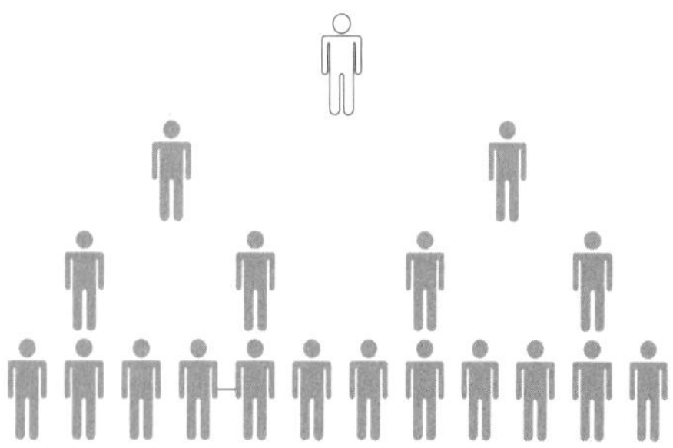

일부 발주자 조직은 경영진 이외 모든 것을 아웃소싱한다.

사내 프로그램 관리 그룹이 없고 그 그룹을 구성할 의도가 여태껏 없었던 발주자들이 있다. 그들은 그들의 핵심 비즈니스 고수에 대한 주장을 믿는다. 그들은 설계와 시공관리 전체를 신경 쓰지 않는다. 따라서 그들은 프로그램 관리에 총체적인 책임을 지는 외부 PgMr에 단순히 아웃소싱 한다.

그럼에도 불구하고, 발주자는 외부 PgMr을 관리하기 위하여 발주자의 경영진으로부터 신임을 얻는 '능력 있고 경험 많고 책임 있는' 직원이 필요하다. 이러한 관리자는 꼭 경험 많은 건설 전문가일 필요는 없다.

Lee Evey는 9/11 전후의 Pentagon 리노베이션 관리자였다. 그는 행정과 교육에서 석사학위를 가졌다. 우리는 발주자 조직에서 이보다 더 좋은 리더를 만나본 적이 없다. 나는 그가 느끼는 기술교육의 부족한 점이 무엇인지 물었다. 그는 아래와 같이 답변했다.

> *"나의 문제는 사람들 문제이다. 만일 내가 그들을 고칠 수 있다면, 그들도 기술적 문제를 해결할 수 있을 것이다."*

우리는 또한 수탁책임(fiduciary responsibility)을 아웃소싱해서는 안 된다는 Bob Fraga의 의견에 동의한다. 발주자는 외부 PgMr이 일을 잘하는지, 못하는지에 대해 판단하고 보고하기 위한 훌륭한 직원이 필요하다. Bob의 말처럼 "발주자의 훌륭한 직원이라면 외부 PgMr을 어떻게 조달하는지, 결과물에 대해 어떻게 평가하는지, 발주자 내부조직과 함께 설계와 시공 프로세스를 어떻게 통합하는지 안다."

An organization shouldn't outsource its fiduciary responsibility.

조직은 그들의 수탁책임을 아웃소싱해서는 안 된다.

필요할 때 훌륭한 외부 PgMr을 어떻게 발주하는지 그리고 꼭 필요하지 않을 때에는 어떻게 해야 하는지 알고 있는 핵심관리자가 조직을 위해 제국을 형성하려는 큰 사내조직의 팀장보다 훨씬 더 중요하다.

15. 리더협력 통합방식(Brass-to-Brass)

이 방식은 실제보다 용이한 것처럼 들린다. 유감스럽게도, 건물을 함께 짓는 것보다 사람과 조직이 함께 어울리는 것이 더 어렵다.

무언가가 잘못 진행되고 있다. 질투와 정치적인 문제가 발생한다. 발주자 조직의 직원들은 외부 PgMr과 엇갈리고 불가피한 불화가 발생하여 프로젝트에 문제가 생긴다. 발주자 조직은 정책을 변경하거나 계획을 수정하고, 이러한 변경은 외부 PgMr에게 혼란을 야기한다.

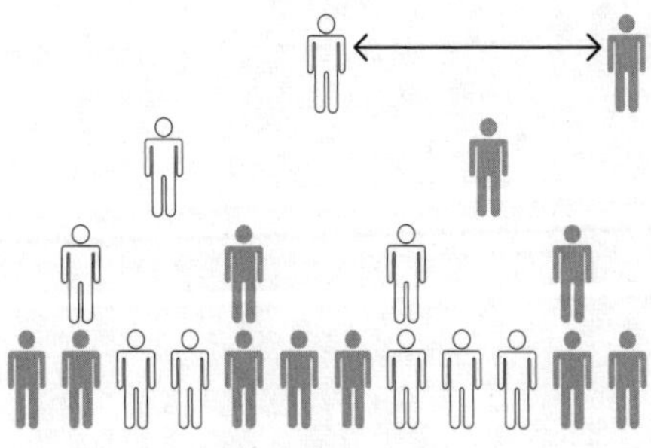

발주자의 경영진은 외부 PgMr의 경영진과 반드시 개인적인 관계를 맺어야 한다.

이 경우를 대비하여, 발주자의 경영진은 외부 PgMr의 경영진과 함께 반드시 개인적인 관계를 맺어야 한다. 이러한 개인적인 관계는 양자 사이에 서로 문제가 없는 시기인 프로그램 시작단계부터 필요하다. 발주자 조직의 리더와 외부 PgMr의 리더 사이에는 친밀감, 신뢰, 리더협력 관계가 필요하다. 그것이 왜 필요한지에 대한 이유와 왜 시작단계에서부터 형성해야 하는지에 대한 이유가 바로 여기에 있다.

어느 시점에서부터 무언가가 잘못 진행될 것이다. 그것은 늘 그렇다. 문제가 발생했을 때, 서로 비난할 것이다. 이는 협업적 관계를 악화시킨다. 만일 리더 사이에서 신리관계가 형성되어 있다면, 그들은 계급싸움에서 문제가 더 심각해지도록 방치하는 것이 아니라 문제를 분석해서 방향을 설정할 것이다(306쪽 '문제는 조직을 분열시킨다' 참조).

Something will go wrong. It always does.

무언가가 잘못될 것이다. 그것은 항상 있는 일이다.

Collaborative brainstorming will inform both executives.

협력적인 협의과정은 양측 경영진에게 정보를 줄 것이다.

프로그램이 진행하면서, 팀 내 누군가가 불가피하게 문제가 되는 시기가 올 것이다. 그/그녀는 업무를 마치지 못하게 되거나 비협조적이게 될 것이다. 그리고 그 누군가는 외부 PgMr 직원일 수도 있고 또 발주자의 직원일 수도 있다. 만일 외부 PgMr 직원이 문제라면, 그 정보는 곧장 발주자의 리더에게 전달되고, 반대의 경우에도 같다. 두 명의 상관은 이 문제를 전화상으로 서로 협의하거나 또는 기타 유사하고 민감한 인사관리 문제를 서로 협의하기 위하여 서로에 대해 잘 알아야 한다. 프로그램 리더가 아무리 '능력 있고 경험 많고 책임감이 있어도', 외부 PgMr의 리더는 또 다른 일련의 경험이 될 것이다. 작은 협의과정은 여러 추가적인 경험에 대한 발주자 경영진의 통찰력을 보여줄 것이다. 그 반대의 경우도 마찬가지이다.

Employees from the outsourced company need to feel a continuing relationship with their own company.

외부 PgMr사의 직원들은 그들의 본사에서 근무한다는 기분으로 관계를 지속해 나가야 한다.

한편, 외부 PgMr의 직원들은 그들의 본사에서 근무한다는 기분으로 관계를 지속해 나가야 한다. 만일 그들이 프로젝트에 한시적으로 투입되었다고 생각한다면, 그들은 그들이 참여한 프로그램은 좋은 성과를 내기 어려울 것이다. 그들이 회사에서 아무런 비전도 볼 수 없기 때문이다. 프로그램이 진행될수록 다른 일을 알아보려고 노력할 것이다. 발주자의 리더는 외부 PgMr의 리더가 두드러지고 영향력을 발휘할 수 있도록 전략과 방침을 수립하는 것이 현명할 것이다. 외부 PgMr 직원들은 발주자의 리더십이 지속되는 한 발주자의 또 다른 직원처럼 임할 것이고, 이는 결국 해당 프로그램 전략이 향상되는 결과를 가져올 것이다.

All of these outsourcing approaches work with good leadership.

이 모든 아웃소싱 접근방법은 훌륭한 리더십이 있을 때 효과적이다.

이들 모든 접근방식(ham and eggs, layer cake, fruit salad and blue plate)은 발주자 조직과 외부 PgMr로부터 훌륭한 리더십이 존재할 때 효과가 있다.

The worst arrangement of all is when the concepts get mixed.

가장 최악의 접근은 각 개념들을 혼재시켰을 때이다.

가장 최악의 접근은 모든 개념을 혼재시켰을 때이고, 외부 PgMr의 리더가 무시당할 때이다. 우리는 하나의 프로젝트를 수주했다. 발주자는 우리에게 일부 건물을 할당하였고(ham and eggs), 우리에게 그 프로젝트에 대한 직원 계획을 요구받았으며(fruit salad), 발주자 조직의 시설직원 모두로부터 업무지시를 받았다(layer cake). 그 발주자 조직의 그 누구도 우리 회사의 경영진과 시간을 갖지 않았고, 이는 좋은 모습이 아니다.

반대로, 매우 우수한 결과는 좋은 리더십과 동일한 목표를 가진 발주자 조직과 외부 PgMr 사이에서 명확하게 조직화된 협업 관계로부터 나온다.

16. 적절한 균형(Where's the balance)

결국, 사내직원과 외부직원은 서로 무엇은 하는가? 건설산업에 있어 모든 이론과 같이, 옳은 의사결정은 항상 상황에 따라 다르고 개인에 따라 다르다. 외부 PgMr을 활용해야 하는가 아니면 활용하지 말아야 하는가에 대한 주장은 그 어느 것도 항상 옳은 것이 없다.

The decision is invariably situational and individual.

의사결정은 항상 상황에 따라 다르고, 개인에 따라 다르다.

반복적으로, 우리는 근본적인 깨달음에 부딪쳐 주춤했다. 프로그램 사이에는 유사성이 있으나 또한 무수히 가변적이다. 아웃소싱 전략을 결정함에 있어 양측 인적자원을 고려해야 하며, 어느 방향이 프로그램에 옳은 방향인지 파악해야 한다. 어떤 다른 프로그램도 동일한 방향이 아닐 것이다.

그러나 내부직원과 외부 인적자원을 결합하는 것은 분명 가치가 있다. 한편으로 발주자는 설계와 시공과정에서 발주자의 많은 요구사항들을 관리하고, 필요한 용역을 수행할 회사를 선정하고 계약하고 관리하기 위하여 믿을 만한 '능력 있고, 경험 많고, 책임 있는' 관리자가 반드시 있어야 한다. 지속적인 개선, 소유권 문제, 핵심 전문기술 그리고 아직 시장에서 가능하지 않은 용역을 위하여 내부직원이 담당할 수도 있다. 다른 한편으로, 발주자가 지속적 기반이 필요하지 않고 또 평균 연봉기준을 훨씬 웃도는 내부 고액연봉자로 인한 분위기 악화를 고려했을 때, 건설생산물, 자원평준화, 고도로 전문화된 기술 등과 관련된 용역은 아웃소싱 하는 것이 현명할 수 있다.

There is clear value in combining in- house staff with out-sourced resources.

내부직원과 외부 인적자원을 결합하는 것은 분명 가치가 있다.

마지막으로, 우리 건설산업에는 훌륭한 회사들이 많으며, 발주자들은 그들과 함께 일하면서 서로 배울 수 있다.

조직 (Organization)

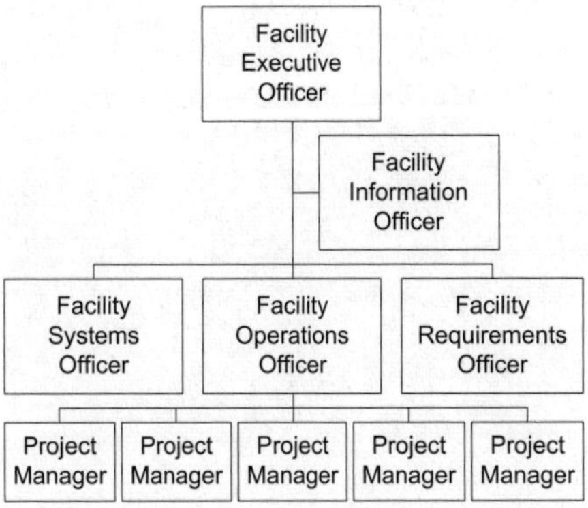

설계와 시공을 관리하는 조직은 적어도 다음과 같은 다섯 가지 분야의 중요한 기능들을 갖추고 있어야 한다. 조직은 다음과 같은 일을 할 사람들이 있어야 한다.

1. 발주자의 요구사항을 이해하고, 이를 대형 프로그램에 반영하기 위해 발주자 조직과 함께 일한다.
2. 프로젝트 발주전략을 설정하고, 프로젝트 팀을 선정하며, 프로젝트 실행을 관리한다.
3. 예산과 스케줄을 작성 및 모니터링하고, 업무절차를 작성하며, 문서를 관리하고, 프로그램 관리 현황에 대해 공유한다.
4. 건물의 성능 요구사항들에 대한 정보를 모으고 개선한다.
5. 성능 요구사항을 보완하기 위하여 최상의 빌딩 시스템과 건설기술 지식을 모으고 개선한다.

이 대표적인 다섯 가지 기능들은 소규모 팀이나 대규모 팀에 의해 수행될 수 있다. 그들은 발주자의 사내직원, 하나 또는 복수의 외부업체에 의하거나, 대개 그렇듯이 내부직원들과 외부직원들로 결합해서 수행할 것이다.

There are probably as many management structures as there are programs to manage.
관리할 프로그램 만큼 많은 관리조직이 있다.

이는 민감한 주제이고, 조직에 대한 논의보다 더 이슈가 많은 사안 또한 거의 없다. 그들의 대형 프로그램을 관리하기 위해서는 발주자가 프로그램과 함께 많은 조직을 만드는 것이 좋다. 그리고 여러 다양한 버전은 좋은 결과물을 만들 것이다. 따라서 시공전문팀 조직구성의 옳바른 방향에 대해서는 입장을 고수하기가 어렵다.

정상적인 조직은 구성원의 변화에 따라 변할 것이다. 이러한 조직구조는 조직에 소속되어 있는 독특한 개개인 재능의 조합에 의해 영향을 받아야 한다.

물론 많은 조직들은 그들의 프로그램 관리팀에게 부동산 취득, 임대, 법적검토, 회계와 같은 여러 기능을 맡긴다. 우리가 위와 같은 기능들을 포괄적인 조직의 논의에서 가볍게 여기는 것은 아니지만, 이 책의 주제에서 벗어나므로 여기서는 생략한다. 그럼에도 불구하고, 포괄적인 프로그램 관리 조직에 대한 기본적인 요건이 있다.

1. 프로그램 관리 기능(Program management function)

An organization's structure is analogous to its mission.
조직구조는 그들의 목표와 유사하다.

그것을 이렇게 생각해보자. 조직은 그 목표에 대해 휴먼아날로그(human analog)이다. 즉, 목표에 대한 요구사항들은 정의되고 분류되어 사람들에게 할당된다. 그 후 그 사람들은 그 목표들 중 하나를 성공시킬 책임을 가진 한 조직 내 업무를 할당받는다. 그래서 조직구조는 목표에 대한 명백한 이해에서부터 시작된다.

비록 목표는 각각의 프로그램에 따라 다양하지만 거기에는 공통점이 있다. 목표는 발주자의 요구사항을 만족시키는 기능적 목적을 정의해야 하고 시설물을 발주해야 한다. 계획할 때 운영을 고려하고, 최소의 비용으로 공사를 수행하며, 현재의 조직에 대한 이미지나 품격을 유지해야 한다.

그리고 프로그램 관리 그룹은 환경/지속가능협약, 에너지 소비에 대한 우려, 여러 중복되는 법규제한, 장애인을 위한 숙소와 소규모 또는 소수기업을 활용해야 하는 압력과 같은 제약조건 및 사회적 압력 속에서도 이러한 목표들을 반드시 달성해야 한다. 이 모든 것은 우리의 정보와 건설관리 방향에 영향을 미치는 기술의 변화 속에서 진행되고 있다.

프로그램 관리 조직은 이러한 공통적인 제약과 압력을 이겨내고, 공통의 목표를 달성할 수 있는 전문적인 사람들로 조직을 구성할 것이다.
우리는 그들을 이렇게 부를 것이다.

- 시설총괄임원(Facility Executive Officer, 이하 FEO)
- 시설정보팀장(FIO, Facility Information Officer, 이하 FIO)
- 시설운영팀장(FOO, Facility Operation Officer, 이하 FOO)

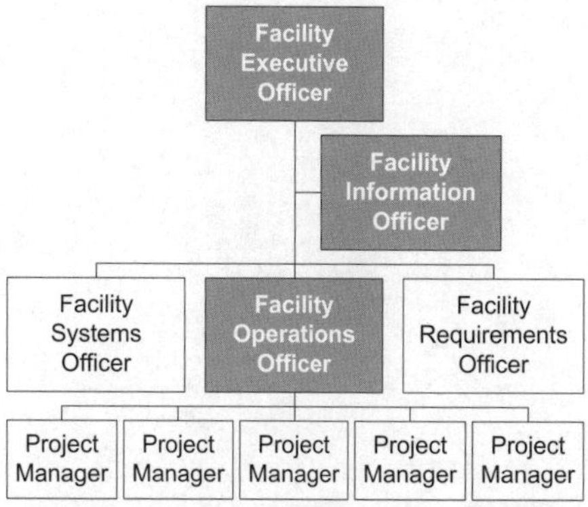

프로그램은 기업과 같이 3개의 리더십에 의해 경영될 것이다. FEO는 확장된 프로그램 팀의 사용자, 관리자, 리더와 정보를 교환한다. FOO 직원들은 프로젝트 관리자들을 훈련시키고, 관리한다. FIO는 프로그램 현황에 대한 모든 사람의 관심사를 관리하고 유지한다.

전형적인 미국기업은 최고경영자(Chief Executive Officer, 이하 CEO), 최고재무책임자(Chief Financial Officer, 이하 CFO) 그리고 최고운영책임자(Chief Operations Officer, 이하 COO)와 같은 지배구조를 가지고 있다.

비록 다른 회사들과 개인적 특성에 따라 많은 차이가 있으나, 일반적으로 CEO는 전략적인 방향을 설정하고, 변화를 주며, 발주자, 공공, 위원회, 주주와 조직을 대표한다. CFO는 종합적인 운영에 영향을 주는 세부성과를 가장 높은 위치에서 관리한다. COO는 조직이 제대로 업무를 수행하고 있는지 관리한다. 오랜 기간에 걸쳐 많은 회사에서 진화되어 온 책임유형(categorization of responsibility)을 구분하는 것은 유용하다.

이러한 리더십 팀(leadership team) 개념은 프로그램 관리 그룹으로도 잘 정의될 수 있다. 유사한 기능은 설계와 시공 프로그램을 다루는 것에서 나타난다.

유감스럽게도, 회사 내 주요 팀장들이 있는 것과는 다르게 직위에 대한 공통적인 특징은 없다. 그 이유는 그 직위들이 각각의 프로그램을 위해 만들어진 것이기 때문이다. 그러나 아마도 필자가 아닌 다른 사람이라면 각 직위에 대해 다른 이름을 썼을 것이다. 아마도 아웃소싱된 외부 PgMr에서 프로그램총괄임원(Program Executive Officer)라는 직위를 사용될 수 있는 반면, 사내그룹은 'FEO' 라는 직위를 사용할 것이다.

이 세 유형의 리더십뿐만 아니라, 프로그램에는 또 다른 세 유형의 직위가 있어야 한다.

- 프로젝트 발주를 구성하고 모니터링하고 통제 및 문서화하는 PMr
- 최적의 건설기술을 정의하는 빌딩시스템 및 장비관리팀장
- 발주자의 요구사항에 부합하기 위한 기능적 필요사항을 정

의하는 시설요구사항관리팀장(Facility Requirements Officer, 이하 FRO)

위 책임자들과 지원그룹에 대한 일반적인 설명은 아래와 같다.

FEO는 최고책임자이지만 사용자, 행정관리자, 그리고 매일 외부에서 프로그램 액티비티들을 위하여 일하는 회사들의 리더와 많은 시간을 보내야 한다.

1) FEO

FEO는 회사의 CEO와 많은 유사한 점이 있다. 그들은 발주자의 최상위조직을 위한 책임이 있는 주요 관리자이다.

FEO는 발주자의 관리자들과 신뢰관계를 가지고 있어야 하며, 그 관계를 유지하는데 우선적으로 시간을 할애해야 한다.

만일 그가 그 조직을 위해 적합한 시설물을 개발하는 목표를 달성할 수 있다면, 그는 발주자의 리더와 사용자, 그리고 행정관리자로부터 오는 신호를 해석할 줄 알아야 하고, 건설산업으로부터 전문적인 판단을 해야하며, 자본계획(capital plan)에 대한 발전 전략과 방안을 수립해야 한다.

FEO는 또한 공공업무로 시간을 보내기도 할 것이고, 설계자, 수급자들, 주요한 공급자들 그리고 자문위원들의 대표들과 리더협력 통합방식 관계를 형성할 것이다. 이런 중요한 역할에는 시간이 걸린다. FEO의 사내외 공식행사, 대외 네트워킹에 대한 책임으로 인해, FEO를 항상 도와줄 누군가가 필요하다.

프로그램의 성공에 대한 FEO의 주요 책임을 이행하고, 운영에 대한 직접적인 적절한 판단을 신중하게 하기 위하여, FEO는 어떻게 진행이 되고 있는지 반드시 알아야 한다. FEO는 운영에 대해 제때 정확한 정보가 있어야 한다. 이를 위해서 FEO는 믿을 만한 사람 중에 직원이 있어야 하고 또 믿을 수 있는 시스템이 있어야 한다.

(1) 직원(People)

FEO는 대부분의 시간을 프로그램 관리 조직에서 발주자의 사람들과 리더들 그리고 주요 전문가들과 회의를 하는 것으로 보낼 것이다. 더 나아가, 그들은 개인적인 통찰력을 가져야 한다. 따라서 FEO는 명확하고 혼선 없는 지휘체계와 현장의 프로젝트 관리자로부터 오는 지속적이고 신뢰성 있는 정보가 있어야 한다.

(2) 시스템(Systems)

21세기 관리자는 인간의 상호작용을 강화시키는 정보시스템이 있다. 이 정보시스템은 리더들이 사무실에서 프로그램 현황을 파악할 수 있게 한다. 그들은 주요 징후를 검토할 수 있거나 필요한 경우 상세한 정보까지 파악할 수 있다. 그들은 가장 근본사실(raw facts) 또한 파악할 수 있다.

뿐만 아니라, 이러한 정보시스템은 리더가 조직화하고 확장된 프로그램의 질서를 관리하기 위해 활용할 수 있는 도구이다. 따라서 개인적인 네트워크 이외에 FEO는 프로젝트의 현황과 예상결과에 대한 실시간에 가까운 정보를 제공받기 위해 정확하고 종합적인 관리 정보시스템이 있어야 한다.

그러나 FEO는 그 시스템이 실효성이 있도록 만들어야 한다. 이러한 시스템은 프로젝트 관리자나 프로젝트 관리자의 직원으로부터 입력이 필요하다. 그리고 소수의 프로젝트 관리자만이 그 시스템이 제대로 운영될 수 있도록 입력값을 지속적으로 유지관리한다("너무 바빠서 입력할 시간이 없어요"라고 말하는 관리자들을 많이 봐 왔다). 결국 이러한 시스템은 FEO가 그 조직이 정확한 데이터 입력을 유지관리하도록 지속적으로 규율하지 않으면 실패할 것이다.

프로젝트 팀과 시스템으로부터 원활한 정보의 흐름 외에 FEO는 전체적인 프로그램 정보를 모니터링하고 예상되는 문제에 대해 FEO의 관심을 갖게 할 수 있는 누군가가 반드시 항상 옆에 있어야 한다. 그 사람이 바로 FIO이다.

2) FIO

FIO는 일에 전념해야 한다. FIO는 기업 전체에 대한 세부사항을 모니터링 하고, 일시적인 문제에 주목하고, 큰 리스크를 발견해야 한다. FIO는 자본계획에 필요한 데이터를 처리하고, 진행상황을 보고한다. FIO는 프로그램, 예비비 관리, 비용예측, 계약관리, 기성, 감사 및 준공 측면에서 현금흐름 예측과 통제, 자금흐름 보고와 같은 주요 사안에 대해 책임이 있는 비용과 일정관리 그룹을 관리해야 한다.

Texas 대학과 Methodist Hospital의 $10억 규모 프로그램을 관리했던 Sid Sanders는 다음과 같이 말했다.

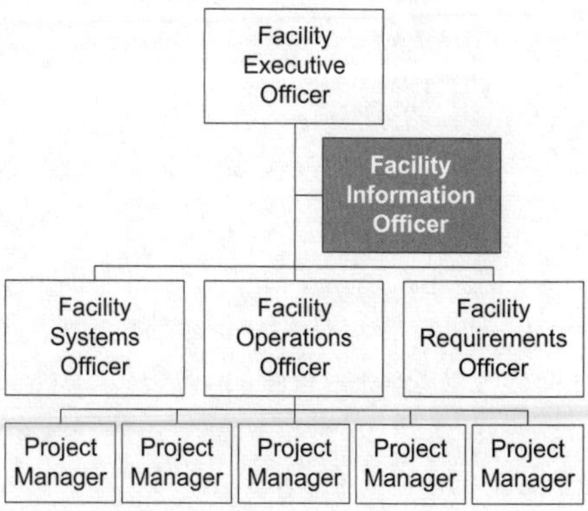

FIO는 전체 프로그램의 일선에서 프로그램 팀과 발주자에게 현황을 알려준다.

"수억 달러 규모 프로젝트들의 한 프로그램에서 촉박한

일정과 다수의 GMP 계약, 제한되고 '고정된' 예산으로 조기에 착수했을 때, 재무 모니터링은 필수적이다. 만일 내가 재무적 통제권한 없이 주요 프로젝트를 관리한다면, 나는 다른 일자리를 찾을 것이다.

문제는 FEO가 이 중요한 업무를 할 시간이 없다는 것이다 FEO의 운명은 FIO의 재능과 책임감, 그리고 실력에 달려있다. FIO의 책임은 재무적 책임에 국한되지 않는다. FEO가 외부 액티비티들을 관리하고 FOO가 운영적 측면에 집중하는 동안, FIO는 액티비티의 전체적인 상황을 조명하고 현황을 보고한다.

또 다른 주요 리더들은 그들의 특별한 임무로 인해 주기적으로 혼란스럽게 된다. FEO는 발주자 조직의 리더들과 함께 개발 전략 조정을 도와야 한다거나, 기공식 참석, 해결해야 할 정치적인 문제나 직원 문제가 있을 수 있다. 프로그램운영팀장(Program Operations Officer)는 프로젝트를 이끌고, 직원들 훈련 또는 채용에 바쁠 것이다.

The FIO stays on top of the entire program and keeps the program team and the owner informed about the status.

FIO는 전체 프로그램에서 최상위관리자이며, 프로그램 팀을 유지하고, 발주자에게 프로그램 현황 정보를 제공한다.

따라서 FIO는 기수(flag waver), 즉 프로그램의 주요 징후들에 대한 지속적이고 종합적인 검토를 유지관리해야 하는 사람이다. 그 후 FIO는 전체 프로그램 관리 조직과 발주자의 행정직원의 관심을 받아야 하고, 자본계획에 대한 현황과 발생가능한 리스크를 보고해야 한다. FIO는 프로그램에 대해 매우 상세한 부분까지 이해해야 하고, FEO에게 개인적인 관점에서 주기적으로 보고해야 한다.

그 업무는 영향력 있는 사람이 수행해야 한다. FIO는 반드시 그 세 유형의 리더십 중 일부가 되어야 한다. FIO는 프로그램 관리 조직 내에서 기업 내 CFO에 비준하는 위치에 있어야 한다. 하지만 유감스럽게도, 그러한 경우는 매우 드물다.

The crucial importance of the FIO's job is often ignored or understaffed with technical rather than managerial people

FIO 업무의 중요성은 종종 관리직원보다 오히려 기술직원에게 무시된다.

대부분의 프로그램 관리 조직은 그 직위에 대한 중요성을 인식하지 못한다. 전통적인 프로젝트 관리로부터 온 제한된 시각에 의한 부담이 가중된 그 자리는 종종 '통제관리자(Controls Manager)'로 불리고, CPM(Critical Path Method) 공정관리와 프로젝트 비용회계에 경험이 있거나, 패키지화된 프로젝트 관리 통제시스템 중 하나를 손쉽게 다룰 수 있는 기술자들로 직원구성이 된다.

이러한 기술자들은 프로젝트 관리자에게 적시에 정확한 보고를 요청하는 것에 대한 관리적 역량이 부족하고, 문제를 예측하고 프로그램 현황 해석에 대한 경험이 부족하다.

더 나쁜 것은, 프로젝트 관리자가 개인 컴퓨터의 스프레드시트에 숨겨놓은 프로젝트 정보를 보관하고 있을 수도 있다는 것이다. 그리고 이사회 또는 다른 지배조직으로부터 분기보고서를 요청받았을 때, 정보수집에 부산을 떨거나 이를 준비하기 위해 주말에도 근무한다. 한편, 프로그램 리더들은 무슨 일이 일어나고 있는지 모른다는 것이다.

There must be a person to maintain documentation and report on vital signs.

주요 징후에 대해 문서를 유지관리하고 보고하는 사람이 반드시 필요하다.

따라서 프로그램의 사실관계를 유지관리하고, 주요 징후가 시야에 있는지 확인해야 하며, 새로운 동향에 경영진이 신속하게 반응하도록 하는 사람이 반드시 있어야 한다.

이 사람은 또한 이사회에 보고해야 할 시점에서 컴퓨터의 '인쇄키'를 누를 수 있고, 이에 그 팀이 프로젝트 발주를 관리할 수 있어야 한다. 이 업무는 수익을 내는 기업 내 CFO의 역할과 비슷하다. 유사한 점을 설명하면 다음과 같다.

- 전형적인 영리조직의 핵심목표는 이윤이며, 이는 조직이 존재하는 데 필요한 전제조건이다. CFO의 책임은 조직의 상태를 보고하기 위해 재무데이터를 기업활동에 대한 지표로 활용하는 것이다. CFO는 조직을 통해 기업의 정확한 재무거래 입력값에 대한 믿을 수 있는 정보기술을 사용한다. 좋은 기업에는 재무정보 흐름을 유지관리하는 정기적이고 지속적인 규율이 있다. 만일 이 규율에 실패하면, 그 조직은 레이더 없이 어둠 속을 항해하는 것 처럼 큰 위험에 빠질 수 있다.
- 제시간에 예산범위 내에서 시설물을 발주하는 것은 프로그램 관리 조직의 핵심목표이다. 수익을 내는 조직에서 이윤과 마찬가지로, 이는 존재를 위한 전제조건이다. 영리기업의 CFO처럼, FIO는 당초 계획과 현재 상황, 그리고 비용, 일정의 결과예측 상에서 정보를 활용해야 하며, 프로그램의 상태에 대한 보고범위를 설정한다. 그리고 기업의 재무데이터와 같이, 정보흐름에 대한 유지관리 측면에서 주기적이고 지속적인 규율이 있다. 다시 한 번 언급하지만, 만일 이 규율이 실패한다면, 그 조직은 위험에 빠질 것이다.

이 목표를 달성하기 위하여, FIO는 아래 분야에 능숙한 직원이 필요하다.

(1) 통제(Controls)

FIO의 조직은 자본계획에 대한 현황을 유지관리하고 보고해야 하며, 주공정을 작성하고 유지관리해야 하며, 예산에 대한 개략견적을 해야하고, 공정을 작성하고 모니터링해야 한다.

(2) 프로그램관리 정보시스템(PgMIS)

FIO는 웹 기반 PgMIS를 운영해야 한다. 그것은 확장된 프로그램 팀에 프로그램의 상태를 알려야 한다. 그것은 온라인, 웹기반 중심의 파일관리, 문서관리, 정보처리와 온라인 정책, 그리고 업무절차서를 포함해야 한다(209쪽 '프로그램관리 정보시스템' 참조).

PgMIS는 발주자 조직의 필수 요구사항에 대한 체크리스트와 개별 프로젝트를 통제하는 규제승인 프로그램에 대한 체크리스트를 가지고 있어야 한다. 이 요구사항들은 종종 바뀐다. 따라서 웹기반 시스템은 한 군데만 변경하면 되므로 업데이트 관리에 용이하다. FIO는 지속적으로 완벽하고 정확하게 현장 내 데이터 흐름을 검토해야 하며, 프로젝트 관리자가 잘못되거나 불완전한 입력값을 준다면 경고를 해야 한다.

(3) 프로젝트 회계(Project Accounting)

PMr와 PgMr은 기성신청을 승인하고, 이를 PgMIS에 입력하는 것 처럼, 프로젝트 회계사는 계약조항과 이전 그리고 예정 기성을 확인하고, 발주자 조직의 회계부서에 기성지급 승인요청을 할 것이다. 그들은 프로그램 재정상황에 대해 보고할 것이다.

3) FOO

FOO는 프로젝트 관리자를 고용하고, 교육하고, 모니터링하고, 관리한다. FOO는 프로세스를 분석하고 지속적인 개선을 이끈다. 그러나 FEO와 마찬가지로, FOO 또한 특별한 계기나 문제로 인해 혼란스러워질 것이다. FOO는 어느 날 총격전에 맞닥뜨리게 되고, 다음 날 초과된 일정에 대처할 것이고, 그 다음 날 직원

FOO는 PMr을 채용, 교육, 모니터링하고 관리할 책임이 있다.

을 채용하고 그 다음 날 착공을 집중적으로 관리하게 될 것이다. FIO가 전체 프로그램에 대해 주기적인 모니터링을 하지 않으면, 문제는 예상치 못하게 발생할 것이다.

일부 프로그램에서는, 차석 관리자(#2 person)를 부(副, deputy)라고 부른다. 하지만 두 가지 이유에서 이는 실수를 범하는 것이다.

1. 용어 '부'는 보조적인 역할에서 유사한 책임을 가진 사람을 의미한다. FEO와 FOO의 업무와는 다르다.
2. 비록 FOO가 FEO에게 보고할지라도, 그는 보조자가 아니다. 그리고 FOO가 반드시 차석의 지위는 아니다. FOO와 FIO 모두 차석 관리자이다.

FOO의 핵심 임무는 강한 팀을 만들고, PMr 리더들을 발전시키고, 자본계획의 실행을 관리하도록 그들을 이끄는 것이다. 비록 FEO가 때때로 핵심직원을 선정하더라도, FOO는 PMr을 직접 채용하고 교육하고 멘토링해야 한다.

게다가 FOO는 전체 프로그램으로부터 정보를 받아들이며, 훌륭한 제도적 판단을 발전시키고, 이를 문서화된 절차로 만들어야 한다.

FOO와 PMr은 프로젝트 업무흐름에서 best practice들을 정의하기 위하여 프로젝트의 공통적인 측면을 인지해야 한다. 그들은 설계와 시공 프로세스에 대한 분석자료를 수정하고 유지관리해야 하며, 이들 프로세스를 적용하기 위하여 지속적으로 문서와 양식을 개선해야 하고, 정책과 업무절차서를 어떻게 업데이트 관리할 것인지에 대해 FIO에게 조언을 하여야 한다.

FOO(PMr로부터 도움을 받는)는 프로젝트 발주전략과 프로젝트 팀(설계자, 컨설턴트 및 CMr) 선정을 관리한다. 물론, FEO, FIO, 사용자와 행정직원들은 이들 액티비티에 참여할 수 있고, 결과에 영향을 줄 수 있지만, FOO는 그 프로세스를 관리해야 하고 프로젝트 팀원들과 많은 대화를 나누어야 한다.

4) 프로젝트 관리자(The Project Managers)

일반적으로, PMr은 다음과 같은 역할을 한다.

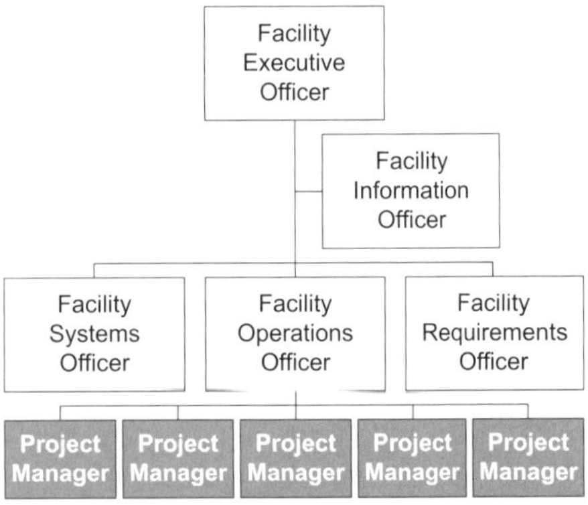

PgMr은 프로젝트 팀을 모으고 조직하는 것을 돕고, 프로젝트를 운영하며, PgMr 조직에게 상세한 진행사항을 지속적으로 보고한다.

Project managers are responsible for the accuracy and completeness of project information input to the PgMIS.

PMr은 PgMIS를 위한 프로젝트 정보 입력값의 정확성과 무결성에 대해 책임이 있다.

- FOO의 지도를 받아 프로젝트 팀 선정 프로세스를 관리한다.
- 설계와 시공단계 동안 사용자, 행정직원, FOO와 하메 프로젝트 팀(설계자와 시공자)에 대한 상호역할을 조정한다.
- 계약관리에 참여하여 설계변경, RFI, 펀치리스트 관리, 준공 등을 협상하고 추진하고 수정한다.
- 프로젝트의 목표, 요구사항, 예산과 일정을 문서화하고 전달해야한다. 목표를 향한 절차를 모니터해야 하고 중요한 징후를 보고해야한다. 경영정보시스템에 이 정보의 정확한 입력에 대한 책임을 진다.
- 만일 프로젝트가 정해진 목표(비용증가, 공기지연 등)와 다르게 진행된다면, FOO에게 경고해야 한다.
- 검측과 사무기능과 같은 업무를 수행하는 현장직원을 이끌어야 한다.

PMr(또는 그들의 지원직원)은 PgMIS를 위한 프로젝트 정보의 1차 자료 입력값이 있고, 이에 대한 정확성과 무결성에 책임이 있다. 믿을 만한 정보 흐름과 보고체계를 갖기 위하여, PMr은 프로그램 관리 조직의 직원이어야 하며, 그 조직의 중심적인 역할을 하는 부서의 직원이어야 한다. 예를 들어, 만일 프로그램 관리 그룹이 대학시스템이라면, PMr은 캠퍼스와 떨어진 곳에 위치할 수 있지만, 캠퍼스 밖에서 근무하는 캠퍼스 직원의 일원이 되어서는 안된다. 만일 병원시스템이라면, PMr은 현장에 있을 것이나, 그 곳에서 근무하는 병원직원의 일원이 되어서는 안된다.

만일 PgMr이 프로그램 관리 조직에 중앙 프로그램 관리 조직에 의해 관리되는 그들의 보상과 승진사항에 대해 직접 보고하지 않는다면, 정확한 데이터가 제때 보고될 수 없고, 프로젝트는 제대로 관리가 되지 않을 것이다.

5) 빌딩시스템과 장비관리 그룹(The Building Systems and Equipment Group)

자본계획은 지속적인 개선과 건물 자재 및 시스템의 설계와 구입에 대한 규모의 경제를 위한 중요한 기회를 제공한다. 그 빌딩시스템과 장비관리 그룹은 그 기회를 놓치지 않을 책임이 있다.

그 그룹은 빌딩시스템과 장비를 위한 기준과 가이드라인을 정립하고 지속적으로 개선해야 한다. 그들은 PgMr과 PMr에게 자문을 받아야 하며, 프로젝트 계획과 시방서를 검토해야 한다. 그들은 안전과 리스크관리에 대한 정책을 유지관리하고 업데이트할 것이며, 실질적 완공 후에도 법적인 문제가 발생하지 않도록 대비할 것이다.

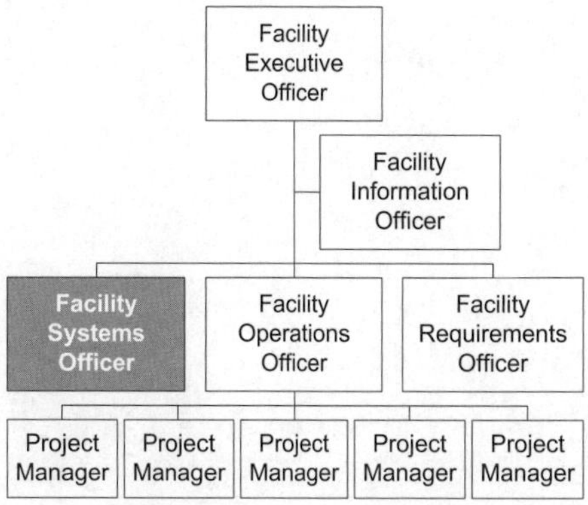

시설시스템관리팀장(Facility Systems Officer)는 프로그램을 위해 최적의 빌딩시스템과 자재를 결정하고 지속적으로 개선할 책임이 있다.

이 그룹은 개별 프로젝트를 갖고 있는 설계자보다 더욱 전문가가 될 수 있는 분명한 기회를 가진다. 그들은 프로젝트 팀(건축가, 엔지니어, 수급자, 전문 하수급자, 제조업자)으로부터 경험을 모으고 지어질 시설물에 대해 최적의 빌딩시스템과 자재를 정의할 수 있다. 그리고 그들은 그들이 시공하는 건물들을 평가하기 위해 여러 지역에서 시설물 관리자(Facility Managers)와 함께 일할 기회가 있다. 그들은 설계와 입주 후 평가에 대해 상호검토를 수행해야 한다. 거기서 배울 점을 무시한다면 참 안타까운 일일 것이다.

이 그룹은 빌딩시스템의 표준을 정하는 일부 순환되는 전문적인 용역을 위하여 발주자의 관리자로서 수행할 수 있다. 예를 들어, 프로젝트 설계팀에 지붕공사와 방습공사, 네트워크 데이터 분배, 보안, A/V(Audio-visual), 방재, 식당, 하드웨어와 음향시설과 같은 여러 빌딩에 공통적인 특정 업무를 위한 여러 컨설턴트를 포함시킬 수 있다(25쪽 '순환, 반복과 개선'의 '사람들' 참조).

비록 이 컨설턴트들이 설계자로부터 보수를 받더라도, 궁극적인 자금출처는 발주자에게 있다. 만일 이 컨설턴트들이 프로그램 관리 조직에 의해 직접 채용이 된다면, 규모의 경제와 지속적인 개선, 그리고 더 나은 건물을 만들 것이다. 그들은 전체 조직에 걸친 표준을 개발하고 이 표준들을 프로젝트 계획과 시방서에 반영하고 표준에 맞게 설계되는지 검토하기 위하여 프로젝트 설계자에게 제공할 것이다.

설계와 시공에서 압도적인 전통은 프로젝트에 초점이 맞추어 진다. 각각은 고유한 요구사항과 팀이 있는 경향이 있다.

그러나, 반복적으로 언급하지만, 경제적이고 더 나은 건물을 만들 수 있는 프로그램에는 많은 유사점이 발견된다. 그것들을 무시하고 모든 프로젝트를 위해 많은 업무를 다시 한다면, 큰 비용과 시간을 줄일 수 있는 기회를 놓치는 것이다. 빌딩시스템과 장비관리 그룹은 FEO와 FOO가 이 프로세스를 운영하는 것을 돕는다.

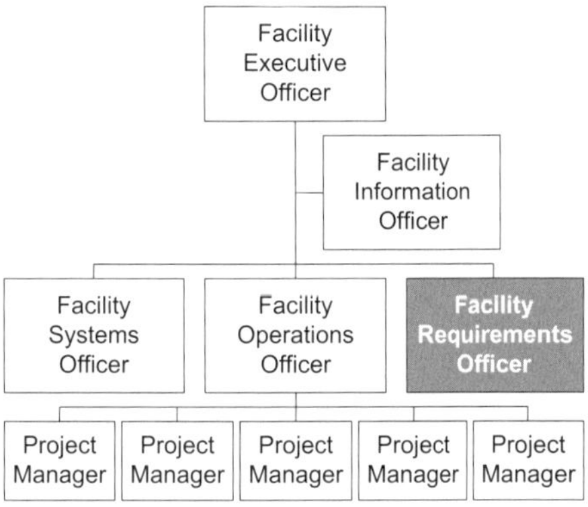

FRO는 발주자 조직의 기능적 요구사항을 어떻게 하면 최적으로 적용할 수 있는지에 대해 배울 책임이 있다.

6) 시설요구사항관리팀장(The Facility Requirements Officer)

일반적인 프로그램 관리 조직은 시설물에 대한 발주자 조직의 기능적 요구사항을 철저하게 이해해야 한다. 그리고 그들은 미래 변화에 대해 어떻게 하면 유동적으로 유지관리할 수 있는지 반드시 알고 있어야 한다. 대부분의 경우, 그들 업무의 일부는 여러 분산화된 운영 요청에 객관적 평가를 할 것이고, 전체 조직의 이익과 가치를 위하여 변화가 예상되는 계획을 피하고, 건설 프로그램의 균형을 유지할 것이다.

빌딩시스템과 장비관리 그룹이 시공기술의 best practice를 배워야 하는 것 처럼, 요구사항 정의 그룹 또한 발주자 조직의 기능적 요구사항을 만족시키기 위하여 빌딩시스템과 장비를 구성하는 최적의 방법을 습득해야 한다.

요구사항 정의 그룹은 각 프로젝트의 각 설계자로부터 경험지식을 모아야 한다(민간부문 연속발주자들과의 인터뷰에서, 우리는 그들의 건물유형에 대해 그들을 위해 오랜 시간 함께 했던 설계자보다 훨씬 더 해박한 여러 시공전문가를 만났다).

대부분의 사용자들은 빌딩 프로젝트의 다른 사용자들과 함께 공유되어질 필요가 있는 그들의 요구사항에 대해 일부는 좋은 것일 것이고, 또 일부는 좋지 않은 것일 것이다. 프로젝트를 시공하는 설계자에 대해 좋은 점과 나쁜 점이 있는 것과 마찬가지일 것이다. 따라서 요구사항 정의 그룹은 좋은 요구사항은 공유하고, 좋지 않은 요구사항은 버려야 한다.

The people in Requirements Group should have specialized building type expertise.

요구사항 정의 그룹의 사람들은 건물유형별 전문가로 특화되어야 한다.

요구사항 정의 그룹은 발주자의 다양한 프로젝트를 지원하기 위해 특별건물유형전문가인 사람들로 구성되어야 한다. 그 그룹은 설계가 진행 중인 프로젝트에 대한 상호검토를 진행해서, 각각의 프로젝트로부터 best practice를 배워야 하고, 완료된 프로젝트에 대해 입주후평가를 진행해야 한다.

요구사항 정의 그룹은 발주자의 건물유형에 대한 공간과 장비 관련 요구사항이 기록되어 있는 데이터베이스를 보유해야 한다(궁극적으로는 PgMIS에 통합되어야 한다). 이 데이터베이스는 자본계획과 마스터 플래닝을 위한 기능적, 공간적 요구사항에 대한 평가와 미래 건물에 대한 프로그래밍 평가를 지원해야 한다. 요구사항 정의 그룹은 공간과 장비 관련 사용에 대한 표준을 설정할 것이다.

2. 집중화 vs. 분산화(Centralization vs. decentralization)

여러 대형 건설 프로그램은 지리적으로 분산된 프로젝트들이 있다. 어느 주립대학은 그 주를 넘어 프로젝트들이 있을 것이다. 어느 정부기관은 관할구역을 넘어 다수의 지역에 건설할 것이다. 어느 대형할인매장 체인은 전국적으로 건설할 것이다. 어느 개발자는 국제적으로 건설할 것이다. 강한 사용자 그룹(병원 조직, 군부대 또는 헬스케어 네트워크 등)을 가진 이들 분산된 조직들에서 긴장감은 분명 존재할 것이다. 분산화된 지역의 사용자들은 그들의 프로젝트를 관리하기 원할 것이다. 그러나 최상위 조직의 행정관리직원은 프로그램에 대한 관리 및 책임권한을 원할 것이다.

A centralized program will have low levels of dissatisfaction at the local level.

집중화된 프로그램은 현지에서 불만족도가 낮을 것이다.

어느 유지(대학총장, 군부대 지휘관, 병원장 등)는 서비스를 기대하고 그 영역을 관리하기 원한다. 한편, 집중화된 프로그램 관리 그룹은 방침과 기준에 맞는지 반드시 확인해야 하고, 전체 프로그램을 넘어 일정과 예산을 통제해야만 한다. 따라서 집중화된 프로그램 관리 기능은 분산화된 그룹에 대한 자치권과 주도권을 제한한다. 이는 유지들로 하여금 스트레스를 받게 한다.

그들은 불평하겠지만 또한 효과적으로 대응할 것이다. 설계와 시공 프로세스에서 실수와 오류를 발견하는 것은 매우 쉬운 일이다. 중앙 프로그램 관리 그룹은 많은 공식민원의 스트레스를 어쩔 수 없이 견뎌야 할 것이다. 그 유지들은 할 수 없이 분산화된 프로그램을 원할 것이다.

이에 일부 조직은 분쟁을 피하기 위하여 프로그램을 분산시킨다. 하지만 이는 좋은 생각이 아니다. 이는 비용을 초과할 것이고, 특이한 설계가 될 것이다. 그 조직은 규모의 경제와 지적 자본에 대한 축적에 대한 혜택을 잃어버리게 될 것이다. 기준은 달라질 것이고, 조직은 새로 작업하게 될 것이다.

Some organizations decentralize the program execution.

일부 조직은 프로그램을 분산시킨다.

게다가, 분산화 문제에 대한 분쟁을 피하고 싶은 경영진은 새로운 문제에 직면할 것이다. 각각의 지역 리더들은 필요한 자원을 주장하면서 그들의 설계와 시공 전문가들과 함께 나타날 것이다. 경영진은 요구사항 분석 및 공평한 자원분배에 대한 의사결정 지원을 위한 집중화된 그룹이 없을 것이다. 이에 의사결정은 다분히 정치적이게 될 것이다.

A Program Management organization should be centralized.

프로그램 관리 조직은 집중시켜야 한다.

일부 분쟁의 가능성에도 불구하고, 프로그램 관리 조직은 집중화시켜야 한다. 집중화에 대한 가장 중요한 이유는 업무 그 자체에 있다. 그 조직의 직무는 다음과 같다.

- 결과에 대해 단독 책임을 지고, 방침에 대한 준수를 보장하며, 발주자 조직의 의사결정권자에게 프로그램 현황을 보고한다.
- 프로그램 전체에 대한 비용, 일정, 그리고 업무범위 통제권을 설정한다.
- 기능적 요구사항에 대한 완전한 이해와 미래변화를 위해 어떻게 하면 유동성을 최적으로 유지관리할 수 있는지 개발한다.
- 건축가, 엔지니어, 수급자, 전문 하수급자, 제조업자로부터 지속적인 경험지식을 축적하고, 최적의 빌딩시스템과 자재를 정의한다.
- 프로그램에서 지속적인 경험지식으로부터 현명한 판단력을 기를 수 있도록 형성하고, 프로젝트 발주전략을 위한 최적의 업무절차를 개발하며, 그 판단력을 자금 지출에 적용한다.
- 프로그램에서 직원채용과 자재와 용역 조달에 대해 자원평준화, 전문화와 규모의 경제라는 프로그램의 본질적인 장점을 활용한다.
- 시설물에 대해 객관적인 평가를 수행하고, 변경이 예상되는 계획을 피하며, 전체 조직의 이익과 가치를 위하여 건설 프로그램의 균형을 유지한다.

따라서 올바른 프로그램 균형은 프로그램을 집중화시키고, 프로젝트 관리를 분산화한다. 프로젝트에 PMr을 배치하는 것은 사용자와의 관계를 향상시키고, 사용자의 요구사항에 대해 보다 더 이해할 수 있으며, 설계와 시공 액티비티의 세부사항에 대해 효과적인 관리를 가능하게 할 것이다.

그러나 PMr은 반드시 지역 리더가 아니라 프로그램 관리 조직에 직접 보고해야 한다. 그렇지 않으면 PgMr은 상황을 파악할 수 없고, 결과를 통제할 수 없을 것이다.

제2편 프로그램 관리
발주방식

설계시공분리방식(Design-Bid-Build)

종종 전통적인 프로세스라고 불리는, DBB방식은 그다지 전통적인 방식이 아니다. 이 방식은 19세기 후반까지 미국에서는 흔하지 않은 방식이었다. 그러나 20세기 대부분의 기간동안 기관과 공공 프로젝트에 대하여 의심을 받지 않고 맹목적으로 받아들여졌던 지배적인 발주방식이었다. 하지만 21세기 초인 지금, 많은 발주자들, 설계자, CMr 그리고 PgMr들이 왜 이 방식을 멀리하는가? 이 방식은 사라질 것인가?

미래를 지향하기 위해서 우리는 과거를 살펴보아야 한다. 우리가 어디에 있는지 그리고 어떻게 왔는지를 아는 것은 우리가 나아가야할 방향을 이해하는데 도움이 된다.

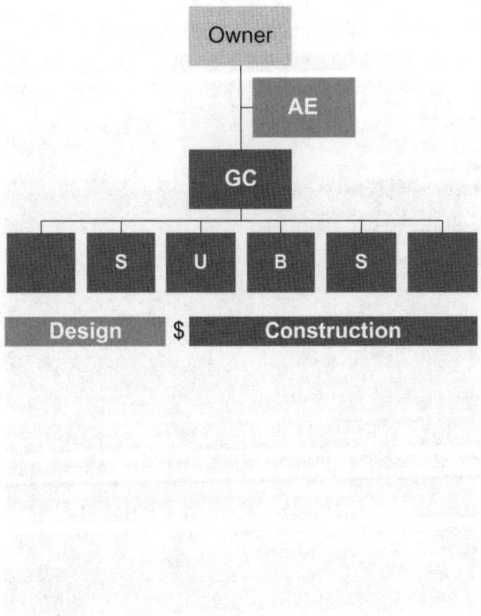

❖

원하는 것을 설계하고 구체화하여 수급자에게 확정금액(fixed price)을 요청하는 DBB방식은 지배적인 생각이다. 무엇이 이보다 더 좋을 수 있겠는가?

그러나 결과물이 건물처럼 복잡한 건설생산물일 때, 결과물을 위해 무엇을 원하는 지에 대한 설명은 전문지식을 필요로 한다. 그리고 발주된 건물이 설계되고 명기된 대로인지 확인하기 위해서 전문성을 필요로 한다. 물론 설계자들은 전문지식을 제공한다. 그러나 19세기 중반까지 설계자들은 많지 않았다. 시공

The design-bid-build process requires an AE who is the agent of owner. There weren't many professional AEs in America until the mid-19th century.

DBB방식은 발주자의 대리인인 설계자를 필요로 한다. 미국에는 19세기 중반까지 전문적인 설계자들이 많지 않았다.

조직에서 분리된 설계자는 현대의 사업형태이다. 많은 건축가들이 예술가였던 르네상스 시기를 제외하고, 서구문명의 역사에서 대부분의 건축가들 또한 시공자였다. 건축가와 엔지니어로 구성된 독립적인 회사의 형태가 일반화되기 전까지, DBB방식은 일반적인 발주방식이 될 수 없었다.

시공자들과 분리된 전문직으로서 건축가들을 훈련시키는 일은 1648년까지 거슬러 올라가 Academie des Beaux-Arts(1816년에 Ecole des Beaux-Arts로 변경됨)가 창립되는 때부터 시작된다. 르네상스의 예술가-건축가들과 같이, 그들의 프로그램은 건축기술이 아니라 그리스와 로마시대의 고전적인 건축을 이해하는 것에 집중되었다.

Ecole des Beaux-Arts는 많은 미국의 건축가들이 20세기까지 공부하러 다녔던 장소였다. 이때는 Academie dex Beaux-Arts가 설립된 후 2세기 이후였는데 미국에서는 건축학교가 설립되기 이전이었다. 미국에서는 19세기 중반까지 건축가들과 엔지니어들에 대한 정식 교육은 없었다.

18세기, 미국 식민지 사람들이 건축물을 원했던 때에 그들은 일반적으로 업체가 아닌 기능공들을 고용하였다. 시공자들은 발주자들의 직원들(또는 그들의 노예들)이었다. 단순한 건물은 많은 건축적 또는 기술공학적 설계를 필요로 하지 않았다.

1784년에, Ben Franklin은 Philadelphia에 그의 새 집을 지을 계획이었다. 분쟁 중이던 토지경계선은 착공을 지연시켰다. 그래서 그는 대신 자신의 집을 증축하였다. Franklin은 인부들을 고용하였고, 그들의 노임을 지급하였다.

시공자들은 그들 스스로를 건축가 또는 엔지니어라고 불렀다. 몇몇 되지 않는 기념비적 프로젝트, 국회의사당이나 법원청사 같은 상징적인 정부건물들에 대하여, 폭넓은 교육을 받은 고위 인사들이 설계를 담당하였다. 건축가들은 정치가, 농부, 제조업자와 음악가인 Thomas Jefferson, 그리고 국회의사당을 설계한 의사인 William Thornton 같은 사람들이었다.

Jefferson은 그가 프랑스에 거주하는 동안에 갔던 이태리 여행 중에, Palladio의 건축에 영향을 받았다. 미국혁명 이후에, 그는 최초의 공화국(고대 그리스)의 건축이 새로운 공화국에 적절하다는 생각을 가지고 고국으로 돌아왔다. 그는 그런 생각을 Monticello에 있는 그의 집과 Virginia 대학의 설계에 적용하였다.

국회의사당에 대한 Thornton의 설계는 Pantheon과 Louvre에 의해 영향을 받았다. 시공은 정부에 의해 고용된 근로자에 의해 수행되었다. Thornton은 이후 미국건축사협회(American Institute of Architects, 이하 AIA) 본부가 된 John Tayloe의 집인 Octagon을 설계했다.

이처럼 흩어져 있는 몇 안 되는 기념비적인 프로젝트에도 불구하고, 기능공들은 19세기까지 계속해서 대부분의 건물들을 설계하고 시공했다. 그들은 기본적인 도면이 담긴 견본도서로 건물들을 지었다. 가끔 기능공들(조적공, 목공, 미장공 등)의 그룹이 돈을 받고 집, 헛간, 상점이나 제재소를 짓기 위하여 함께 모이곤 했다. 그러나 건물을 원했던 정부나 기관들은 단순히 건설근로자들만 고용하고 그들 자신의 직원들과 함께 건물을 지었다.

Robert Mills(1781-1855)과 Charles Bulfinch(1763-1844)는 전문 건축가가 된 최초의 본토 태생 미국인이라고 인정을 받는다. 미국 건축가들에 대한 작은 크기와 응집력을 설명하는 흥미로운 사소한 정보가 있다. Bulfinch의 고전 건축에 대한 관심은 Bulfinch가 유럽을 여행하면서 프랑스에 있는 Jefferson을 방문하였을 때 Jefferson에 의해 영향을 받은 것이다.

William thornton 박사는 1793년에 미국 의사당 건물의 설계에 당선되었다. 그 당선으로 그는 상금 $500와 시부지를 받았다.

Charles Bulfinch는 1818년에 완공된 매사추세츠 종합병원을 설계하였다.

1) 전문직업의 형성(A profession forms)

새로운 세계의 경제가 안정되자, 발주자들은 고층빌딩이 필요했다. 산업화로 인해 강철구조와 중앙난방이 생겨났다. 19세기 후반, 건물에는 엘리베이터와 전기조명이 설치되었다. 그 건물들은 실습교육만 받은 기능공들이 짓기에 너무 복잡했다. 미국은 고층빌딩과 새로운 도시들을 건설하기 위해 건축가들과 엔지니어들의 기술적이고 창조적인 활동을 요구하였다. 이들은 재료, 수력학, 열역학, 전기학, 그리고 상징적이고 심미적인 설계업무를 위한 교육을 받을 필요가 있었다. 1867년 미국에 있는 MIT는 최초을 설립하였고, 그 후 다른 학교들이 뒤따랐다.

시카고에 위치한 두 번째 Leiter 빌딩은 William LeBaron Jenney에 의해 설계되었고 1891년에 지어졌다. 이는 미국에서 첫 번째 철골구조로 된 건물이다. 그것은 미국 건축역사에 있어 하나의 중대한 사건이었다.

건축가와 엔지니어의 전문직 수가 증가함에 따라, 프로젝트 설계자들은 건물을 시공하는 기능공들과 인부들로부터 기능, 법률, 조직 및 문화적으로 분리되었다. 건축가들과 엔지니어들은 흙투성이가 되고 비를 맞아야 하는 건설현장에서 실내로 이동하게 되었다. 그들은 발주자의 전문 대리인이 되었다.

설계자들은 정식 교육을 받았고, 학위를 취득하였다. 다른 직업들의 선례에 따라, 그들은 전문적 지위를 모색하였다. 그들은 의사, 변호사, 회계사들과 유사한 기준으로 설계자를 전문직업가로 인정하는 법이 제정되도록 로비활동을 벌였다. 그들은 AIA(1857)와 같은 전문적 기구를 창설하였고, 전문직에 가입하는 데 면허를 자격요건으로 하여 그들의 입지를 강화시켰다.

이런 방법으로, 설계자는 건축기술의 장인이 되었다. 그 기술은 현장이 아니라 사무실에서 적용되는 기술이었다. 설계자는 사무실에서 두뇌역할을 수행하였고, 시공자는 현장에서 몸통역할을 수행하였다.

그 때도 설계와 시공은 완전히 분리되지 않았다. 조적공과 목공, 그리고 다른 기능공들은 AIA의 회원자격을 받아야 하는지에 관한 논쟁이 있었다. 그리고 1926년에 이르러서야 공공건물법에 대한 개정이 이루어져, 정부는 설계계약을 민간실무의 건축가에게 줄 수가 있었다. 이것은 그 당시 재무장관이였던 Andrew Mellon에 의하여 시도되었는데, 그는 Washington D.C.에 Federal Triangle을 짓는데 전념하였고, 미국 내 최고회사가 그 건물을 설계해 줄 것을 원했다.

19세기 후반과 20세기 초반은 전문직들의 전성기였다. 1950년대에 Fortune Magazine의 한 기사는 건축가들이 전문직들 중에서 가장 많은 관심과 봉급을 받는 사람들이라고 보도하였다. 그러나 2000년에는 소득과 관심이 줄어들었다. 어느 발표에서, 여행사 직원들만이 그들의 평균소득보다 큰 폭으로 감소하였다.

2) 기술적인 지식변화의 중심(The centroid of technical knowledge shifts)

아이러니하게도, 건축가들이 AIA를 설립하기 4년 전인 1853년, Elisha Graves Otis는 그의 첫 번째 '안전한 엘리베이터' 를 판매하였다. 건설산업의 기술전문가로서 AIA 제도에 익숙한 건축가들처럼, 제조업자들은 건축가들보다 더 많이 알고 있는 주요 시스템 제품을 건물 내에 설치하였다.

Much building construction moved from the field to factory.
많은 건축시공이 현장에서 공장으로 이동하였다.

그런 중요한 시점에서, 기술전문가는 설계자에서 제조업자와 하수급자로 지속적으로 이동하기 시작하였다. 그때부터 지속적으로 건축물은 더욱 복잡해졌다. 그리고 매년 건물의 많은 부분이 공장에서 만들어지게 되었다. 건물들은 더 이상 적은 배관과 조명시설이 있는 조적 및 철제 건물이 아니었다. 전문화된 제조업자들에 의해 설계되고 건축가들과 엔지니어들에 의해 통합된, 산업화된 구성요소의 정교한 조립품들이었다. 그 건물들은 냉각설비와 복합에너지제어시스템, 복합단열재, 특수실런트, 통신시스템, 방재시스템 그리고 보안시스템을 갖췄다.

여기에 한 가지 예가 있다. 1950년대, 유리설치를 위한 선택의 폭이 좁았다. 3/32인치의 크리스탈, 1/4인치의 판을 고르거나 또는 몇몇 다른 제품으로 특수주문을 할 수 있는 정도였다. 20세기 말, 색유리, 반사 및 단열되는 다양한 성능을 포함한 유리의 종류는 두께가 몇 인지 정도로 두꺼워졌고, 그런 다양한 유리의 성능차이를 이해하기 위해서는 5시간짜리 대학강좌를 수강해야 할 정도가 되었다.

건축가들과 엔지니어들의 역할은 변하기 시작하였다. 건물의 모든 요소를 설계하는 대신에, 건축가들과 엔지니어들은 제조업자들이 설계하고 제조한 생산품들을 평가하고 통합하였다.

❖

19세기에 건축과 엔지니어링 전문직의 등장과 시공으로부터 분리된 설계는 더 좋은 설계안을 제안하였고, 매우 큰 추가적인 혜택이 생겼다.

설계자는 단순히 기술적 지식을 건물의 설계에 적용하는 것이 아니고, 계약의 핵심부분인 도면을 작성했다. 건물의 구성, 시공방법들과 자재수량을 나타내는 시공도면 또한 계약도서가 될 수 있었다. 수급자는 도면을 파악하고, 시방서를 숙지하고, 주어진 비용을 프로젝트를 수행하는 것을 합의할 수 있었다.

이제 발주자들은 프로젝트를 규정하고, 프로젝트가 그들이 합의한 대로 진행되고 있는지 여부를 평가할 누군가가 필요하였다. 일련의 도면과 설계자를 옆에 두고, 발주자들은 건설회사와 시공비를 거래할 수 있었다. 그리고 건설회사가 그들의 직무를 올바르게 하고 있는지를 확인하기 위하여 설계자가 있었다. 그래서 DBB방식이 등장하게 되었고, 가장 지배적인 발주방식이 되었다. 그것은 발주자, 설계자, 시공자 모두에게 좋은 방식이었다.

Architects and engineers made it possible for owners to get a fixed price before starting a project.

건축가들과 엔지니어들로 인해 발주자들은 착공전에 확정금액을 파악할 수 있었다.

Design-bid-build was not only good for owners; it benefited the professions of architecture and engineering and stimulated the growth of general contractors.

DBB방식이 발주자들에게만 좋은 것은 아니었다. 이것은 건축과 엔지니어링의 전문성에 도움이 되었고, 종합건설업자들의 발전을 촉진시켰다.

- DBB방식으로 발주자들은 착공 전에 비용을 알 수 있었다.
- 발주자들이 설계와 계약도서를 손쉽게 다루기 위해 설계자가 필요하게 된 이후, DBB방식은 전문직의 발전을 촉진시켰다. 대형회사들과 정부는 본래 그들 자신의 설계자들로 직원을 충당하였으나, 이제는 다수의 발주자들을 위해 일하고 그들의 경험을 넓힐 수 있는 민간부문의 회사들을 고용할 수 있었다.
- 발주자들은 더 이상 그들의 직원처럼 건설노무자의 임금을 줄 필요가 없었다. 도면과 시방서가 필요한 것을 규정하고 있기 때문에, 수급자들은 비용을 산출하고 입찰서를 제출할 수 있었다. 이런 일련의 사항들이 종합건설업의 발전을 가져왔다.

Governments passed procurement laws that mandated design-bid-build.

정부는 DBB방식을 의무로 규정한 조달법률을 통과시켰다.

AIA와 미국종합건설협회(Association of General Contractors, 이하 AGC) 모두 이 발주방식을 적극적으로 옹호하였다.

정부는 모든 측면에서 법률과 조달규정을 제정하였다. 또한 프로젝트의 도면과 시방서가 있기 때문에 발주자들은 여러 시공자들에게 공사금액을 요청할 수 있었으며, 최저가입찰자에게 그 프로젝트를 낙찰시켜줄 수 있었다.

그것은 공공자금의 사용을 객관적으로 증명하기를 원했던 공공발주자들에게 특히 매력적이었다. 비록 이것은 보편적인 사실과는 멀었지만, 가장 적은 세금으로 사업을 진행하였다. 일반적으로 DBB방식은 모든 사람에게 공공자금으로 사업을 수행할 동등한 기회를 주었고, 부정이득을 배제하였다.

19세기의 산업화로 더 크고 정교한 건물들을 설계하기 위하여, 교육을 받은 건축가들과 엔지니어들이 더욱 필요하였다. 설계자들은 뛰어난 설계능력을 보유하였다. 그들은 DBB방식을 가능하게 하였다. 그들의 설계는 건설계약의 핵심적 요소가 되었다. 그들은 건설산업에서 기술적인 전문가들이었다. 설계자는 고객의 요구사항을 대변할 책임이 있는 발주자의 대리인이었다. 시공자들은 건물을 설계된 대로 시공해야하는 책임을 가진 공급자였다. 고객은 설계된 건물에 대한 확정금액을 산정했다. 설계자는 시공과정에서 공사가 올바르게 수행되고 있는지를 확인하기 위해 시공자를 감독하였다. 설계자와 시공자는 법률적 적군이었다.

19세기말에서 20세기 중반까지, DBB방식은 많은 고객들에게 도움을 주었다. 비록 특별한 건물형태에 집중을 하는 경향이 있었던 Design-Builder(이하 DBr)라도, 대다수의 발주자들은 그들의 건물을 발주하기 위해 DBB방식을 활용하였다. 그것은 단순하고 강력한 생각이었고, 우리의 건설산업을 지배하게 되었다. 19세기에 뿌리를 내린 이 개념은, 21세기에는 발주자에게 고민거리를 주었다. 이 방식은 오늘날 대부분의 복잡한 건물에 대해 일반적으로 잘 대응하지 못한다.

Design-bid-build served well for a centure, but now it often causes problems.

DBB방식은 한 세기 동안 그 효과가 좋았지만, 지금은 종종 문제를 야기한다.

1. DBB방식의 문제점(Problems with the Process)

아이러니하게도, 19세기 산업화는 수요를 창출했고, DBB방식을 활성화시켰다. 하지만 지금 이 방식은 쓸모가 없어지고 있다. 20세기의 마지막 분기에서는 이 방식에 대한 적용율이 꾸준하게 감소되었다. 지속되는 산업화, 복잡화 및 관련된 전문화의 증가로 21세기에는 DBB방식이 부적절하게 되었다.

Industrialization in the 19th century created design-bid-build. Now it's killing it.

19세기의 산업화는 DBB방식을 창조하였다. 이 방식은 지금 쓸모가 없어지고 있다.

건물들이 대부분 조적과 목재일 때, 수급자들은 대부분 직영으로 시공을 하였고, 일부 배관과 배선공사는 하수급을 주었다. 현재 수급자는 50~70개의 하수급자들을 보유하고 있으며, 각 하수급자는 그들의 하수급자, 공급자와 제조업자를 보유하고 있다.

건축가들은 프로그램 계획, 설계, 시공도서와 인테리어 설계를 전문으로 한다. 건축프로젝트를 계속 수행했던 엔지니어들은 토목, 지질, 시험과 검사, 위생, 구조, 기계 및 전기분야로 나누어졌다. 그리고 그들은 모두 병원, 공항, 학교나 사무실 같은 특정한 건물유형으로 전문화되기 시작하였다. 이내 지붕공사, 창호공사, 주방공사, 화장실공사, 음향시설공사, 소방시설공사, 네트워크배선공사, 통신공사, 주차장공사, 코딩작업, 보안공사, 시청각실공사, 하드웨어공사, 그래픽공사, 사인물공사 등을 위한 컨설턴트가 등장하였다.

1) 접근할 수 없는 기술지식(Inaccessible technical knowledge)

The detailed knowledge of construction technology resides with specialty subs and manufacturers who don't participate in design.

상세한 시공기술은 설계에 참여하지 않는 하수급자와 제조업자들이 보유하고 있다.

설계자의 업무가 바뀌었다. 설계자들은 더 이상 공사비와 시공기술에 대해 모두 아는 전문가가 아니다. 기술지식의 중심이 이동하였다. 오늘날 시공기술과 공사비에 관한 세부지식의 대부분은 고도로 분리된 형태로 되어 있고, 빌딩시스템을 설계하고 조립하는 하수급자들과 제조업자들이 갖고 있다.

제 기능을 못하는 오래된 DBB방식은 프로젝트에서 이들 하수급자들과 제조업자들의 통찰력을 없애고, 설계를 하는 동안 그들이 설계자들과 함께 협력할 수 없도록 했다. 불행히도, DBB방식에서, 제조업자들은 설계 중에 참여할 수 있는 기회가 없었다. 한명의 고객, 개별적인 설계, 복잡한 건물에 대하여, 19세기의 DBB방식은 21세기 건축물이 요구하는 조건을 제공하기 위한 자재 제조업자의 지식을 반영하기 어렵다.

With design-bid-build, manufacturers aren't picked until design is complete so they can't contribute to the process.

DBB방식에서 제조업자들은 설계가 완성될 때까지 참여할 수 없으므로, 설계에 반영되기 어렵다.

건설산업 전반에 걸쳐 발주자들은 매우 다양한 사업발주방식들을 고심하고 있다. 그들은 하수급자들과 제조업자들이 이해하는 원가와 기술에 관한 상세한 지식을 설계에까지 적용시키기 위한 방법을 모색하고 있다. 그들은 설계와 시공이 중첩되도록 노력하고 있고, 사업진행 속도를 향상시키고, 신뢰성을 증가시키고, 분쟁을 감소시키고, 원가를 더 정확히 예측 가능하도록 노력하고 있다. 그리고 그들은 그 방법을 추구하고 있으며 계속해서 경쟁을 하고 있다.

기본적인 문제에 관한 질문이 끊임없이 이어진다. 즉 "당신은 제조업자가 한 제품에 대한 경쟁력 있는 가격책정을 돕고자 할 때 어떻게 하는가?"

2) 헛수고(Wasted effort)

실시설계도서는 또한 계약도서이다. 이 도면들은 어떻게 제조된 제품들(철골공사에서 가구공사까지)이 해당 프로젝트에 적용이 될 것인지를 보여준다. DBB방식을 이용하여 설계자는 무엇이 필요한지 기술된 실시설계도서를 작성한다. 이는 수급자들로 하여금 입찰을 준비할 수 있게 하고, 차후 프로젝트 시공계약의 핵심내용을 형성할 수 있다.

제조업자가 선정되지 않았기 때문에, 그것은 설계과정의 일부가 될 수 없다. 그리고 설계자의 시공도면에는 수급자가 선택하는 제품이 반드시 나타나 있지는 않다. 이 catch-22는 수급자가 시공도면의 절반을 활용하지 않고, 제조업자들이 작성한 시공상세도면으로 대체한다는 의미다. 이렇게 버려지는 도면을 위해 설계자에게 지급되는 비용은 전체 비용의 약 1~1.5%에 해당한다.

그리고 시공팀은 시공상에 활용하지 않은 실시설계도서 세트를 현장사무실에 가득 비치한다. 실시설계도서 세트 옆에는 승인된 다발의 시공상세도면이 올려진 선반이 있다. 이에 새로운 공정에 착수하고자 할 때, 제대로 된 도면을 찾는 데 늘 어려움이 있다.

The on-site construction management team is confused with different drawing of the same building systems.

현장 건설관리팀은 동일한 빌딩시스템에 대한 여러 도면들로 인해 혼란스럽다.

3) 긴 공정(Long schedules)

게다가, 이 DBB방식은 너무 오래 걸린다. 시공도면이 시공자와의 계약에 대한 핵심사항이기 때문에, 시공은 모든 도면이 완성될 때까지 시작될 수 없다. 하지만 모든 상세한 내용이 확정될 때까지 시공을 지연할 기술적인 이유는 없다.

4) 예상하기 힘든 비용(Unpredictable costs)

일반적으로 입찰하기 1년 혹은 그 이전에 설계를 시작한다. 발주자가 비용에 관심을 가지고 있다고 가정하면(누군들 신경 쓰지 않겠는가?), 그것은 누군가 1년 전 공사비를 추정해야 한다는 것을 의미한다. 공사비를 예측하는 것은 나스닥을 예측하는 것보다 약간 더 쉬울 수 있으나 많이 쉽지는 않다. 우리 모두는 그것에 물가상승이 있다는 것을 안다. 그것은 대개 1% 또는 2% 이내에서 예측이 가능하다. 그러나 강철, 유리, 콘크리트, 합판 및 제재목 같은 건축자재에는 변동이 있다. ENR(Engineering News Record)의 요약된 연간비용을 보면 이런 재료들의 가격이 20%나 변동이 생길 수 있다는 것을 알 수 있다.

Design starts long before the project is priced. That makes costs unpredictable.

설계는 프로젝트의 비용이 산정되기 오래 전에 시작된다. 그러므로 원가를 예상할 수 없다.

그러나 중요한 것은 시장상황이다. 모두가 바쁘다고 가정을 하자. 하수급자들은 노동조합의 집회장에서 최후의 수단을 찾아야 하거나 길거리에서 노무자를 구해야 하게 될 것이라는 것을 알고 있다. 그들은 생산성이 평균의 절반이 될 것이라고 알고 있다. 반대로, 만약 같은 하수급자들이 바쁘지 않으면, 그들은 가장 생산적인 사람을 찾아 나설 것이다. 그들을 노무자들에게 "여러분, 우리는 이 사업에 이윤이 거의 없을 정도의 가격으로 입찰해야 하고, 우리가 이 회사를 계속 유지하려면 여러분들은 일을 열심히 해야 할 것이다"라고 말할 수도 있다.

그래서 동일한 공사범위라도 입찰가격은 20% 이하 또는 그 이상으로 변할 수 있다. 즉, 경기가 좋을 때와 안 좋을 때에 40%의 차이가 있을 수도 있다.

5) 무질서하고 비효율적인 발주(Chaotic unbusinesslike procurement)

19세기의 프러시안 정치가인 Ootto von Bismarck는 다음과 같이 언급했다.

> *"법은 소시지 같다. 법이 만들어지는 것을 보지 않는 것이 더 좋다."*

Bismarck는 수급자들이 건설 프로젝트를 위해 입찰하는 것을 보았어야 했다. 여기에 일반적인 설명이 있다. 수급자는 아마 100명의 하수급자를 가지고 있을 것이다. 하수급자는 전체 공사의 일부분에 대하여 견적을 낸다. 수급자는 각 하수급자가 하는 공사범위를 정한다. 그러나 수급자들이 다수이다 보니, 하수급자는 얼마에 어느 수급자와 함께 일할 것인지 결정하는 데 어려움이 있을 것이다. 그러면서 실수가 일어난다. 하수급자의 입찰은 거의 법률적 지원 없이 전화로 수집되고, 종종 그 범위에 있어 오해가 생긴다.

하수급자들은 입찰일이 될 때까지는 그들 입찰가격의 노출을 원하지 않는다. 그들은 그들의 입찰가격이 경쟁 하수급자들에게 누설되기를 원하지 않는다. 물론 누설이 된다. 가격이 누설될 것이라는 것을 알기 때문에 종종 그들은 이 프로세스의 초기에는 높은 가격을 제시한다.

Subs don't usually want to expose their bids until the last minute, making the last hours of the bid process hectic.

하수급자들은 대개 마지막 순간까지 그들의 입찰가격을 노출하기를 원하지 않기 때문에 입찰과정의 마지막 시간은 매우 긴장되고 긴박하다.

그리고 그들은 가격이 누설될 시간이 없기를 바라면서(불행히도, 수급자가 전체 가격을 재확인하기에도 또한 너무 늦다) 마지막 순간에 그들의 가격을 낮춘다.

최저가격이 항상 모든 입찰자들에게 전달되는 것은 아니다. 일부 하수급자들은 계약이 체결된 후에 비드쇼핑(bid shopping)을 예상하여 일부 수급자들과 그들의 입찰가격을 부풀린다. 하수급자들 간의 경쟁은 제한될 것이다. 아주 막역한 관계는 해당 프로젝트에 관하여 누가 수주할 것인가에 영향을 줄 수 있다.

입찰이 마감되기 바로 전에는 정신이 없다. 수급자가 합산하는 시간이 지연되고 이메일, 팩스 및 전화를 통하여 들어오는 자료로 입찰가를 만들수록, 그 수급자는 더 낮은 입찰자가 될 가능성이 높다. 가격이 입찰 마지막 몇 시간에 30%나 인하되는 경우가 종종 있다. 이 프로세스는 정신없이 빡빡하고 비효율적이다. 이는 수백만 달러를 낭비하는 바람직하지 못한 방식이다.

이런 것이 발주자에게는 실제보다 더 좋아 보인다. 적절한 경쟁이 있으면 2개나 3개의 입찰서는 대체로 같을 것이다. 이들은 프로젝트 비용이 얼마나 들어가는지를 알고 있는 것 같다. 그러나 자세히 보면 다소 놀라운 사실이 있다. 비슷한 하수급자들을 구성하기 때문에 가격에 마진이 별로 없다. 하지만 각 공종에서 가격을 조사해 보면 크게 차이가 나는 것을 알게 된다. 나는 250%까지 차이가 나는 목공제품 입찰가와 400%까지 차이가 나는 다섯개 업체의 철거공사 입찰가를 보았다. 비록 그것들은 극단적인 사례이지만, 일반적으로 20% 차이가 난다.

There is a wide price variation in any trade category.
거래항목에 있어 큰 가격변동이 있다.

하수급자들이 다른 수급자에게 다른 가격을 주는 것도 일반적이다. 그들이 선호하는 수급자는 다른 수급자들보다 더 낮은 가격에 입찰한다. 그들은 특정 회사가 함께 일하기 더 쉽다거나 서로 잘 맞는다는 것을 안다. 그러나 수급자들은 그렇지 않다.

뿐만 아니라, 다른 수급자들은 다른 하수급자들로부터 다른 가격을 받는다. 당신이 모든 계약항목에서 보다 낮은 가격을 찾아낼 기회가 있고 그것들 모두를 하나의 수급자에게 할당하면, 최저입찰가보다 낮은 가격의 조합이 있을 것이다.

그러나 대부분은 모든 수급자가 동일하게 낮은 하수급자의 입찰가를 적용하기 때문에, 발주자가 보는 가격은 거의 유사하다. 일부 크게 차이가 나는 것들이 오직 낮은 입찰가를 결정할 것이다.

종종 하수급자는 실수를 하거나 가격을 낮게 설정한다. 신뢰할 만한 수급자들은 금액을 검토하고, 그들이 그 사업을 수주하기 위하여 그 하수급자와 계약할지 또는 그 하수급자와 계약하지 않고 해당사업을 포기할지를 자체적으로 결정하게 된다.

6) 흠이 있는 계약(A flawed contract)

There are always mistakes and changes.
항상 실수와 변경이 있다.

계약체결 후, 수급자는 설계자 및 발주자와 마주 앉아 하수급자들, 제조업자들 및 공급자들을 조절한다. 실수없는 설계도와 시방서는 없다. 설계변경을 하지 않는 발주자는 없다. 실수없는 입찰은 없다. 그러므로 통상 분쟁이 발생한다.

이러한 전통적인 프로세스는 법적으로 약하다. 국가의 가장 큰 건설 프로그램의 리더 중 한 사람은 이를 '설계-입찰-시공-소송방식(design-bid-build-litigate)' 이라고 부른다.

시공계약이 도면과 시방서에 의존하기 때문에, 설계자들이 흠이 없는 도면과 시방서를 작성한다고 가정한 것 자체가 하자가 있다는 가정이다.

19세기에 건물의 일부 배관 및 배선공사를 포함한 조적 및 철판으로 시공했을 때, DBB방식은 제대로 사용되었다. 오늘날은 그렇지 않다. 50명의 하수급자들이 빌딩시스템과 자재를 제공한다. 설계자들은 일부를 빠뜨리고, 잘못되게 하는 실수를 한다. 흠이 없는 도면과 시방서를 볼 수가 없다. 그래서 모두 클레임으로 힘들어 한다. 법률비용이 고객의 예산에 더 추가되고 건축가, 엔지니어와 수급자들의 이익은 줄어들게 된다.

Layering multiple consultants to fix the problems of design-bid-build causes additional problems.

DBB방식을 보완하기 위해 다수의 컨설턴트들을 활용하는 것은 추가적인 문제를 일으킨다.

이렇게 취약한 프로세스를 보완하기 위하여 고객은 PgMr, CMr과 기타의 여러 컨설턴트를 고용한다. 그 목적은 설계자들과 시공자들의 속임수로부터 발주자들을 보호하기 위하여, '시공성 관련 지식' 을 추가하고, 상호검토를 하고, 공정을 작성하고, 관리 측면을 지원하고 '점검과 균형' 을 제공하는데 있다. 매우 종종, 이 확장된 팀은 서로에 대하여 점검을 한다. 너무나 자주 사업관리자은 새로운 속임수를 사용하면서 설계자와 수급자로부터 비용을 빼냄으로써 그들의 가치를 보여주려고 노력한다. 그 결과 사업관리자, 설계자, 수급자, CMr들과 하수급자들의 자기 이익을 위한 노력으로 인하여, 정보의 자유로운 이동과 지식의 통합이 복잡해지고 어려워진다. 일반적으로 분쟁은 책임에 대한 혼란을 가져온다. 분쟁과 소송과 더불어 모든 참여자들은 자기입장만을 내세우게 되고, 협력하는 대신에 그들의 이익을 보호하려고 하게 된다.

2. 그러면 언제 그것이 효과를 발휘하는가?(So when does it work?)

전통은 천천히 사라진다. 건설산업의 변화는 지각판의 속도로 움직인다. 잦은 실패에도 불구하고, DBB방식은 발주자들의 발주패턴과 그 산업의 정신에 견고하게 내재되어 있다. 그것은 우리의 직업적인 훈련, 우리의 전문적 윤리강령, 우리의 표준계약과 우리법률의 많은 부분에 자리잡고 있다. 일부 매우 영리한 산업 전문가들은 DBB방식이 건물발주를 위한 최상의 옵션이라고 주장한다.

1990년 경에, 나는 건축가들이 가득 모인 커다란 방에서 그들에게 어떤 건물을 짓기 위한 올바른 방법이 DBB방식이라고 생각하는지를 물었다. 한사람의 손이 올라갔다. 나는 그의 발주자에게 그를 해고하게 하라고 충고했다. 뒤돌아 생각하면, 나는 그가 옳았다고 생각한다. 종종 DBB방식은 효과가 있다. 무수한 결함과 자주 발생하는 그것의 무용론에도 불구하고, DBB방식은 존재가치가 있다.

DBB방식은 계약의 핵심인 도면과 시방서가 거의 결함이 없이 만들어질 때 효과가 있다. 예를 들면, 발주자가 유사건물이 건설되고 나서 수정된 도면으로 표준건물을 지을 때 효과가 있다.

Las Vegas의 학교들은 표준적 형태의 도면과 시방서로 지어졌다. 우리가 그 학교들을 방문했을 때, 그 학교들이 처음으로 새로운 표준설계를 도입하면서 그들은 실수를 정정하기 위한 설계변경으로 인하여 약 5%의 손실을 감수하는 것을 알았다. 그 후에, 설계변경은 0.25% 이하가 되었다.

DBB방식은 유사한 시스템을 가진 수십 동의 건물을 짓는 시행사에게 효과적이다. Hines사는 1년에 12채의 오피스빌딩을 짓는다. 공공 발주자와 같이, Hines사 직원들은 그들의 투자자들에게 그들이 경쟁을 통해 해당 건물을 지었다는 것을 보여줄 필요가 있다. 건물들이 동일하지 않지만 건물들은 종종 유사한 시스템을 사용한다. 그리고 그들은 도면과 시방서에 대하여 광범위하게 자세히 검토를 하는 내부 직원들을 보유하고 있다. 그들은 입찰자들에게 완전하게 검토되고 조정된 공사도면을 제공할 수 있다. 그리고 그들은 계약도서에 결함이 있을 때 발생하는 문제들을 해결할 수 있는 설계자와 시공자들과 강한 유대관계를 가진다.

즉, DBB방식은 프로젝트가 간단할 때 효과가 있다. 그리고 다수의 프로젝트에 대하여, 팀이 실시설계도서에서 결함을 찾

It works when the project is simple and it works for serial builders who can get the bugs out of the Contract Documents.

DBB방식은 프로젝트가 간단할 때 효과가 있고, 계약도서에서 결함을 발견할 수 있는 연속발주자에게 효과가 있다.

을 수 있을 때 도면과 시방서를 보완할 수 있는, 연속적으로 건설을 하는 발주자들에게 효과가 좋다. 그리고 이것은 발주자가 도면과 시방서를 검토할 수 있는 직원을 보유하고 있을 때 또는 상세하고 철저한 검토를 할 수 있는 제3의 회사를 보유할 때 효과가 있다.

일부 발주자들은 문제가 거의 없는 도서를 작성할 수 있다. 그렇게 해야 DBB방식이 제대로 활용될 수 있다. 표준적인 설계를 사용하는 교육청, 대형할인매장 체인들, 패스트푸드 체인, 많은 지사를 가진 은행, 그리고 호텔 개발업자 같은 발주자들은 많은 프로젝트에 대하여 실시설계도서를 보완할 기회를 갖는다. 그들은 정기적으로 그리고 효과적으로 DBB방식을 사용하고 있다. 그들은 그렇게 지속적으로 사용할 것이다. 같은 일을 반복하는 건축가들의 수가 연속적으로 늘어나고 있기 때문에 또한 DBB방식의 적용도 늘어난다.

설계시공일괄방식(Design-Build)

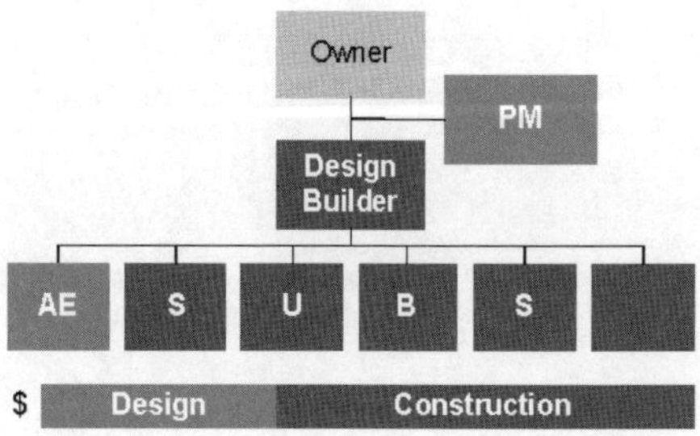

미국의 DB방식은 산업혁명의 발생과 함께 발전했다. 20세기에 DB방식은 공장, 병원, 은행과 같은 종류의 프로젝트에 잘 활용되었고, 최근 들어서는 데이터센터와 같은 프로젝트에도 잘 활용되고 있다. 당시에 이러한 종류의 시설들에 대해 전문성을 갖춘 DBr들은, 일반적으로 사내 건축가와 엔지니어부서를 보유하고 있었다. DBr들은 자신들이 수행했던 유사한 프로젝트의 경험을 바탕으로 새로운 프로젝트에 대한 확정금액을 제시하면서 일반적인 유형의 건물을 원하던 고객들에게 설득력 있는 제안을 하였다.

20세기 초, 대부분의 DBr들의 직원구성은 설계자부터 기능공까지 모두를 포함하는 상하조직으로 구성되어 있었으며, 일부 회사들은 그들 소유의 철근가공소 및 목공소을 가지고 있었다. 그러나 오늘날의 DBr들은 하나의 프로젝트를 위해 CMr과 설계자로 구성된 특별조직(ad-hoc assembly)과 같으며, 이는 하나의 영화를 위해 기술자와 작가들이 별도의 팀을 구성하는 영화산업과 유사하다.

이전의 DB방식에 의한 계약은 대부분 확정금액총액계약(fixed-price lum-sum)방식이었다. 그러나 새로운 형태의 DB방식 계약이 나타나기 시작했고, 본질적으로는 상한가보증 실비정산방식(a cost-plus contract with a GMP) 계약이었지만, 설계자가 그 팀에 소속되어 있었다.

1851년 런던 국제박람회를 위해 지어진 크리스탈 궁전은 유리로 채워진 철골구조물이다.

현대건축의 역사는 일반적으로 산업혁명과 함께 1851년 런던 국제박람회에 지어진 William Paxton의 크리스탈 궁전 설계로 시작되었으며, 크리스탈 궁전은 그 시기를 대표하는 좋은 사례의 건축물이다. Victoria 여왕과 Albert 왕자는 영국의 산업적인 리더십을 상징하는 박람회를 개최하였고, 건축가 William Paxton은 최초의 산업화된 건물로 명성을 얻었다. 10일 동안 설계된 크리스탈 궁전은 백만ft²의 유리가 채워진 주철프레임으로 건설되었다. 이 건물은 커튼월의 첫 번째 사례일 것이다.

Austin사의 창업자 Samuel Austin은 런던 국제박람회가 개최된 해인 1851년에 영국에서 태어났다. 크리스탈 궁전이 건설산업화의 시작을 상징하는 것처럼, Austin사는 미국 산업혁명 시기에 힘을 얻어 성장한 미국 DBr의 상징이었다.

Paxton과 Austin은 모두 건축 또는 공학교육을 전혀 받지 않았다. Paxton은 원예가였고 Austin은 목수였다. Austin은 20대에 미국으로 건너와 클리블랜드에 정착했다. 그의 회사는 주택건축에서부터 시작하여 공장건축까지 성장하였는데, 이후 그의 아들이 입사하여 공학교육에 대해 강조하면서 Austin사는 놀라운 속도로 성장하였다.

1. 특정유형 건축물 시공전문가로서의 DBr(The design-builder as building type specialist)

The early design-build companies were vertically integrated and specialized in specific building types.

초기 DBr들은 수직적으로 통합된 구조였고, 특정 건물유형에 대하여 전문화 되어 있었다.

Austin사의 직원들은 공장을 짓는 방법에 대해 알고 있었으며, 표준유형의 철골 프로토타입을 설계하여 창고에 보관했다. Austin사은 여러 종류의 건물들을 지었지만, 급속한 산업발전과 이에 따른 공장건설이 그들의 주성장 원동력이었다. 그들은 설계 전에 가격을 견적할 수 있었고, 경쟁사에 비해 낮은 가격으로 빠르게 프로젝트를 수행할 수 있었다. Austin사는 미국의 경제성장과정에서 전문화된 요구를 만족시키게 되는데, 그 한 가지 예로 20세기 초반에 새로운 백열전구 제조업자인 National Lamp Company의 건물 53개동을 건설하였다.

A reputation for integrity was a crucial ingredient.

성실함에 대한 명성이 주된 요인이었다.

Austin사은 DBr에 있어서 필수적인 핵심자산을 가지고 있었다. Samuel Austin은 성실한 사람이었는데, 이는 DBr이 만들기로 동의한 시설물을 설명하는 일부 중요문서만을 가지고 설계시공일괄계약을 성사시키는데 있어 신뢰를 높이는 밑바탕이 되었다. Austin의 개인적인 명성은 그의 표준설계에 대한 기술적인 능력만큼이나 회사의 성공에 기반이 되었다.

물론, 건축가들은 Austin사와 DBr들을 비판했으며, 표준적인 건축설계가 바람직하지 않다고 주장했다. 그들은 건축가들이 발주자가 필요로 하는 독특한 건물을 설계해야 한다고 주장했다(덧붙여 말하자면 온전하게 수수료를 받을 수 있는). 게다가 그들은 부도덕한 수급자로부터 발주자들을 보호하기 위하여 이를 견제하는 건축가가 필요하다고 주장했다. 세기가 바뀌는 시점에서 43년(Austin사는 49년)의 역사를 지닌 AIA는 그들이 설계한 건축물을 자체시공하는 건축가를 회원자격에서 제하는 윤리규범을 만들었다.

그러나 Austin은 고객의 요구를 알고 있었고 그들을 만족시켜 주었다. 그의 회사는 병원, 은행, 식품가공공장, 데이터센터 등과 같은 건물 유형에 중점을 둔 Marshall Erdman, Haskill of Bank Building Corporation of America와 같은 20세기 DBr의 전형적인 형태를 갖추고 있었다. 전문화된다는 것은 DBr이 아직 설계가 완성되지 않은 상황에서 견적할 수 있다는 의미였고, 이를 바탕으로 예비발주자들에게 유사한 건축물을 보여주어, 그들이 장차 어떠한 건축물을 얻을 수 있는지 보여주었다. DB방식은 신속한 진행이 필요하거나 사업경영에 바빠 DBB방식을 적용할 시간이 없는 사람들에게 매력적인 발주방식이었기 때문에, 민간부문을 중심으로 성장했다.

한편 20세기 대부분의 공공부문은 DBB방식을 고수하고 있었다. 그들은 경쟁입찰을 바탕으로 하였으며, 내부거래가 없었다는 증거를 제시할 필요가 있었다.

2. 특별조직 – 영화모델(The ad hoc team- movie model)

19세기말부터 20세기 초에는 표준유형를 가진 건축물에 대해 신속한 비용산정과 신속한 프로젝트 진행이 가능하다는 것을 많은 사람들이 알게 되었고, 이는 DB방식을 적용하게 하는 동기로 작용했다. 20세기말에 이르러서는 공공부문에서도 DB방식을 활용하게 되는 또 다른 이유가 나타났다.

The new form of design-build builds ad-hoc teams for the unique requirements of specific project.

새로운 형태의 DB방식은 프로젝트별 고유한 요구사항을 충족시키기 위한 특별조직을 만들었다.

결국, 전통적인 DBB방식에 문제가 발생하기 시작하였다. 규격화되어 공장 제작된 빌딩시스템의 사용과 하수급자 수의 증가는 기존의 건설기술을 주도하던 설계자가 더 이상 모든 기술을 주도할 수 없게 되었으며, 모든 비용에 대해서도 알 수 없게 되었다.

하수급자와 제조업자들은 설계와 시공에 있어서 필요한 기술적인 지식의 핵심이 되는 부분을 가지고 있었다. 전통적인 DBB 방식에서는 설계가 이미 진행된 애매한 시점에서 이들이 참여하도록 되어 있다. 하수급자는 그들이 일을 맡는다는 보장이 되지 않은 상황에서 건설기술과 비용에 대해서 발주자에게 조언하는데 많은 시간을 할애하는 것을 매우 싫어하였다. 게다가, 그들은 이후에 다른 하수급자들과 입찰과정을 통해 경쟁해야하기 때문에 당연히 가격이 노출되는 것을 원하지 않는다.

Public clients lobbied lawmakers to enable design-build.

공공발주자들은 DB방식의 활용을 위해 의원들에게 로비했다.

그래서 많은 공공 발주자들은 조달규정의 변경을 위해 의원들에게 로비했으며, 공기를 단축하고 설계자, 전문건설업자와 제조업자 사이의 협력을 촉진할 수 있는 DB방식를 도입했다.

새로운 DB방식 모델이 나타났다. 전통적인 DBr들은 건축가와 엔지니어를 직원으로 보유하고 있었고, 주로 한 가지 유형의 빌딩 프로젝트에 대한 일들을 했지만, 이 새로운 형식의 DBr들은 단일 프로젝트별로 선별된 특별조직으로 구성되었다.

이 새로운 접근방식은 영화산업과 유사하다. 제작자, 관리자, 배우들, 의상담당자, 촬영팀, 시나리오 작가, 음향기술자와 무대디자이너 그리고 기타 관련 전문가들이 특별조직으로 구성되어 오직 한편의 영화를 위해 함께 일한다. 심지어 속편제작을 위해서도 또 다른 구성원들로 이루어진 특별조직이 만들어질 수도 있다.

전통적인 DBr들은 건물유형에 따른 전문적인 지식을 갖춘 설계자를 보유하고 있었다. 영업부서 직원들은 발주자들에게 유사한 형태의 건물들을 보여주며 설득력 있게 거래를 성사시킬 수 있었다. 이러한 새로운 형태의 DBr들은 영화산업의 특별조직 구성과 같은 선별과정을 통해 여러 분야로부터 조합된 최고의 팀이 만들어지고, 이들은 최고의 빌딩을 설계한다. 이렇게 하나의 프로젝트를 수행하기 위해 만들어진 최고의 팀은 훌륭한 건물을 시공할 수 있었지만, 계약에 있어서는 문제가 있었다.

1) 골칫거리(The tough nut)

If there were no problem in making the deal, design-build would dominate the industry.

만일 공사비 합의에 대한 문제가 없다면, DB는 건설산업에서 지배적인 발주방식이 될 것이다.

DB방식은 설득력 있는 발주방식이다. 만약 공사비 합의에 대한 문제가 없다면, 건설산업에서 주로 사용되는 발주방식이 되었을 것이다. DB방식는 건물을 짓는 사람들이 어떻게 건물을 지어야 하는가, 어떻게 하면 좀 더 효율적으로 지을 수 있는가를 알아내는데 도움을 준다. 더군다나 설계/시공에 대한 책임소재가 한 곳으로 명확해진다. 이런 아이디어는 상당히 타당한 것이었다.

DB방식의 문제는 계약과정에서 공사비 합의에 이르는 것이다. 이미 한 유형의 건물에 대한 전문성을 가지고 있는 Austin사와 같은 DBr들은 발주자가 원하는 유사한 유형의 빌딩을 보여주고, 그에 대해 빠르게 견적을 낼 수 있다. 그러나 경험이 없는 유형의 건물의 경우에는 설계가 끝날 때까지 건축물에 대한 구체적인 합의와 공사비에 대한 동의는 이루어지기 어렵다.

발주자가 묻는다.

> *"내가 독특한 건물을 설계하고 시공하기 위하여 얼마의 비용이 들지요?"*

DBr이 답한다.

> *"아직 잘 모르겠습니다. 당신이 원하는 것이 무엇인지 정확히 모르겠습니다. 먼저 당신이 원하는 것에 대한 개략적인 설계가 필요합니다."*

발주자가 말한다.

> *"전체적으로 소요되는 공사비를 알 때까지 당신에게 설계비를 지불하지 않을 것입니다. 누가 그렇게 하길 원하겠습니까?"*

DBr이 말하기를

> *"나는 그 공사를 맡을 것이라는 확신이 있기 전까지는 설계를 위해 많은 돈을 들이고 싶지 않습니다."*

이는 달걀이 먼저냐 닭이 먼저냐는 문제와 같다. 그러나 해결하기 위한 몇 가지 임시처방은 있다.

(1) 성능설계(Spec Design)

일부의 DBr들은 그들이 계약하기 전까지 설계비용을 부담하는 위험한 투자를 한다. 본질적으로 그들은 말한다.

Some design builders take the risk of design. Other talk the client into taking the risk.

일부 DBr들은 설계에 대한 리스크를 감수한다. 그 외의 DBr은 발주자에게 그 리스크를 감당하라고 말한다.

> *"나는 아무 대가 없이 설계를 할 것이다. 왜냐하면 당신은 이 설계를 좋아할 것이고 나에게 일을 줄 것이며, 그것으로 내 설계와 이윤에 대한 비용이 충당될 것이기 때문이다."*

발주자들은 설계자에게 약간의 수수료를 받거나 수수료 없이 일을 하라고 압력을 넣을 수도 있다. 물론 이것은 설계가 제대로 대가를 받지 못한다는 것을 의미한다. 유사한 빌딩에 대한 경험이 있어 반복적이고 단순한 프로젝트의 경우에는 심각한 문제가 없을지도 모른다. 하지만 규모가 큰 건물이거나 복잡한 건물일 경우, 부족한 설계금액은 부실한 설계를 만들어낼 수 있다.

(2) 단계적 계약(The staged contract)

다른 DBr들이 말한다.

> *"설계비용을 지불해라. 그리고 만약 그 가격이 당신의 마음에 들지 않는다면, 내 도면을 가지고 다른 시공자를 찾아 함께 일할 수 있다."*

New approaches are called Integrated Services, Bridging with CMAR or GMP design-build.

새로운 방식은 통합 용역업무, CMAR과 연계한 브리징, 또는 GMP DB방식이라고 불려진다.

타당하게는 들리지만 사실 발주자가 어떤 한 DBr에 의해 만들어진 도면을 다른 새로운 설계자나 수급자와 계약하여 사용하는 것은 결코 본적이 없다. 나는 가능하리라고 생각은 되지만, 다른 설계자들은 그들이 만들지 않은 도면에 대해 검토와 확인 없이 책임을 떠안는 것을 주저할 것이다.

3. Design-Build 연계 CM-at-Risk

새로운 프로젝트 발주방식을 개발하자마자, 우리는 기존의 다른 프로세스들의 이점과 이를 결합하여 제 3의 새로운 프로젝트 발주방식을 찾으려하는 경향이 있다. 영화의 제작을 위해 만들어지는 특별조직 구성과 같은 강력한 변화를 반영한 DB방식(그리고 브리징방식까지)은 이미 널리 활용되고 있는 CM-at-Risk 및 GMP(Guaranteed Maximum Price)방식과 결합하게 된다. 비록 일반적으로 불리는 명칭은 없으나 종종 이것은 통합 용역업무, 브리징/CMAR, 또는 때로는 그냥 DB방식이라고 불려진다.

이 방식은 단순히 CM-at-Risk와 설계자가 조합되어 구성된 팀으로 최대보증비용 실비정산방식 조건 하에 용역업무를 제공하는 것이다. 종종 설계자는 수급자의 하수급자 형태를 지닌다. 그러나 경우에 따라서는 설계자가 주도하는 형태를 지니기도 한다. Ellerbe, Parsons, 그리고 유사한 유형의 다른 회사들은 이러한 통합 용역업무를 제공해 왔다.

이것이 어떻게 가능한지를 살펴보면, 다음과 같다.

1) 1 단계: 선정(Step 1: Selection)

발주자는 일반적으로 자격요건과 설계비용을 포함하는 확정금액에 기초하여 설계자와 CMr 팀을 선정한다. CM/AE 팀에 대한 보수는 종종 총액방식으로 프로젝트 시작시점부터 확정될 수 있다(156쪽 '용역업무' 참조). 또한, 발주자는 CM/AE에게 하수급에 대한 비용과 일반조건 하의 시공비용에 대해서 대가를 지불할 것에 대하여 동의한다.

설계와 간접비, 이윤에 대한 수수료를 확정한 상태에서 구성된 팀은 설계나 시공의 비용을 낮추는 것으로는 이윤을 얻을 수 없다. 그리고 그들은 자격요건을 가장 주된 요소로 선정되었기 때문에 전문성을 바탕으로 프로젝트에 좋은 결과를 도출함으로써 계속적으로 수주할 수 있다는 인센티브가 존재한다.

When firms are selected based on qualifications, they have an incentive to do good work so they can get the repeat work. It is a highly valuable asset - a big carrot that serial builders have.

회사들이 자격요건에 기초해 선택되었기 때문에, 프로젝트에서 좋은 결과를 도출하면 계속적으로 수주할 수 있다는 인센티브가 있다. 이는 연속발주자들이 가진 큰 자산이자 유인책이다.

일부 발주자들은 프로젝트에 대한 비용을 알기 전에 프로젝트를 시작하고 팀을 고용하는 것에 대하여 걱정한다. 물론 CM/AE도 범위가 확정되지 않은 프로젝트에 대한 비용을 보증하는 것을 원하지 않는다. 그래서 새로운 대안이 추가되었다. 발주자와 CM/AE 팀은 아마 확정한도공사비(Fixed Limit of Construction Cost, 이하 FLCC)에 맞춰 설계하는 것에 동의할 것이다.

이것이 계약상으로 '예산맞춤설계(design-to-budget)' 조항이다.

FLCC는 DBr들이 프로젝트의 업무범위를 이해하고 예산 내에서 건물이 지을 수 있다는 것을 의미한다. FLCC는 GMP 가 아니고, 대신에 DBr이 예산에 맞추어 설계할 것을 명시하고 있다.

만약 DBr이 하수급자 선정을 위한 입찰을 실시할 경우, 그 비용이 예산을 초과하게 된다면 DBr은 추가적 수수료 없이 재설계를 해야 한다. 그 경우 발주자는 DBr과 함께 프로젝트의 범위와 품질을 재조정하는 것에 반드시 협조해야 한다.

때때로 DBr은 만약 설계가 예산에 맞지 않으면 발주자가 이에 대한 비용을 지불할 필요가 없다는 것에 동의한다. 어쨌든 DBr과 발주자 모두 선의를 가지고 프로젝트의 성공을 위하여 함께 일한다는 어느 정도의 상호적인 믿음과 신뢰가 있다.

2) 2단계: 정의(Step 2: Definition)

앞에서 설명된 바와 같이 발주자는 아마도 프로젝트가 시작되는 프로젝트 정의단계부터 DBr이 FLCC에 동의할 것을 요구할 것이다. 솔직히, 이것은 좋은 생각이다. 설계에 따라 어떤 경우에 예산안에 들며 어떤 경우에 예산을 벗어나는지에 대한 혼란이 상당히 자주 발생한다. FLCC는 모든 사람들의 관심을 집중시키는데 도움을 준다.

이후 DBr들은 프로젝트 요구사항을 결정하고 발주자의 승인을 위해 이를 정의한다(41쪽 '프로젝트의 정의' 참조).

프로젝트 요구사항을 정의하는데 필요한 수수료는 유동적이지만 대략 공사비용의 2% 정도이다. 발주자가 프로젝트의 범위를 확대하지 않는 경우라면 공사비용이 FLCC를 초과할 경우, 발주자는 이에 대한 비용을 지불하지 않아도 된다고 계약서에 명시할 것이다. 물론 발주자가 그들이 원하는 시점에 공사를 중단시키고 그때까지의 비용을 지불하고 새로운 수급자를 고용할 수 있도록 계약서에 명기하는 것은 현명한 것이다.

FLCC와 GMP의 차이점은 다음과 같다.

- 만일 프로젝트의 비용이 FLCC를 초과한다면 DBr은 발주자의 협력을 통해서 반드시 재설계하고, 그 비용을 감수해야만 한다.
- 만일 프로젝트의 비용이 GMP를 초과하게 되면 DBr은 어떻게든 프로젝트를 완수해야하며 초과된 비용을 감수해야만 한다.

일반적으로 GMP는 프로젝트의 업무범위가 확정된 후 결정된다. 프로젝트는 FLCC의 결정과 함께 시작되며, 설계과정을 거치며 구체화되고, CM이 설계를 바탕으로 주요 하수급자의 입찰을 받으면서 GMP를 제시할 수 있게 된다.

3) 3단계: 실시실시설계도서와 발주(Step 3: Construction Documents and Procurement)

Procurement is more business-like.
발주방식은 보다 체계적이다.

입찰마감 몇 시간 전 전화상으로 전체 프로젝트 비용을 결정하는 정신없는 입찰과정 대신(DBB방식처럼), DBr들은 상세도면의 진척에 따라 하수급자와 협의를 통해 체계적인 방법으로 입찰을 한다.

전통적인 DBB방식에서 눈에 띄는 비효율적 요소는 다량의 실시설계도서가 버려진다는 것과 제조업자에 의해 작성되는 현장도면으로 대체된다는 것이다.

전통적인 DBB방식에서 설계자는 하수급자가 어떠한 기술을 적용할지 모르기 때문에 철골공사, 커튼월공사, 엘리베이터공사, 가구공사, 창호공사, 천장조명시스템공사 등에 대해 상세하게 기술한다.

설계자가 설계를 마치고 나면 프로젝트는 입찰되고 하수급자들이 선정된다. 그리고 하수급자들의 시공과정과 그 건설생산물을 나타내는 시공도면을 작성한다. 기존에 설계자가 작성한 도면은 선반에 놓이고 잊혀지게 되므로 그 노력들이 헛수고가 된다. 그 허비된 노력들은 전체 시공비용의 약 2% 정도에 해당된다.

DB방식에서 DBr들은 그들의 프로젝트 건설생산물에 대해 대화를 나누기 위해 이러한 하수급자와 제조업자에게 연락할 수 있다. 이들은 DBr이 구매자라는 것을 알기 때문에 DBr들은 하수급자들로부터 큰 관심을 얻을 것이다. 이후 DBr은 경쟁력을 가지고 있는 다양한 발주시스템 방법들을 적용할 수 있다. 그는 성능시방서를 이용할 수 있고, 단계별로 도면과 시방서를 완성하거나 또는 하수급자에게 적절한 시스템을 제안하도록 요청할 수도 있다. 적절한 기술의 활용에 대한 서로간의 의견일치가 있을 때, DBr은 요구사항을 만족시키는 하수급자로부터 비용이 포함된 제안서를 얻을 수 있다.

DBr이 특정한 하수급자를 선정한 후에, 하수급자 또는 하수급자의 하수급자에게 시공도면을 작성하게 하고, 설계자는 실시설계도서에 이를 포함시킬 수 있다. 이는 상당한 시간과 노력을 절약할 수 있고 건물이 실제적으로 시공되는 방법을 나타내는 통합된 도면들을 만들 수 있다. 만일 하수급자의 CAD 시공도면과 설계자의 설계도면이 맞지 않는 경우라면 더욱 오류는 감소한다. 그러므로 벌레도 밟히면 꿈틀하는 것처럼 설계자만 하수급자가 시공도면을 확인하는 것이 아니라 역으로 하수급자도 설계자의 도면을 확인하게 되는 경우가 발생한다. 이것이 오류를 줄인다.

DBr은 단계별로 시공도면을 완성할 수 있고, 이를 바탕으로 경쟁형태의 하수급자 입찰과 협상을 진행시키는데, 이는 발주자에게 투명한 절차이다. 단계적 입찰은 DBr이 체계적이고 경쟁적으로 하수급자의 입찰을 받는 것을 가능하게 함으로써, 발주자는 합리적인 가격과 신뢰할 만한 하수급자, 좀 더 나은 기술, 빈틈없는 계약체결이라는 혜택을 얻게 된다. CM/설계자는 입찰과정이 진행됨으로써 설계와 비용에 대하여 모니터링 할 수 있으며, 그 과정에서 필요하다면 수정할 수 있다. 만약 시장상황이 나빠진다면 사전에 이를 인지하여 예산계획에 반영할 수 있다.

DBr에 의해 대부분의 하수급자들이 선정되면, DBr은 GMP를 제시하고 하수급자와 계약을 체결한 후, 공사를 시작한다.

4) 4단계: 시공(Step 4: Construction)

The project is usually fast-tracked.
그 프로젝트는 주로 패스트트랙으로 진행된다.

단순히 생각해 보면, 시공이 시작될 때 대부분의 시공도면은 검토가 완료되었고, 세부사항들은 승인되어 있다. 또한 설계자와 수급자가 같은 조직에 속해 있기 때문에 발주자는 RFI에 대한 걱정이 없어진다.

시공은 설계가 완료되기 전 시작할 수 있다. 6%의 설계 수수료와 4%의 CM 수수료, 일반조건 비용 10%, 예비비 5%를 가정해 보자. 이것이 공사를 시작할 때 알려진 25%의 비용이다. 아울러 하수급자의 2/3가 선정되었다고 가정하면, 하수급자를 위한 비용인 75%의 2/3는 50%이다. 그러므로 이제 비용의 75%를 알 수 있다. 5%의 예비비는 이제 선정되지 않은 하수급자 부분

20%에 대한 예비비이다(모든 비용들은 추정된 가격 안에서 이루어졌다고 가정한다). DBr은 수월하게 GMP를 제시할 수 있다 (200쪽 'GMP 산정' 참조).

발주자는 DBr이 약속을 지키고 있는지를 확인하기 위하여 외부의 컨설턴트를 고용하는 것이 바람직하다. 그런 경우, 기성승인(payment approvals), 검측(inspection), 시공승인(acceptance of work), 설계변경과 같은 전통적 방식의 시공행정관리(construction administration)를 할 수 있다.

The classic advantages are single responsibility, better cost control, faster delivery and better technology.

일반적인 장점은 책임소재의 일원화, 우수한 비용관리, 빠른 발주, 그리고 우수한 기술적용이 가능하다는 것이다.

5) DB/CM-at-Risk에 대한 논쟁(The argument for Design-Build/CM-at-Risk)

복잡한 빌딩을 발주하는 대부분의 공공부문 발주자들은 설계과정에서 CM을 활용하는 것에 대한 필요성과 그들의 선정을 위해 자격조건을 따지는 것에 대한 중요성을 잘 알고 있다. 그러므로 CM at risk 방식은 계속 확대되고 있다. 또한 CM at risk 팀의 일부분으로 설계자를 포함시킨다는 아이디어를 내기까지 오랜 시간이 걸리지 않았다. 책임관계를 집중시켜 명확하게 하는 것은 매우 중요하다.

There is much to learn from the people who make and install building systems.

빌딩시스템을 만들고 설치하는 사람들에게 배워야할 것이 많다.

자주 언급되는 장점은 다음과 같다.

(1) 책임소재 일원화 (Single responsibility)

DB방식에서 발주자는 설계자와 수급자가 서로를 비판하는 것을 보기 어렵다. 전통적인 DBB방식에서 발주자, 설계자, 수급자 간의 계약적 삼각관계는 문제가 발생했을 때 법적으로 얽히게 된다. 설계와 시공에 대한 분리된 책임관계는 종종 오류에 대해 누가 책임이 있는가를 결정하는데 어려움을 준다. DB방식는 이러한 문제에 의한 소송의 발생 가능성을 제거한다.

(2) 우수한 비용관리 (Better cost control)

DB방식에 FLCC를 적용함으로써 발주자는 편안하게 공사를 시작할 수 있게 된다. 이후 단계별 발주 프로세스는 실시설계도서를 작성하는 동안 발주자에게 좋은 피드백을 제공한다.

(3) 빠른 발주(Faster delivery)

물론 DB방식을 통해 설계자가 실시설계도서들을 완성하기 전에 시공을 시작할 수 있다. 그러나 패스트트랙이 가지고 있는 본질적인 위험요소는 제거할 수 없다(47쪽 '패스트트랙 사업' 참조).

(4) 우수한 기술 (Better technology)

설계자와 CM은 건설기술을 이해하고 있으며, 대부분의 발주자들도 건설지식을 갖춘 직원들을 보유하고 있다. 그러나 우리는 빌딩시스템을 설치하고 만드는 현장기술자들로부터 아직 배울 것이 많이 있다. 무엇이 더 합리적인가? 설계한 사람들을 실제적인 시공에 참여하게 하는 것은 비용을 절감하고 더 나은 건물을 만들게 한다.

The century master builder is a team.

21세기 마스터빌더는 팀으로 구성된다.

르네상스의 이상은 음악, 문학, 예술, 건축, 공학 등에 관한 모든 것을 이해하는 사람이다. Leonardo da Vinci는 예술가이자 건축가이고, 엔지니어며 장인인 마스터빌더이다. 오늘날 심지어 전문화된 건설분야에서 조차 한 사람이 알기에는 정보의 양이 너무 방대하다. 이러한 마스터빌더는 거대한 팀이 되었다.

각각의 작업에 대한 전문가들로 구성된 완벽한 팀을 상상해 보라. 설계자는 그들이 설계를 알기 때문에 그 팀에 있다. 수급자는 그들이 시공을 위해 무엇이 실제적으로 필요한지, 비용은 얼마나 드는지를 알고 있기 때문에 그 팀에 있다. 최신 빌딩시스템에 대해 알고 있는 하수급자와 수급자는 긴밀한 연락을 한다. 발주자들은 프로젝트 요구사항과 예산에 대한 전문가 역할로 팀에 소속된다.

이기심과 편향된 태도를 최소화하기 위해 잘 조정된 계약을 상상해 보라. 설계자는 책임을 회피하거나 수수료를 늘리려고 하지 않는다. 수급자는 클레임이나 설계변경을 위한 모의를 하지 않는다. 누구도 아무것도 하지 않고 그냥 무엇을 얻으려 하지 않는다. 한 사람이 알고 있는 정보는 모두에게 제공되며 의사소통, 서류, 비용은 투명해진다. 이것은 너무 이상적인 것으로 들릴 수도 있다.

우리는 결코 그곳에 도달할 수는 없지만 근접할 수는 있다.

브리징방식(Bridging)

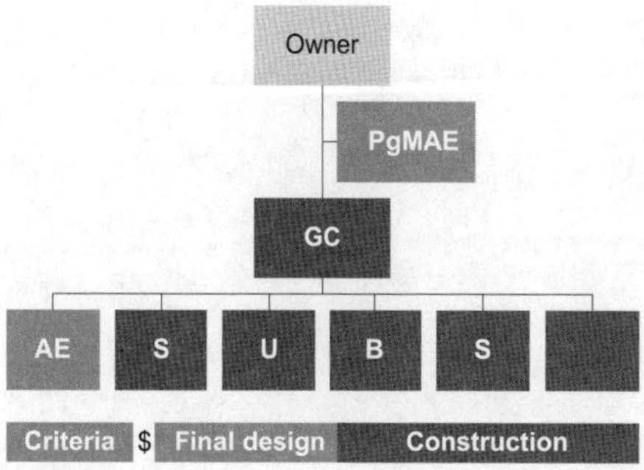

브리징방식에서는 프로그램 관리팀이 설계 및 엔지니어링 능력까지 보유하는 것을 필요로 하기 때문에, 우리는 그 팀을 'PgMAE' 라 부를 것이다. PgMAE는 발주자 소속의 직원이거나 외주 PgMr 혹은 설계자일 수 있으며, 발주자는 종종 앞의 세 주체들을 조합하여 팀을 구성하기도 한다. 구성된 PgMAE는 프로젝트 또는 프로그램의 요구사항을 정의하고, 그 범위는 프로젝트마다 다르지만 일반적으로 계획설계(Schematic Design), 기본설계(Design Development) 요소, 그리고 대부분의 경우 실시설계의 요소들을 포함하며, 요구사항들은 아마 성능, 규정, 그리고 시방에 대한 내용을 포함한다. 즉, 목적은 발주자가 관심 있는 모든 사항을 정의하는 것으로, 일반적으로는 기능적 요구사항, 미적요소, 품질과 성능기준에 관한 것이다.

이후, PgMAE는 이러한 요구사항들을 입찰서류에 반영하고, 사업자 선정절차를 관리하면서 DB방식 형태의 제안서를 받는다. 낙찰자 선정은 일반적으로 입찰자의 자격요건과 관리계획, 그리고 가격(총액 또는 GMP)을 바탕으로 이루어진다. 이후 발주자의 PgMAE는 DBr에 의해 작성된 실시설계도서를 관리/검토할 것이다.

발주자는 언제든지 DBr이 어느 시점까지 제공한 서비스에 대한 비용을 지불하고, 계약을 해지할 수 있는 권리를 가지고 있다. 가장 중요한 것은 실시설계도서 작성시 입찰서류의 해석에 대한 의견차이가 있을 경우, 실질적인 시공이 시작되기 전에 해지할 수도 있다는 것이다. DBr이 실시설계도서 작성을 완료했을 때, PgMAE는 발주자 측의 요청에 의해 발생한 설계변경에 대해 협의하고, 착공승인서(notice to proceed)를 발행한다. 이후 PgMAE는 계약관리 업무와 함께 공사를 감독한다.

❖

1. 역사(A little history)

Often, a single mind triggers a change in our industry

종종, 한 개인의 아이디어가 건설산업의 변화를 촉발한다.

우리는 기술, 인구특성, 경제, 법률의 변화가 건설산업의 변화에도 일반적인 인과관계의 영향을 미친다고 생각하는 경향이 있다. 그러나 건설산업은 그 규모도 매우 거대하고, 전통적인 메커니즘에 의존하기 때문에 그 변화는 미미하다. 때때로 한 개인의 아이디어와 추진력이 큰 변화의 요구를 촉발하는 계기가 되기도 한다. 브리징방식도 이와 같은 계기로 시작되었다.

1980년대 초반, 나는 George Heery의 사무실에 앉아있던 것을 회상한다. George T. Heery(FAIA, RIBA, FCMAA 그리고 아마 다른 중요한 타이틀도 가지고 있는)는 오랜 친구이자 나와 가장 자주 경쟁하는 상대였다. 우리는 전에도 이야기한 바 있는 조인트벤처(joint venture, 이하 JV)에 대해 이야기 하고 있었다.

나는 프로젝트 발주방식과 관련해서 George의 천재성을 항상 존중해 왔다. 다른 사람들은 기존의 표준화된 절차에 의한 방법론을 따르고 있을 때, 그는 창의적인 생각을 발주방식에 적용하였다. 그는 설계와 시공의 발전방향을 이해하였으며, 사람들에게 동기를 부여하고, 발주자를 위해 그들을 어떻게 조직하고 통합할지를 알고 있는 것처럼 보였다.

George는 그가 만들어낸 새로운 아이디어를 설명하였다. 그는 몇 개의 프로젝트에 이를 시도하였고, 그 결과에 만족하였다. 그는 이 방법을 집중책임계약방식(Concentrated Responsibility Contract Method)이라 불렀고, 일반적으로 약자를 사용하듯이 우리도 CRC라는 약자를 붙였다. 이는 나에게 좋은 아이디어로는 보였지만 그 이름이 오래가지는 않을 것이라 생각했고, 이번 경우에는 내 생각이 모두 옳았다. 결국, CRC는 브리징방식의 근간이 되었다.

얼마 후, Joseph A. Ahearn 장군(공군 시설공사 최고책임자)

은 George와 나를 국방부의 설계와 시공 프로세스 연구를 위해 고용했다. 우리는 '브리징방식' 이라는 George의 새로운 용어를 사용하여 보고서를 작성 하였으나 기존 프로세스들의 일부를 비판하였기 때문에 많은 신뢰를 얻지는 못했다. 그러나 결국 우리가 작성한 보고서는 미 국방부에서 일반적으로 사용하는 DB방식에 대한 절차를 정의하는 근간이 되었다.

1) 개념(The concept)

브리징방식은 브리징 수급자가 실시설계도서를 작성하기 때문에, DB방식의 형태의 하나로 주장할 수 있다. 또한 수급자는 프로젝트 요구사항들이 모두 정해진 상황에서 입찰에 참여하고 실시설계도서들은 단순히 시공도면의 확장이므로 이는 전통적인 DBB방식의 한 형태라 주장할 수 있는데, 이는 둘 다 사실이다.

Bridging is a hybrid of design-bid-build and design-build

브리징방식은 DB방식과 DBB방식의 새로운 형태의 혼합형이다.

브리징방식은 DB방식과 DBB방식의 새로운 혼합형으로, 이를 성공적으로 수행함으로써 각각의 방식에 대한 많은 장점들을 취할 수 있고, 또한 여러 단점들을 제거시킬 수 있다.

개념은 단순하다. 발주자는 일반적으로 PgMAE의 전문적인 도움을 받아 완전한 계약적 효력을 갖는 도면과 시방서의 작성을 통해 프로젝트의 요구사항들을 설정한다. 그러나 이 도면과 시방서는 발주자가 프로젝트에서 관심을 두는 요구사항들을 명확히 하는 것에만 집중하고, 건설기술 부분에 대한 여러 세부사항들은 DBr, 하수급자, 그리고 제조업자에게 맡겨지게 된다.

The drawings must set requirements for everything the owner cares about

도면에는 반드시 발주자의 모든 요구사항을 반영해야 한다.

건축가는 기획자, 기술자, 심미학자이어야 하며, 이는 예로부터 요구되어 왔다. Marcus Vitruvius Polio는 B.C.E. 1세기에 『De Architectura』를 집필하였다. 현존하는 건축이론의 가장 오래된 이 책 안에, Vitruvius는 건축물이 되기 위한 구조물은 반드시 'utilitas, firmitas and venustas' 를 가져야 한다고 기술하였다. 이 세 단어는 17세기에 이르러 'commodotie, firmness and delight' 라는 단어로 번역 되었다. 이는 명명법만 바뀌었을 뿐 개념은 동일하다. 우리는 현재 이들을 기능(commodotie), 기술(firmness), 그리고 심미(delight)라고 생각하고 있다.

브리징방식은 이러한 세 가지 특성을 분리하는데, 이는 설계자의 미적 그리고 기능적 설계역할을 기술적 설계역할에서 분리하는 것이다.

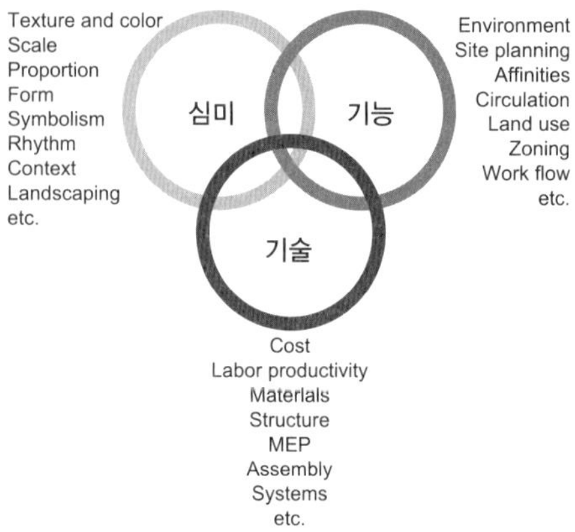

심미적 요소는 건축에 있어서 필수적이다. 건축가는 설계시 명암, 투명도, 색상, 질감, 비례와 리듬감 등을 고려해야 하며, 건축물이 가지는 상징성의 적절한 역할에 대해 명확히 이해하고, 형태나 규모, 장식 및 재료 등을 통해 이를 어떻게 표현해야 할지 알아야 한다. 이러한 실질적인 속성의 결정에 있어 필요한 노력과 기술이 없다면 건설을 위한 일들은 허사가 될 것이며, 건축물은 주변경관을 해치는 오점이 될 것이다.

또한 건축가는 병원이나 공항, 공장 등의 복잡한 기능을 이해하고, 이를 구성할 수 있어야 하며, 프로젝트의 진행과정 중에 반드시 제조업자에 의해 설계된 수천 개의 빌딩시스템에 대해 평가하고 이를 통합해야 한다. 만약 건축가가 기능-기술-심미라는 세 가지 요구사항을 만족시키지 못한다면, 결과 또한 실패로 나타날 것이다. 이는 좌뇌와 우뇌의 역할을 통합시키는 것과 같다.

브리징방식은 건축가와 엔지니어, 수급자의 역할을 조직화하는 방법이 다르다. 이 방식은 심미와 기능의 역할을 담당하는 건축가를 기술적인 부분의 역할을 담당하는 건축가로부터 분리한다.

건축가는 다음과 같은 세 가지 분야에서 특화되는데, 일부는 설계분야에서, 일부는 건물유형 전문가로, 그리고 실시설계도서 작성을 기술적으로 아주 잘하는 건축가도 있다.

예외의 경우도 있으나, 일반적으로 최고의 설계전문 건축가는 실시설계도서 작업을 하지 않는다(그들이 같은 회사에서 일한다고 할지라도). 더욱이 최고의 공항설계 전문건축가는 병원설계 등과 같은 다른 업무를 담당하지 않는다. 전문화에 대한 요구는 건축가들이 점점 더 세분화된 분야에서 활동하도록 만들었다.

물론, 건축이 항상 심미와 기능 그리고 기술로 분류되는 것은 아니며, 꼭 그럴 필요도 없다. 일반적으로 발주자는 프로젝트의 기술적인 요구사항에 매우 관심을 가지고, 이를 브리징 도서의 일부로 설정할 것이다.

중요한 것은 설계가 두 가지의 계약적 요소로 나누어진다는 것인데, 첫 번째는 발주자의 요구사항에 초점을 맞추는 것이고, 두 번째는 이러한 요구사항을 이행하기 위해 필요한 기술에 초점을 맞추는 것이다.

2) 누가 요구사항을 설정하는가?(Who sets requirements?)

누가 요구사항을 결정해야 하는가와 그들을 어떻게 부를지에 대한 다양한 견해와 약간의 논쟁이 있다. George Heery는 이를 발주자의 설계 컨설턴트(Owner's Design Consultant, ODC)라 불렀다. 그러나 발주자 측의 시공전문가나 외주 설계자 또는 외주 PgMr도 이와 같은 역할을 수행할 수 있었다. PgMAE 팀은 계약관리업무나 설계업무에 국한되지 말아야 하며, 관리능력과 설계능력 모두를 가지고 있어야 한다. 일부 종합건설업체(Parsons, Jacobs or DMJM과 같은)는 설계와 프로젝트관리 능력을 모두 가지고 있고, 요구사항의 정의 및 프로세스 관리에 필요한 프로그램 관리와 설계용역를 제공할 수 있다.

The professional help on the owner 's side has many titles
발주자에 대한 전문적인 도움에는 여러 가지가 있다.

대부분의 연속발주자들은 사내에 PgMr을 보유하고 있지만, 대부분의 경우는 프로젝트의 요구사항을 규정하는데 도움을 얻기 위해 설계자를 고용할 것이다. 경우에 따라, 브리징방식의 경험이 있는 PgMr(Heery's company, Brookwood Group 등과 같은 업체)를 고용하게 될 것이다 (브리징방식에 대한 더 많은 자료는 www.brookwoodpm.com에서 확인이 가능하다).

대부분 '표준설계자(criteria AE)' 나 '브리징 건축가' 라는 표현을 사용하고 있으나, 이는 문제를 발생시킬 수 있다. 몇몇 주들은 '건축가' 라는 호칭에 대하여 자격증을 소지한 건축사로 제한하고 있다. 기술적으로 PgMAE는 자격증이 필요하지 않은데, 그 이유는 시공도면을 만들고 서명한 책임건축가가 DBr을 위해 일하는 건축가이기 때문이다. 발주자가 프로젝트를 위해 자격증을 가진 두 명의 건축가를 고용한다고 해서 추가적인 이점은 없다(불리한 것도 없지만). 그럼에도 불구하고 설계자의 로비를 받은 몇몇 주와 다른 공공기관들은 건축사 자격증을 요구하고 있으며, 이를 '표준건축사(Criteria Architect)' 라는 용어를 사용하고 있다.

관리기술과 설계기술이 모두 요구됨에 따라, 우리는 PgMAE 라는 용어를 사용할 것이다. 그러나 다른 용어들도 사용할 수 있다. 뭐라고 불리건 그 집단은 반드시 발주자의 모든 관심사항을 파악해야만 한다. PgMAE는 반드시 브리징방식에 대하여 이해하고, 이를 관리계획에 명확히 설명해야 한다. 이후 PgMAE는 지속적인 의사소통을 할 수 있는 방안을 강구하여 계속적으로 프로젝트 구성원에게 프로세스를 상기시켜야 한다. 그렇지 않으면 프로젝트 팀의 구성원은 그들의 과거의 역할로 돌아갈 것이다.

Both management and design skill are required.
관리기술과 설계기술이 모두 요구된다.

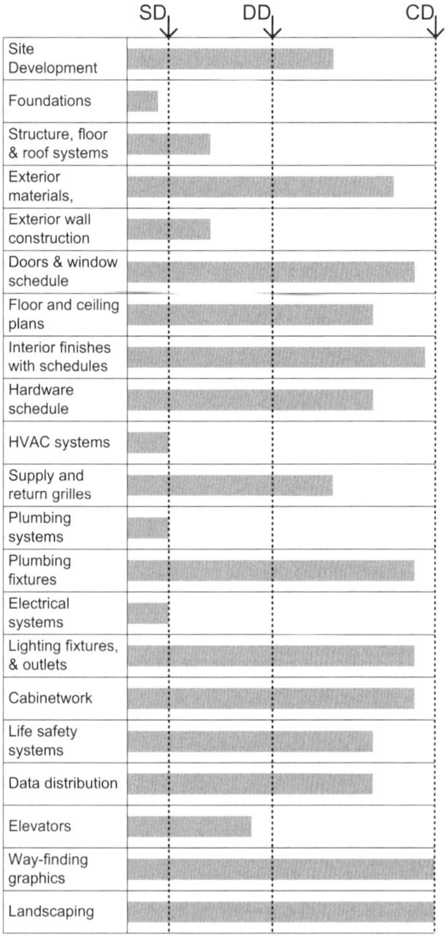

RFP의 일부분이 될 요구사항들은 발주자가 관심을 갖는 부분을 규정하지만, 프로젝트에 따라 달라질 것이다. 발주자 요구사항에는 계획설계와 기본설계의 요소들, 그리고 일부의 경우에는 거의 완성된 실시설계도 포함할 수 있다.

2. 어떻게 진행되는가?(How to do it?)

브리징방식은 네 단계, 요구사항 분석단계, 선정단계, 실시설계도서 작성단계, 시공단계로 진행된다.

1) 요구사항 분석(Requirements)

PgMAE는 요구사항을 규정하기 위하여 발주자와 사용자들과 함께 업무를 수행한다. 발주자가 관심을 가지는 프로젝트의 관점들을 다룬다.

> *"발주자가 관심을 가지는 모든 것 - 발주자에게 의미가 있는 것" 이 슬로건이 된다.*

일반적으로 발주자들은 그들이 보고 만질 수 있는 기능적 요구사항과 심미적 요소에 관심을 가진다. 그들은 유지관리성, 에너지비용, 엔지니어링 시스템의 성능 등에 관심을 갖지만, 기초에 쓰이는 철근의 사이즈나 덕트의 크기는 그것들이 자신의 역할을 제대로 하는 한 더 이상 관심을 갖지 않는다.

그렇기 때문에 발주자의 요구사항들을 표현하는 용어는 발주자의 관심사항에 대한 특성들을 반드시 잘 반영해야 한다.

발주자는 수급자가 작업해 놓은 덕트와 기초가 제공하는 성능에 대해 관심이 있으므로, 발주자는 그들이 원하는 성능기준으로 요구사항을 규정할 수 있다. 또한, 발주자들은 MEP 장비의 외관보다는 이 장비의 에너지 효율 및 유지관리성에 더 많은 관심을 가질 수도 있다. 그러나 대부분의 경우, 발주자들은 건물의 외관 및 사용된 자재와 색상에 대해서 더 많은 관심을 가지므로 요구사항에 대한 기술은 각각의 발주자마다 다를 것이다.

발주자들이 관심을 갖지 않는 세부사항은 하수급자와 함께 일하는 DBr의 몫이 된다. 만약 좋은 팀이 구성된다면, 비용대비 효과적인 시스템을 구축하기 위해 하수급자 및 제조업자와 많은 협력이 이루어질 것이다. 이는 브리징방식의 강력한 장점 중 하나이다. 우리가 지속적으로 언급한 바와 같이 제조업자와 하수급자는 시공비용과 기술에 있어서 전문가이며, 이들의 숙련된 전문지식들이 설계에 반영된다면 프로젝트에 큰 이점이 될 수 있다.

PgMAE는 프로젝트 기본적인 구성을 위해 필요한 범위까지 설계하고 발주자가 원하는 기능적, 심미적, 환경적, 지속가능성, 품질적, 그리고 유지관리적 기준들을 규정한다. 일반적으로 PgMAE는 기능적 요구사항을 도면과 시방서에 정의하고, 엔지니어링 시스템과 시공기술은 성능시방서에 정의한다.

이러한 개념을 더욱 명확히 설명하는 예로, 만약 발주자가 관심을 두는 어떠한 요구사항들을 PgMAE가 제대로 설정하지 못한다면 추후 설계변경이 발생될 것이다. 만약 발주자가 관심을 두지 않는 부분에 대해 PgMAE가 요구사항들을 설정할 경우, DBr이 가장 비용대비 효과적인 기술적 해법을 찾는 능력을 발휘하는데 제한을 줄 수 있다.

요구사항들에 대한 설정을 마친 후, PgMAE는 이러한 요구사항들을 계약적 효력이 있는 입찰서류에 문서화하고 RFP에 포함시킨다.

The contract Documents are not Construction Documents.
계약도서는 실시설계도서가 아니다.

브리징방식을 처음 접하여 혼란을 가지는 사람들의 일반적인 사례로, 업계에서 사용되는 약어인 'CDs'는 '실시설계도서'와 '계약도서' 모두를 의미한다. 전통적인 DBB방식에서는, 실시설계도서는 계약도서에 있어서 매우 중요한 부분이지만, 브리징방식에서는 RFP가 계약도서이며 실시설계도서는 하위문서가 된다. 그러므로 CDs라는 단어는 혼동을 발생시킬 수 있기 때문에 사용되지 않는다.

또한 PgMAE는 비용, 스케쥴, 책임관계, 프로세스 등을 정의한 포괄적인 관리계획을 준비한다.

2) 선정(Selection)

타당한 승인절차를 거친 후에, PgMAE는 DBr의 선정과정을 관리한다. 선정과정은 일반적으로 다음과 같다.

PgMAE는 RFQ를 발부하고 지원결과에 대하여 평가한다. 평가기준은 일반적으로 주요 팀 구성원들의 자질, 유사 프로젝트의 수행경험, 수행능력(시공관리, 설계, 엔지니어링 등), 재무능력, 안전기록과, 품질보증프로그램 등으로 구성된다. 또한 RFQ는 문서화, 보고 및 의사소통을 위해 사용될 수 있는 IT시스템 대한 설명을 요청해야한다. 발주자와 PgMAE는 최적후보회사들에 대한 목록을 작성하고 그들에게 RFP를 발부한다. RFP는 발주자와 DBr 사이에 사용할 협약내용을 포함해야 하며, 협약내용에는 입찰자가 반대의견에 대한 내용을 작성하도록 질의할 수 있는 문구를 포함한다.

The bridging agreement includes drawings and specifications that are far less detailed than those used in design-bid-build

브리징 계약시 제출하는 도면과 시방서는 DBB 계약 시 제출하는 것보다 훨씬 간략하다.

전통적인 DBB방식처럼 브리징계약은 도면과 시방서를 포함하고 있으나, 이는 일반적인 실시설계도서만큼 상세하지는 않다. DBB방식의 전통적인 계약도서는 계약상의 목적을 위해 요구사항을 규정하는 것과 시공기술에 대한 세부사항을 기술하는 두 가지 항목으로 구성되어 있다. 그러나 브리징방식의 계약도서는 오직 첫 번째 항목인 계약상의 목적을 위한 요구사항을 주로 다룬다.

브리징방식의 계약도서들은 최종적인 시공기술에 대한 중요한 책임을 DBr에게 부여한다. 이러한 계약도서에는 발주자가 원하는 것들을 서술하지만 시공기술에 대한 많은 세부사항의 결정은 DBr 팀에 맡겨두게 된다.

계약도서는 반드시 DBr이 총액입찰 또는 약정된 GMP를 제시하는데 적합해야 한다. 마찬가지로 계약도서는 반드시 DBr이 하수급자로부터 큰 설계변경 없이 약정된 가격을 얻을 수 있는 것에 적합해야 한다.

계약도서는 발주자와 DBr의 관계를 설정한다. 또한 수급자는 하수급자와의 관계를 설정하는 것에도 이를 사용할 것이다. 좋은 계약서는 수급자들로 하여금 더 많은 경합을 하도록 유도하는 것이고, 이는 발주자의 입장에서 더 나은 가격조건을 가질 수 있음을 의미한다.

계약도서는 상세한 시공방법에 대한 설명 대신에, DBr과 하수급자들이 시간과 비용을 절약할 수 있는 방법을 찾고, 이를 통해 보다 나은 건설생산물을 만들어 내도록 폭넓은 의사결정 범위를 제공하여야 한다.

The PgMAE is not architect of record.
The design-builder's AE will sign and seal the drawing.

PgMAE는 공인설계자가 아니다.
DBr의 설계자가 도면에 서명하고 검인할 것이다.

DBr의 설계자는 최종 실시설계도서를 작성하고, 도면에 서명하고, 책임을 지는 공식적인 설계자가 된다. RFP에 PgMAE가 작성된 실시설계도서에 대한 검토를 수행할 수 있도록 일정을 설정해야 한다. 또한 RFP에는 실시설계도서 작성 중 발주자가 계약을 해지할 수 있고, 실시설계도서의 완성된 부분에 한해서만 보수를 지불할 수 있도록 규정해야 한다. 또한 RFP에는 그 시점까지 작성된 도면이 발주자 소유임을 규정한다.

George Heery는 수급자가 단순한 협상에 의한 일반공사계약

(negotiated general construction contract)에 비해 일반적으로 브리징계약에서 더 높은 이윤을 추구할 것이라고 믿었지만(나도 그의 의견에 동감), 브리징방식의 수급자와 하수급자는 비용절감 방안을 찾을 것이므로 결과적으로는 더 나은 건설생산물을 위한 비용절감이 될 것이다. 게다가 수급자 책임으로 인한 설계변경, 클레임, 재시공(post-construction corrections) 등에 대한 발생이 줄어들 것이다.

A contractor will usually propose a higher fee that with a competitively bid design -bid-build contract

수급자는 경쟁적인 DBB 계약보다 더 많은 보수를 대부분 제시할 것이다.

연속발주자라면, 발주자는 기존에 만들어진 성과에 기반하여 DBr을 선택할 것이다. 그렇지 않은 경우라면 발주자와 PgMAE는 자격요건과 비용에 기반을 두어 DBr을 선정할 것이다.

'비용'은 실비정산방식에서부터 확정금액방식까지 합리적인 지불방식을 기반으로 한다. 총액계약이 가장 보편적이지만 실비정산-GMP방식도 사용되어 왔다.

(1) 총액계약(Lump-sum)

만약 총액계약 입찰일 경우, '비용'은 총액이 될 것이다. PgMAE는 2단계의 입찰 계약을 한다. 첫 단계는 실시설계도서의 준비단계에 관한 계약이고, 두 번째 단계는 시공참여여부 결정에 대한 계약이다.

만약 입찰방식이 프로젝트의 실시설계와 시공에 대한 총액계약일 경우, 실시설계도서의 준비에 필요한 비용발생 부분의 해결에 대한 내용을 포함해야만 한다. 이 비용을 RFP에 포함시키는 것은 타당하다. 프로젝트 계획단계에 설계자의 활발한 서비스에 대한 정당한 대가가 필요하다는 것이 잘 알려져 있음에도 불구하고, 수급자가 설계자에게 돈을 지불할 것이라는 보장은 없다. 계약도서에 비용에 대한 내용을 명문화하면, 수급자가 설계자에게 수주가 확실하지 않은 업무를 대가없이 수행하도록 하는 것을 어렵게 만들 것이다. 더욱이 만약 그 프로젝트가 어떤 이유에서 착공 전에 중단되어야 한다면 실시설계에 대한 대가가 반드시 존재한다.

(2) 최대비용보증 실비정산방식(Cost-plus with a GMP)

만약 입찰을 GMP방식으로 할 경우, 비용은 GMP로 지불될 것이지만, PgMAE는 확정보수와 일반조건 비용을 비교할 것이다. 그리고 만약 어떤 입찰자가 높은 수수료와 높은 일반조건 비용

The fixed-fee and General Conditions costs should be identified.

확정보수와 일반조건 비용은 확인되어야 한다.

을 제시하는데 반해 낮은 시공비용을 제시하고, 또 다른 입찰자는 앞서 서술한 것과 반대의 조건을 제시한다면, PgMAE는 몇 가지 세부사항에 대한 답변을 요구할 것이다.

총액계약보다 나은 최대비용보증 실비정산방식의 장점은 더 큰 협업의 기회를 가질 수 있다는 것이다. 협업은 발주자에게 비용절감 효과를 줄 것이다.

최대비용보증 실비정산방식의 일반적인 문제점은 패스트트랙을 진행시키기 위해서 설계가 진행되는 시기에 완성되지 못한 도면을 가지고 계약을 체결하는 것이다. 그러므로 이 계약은 '정의되지 않은 성과물에 대한 가격의 결정' 이 되므로, 이는 분쟁과 설계변경이 많이 발생할 수 있는 환경이 된다. 많은 경우 공사가 시작된 후, 미완성된 설계로부터 촉발된 많은 혼선이 발생하였다.

그러나 브리징방식의 RFP는 미완성된 도면에 기반을 두지 않는다. RFP는 총액계약을 위한 요구사항을 규정하는데 적합하기 때문에, 이는 또한 GMP를 시행하는데도 적합하게 된다(200쪽 'GMP 산정' 참조). GMP 계약방식의 단점은 프로젝트관리자의 업무가 더욱 많아지는데 있다. 발주자와 PgMAE는 반드시 DBr의 비용에 대한 감사와 승인을 수행해야 한다.

(3) 설계자 선정(Picking the AE)

The owner can participate in the AE selection.
발주자는 설계자의 선정에 참여할 수 있다.

만약 DBr이 설계에 대한 하수급계약을 체결하는 경우라면, 발주자는 설계자의 선정과정에 관여할 수 있다. Utah주의 국회의사당 증축공사에서 우리는 수급자를 선정하고, 수급자의 설계자 선정 과정에 우리가 참여하는 것을 조건으로 명시하였다. 이는 최고의 설계자와 최고의 DBr의 조합이 한 팀으로 이루어지지 않을 가능성에 대비한 것이며, 우리는 그러한 일이 발생하지 않길 원했다. 만약 DBr이 결정되고 이후 설계자가 선정된다면, 기존의 DB방식과 같은 경쟁적 팀 구성으로 대한 제한을 받지 않을 것이므로 PgMAE와 발주자는 의견을 제시하거나 거부권을 행사할 수 있어야 한다. 나의 경험으로 볼 때, 협업하는 것은 항상 쉬웠으나, 발주자와 PgMAE는 DBr의 설계자가 달성한 성과와 관련해 책임을 질만한 어떠한 지시사항도 내리지 않도록 주의해야만 한다.

3) 실시설계도서 작성(Construction Documents)

성공적인 입찰자는 설계팀을 포함하거나 설계팀을 하수급자로 포함하고 있는 DBr이다. DBr은 실시설계도서를 만들고 승인하는 법적책임이 있는 공인설계자(AE of Record)이다.

두 가지 계약형태(lump-sum or Cost-plus with a GMP) 모두 PgMAE는 DBr이 최종 실시설계도서를 작성하고 시공업무를 진행하는 동안 이들의 업무를 모니터링 한다.

DBr은 최종설계도면과 시방서를 반드시 제출하여야 하며, 이를 바탕으로 PgMAE가 RFP의 내용과 부합되는지 여부를 판단하고, 부합되는 DBr에게 한해서 실시설계도서에 대한 최종비용을 지불할 조건이 되었는지 결정할 수 있도록 해야 한다. 그러나 발주자나 발주자측의 PgMAE 모두는 실시설계도서와 관련된 어떠한 승인도 하지 않으며, 설계에 대하여 어떠한 형태의 책임도 지지 않는다.

발주자의 PgMAE는 미완성이 되었거나 RFP가 준수되지 않은 실시설계도서를 거부할 수도 있다. 이러한 경우에, PgMAE는 계약을 중지시키거나 DBr이 실시설계도서를 수정하고 다시 제출하도록 지시할 수 있는 권한을 갖는다.

RFP는 계약도서이다. 실시설계도서는 RFP를 보강한다. RFP는 승인된 설계변경에 의해 수정되지 않는 한 시공도면보다 우선시된다. 실시설계도서가 완성됐을 때, PgMAE는 이를 검토하고 발주자 요구에 의한 설계변경에 대해 협상하고, 착공승인서 발행을 통해 공사진행을 지시한다.

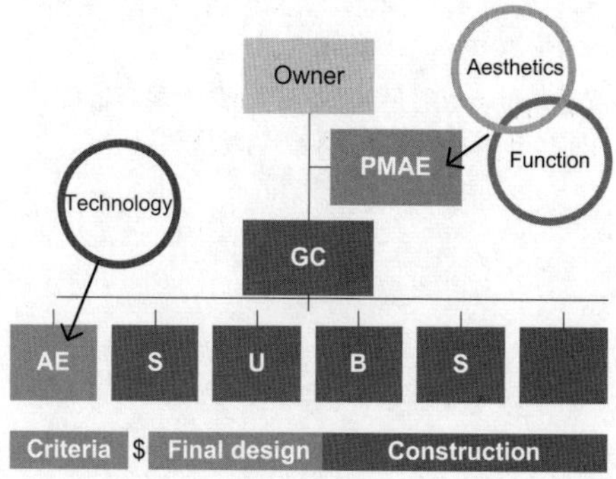

브리징방식의 프로젝트에는 일반적으로 두 부류의 설계자가 있다. 하나는 발주자의 대리인으로서 일반적으로 심미성, 기능성, 그리고 공학시스템의 성능에 중점을 둔다. 다른 하나는 시공팀의 일부로서 시공기술에 중점을 둔다.

The RFP is the Contract Document.

RFP는 계약도서이다.

4) 시공(Construction)

PgMAE는 실시설계도서가 RFP의 요구사항을 만족할 경우, 시공을 허가한다.

DBr은 구조물을 시공한다. PgMAE는 실시설계도서의 요구성능과 일치하는지 검토하고, 발주자와 DBr 사이의 계약을 관리하며, 발주자의 입장에서 시공과정을 점검한다. 이것은 기존의 DBB방식의 설계자와 같다.

(1) 인센티브 조항(Incentive Cause)

만약 계약방식이 총액계약이라면, 계약도서의 내용과는 다르게

A shared savings clause works with a lump-sum contract, not with a cost-plus GMP contract.

절감액분배조항은 총액계약에 적용가능하며, cost-plus GMP 계약에는 그렇지 않다.

DBr이 발주자의 PgMAE에 의해 승인된 변경사항들을 제안한다면, 이를 제안한 DBr에게 절감액분배조항에 의한 절감액의 일부분을 줄 수 있다(총액 브리징계약에서는 계약도서의 내용과 같이 절감액은 모두 DBr의 몫이다).

GMP계약방식의 경우, 발주자는 하수급자의 선정과정과 DBr과 PgMAE의 협업으로 인한 결과를 통하여 절감효과를 얻는다. 긴밀하게 협업하는 팀은 많은 비용을 절감할 수 있다. 그러나 불가피하게도 하수급자와 제조업자들은 RFP에서 요구되지 않은 일들을 수행하는 것을 고려해야 하는 경우가 생길 수 있다.

만약 낙찰 후 GMP 협상이 이루어진다면, '절감액분배조항(shared saving clause)'은 현명하지 못하다. 만약 GMP계약에서 발주자와 PgMAE가 DBr에게 인센티브를 주는 것이 옳다고 생각한다면, 그들은 계약에 '성공보수(satisfaction fee)'를 추가할 수 있다(203쪽 '절감액의 공유' 참조).

3. 브리징방식에 대한 논쟁(The arguments for Bridging)

브리징방식을 프로젝트 발주방식 중 하나로 인정하는 것은 아직 이를지 모른다. 우리의 보수적인 건설산업에서 빠른 변화는 일어나지 않는다. 그러나 매년, 더욱 많은 발주자들이 브리징방식에 대한 아이디어를 받아들이고 있다. 일부는 브리징방식의 사용을 망설이지만, 다른 발주자들은 우수한 결과를 도출하며 잘 활용하고 있다.

Utah주 국회의사당 건축가(David Hart)이자 발주자의 PM인 DB 수급자와 DB 설계자가 kepko+와 함께 화려한 화강석에 대하여 공장가공조립을 개발하기위해 일하였다. 어떤 부분은 얇고, 어떤 부분은 8인치 정도까지 되었다. 설계단계의 협업은 수백만 달러를 절감시켰다. Kepco+는 원래 DB의 하수급자로 화강암의 피복재 작업을 수행하였으나, 이후 역사적인 국회의사당의 테라코타장식의 복원을 수행하기에 이른다. 총액입찰 프로세스 중에서 이러한 협업을 할 시간이 없었다면, 총액계약에서 발주자에게도 돌아가는 절감액도 없었을 것이다.

브리징방식은 좋은 아이디어이다. DB방식처럼, 브리징방식은 하수급자들과 제조업자, 설계자들의 건설기술 활용에 있어 효율적으로 협업할 수 있는 기회를 제공하며, 그것은 돈과 시간의 절약을 의미한다.

전통적인 DBB방식처럼, 브리징방식은 건축가와 엔지니어가 발주자의 편에서 기능적이고 미적인 요구사항을 규정하고, 이를 프로젝트에 반영하도록 한다. 브리징방식은 창의적인 해법을 찾기 위해 설계자와 발주자가 훌륭한 협업을 하도록 한다.

브리징방식은 또한 프로젝트 수행기간 동안 발주자가 전문가에 의해 보호받을 수 있도록 한다. 발주자는 공사수행 전에 보증되고 계약적 효력을 지닌 총액계약 또는 GMP 계약을 체결하며, 이는 DBB방식에 비해 절반 정도의 시간과 비용이 소요된다.

DBB방식에 비해, 브리징방식은 결과에 대한 책임소재를 단일화하기 때문에 클레임과 설계변경을 감소시킨다. DBr은 사업수행 후, 실시설계도서상의 오류나 누락으로 인한 클레임을 제기할 수 없다. 시공 중 또는 시공 후, 문제점에 대하여 설계자나 수급자의 책임여부에 대한 논쟁은 없다.

브리징방식은 설계비용을 감소시킨다. DBB방식에서는 실시설계도서의 절반정도가 현장시공도면으로 다시 작성된다. 또한 실시설계도서는 설계비용의 가장 많은 부분(약 40%)을 차지하고 있다.

브리징방식에서 여러 공종들을 위한 초기 도면은 제조업자들이 선정된 후, 그들에 의해 제작된 시공도면으로 교체될 수 있다. 실시설계도서가 준비되는 동안 DBr은 제조업자들과 함께 업무를 수행할 수 있으므로 시공도면은 실시설계도서에 즉시 첨부되어 최종적으로 통합된 실시설계도서를 만들어 낼 수 있다.

이는 실수를 감소시킨다. DBr의 설계자가 CAD 상세도를 최종 실시설계도서에 첨부할 때, 그들은 반드시 정확한 작업을 수행해야 하며, 그렇지 않으면 분명히 치수가 일치하지 않는 문제가 발생한다. 이는 또한 도면을 여러 번 재확인하는 기회를 제공한다. 이익 추구에 대한 동기는 수급자와 하수급자 그리고 제조업자가 설계자의 도면을 검토하도록 유도한다.

브리징방식은 발주자와 수급자, 설계자의 책임을 감소시키며 오류와 누락에 대한 전문가 책임보험 비용을 감소시킨다. 발주자의 PgMAE의 전문가 책임보험료는 낮아진다. DBr은 마치 제품을 설계하는 역할과 유사한 위치에 놓인다. 이러한 상황은 각 분야의 전문가 책임이 하나의 완성된 제품에 대한 책임으로 바뀌는 것이다.

4. 브리징방식의 문제(Problems with Bridging)

왜 브리징방식이 더욱 많이 사용되지 않는가? 한 가지 확실한 이유는 발주자에 의해 선정된 설계자가 브리징방식을 활용하도록 발주자를 설득한다면, 더 적은 수수료를 받을 것이기 때문에 설계자는 브리징방식을 발주자에게 추천하지 않는다.

An owner 's AE gets less fee with Bridging than with the traditional design-bid-build process. That doesn' t encourage AEs to recommend bridging

발주자의 설계자는 전통적인 DBB방식보다 브리징방식에서 더 적은 보수를 받는다. 이로 인해, 설계자는 발주자에게 브리징방식을 권하지 않을 것이다.

얼마나 수수료가 줄어드는가? 이는 요구사항의 적용을 위한 설계의 분량에 따라 상당한 차이가 있을 것이다. 전통적으로, 기본설계 비용은 설계자의 수수료에 35%정도이다. 전체 금액 중 75%가 설계에 할당된 금액이라면, 기본설계 부분이 건축가 설계비용의 46.5%라는 것을 의미한다. 이것이 발주자나 PgMr이 입찰이나 시공과정에서 담당하는 금액의 총액이 될 것이다. 만약에 설계자가 모든 건설단계를 관리하였다면 그 설계자는 아마도 그 프로젝트의 요구조건들을 설정하기 위한 금액인 35%와 입찰 및 시공관리를 위한 25%의 정상적인 금액을 받을 것이다.

따라서 브리징 설계자는 아마도 DBB방식의 경우에서 받을 수 있는 수수료의 60%를 차지할 것이다. 우리가 이윤은 증대하고 위험을 감소시킴에도 불구하고, 많은 설계자들은 이러한 프로세스를 경험해보지 않아 브리징방식을 사용하지 않는다.

모든 다른 프로젝트 입찰방식들과 같이 이해부족이 일반적인 문제이다.

우리의 최초 브리징 프로젝트에서, 우리 정부의 발주자는 우리가 그 입찰서류작업을 끝낸 후에는 더 이상 우리의 용역업무가 필요하지 않을 것으로 생각했다. 그들은 그들 자신의 조직내부에 PM을 가지고 있고, 그들이 브리징 프로젝트를 수행해 보지 않은 것이 사실임에도 불구하고, 그들은 스스로 프로젝트를 관리하기로 결정했다. 그들은 시공팀을 선정한 후에, DBr의 설계팀은 그들이 누구를 위해 일하고 있는지를 잊었다. 그들은 발주자를 대리하는 전통적인 역할이라고 생각했다. 그들은 사용자 그룹과 함께 설계변경을 하였고 시공팀과의 협력 없이 이를 실시설계도서에 반영하였다. 이는 비용을 증가시켰고, 모든 변경사항들이 해결되기까지 많은 고통과 실망의 원인이 되었다.

브리징 계약도서들은 일반적으로 설계자 수수료의 약 35%를 차지한다는 잘못된 견해(대략 기본설계단계에서)가 있으나 이는 잘못된 것이다. 비록 계약도서의 전체 업무범위가 대략적으로 기본설계 보다 약간 더 많거나 비슷하다하더라도, 업무의 어떤 면에서는 훨씬 더 많거나 더 적을 수도 있을 것이다. 기본설계를 브리징 도서로 사용하는 것은 부분적으로 완성된 실시설계도서를 바탕으로 한 GMP방식에서 발생했던 것과 유사한 문제점들을 일으킬 것이다. 계약도서는 기본설계와 대체적으로 유사하지만 이는 일부 빌딩시스템을 위한 표준 기본설계 보다 범위가 더 넓을 수 있으며, 또는 크게 다르지 않을 수도 있다.

5. 브리징방식과 프로그램 관리(Bridging and Program Management)

GSA는 아마도 세계에서 가장 큰 PgMr 중 하나이자 가장 큰 연속발주자 중 하나로, 그들이 수행하는 많은 프로젝트에서 브리징방식을 사용한다. 가장 큰 프로젝트는 $400,000,000 규모의 U.S. Census Agency의 통합본사이다. SOM은 GSA를 위해 일을 하며, 계약도서를 담당했다. 그들의 수수료는 전통적인 전체 서비스 비용의 1/3 정도이다. 그들은 기획설계를 위해 매스디자인(shell and core design)을 했다. 인테리어 디자인은 기본설계를 충족했고 주차시설도 실시설계도서에 50%나 반영했으며, 발주자의 의도를 반영하는데 합리적인 방법으로 토목공사와 MEP, 구조분야에 대해서는 성능시방서를 사용하였다.

DMJM사와 Heery사의 JV는 CM 용역업무를 제공했다. Skanska사는 실시설계자(production architect)로서 참여한 HKS사와 함께 저가 입찰자였다.

GSA에 자금조달과(Capital Development Division)의 책임자인 Jag Bhargava는 브리징방식을 좋아하며, 그는 SOM에 높은 점수를 주었다. 그럼에도 불구하고, 그는 브리징방식이 프로젝트에서 문제가 발생하지 않는 것을 보장하는 것은 아니라는 것을 지적했다. Census 프로젝트는 Skanska가 2003년 9월에 낙찰 되었으며, 그 후 강철재 가격의 급격한 상승에 따라 Skanska의 비용은 고통스럽게도 증가하였다.

Skanska사는 HKS사가 본관에 대한 실시설계도서를 완료하기 전에 주차부지 공사를 시작하였다. 이는 GSA와 Skanska가 철근가격 상승과 설계가 진행되고 있는 과정에서 서로 간에 매우 긴밀한 협력이 있었다는 것을 의미한다. GSA는 발생가능한 문제들을 피하기 위해 공사시작 전에 실시설계도서가 완료되는 것을 기다렸다. 그러나 GSA는 기다림이라는 사치를 누릴 수 없었고, 패스트트랙의 피할 수 없는 문제의 하나로 고전했다.

Jag이 지적한 것 중 하나는 계약도서에서 우선순위의 계층구조에 대한 언급이 필요하다는 것과 RFP가 도면보다 우선하는 것을 명기하는 것이다. 특히, 토목공사는 성능시방서로 입찰하므로 브리징 수급자가 RFP의 조건을 반드시 확인하는 것에 대해 언급하는 것은 매우 중요하다.

브리징방식은 유사한 요구사항을 가지는 연속발주자를 위한

Bridging is a splendid approach for a serial builder that has similar project requirements but needs unique facilities in different physical, cultural or technical environments.

브리징방식은 유사한 프로젝트의 요구조건을 가지고 있고, 다른 물리적, 문화적, 또는 기술적 환경에 특별한 시설물이 필요한 연속발주자에게 매우 좋은 방법이다.

좋은 전략이지만, 그들만의 커뮤니티 조직을 위한 특수 시설물도 필요할 것이다(또는 지역의 건설기술 활용을 위해).

예를 들어, 대다수의 교육구는 동일한 기능적 요구사항을 가지는 학교를 건설하는 것을 원하지만 지역사회의 미관이나 다른 지역의 요구사항도 반영하여야 한다. PgMAE는 모든 학교를 위한 기능적 기술적 요구사항들을 쉽게 설정할 수 있으며, 또한 각각의 프로젝트를 위한 독특한 설계를 만들 수 있어야 한다.

또한 다른 나라나 지역에 유사한 시설을 건설하는 국제적인 기업은 프로젝트가 건설되는 지역을 위해 적합한 더욱 비용대비 효과적인 건설기술을 찾을 것이다.

이는 브리징방식을 자연스럽게 한다. 기능적 요구사항은 유사하지만 건축기술은 지역특성에 따라 비용대비 효과적인 방법으로 변경되어야 한다.

프랑스에 본사를 가지고 있는 Valeo Climate Control사는 국제기업으로 자동차에 들어가는 난방기와 에어컨을 생산한다. NAFTA에 의해 무역규제가 사라진 후, 멕시코시티 근처의 Toluca는 계량기 생산 플랜트 부지로 선호되었다. 우리는 이 프로젝트의 PgMAE이었다.

우리는 프로젝트 요구사항에 대하여 국제적인 기준을 사용하였고, 건설기술의 활용은 로컬 DBr을 선정하여 활용하였다. 전체적인 계획, 설계, 시공과 가동까지 시간은 12개월이었다. Valeo사와의 일화는 하버드에서 활용된 해외건설사업에 대한 공식적인 교육과정에 소개된 프로젝트 중 하나가 되었다.

CM: Agency and at-Risk

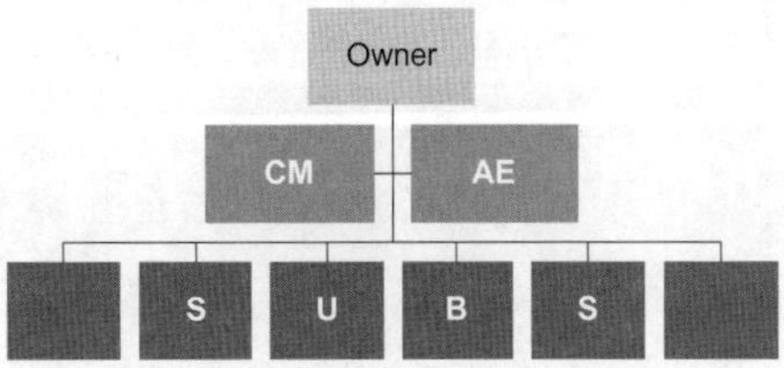

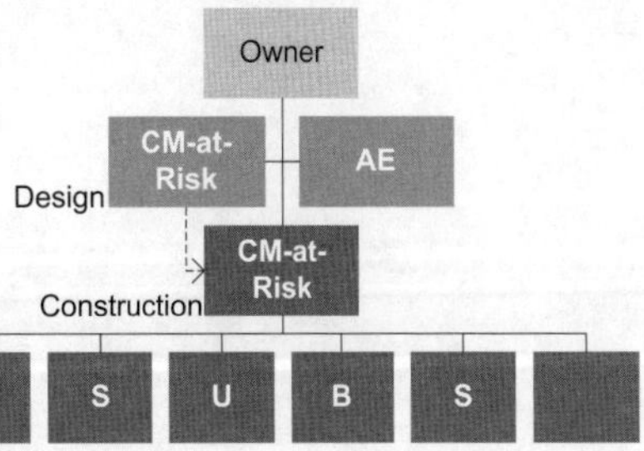

미국에서는 19세기 중반 설계분야가 시공으로부터 분리되면서 전문화되었다. 20세기 중반에는 관리분야가 시공으로부터 분리되면서 전문화되었다. 하수급자의 증대에 기인한 전문화가 이러한 변화를 가능하게 하였으며, 인플레이션은 이러한 변화를 촉진하는 계기가 되었다.

먼저, 민간부문 발주자들은 관리기능을 갖춘 수급자와 GMP를 바탕으로 협상에 의한 실비정산방식(negotiated cost-reimbursable contract)을 할 수 있는 수급자들을 점점 더 선호하게 되었다. 그러나 대부분의 공공기관들은 법에 의해 경쟁입찰을 요구받았다. 민간부문과 유사한 혜택을 얻기 위해 공공 발주자들은 CMr의 고용을 통해 다수의 하수급자를 경쟁입찰로 선정하였다

그러나 대다수의 발주자들은 다수의 계약과 프로젝트 전체비용에 대한 비용보증이 없는 것을 불편해 했다. 그들은 협상에 의한 GMP 계약에 대한 민간부문의 활용을 주시했고, 그들에게 같은 기회를 줄 수 있는 대체발주방식에 대한 법률을 통과시키기 위해 국회의원에게 로비를 했다.

그 결과로 나타난 것은 협상계약에 대한 민간부문의 접근방법과 유사한 CM-at-Risk방식이다. 이는 공공부문에서 큰 인기를 얻게 되었다. 그것은 발주자가 자격요건을 기초로 CM을 선택할 수 있고 CM은 협력적인 프로젝트 팀을 구성할 수 있으며, 보증된 GMP를 얻을 수 있었다. CM-at-Risk방식은 전통적인 방식인

DBB방식과 함께 확고한 발주방식의 하나로 자리잡게 되었다.

❖

knowledgeable construction professionals who deal with CM concepts will disagree on definitions.

CM을 다루는 지식 있는 건설 전문가들은 정의들에 동의하지 않을 것이다

지금 나는 살얼음판 위에 있어 두렵다. 내가 한 문장을 쓸 때마다 내 의견에 동의하지 않는 일부 다른 의견을 가진 존경하는 동료의 목소리가 들린다. CM은 단지 몇 십 년 밖에 안 되었고, 개념은 DBB와 DB방식보다 덜 명확하다. CM 개념을 다루는 지식 있는 건설 전문가와의 어떠한 대화에서도 논쟁의 여지가 있을 것이다. 더욱 전문가가 될수록 더욱 더 정의들에 동의하지 않을 것이다. 세 명의 건축가들로부터 건축학의 정의에 대해 동의를 얻어 보아라.

DBB방식으로 입찰에 참가한 대부분의 수급자들은 그들 스스로를 CMr라고 부른다. 많은 발주자들은 설계자와 수급자를 감시하는 것을 돕기 위해 개인이나 회사를 고용하며, 그것을 CM용역이라고 부른다. 일부는 그들 내부의 건설 전문가 조직을 CMr라고 부른다. 그것은 또 다른 관점을 말하는데, CM은 사람과 프로세스 모두를 설명하기 위해 사용된 명칭이라는 것이다. 기업들은 CM의 능력을 보유하고자 하고 CM 용역을 제공한다.

건설산업에서 사용하는 용어는 혼동할 수 있는 특징이 있다. 그러나 나는 여기서 두 가지 용어로 사용할 것이다. CM-Agent(또는 프로세스를 의미하는 것이라면 CM-Agency)와 CM-at-Risk. 이것이 필자가 이 용어를 사용할 때 의미하는 것이다.

1. 역사(A little history)

1971년, 나는 Houston에서 열린 AGC 컨벤션에서 CM에 대한 강의를 했다. 청중들 중 일부는 발주자가 발주자의 전문적 대리인으로서 건설 프로세스를 이끌기 위한 조직을 고용할 수 있다는 생각을 처음으로 접했다. 그 강의실은 만원이었다. 청중들 중 수급자의 반 정도는 그 아이디어에 대해 긍정적인 것 같았다. 그들이 건설 프로세스에 통찰력을 가지고 있다는 것을 알았고, 그것이 좀 더 협력적인 관계를 얻기 위한 좋은 방법처럼 느꼈다.

나머지 절반은 그것이 선동적인 음모인 것처럼 반응을 했다. 그것은 일반적인 공사계약의 총액방식으로부터 너무나 큰 변화

였다. 게다가 보증능력과 같은 진입장벽이 없어지면서, 능력이 부족한 사람들이 자신을 CM이라 부르며 순진한 발주자에게 고용되는 걱정거리도 존재했다.

변화가 있었고 그것도 갑작스러운 것이었다. CM은 전국적으로 동시에 발전하면서 빠르게 퍼졌다. 두 세기 동안 건설산업은 점점 전문화되고 고도화 되었다. 시공과 설계를 하는 사람들에게 매년 점점 더 많은 지식이 요구되었다. 그리고 산업화와 전문화는 계속되었다.

20세기 중반에 대부분의 빌딩들은 그 현장에서 멀리 떨어진 공장에서 제작된 빌딩시스템과 함께 현장 시공업무를 수행하는 하수급자에 의해 지어졌다. 다수의 조직들이 건설 프로젝트와 연관되어 있었다. 프로젝트의 성공을 위해 수급자는 육체적인 일보다는 머리를 쓰는 관리능력이 필요하게 되었다.

건설회사들은 이러한 많은 하수급자를 관리하는 그룹을 그들의 조직 내에 만들었다. 이것은 앞서 기술한 조직의 사람들을 전문가로 분리하여 용역업무를 제공하는 첫 걸음이었다. 한편 건설산업은 거대한 관성이 있다. 경제성의 힘이 변화를 촉발시켰고 1960년대 후반에 그 힘이 나타났다. 건설산업은 두 자리 수의 인플레이션으로 고통받기 시작했다. 물가가 상승하기 전에 완공하는 속도에 대한 필요성이 계기가 되었다. 전문적 서비스로 CMr을 고용함으로써 발주자들은 프로젝트를 빨리 진행시킬 수 있었다.

나는 제일 먼저 Turner사의 수석부사장인 Bob Marshall로부터 CM 아이디어를 들었다. 이것은 나에게 모든 면에서 타당하게 느껴졌다. 시공하는데 시간이 너무 오래 걸렸다. 그래서 나는 New York State University Construction Fund의 Frank Matske에게 설계와 시공을 빠르게 진행하는 것에 대한 연구에 우리를 고용하도록 설득했다. 우리는 그것을 '패스트트랙' 이라고 명명하였다. 그것은 새로운 단어를 만들어 낸 사건이었다. 그리고 우리는 몇몇의 발주자들에게 그것을 시도해보라고 권장하였다.

19세기 중반에 설계가 시공으로부터 분리되었던 것처럼, 20세기 중반에는 관리자들이 시공으로부터 분리되기 시작했다. 일부 조직들은 단지 건설관리를 위해 만들어졌다. 그들은

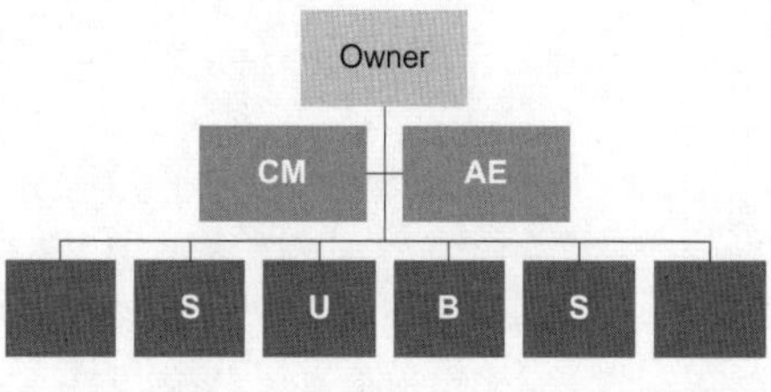

CM 회사는 보수를 받고 발주자측을 대변하며, 다수의 하수급자로부터 입찰을 받는다. 계약은 발주자와 하수급자 사이에 이루어지는 것이다. CM은 일정과 비용을 보장하지 않는다. 일부는 이를 CM이라 부르고, 일부는 CM-Agent 혹은 CMa라 부른다.

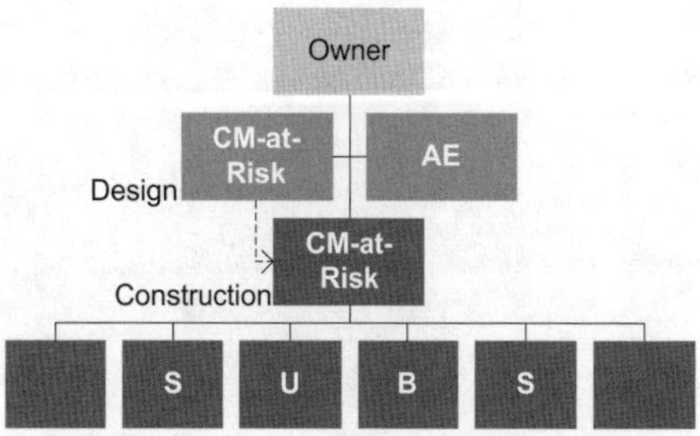

CM-at-Risk의 설계단계에서는 컨설턴트로서 참여팀에게 조언하지만, 프로젝트가 입찰에 들어가면 CM은 하수급자를 관리하고, GMP를 제공하며 하나의 수급자가 된다. 일부는 이를 CM-at-Risk 또는 CMAR이라 부른다. 일부 정부기관에서는 CMc로 계약하는 것을 CM이라 말하고, 이를 줄여서 CM이라 한다.

The separation of management from construction is reminiscent of the separation of design from construction a century ago.

시공으로부터 관리가 분리된 것은 1세기전에 설계가 시공으로부터 분리된 것을 연상시킨다.

CMAA와 같은 조직을 만들기 시작했다. 자격에 대한 발전은 CCM(Certified Construction Manager) 자격과 함께 시작됐다. 전체적인 상황들은 한 세기 전에 발생한 설계의 분리와 AIA의 탄생과정과 유사해 보였다.

2. 수급자들의 전문화(The professionalization of contractors)

대부분의 조직들, 특히 공공부문에서는 전통적으로 자격요건을 기초로 설계자를 선정하였으며, 경쟁입찰을 기초로 한 수급자를 선정해왔다.

AEs have been thought of as professionals selling intellectual content while contractors have been vendors of products. That's changed.

수급자들이 건설생산물의 시공자로 여겨지는 동안, 설계자들은 지적산물을 판매하는 전문가로 여겨졌다. 그러나 이러한 생각은 변화했다.

선정과정이 이렇게 다른 이유는 설계자의 경험, 지혜나 창조성에 대해 명시하거나 측정하는 것이 어렵기 때문이다. 더욱이 설계자는 일반적으로 위임된 책임을 지고 발주자의 이익을 대변한다. 그래서 선정은 자격요건을 기초로 한다. 그러나 수급자는 전문적인 용역업무를 수행하기 때문에 선정은 가격을 기초로 한다.

경쟁입찰은 모두에게 공공자금을 바탕으로 한 사업에 동등한 기회가 주어지고 편파적인 계약을 예방하며 최소의 비용을 제시한다. 그러나 점점 증대되는 전문화와 기술적 복잡성은 대부분의 프로젝트와 발주자들을 위한 이런 단순한 생각을 더욱 복잡하게 만든다. 대부분의 발주자들은 설계가 완성되기 전에 착공하기를 원한다. 그리고 많은 민간부문의 발주자들은 친분관계와 자격요건을 기초로 수급자를 선정함으로써 설계를 진행하는 동안 그들의 조언을 얻어 설계가 완료되기 전에 공사를 시작할 수 있게 된다.

3. 협상에 의한 수급계약(Negotiated General Construction Contracts)

CM-at-Risk began with the private sector and negotiated general construction contracts.

CM-at-Risk는 민간부문에서 협상에 의한 일반공사계약으로 시작되었다.

1950년에서 1975년 동안 미국 내 노동력의 절반은 농장과 공장으로부터 사무용 건물로 이동했고, 시행사들은 건물을 지었다. 공공조달규정에 제한받지 않는 이러한 민간부문 발주자들은 수급자가 경험과 지혜 그리고 창조성도 가지고 있다는 것을 인식했다. 그들은 설계가 진행되는 동안 그들의 입장에서 좀 더 신뢰성 있는 비용 산정과 좀 더 관리가 용이하고 예측이 가능한 시공발주방식을 원했다. 그들은 설계초기단계에 대출약정을 받기 위해 확실한 공사비의 산정이 필요했다.

그래서 그들은 설계하는 동안 기술적인 조언을 제공할 수 있는 수급자를 선정하였다. 설계가 진행됨에 따라 설계자는 '담보대출 패키지(mortgage package)'를 만들었고 수급자는 가격을 산정하였으며, 시행자는 재정조달 약속을 얻었다. 계약도서 작업이 진행됨에 따라 수급자는 협상 또는 입찰을 통해 하수급자를 선정하며 공사를 진행시켰는데, 이는 설계하는 동안 수급자, 하수급자 및 제조업자의 건설지식과 비용에 대한 통찰력을 활용하는 이점이 있었다.

시행자는 일반적으로 친분관계 또는 자격요건을 기초로 수급자를 선택하고, 시행자가 연속발주자이면서 또 다시 사업을 할 수 있기 때문에 수급자는 이러한 기대와 함께 사업참여와 반복되는 사업에 관심을 가지고 발주자를 돕는 동기가 생기게 되었으며, 수급자는 전문용역수행자처럼 보이기 시작했다.

4. Agency CM

민간과 유사한 혜택을 얻으려는 시도가 있었지만, 조달규정에 의한 제한이 있었다. 공공발주자는 수급자들의 역할 중 관리기능만 분리하여 전문용역계약을 할 수 있다고 생각했다. 종종 설계조달규정을 이용하기도 했다. 그러나 시공서비스를 받는 것이 아니라는 사실을 반영하기 위해 명칭을 바꾸는 것이 중요했다. 이러한 공공발주자들은 'Construction Manager'라는 타이틀에 자연히 끌렸다. 관리자는 분명히 서비스를 제공했지만, 프로젝트에서 시공을 담당하지는 않았다.

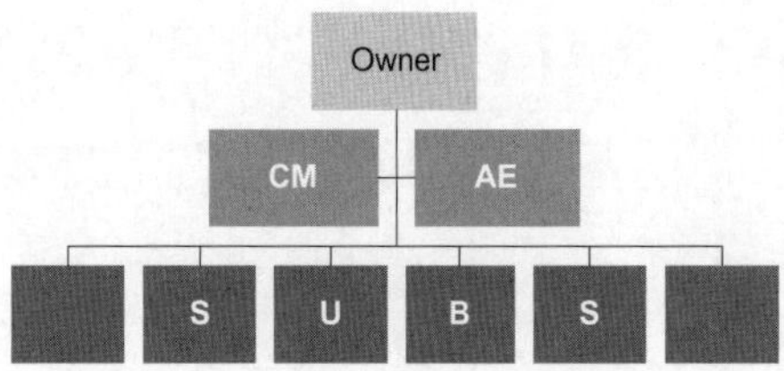

Agency CM은 시공을 위한 계약을 하지 않는다.

CM은 종종 수급자였다. Tuner, MC-Carthy, Kichell, 그리고 Gilbane와 같은 많은 종합건설업자들은 빠르게 기회를 잡았다. 그리고 몇몇의 설계자는 복잡한 시공프로세스 관리에 깊게 관여하며 주어진 역할을 할 수 있었다. CRS, The Smith Group, 3d/International, 그리고 다른 몇몇 설계자들은 CM그룹의 형태를 갖추었다.

CM은 설계하는 동안 조언하고, 수급자의 기능적인 역할과 유사하게 여러 전문건설업자의 시공을 위한 입찰을 주관하고, 그들을 관리할 수 있었다. 발주자는 CM을 전문가의 위치에 두는 계약형태를 유지하면서 CM이 수급자의 모습을 띄는 것을 피했다. 이러한 발주자들과 CM들은 공기를 단축하기 위해 패스트트랙을 사용하고는 했다. 원래 CM-Agency는 단순히 CM이라고 불렀다. 'Agency' 라는 접미사는 CM-at-Risk가 출연하면서 나타났다.

5. 어떻게 할 것인가?(How to do it)

1) 선정(Selection)

The process for selecting a CM-Agent and a CM-at-Risk is similar because it focuses on qualifications.

CM-Agent와 CM-at-Risk를 선정하기 위한 과정은 자격에 초점을 맞추기 때문에 서로 유사하다.

물론, 목적은 프로젝트를 위해 합리적인 가격에 최고의 CM을 선정하는 것이다. 대부분의 발주자는 RFP를 발행하며 제안서를 받고, 수수료에 대한 사항을 묻고, 선별된 CM사를 면접한다. 그리고 그들이 기존에 수행한 실적과 프로젝트 관리시스템을 면밀히 조사한다.

일반적으로 CM-Agency와 CM-at-Risk의 RFP에 공통적으로 포함되는 질문은 다음과 같다.

- 주무급 자질(자격요건)
- 발주자와의 경험 및 유사한 프로젝트에 대한 경험
- 능력(CM, 설계, 엔지니어링 등) 그리고 다른 종류의 설계와 시공에 대한 경험
- 업무에 대한 접근방식 (시공 전 업무와 현장업무)
- 재정능력
- 품질관리 / 보증 프로그램
- 문서화, 보고 및 의사소통을 위한 관리시스템
- 용역비와 실비정산비용
- 일반조건 시공에 대한 견적

프로젝트의 시작과 함께 CM을 선정하는 것이 이상적이다.(설계자 선정하기 이전 또는 선정 직후)

6. 용역업무(Services)

The CM becomes a collaborative member of the project team.

CM은 프로젝트 팀의 협력적인 구성원이 된다.

시공 전에는 예산수립, 공사비 견적, 공정계획, 시공성 검토, 그리고 VE 등의 용역업무를 포함한다. 시공도면이 진행되거나 완성에 가까워지면 CM은 수급자들을 사전심사하고, 입찰을 받고(보통 공개적 포럼을 통해) 이를 발주자에게 전달한다.

CM과 설계자와 발주자는 계약도서와 입찰내용을 비교검토하고 입찰자를 선정한다. 만일 그들이 선별된 우선심사대상(short-listed firms) 리스트를 가지고 있다면, 가장 낮은 금액의 입찰자를 선택해야하는 도덕적 이유가 있다. 그리고 만일 가장 낮은 금액의 입찰자를 선택하지 않는다면 왜 그런가에 대한 명백한 설명이 있어야 한다.

그리고 CM은 프로젝트의 입찰되지 않은 부분에 대한 비용견적을 준비하는데, 일반조건의 예산을 수립하고 예비비를 추가적으로 고려한다. 그리고 만일 '책임형(at-risk)' 이라면 GMP와 보증채권을 제공하고 수급자와 같은 역할로 공사를 관리한다.

CM은 발주자의 검토가 가능하도록 비용회계를 관리한다. 일부 주에서는 CM용역을 제공하기 위해서는 종합건설업 면허가 요구되기도 한다.

7. 보수조건(Terms of payment)

CM용역을 위한 보수는 일반적으로 다른 전문가 서비스 보수조건과 같이 실비정산(Cost-reimbursable) 또는 총액(Lump-sum)계약이다.

CMr are paid like most professionals

CM은 대부분의 전문가들과 같은 방식으로 대가를 받는다.

어떠한 형태이든, 전체 수수료는 일반적으로 노력의 정도(필요한 맨아워(man hours)와 그 요율)를 산정한 비용과, 인쇄, 출장, 회의 및 현장사무소와 같은 직접비, 노무비에 따른 간접비와 이윤, 그리고 인쇄, 출장, 회의, 그리고 현장사무소 비용 등이 가산되어 산출된다.

CM-at-Risk에서 일반적으로 사용되는 보수구조는 보통 GMP를 포함하는 실비정산방식이다. 그것은 GMP 계약조건(196쪽 'GMP의 전형적인 지불방식' 참조)을 사용하는 어떠한 형태의 프로젝트 발주방식과도 같다.

8. CM-Agency의 내재된 문제점(Perceived problems with CM-agency)

다수의 좋은 결과에도 불구하고, 많은 발주자들은 다음과 같은 문제를 겪는다.

- 단일 프로젝트를 위해 많은 계약을 관리해야 하는 행정적 부담
- 주공종수급자(one prime trade contractor)가 다른 수급자에게 피해를 입

히는 경우, 제3자 법적책임이 발주자에게 귀책 될 수 있다는 우려

- 전체 프로젝트에 대한 확정되고 보증된 단일가격에 대한 부족(주로 대형공종수급자(the larger trade contractors)만 보증됨)

The messy process was painfully exposed.

복잡한 과정은 고통스럽게 드러난다.

무엇보다 수급자가 관리하던 불투명한 베일이 벗겨지며 드러나는 하수급자들의 선정과 관리에 대한 복잡성은 한낮의 대양빛에 고통스럽게 노출된 것과 같이 불편했다. 그것은 발주자들을 신경쓰이게 했다. 그들은 건설산업이 투명하게 운영되어야 한다고 생각했다.

이론적으로는 발주자의 대리인으로서 CM은 발주자들이 그들 자신의 CM조직을 필요로 하지 않는다는 것을 의미한다. 그러나 많은 경우, 그들은 계약 후 그 프로세스에 말려들고 만다. 발주자들은 CM의 실수를 감독할 필요성을 느꼈다. 그것은 발주자 비용을 증가시켰고, 수급자가 보는 시각에서 CM의 역할은 혼란스러워졌다.

There are few barriers to entry for CM-agency services.

CM-agency 서비스의 진입을 막는 몇몇 장애물이 있다.

게다가, 1971년 A수급자 컨벤션에서 수급자가 걱정해왔던 것처럼 CM 용역사가 서비스를 제공함에 진입장벽이 거의 없었다. 건축가와 엔지니어를 위한 면허조건이 없었으며 수급자들처럼 건설보증조건도 없었다. 전문가 책임보험은 종종 요구되었지만, 획득하기는 어렵지 않았다. 실력을 갖추지 못한 업체들이 선별시스템을 갖추지 못한 발주자들에 의해 선정되어 나쁜 결과를 가져왔다. 그러나 최근에 CMAA에서 CM 인증프로세스를 개발하였고 이는 널리 사용되고 있다.

9. CM-at-Risk

The owner can select the CM based on qualification

발주자는 자격을 기반으로 CM을 선정할 수 있다.

용역형 CM(CM-Agency)이 일반화되면서 많은 수급자들이 이러한 서비스를 제공하기 시작했다. 협의계약에 경험이 있는 사람들은 계약금액을 보장하며 시공계약을 체결하였다는 것을 제외하고는 기본적으로 용역형 CM과 같은 방식이라고 주장했다. 발주자와 수급자들은 민간부문의 협의계약을 CM계약이라 말하기 시작했다. 기존의 CM계약과 그것을 구별하기 위해 사람들은 이것을 CM-at-Risk라고 명명했으며, 기존의 CM방식은 CM-at-Risk로부터 그것을 구별하기 위해 CM-Agency로 부르게 되었다.

이 분야의 경쟁이 치열해지면서, 수급자들은 계약을 수행하고 공사이행을 보증하며 공사비를 보장하는 능력에 대해 계속 말을 했다. 많은 발주자들은 그들의 주장을 받아들였고, 곧 공공 발주자들은 공공분문의 CM-at-Risk 도입을 위해 그들의 입법부에 로비를 했다. 많은 수의 주 정부가 그렇게 했고, 그 프로세스는 일반화 되었다.

10. 절차에 대한 논쟁(The arguments about the processes)

CM-Agency와 CM-at-Risk 모두 발주자에게 관심을 이끌 수 있는 여러 장점을 가지고 있다. 발주자들은 자격요건에 근거해 CM을 선정함으로서 그들은 더 우수한 회사를 선택할 수 있었다. 그리고 자격요건에 기반한 CMr의 선택은 발주자로 부터 계속적인 일을 수주하기를 원하는 CMr이 그들의 서비스와 충성을 극대화하도록 만들었다.

CM은 예산 내에서 프로젝트를 유지하고 설계오류를 줄이기 위해 설계기간 동안 공사비와 건설기술에 관한 조언을 한다. 그리고 설계기간 동안 CM과 설계자는 서로 검토한다. 또한, CM은 설계 진행과정 동안 그들의 설계정보를 얻기 위해 전문건설업자와의 친분관계를 활용할 수도 있다.

CMr can provide advice on construction matters during design.

CM은 설계단계에서 시공문제에 대한 조언을 할 수 있다.

CM은 모두(발주자, 설계자, 시공자)의 리스크를 최소화한다. CM의 건설경험은 설계자의 지혜, 창의성 또는 엔지니어링 기술과, 발주자의 요구사항들에 대한 이해와 결합된다. 이러한 세 개의 축은 보다 완벽한 관리를 가능하게 한다. 그들은 시공, 설계, 기능적 요구사항의 전통적인 영역을 함께 지시한다. 적절하게 구조적이면서 엄격하게 관리된다면, 그들은 비적대적인 협력을 하며, 더 나은 의사결정을 할 수 있다.

The owner, AE and CM are a tripod with control over most of the project issues.

발주자, 설계자, 그리고 CM은 대부분의 프로젝트 이슈에 대한 관리를 하는 세 주체가 된다.

CM은 설계자의 도면을 검토하고 종종 오류를 발견함으로써 설계자와 발주자의 위험을 줄인다. 설계자는 CM의 업무접근방식에 대한 검토를 통해 CM에게 도움이 되는 조언을 할 수 있다. CM은 계약도서가 완성되는 동안 하수급자들에 대한 입찰을 받을 수 있는데, 이를 통해 리스크를 줄이고 설계에 필요한 유용한 정보를 제공한다. 그 절차는 체계적이고 관리가 용이하며 예측 가능하다. 이는 하루에 모든 입찰을 받는 프로세스 보다 모두의 리스크를 줄여준다.

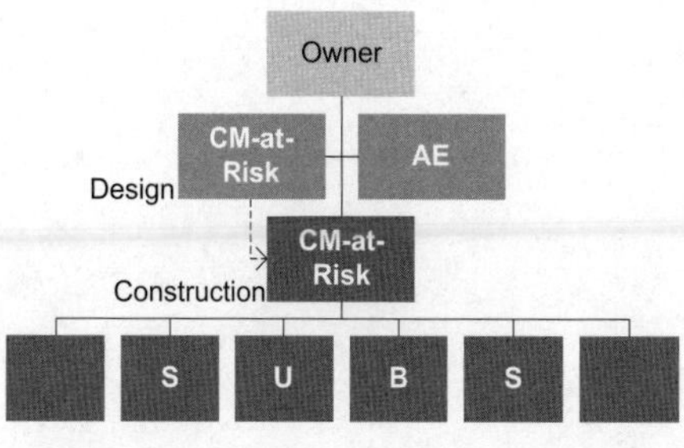

CM-at-Risk는 시공에 대한 계약을 체결하고, 일반적으로 GMP를 제공한다.

전문수급 계약의 공공발주는 경쟁률이 높아지고 낙찰에 편파성이나 비드쇼핑이 없어진다. 경쟁은 더욱 광범위해지며 공정해진다. 모든 하수급자들은 수주할 수 있는 기회를 가지게 된다. 이는 공정함이라는 강력한 메시지를 주며, 가장 좋은 가격을 얻는 경향을 보여준다. 하수급자들은 각자 최저가 입찰자가 되기 위해 합리적인 입찰을 하고, 이를 통해 발주자는 최저가 구성이 가능하게 된다.

발주는 더욱 효율적으로 진행된다. 입찰은 정해진 기간동안 계약을 위해 체계적으로 이루어지므로, CM은 각각의 공종에서 최저가를 찾을 수 있게 된다. 실시설계도서의 진행에 따라 입찰을 실시하므로, 프로젝트 팀은 금액정보를 바로 얻을 수 있으며, 예산에 맞도록 수정한다.

There is early feedback on cost
사업비에 대해 조기피드백이 가능하다.

CM은 실시설계도서가 완료되기 이전이나 패스트트랙 프로젝트의 경우, 업무의 일부를 입찰할 수 있다. CM 진행과정은 투명하다. 발주자는 무대 뒤에서 어떠한 일이 발생되는지 더 잘 알 수 있다.

11. CM-Agency vs. CM-at-Risk

만약 당신이 CM-Agency를 제공하는 사람들과 CM-at-Risk를 제공하는 사람들과 한 방에 앉아 있다면, 당신은 어느 것이 더 뛰어난지에 대한 상당한 논쟁을 듣게 될 것이다.

CM-at-Risk는 그들이 금액을 보장하고 이행보증을 통해 발주자에게 안도감을 제공한다는 사실을 빠르게 주장할 것이다. CM-Agent는 일반적으로 정의되지 않은 건물에 대한 확정된 가격을 책정한 것이며 만약 일이 잘못 진행되는 경우 비용은 추가될 것이고, 이 경우 CM은 발주자의 이익을 뒷전에 두는 것이라고 주장한다. 더군다나 그러한 경우, CM-at-Risk는 빠르게 수급자의 특성이 나타날 것이라 주장한다.

그러자, CM-at-Risk는 많은 성공한 프로젝트를 논하며, 그런 일은 발생하지 않을 것이라고 말한다.

CM-Agent는 CM-at-Risk가 종종 GMP가 결정되기 이전에 하수급의 대부분을 입찰할 수 있기 때문에 어떠한 리스크도 없으며, 그러므로 그들은 리스크에 대한 많은 수수료를 요구할 수 없다고 주장할 것이다.

그러면 CM-at-Risk는 종종 친절하게 만약 CM-Agent가 생각하기에 수수료가 리스크에 비해 너무 크다면 당신들도 들어오시죠. 이곳 좋습니다. 라고 말할 것이다. 그러나 소수의 CM-Agent만 그렇게 한다.

CM-Agent는 CM-at-Risk가 발주자, 설계자, 또는 제 3자를 통한 감독이 필요하기 때문에 추가적 비용을 발생시키게 된다고 주장한다.

그러나 CM-at-Risk는 발주자가 여러 계약들을 관리하고 있을 경우, 관리비를 들먹일 수 있다. 그러나 CM-Agent는 그들이 모든 계약을 관리할 수 있다고 주장할 것이다.

CM-at-Risk는 CM-Agent가 공사비 초과와 공기지연, 품질부실 등에 대한 현실적인 법적책임을 가지고 있지 못하다고 주장한다. CM-Agent 는 발주자와 프로젝트를 수행하는 동안 신뢰관계(fiduciary relationship)를 유지하게 된다고 주장한다. 만약 프로젝트가 좋지 않은 방향으로 진행된다면, CM-Agent는 발주자에게 유리한 방향으로 발주자의 이익을 우선시해야하는 계약적 의무를 지니고 있다고 말한다.

CM-Agent는 CM-at-Risk가 현장서류(jobsite documentation)를 관리하는 것은 클레임이 발생할 경우 발주자나 설계자에 대하여 불리하게 활용될 수도 있다고 주장한다.

❖

건설산업은 무한한 변수를 가지고 있다. 이러한 모든 논쟁들은 비중있고 발생가능성을 가지고 있다. 그러나 어떠한 것도 다음 프로젝트에 해당하지는 않는다. 그러나 대부분의 발주자는 CM-at-Risk가 GMP를 제시하고 계약을 이끄는 것이 CM-Agency의 주장을 능가한다고 생각한다. CM-at-Risk를 공공공사에 허용한 주에서는 CM-Agency 프로젝트는 거의 없다.

12. CM-at-Risk가 DBB방식보다 비용이 더 드는가?(Does CM-at-Risk cost more than design-bid-build?)

우리는 동일한 비교를 할 수 없기 때문에 어느 쪽이 비용이 더 든다는 것을 증명할 사람은 없다. 그러나 CM-at-Risk가 아마 비용이 더 들 것이라는 몇 가지 사례는 있다.

- 만일 실시설계도서가 완성되기 전에 발주자가 GMP에 대해 요청을 한다면, CM-at-Risk는 개략적인 견적을 할 것이고 리스크를 고려한 하수급자와 여유있는 금액에 계약할 것이다
- CM-at-Risk는 입찰하는 하수급자들에게 영향을 줄 수 있고 DBB방식에서 저가입찰자가 될 수 있는 부실한 기업을 제외할 수 있는데, 이는 발주자에게 문제가 덜 발생하고 좋은 결과를 주는 대신에 비용은 더 들 수 있다.
- CM-at-Risk를 제공하는 일부 수급자들은 그들 자신의 인력으로 일을 하고 경쟁을 막고 그들의 인력과 장비를 사용하여 많은 수익을 만들어 낼 수도 있다.

이러한 논쟁에 대항하여 반론의 여지가 없는 사실은 CM-Agent와 CM-at-Risk는 모두 설계가 진행되는 동안 더 많은 통찰력을 발휘할 수 있다는 것이다. 그것은 비용을 절약시키고 잠재적 갈등을 감소시킬 것이다.

13. CM과 프로그램 관리(CMr and Program Management)

CM(agency와 at-risk)은 PgMr에게 그들 자신의 능력을 보여주는 기회를 가지기 위해 강력한 수단을 제공한다. CM은 자격요건에 의해 선정되므로 PgMr은 여러 프로젝트에서 일을 할 수 있는 팀을 선정할 수 있다. 사람, 프로세스, 건설생산물에 대한 지속적인 관계가 가능하며 이는 여러 가지 장점이 있다(25쪽 '순환의 세 가지 카테고리' 참조).

연합방식 (Alliancing)

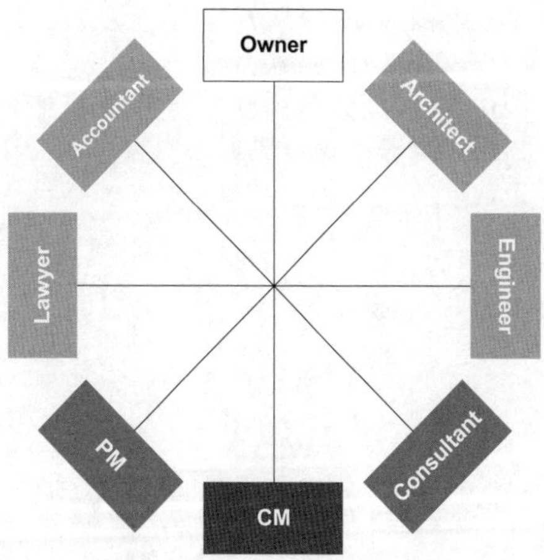

연합방식은 이론적으로 핵심 프로젝트 참여자들 사이에 계약적인 벽을 제거함으로써 협력체계를 극대화하는 혁신적인 발주방식이다. 여기에는 다양한 형태가 있다.

연합방식은 새로운 개념이기 때문에, 각각의 새로운 실행으로 그 접근방식을 조정해 나가려는 경향이 있다. 그러나 알반적으로 연합방식은 다음과 같은 절차로 이루어진다. 먼저 연합방식의 조직 선정과정은 엄격하다. 발주자가 어떤 업체를 선택하면, 그 선정된 업체는 다음 업체를 선정하는 과정에 참여하는 위원회에 포함된다. 그 일련의 반복과정으로 핵심 프로젝트 팀을 구성하는 모든 업체들이 선정된다. 그 업체들은 발주자와 단독계약, 복수계약을 체결하고, 관리위원회를 구성한다. 발주자는 중소기업과의 계약, 지역사회와의 관계, 그리고 안전과 같은 기타 조건을 더하여 프로젝트의 목표(비용, 공기, 품질)를 설정한다. 발주자의 회계감사자는 업체들을 감사하고, 발주자는 수급자들의 소요비용을 지불한다. 그 회사들은 설정된 목표가 달성될 경우 미리 정해진 이윤을 받는다. 그 이윤은 목표에 미치지 못했을 경우에 절감되고, 목표를 초과하면 증대된다.

연합방식은 프로젝트 성패를 좌우하는 결정적 요소로 큰 협업이 요구될 때 적합하고, 그 프로젝트의 중요성은 수급자의 임원들로 하여금 집중하게 한다.

예전에 나는 Phil Bernstein과 발주방식에 대해 논의를 한 적이 있다. 그는 Yale 대학에서 야심찬 젊은 건축가들에게 전문적인 지식을 가르치며, Autodesk사의 AEC 솔루션부서 부사장으로 일하고 있었다. 그는 미래의 발주방식에 고민을 하고 있었다. 그는 획기적인 사업발주방식에 해박하고, 그 주제에 대해 선두주자이다.

그는 "나는 내 학생들에게 더 이상 발주전략에 대해 명확히 설명할 방법이 없다. 매일 새로운 방식들이 생겨나는 듯하다"라고 말했다.

만일 그가 어려움을 겪었다면, 그건 당연하다. 선택은 무한하다. 우리는 다양한 업체들에 의해 사용된 방식들을 연구하면 할수록, 각각의 업체들은 자신들의 임무와 제약조건에 맞춘 독자적인 새로운 방식을 개발했다는 것이 지극히 명백해졌다.

The construction industry is increasing its attention to processes that enhance collaboration.

건설산업은 협력을 증대시키는 프로세스에 대한 관심을 점차 증가시키고 있다.

그러나 거기엔 일정한 방향이 존재한다. 가장 명백한 것들 중 하나는 협력을 증대시키는 프로세스에 관심이 증대되고 있다는 것이다. 연합방식이 그 예이다.

1. 연합방식의 역사(Some history)

20세기 중반, 대부분의 사람들이 가지고 있는 사회적 통념은 계약언어, 강한 통제, 그리고 계약 불이행시 부과되는 벌칙조항 등이 수급자들에게 적합한 결과를 낳는다는 것이었다. 그러나 생각해 보라. 그 결과 법적소송의 증가는 불가피해졌다. 발주자가 수급자의 실수에 대해 소송을 제기하면, 그 수급자가 취할 수 있는 보복적 방어는 해당 발주자와 설계자의 실수를 발견해내는 것이다. 그래서 그 프로젝트가 끝날 때쯤이면, 모든 사람이 많은 실수를 저지른 것 같은 결과가 된다. 그래서 한 그룹에 의해 시작된 법적공방은 컴퓨터 바이러스와 같이 스스로 복제되어 더 많은 프로젝트 팀으로 옮겨진다.

Punitive contractual requirements increase everybody's liability.

엄격한 계약상의 요구사항은 모든 사람의 책임을 증가시켰다.

그래서 엄격한 계약상의 요구사항에 대한 주목은 모든 사람의 책임을 증가시키는 의도하지 않은 결과를 초래했다. 클레임도 증가했다. 1980년대 까지 산업책임보험의 비용은 설계자의 평균 이윤의 절반을 차지했다. 클레임이 없이 끝난 몇 안 되는 대형프로젝트도 종종 법적소송으로 이어졌다. 이러한 행태들은 우리가 자주 듣는 '설계-계약-시공-소송' 이라는 격언을 더 타당하게 만들었다.

게다가 연방 및 주정부에서 법 집행에 대한 고통은 합의를 얻는 기쁨보다 훨씬 컸다. 법적 절차는 길고, 복잡하며, 많은 비용이 들었다. 그래서 대립되는 기업들은 대부분의 분쟁을 조정과 중재를 통해 법원까지 가기 전에 해결했다. 하지만 아무도 그 결과에 만족하지 않았다.

일부 완강한 발주자들은 오히려 계약서에 더 많은 내용을 추가했고, 견제와 균형을 위해 프로젝트팀에 컨설턴트를 추가하였다. 그러나 다른 한편으로는 창의적인 산업의 전문가들이 대립을 피하기 위한 방법을 찾기 시작하였다. 앙갚음에 초점을 맞추기보다, 각자 이해관계의 균형을 맞추고 프로젝트의 목표를 공유함으로써 협력적인 대인관계와 상호조력을 불러일으키려 하였고 그러한 노력은 결과의 향상을 가능케 하였다.

이러한 태도의 변화는 다양한 형태를 취한다. 일부 발주자들은 수급자들을 전문가들로 대하며 시작부터 프로젝트 팀의 일부로 만들었다. 다양한 형태의 건설사업관리방식은 거의 하루아침에 큰 발전을 하였다. 최고가치(best-value)와 자격기반 선정절차(qualification-based selection procedures)는 최저가입찰선정방식에서 교체되기 시작했다.

Some owners began to treat contractors as professionals.

일부 발주자들은 수급자들을 전문가들로 대하기 시작했다.

많은 발주자들은 대인관계에 초점을 맞춘 프로세스의 중요성과 설계와 시공과정에 내재된 인간적 측면을 인식하였다. 그들은 협력을 통해 생산성을 높이는 방법을 찾고자 했다. 파트너링과 종합품질관리(Total Quality Management, 이하 TQM)은 협력 프로세스의 향상에 기여하였다. 비록 계약상의 의무사항은 아니었지만, 큰 도움이 되었다. 그러나 기존의 대립적 계약방식에 따른 구속은 파트너링 기간이 끝나고 나서 이내 약화되었다. 파트너링의 목표를 지원하는 계약적 메커니즘의 결핍은 그들이 심각한 대립상황이 되었을 때 오히려 비효율적이었다. 각각의 배를 제 힘으로 움직여야 하고, 많은 프로젝트의 수행자들은 그 안에 승자와 패자가 있을 수 있다고 믿었다.

연합방식은 협력과 파트너링에 계약개념을 추가하고, 약속을 포함한다. 우리의 연구에 의하면, 연합방식은 에너지산업에서 기원한다. 1990년에 영국 정유산업은 Aberdeen에서 230km 북동쪽에 있는 North Sea에 위치한, 작은 저수지인 Andrew Field

Alliancing adds contract concepts to collaboration.

연합방식은 협력에 계약적 개념을 부여한 것이다.

에 근해 시추 플랫폼을 건설하는데 소요되는 높은 비용 때문에 큰 어려움을 겪었다. 그것은 상업적으로 매력이 없어 보였고, 개발은 시작한지 16년 만에 중단되었다[1].

BP 사내팀은 전통적으로 대립적인 규율성에서 탈피하여 수급자와 협력적인 조직을 구성하고자 하였다. 그들은 엔지니어링과 상업적 관심을 결합한 통합조직을 형성하였고 놀랄만한 결과를 도출해냈다.

그들의 성공은 놀랄만한 것이었다. 그 팀은 비용을 초기예산이었던 £45억에서 £29억로 절감시켰고, 프로젝트 공정을 계획보다 6개월 단축시켰다. 1997년에 영국 건설산업협회는 이 프로젝트에 두 개의 상을 수여하였다. 하나는 건설 품질분야에 있어 '올해의 주요 프로젝트' 상이었고, 또 하나는 전 산업에 걸친 '올해의 프로젝트' 상이었다.

연합방식은 북해로부터 호주로 전파되었다. 당연히 첫 프로젝트는 정유산업이었다. 호주 서부해안에 위치한 Wandoo Oil Field 프로젝트는 1994년에 시작되었다. 그것은 목표예산이던 $3억7천7백만 보다 $1천3백만 적게 소요되었고, 정유산업 프로젝트의 공기가 평균 34개월인데 반해 이 프로젝트는 26.5개월 만에 완성되었다.

그 후 연합방식은 공공기반시설 및 공공건축물로 확대 전파되었다. 연합방식을 적용한 첫 번째 프로젝트는 호주국립박물관이었다. 의회는 그 프로젝트에 $1억5천5백만을 책정하였다. 아마도 그들의 의식 속에 여전히 존재하는 Sydney 오페라하우스의 비용초과에 대한 고통스러운 기억으로 인해, 그들은 다음과 같이 말했다.

> *"의회로 다시 돌아오지 마라. 필요하다면 이 돈을 모두 써도 좋다. 그러나 더 이상의 요구는 불가하다."*

그 연합팀은 고품질의 빌딩을 정해진 기간과 예산 안에서 완수

Alliancing produced results on the National Museum of Australia.

연합방식은 호주국립박물관에서 좋은 결과를 도출해냈다.

1. 그 프로젝트는 No business as usual: An extraordinary North Sea result, copyright 1996, Terry Konott에 기술되었다. Published by British Petroleum Company P.L.C. Britannic House, 1 Finsbury Circus London EC2M 7BA United Kingdom.

하였다. 매사추세츠 주 보스턴에 위치한 Amaze Design사의 대표인 Andy Anway는 그 박물관 프로젝트의 전시 디자이너였다. 우리가 그와 이야기하였을 때, 그의 코멘트는 질문의 형태였다.

> *"당신은 한번이라도 모든 것이 제대로 돌아가는 프로젝트에서 일해 본 적이 있습니까?"*

호주국립박물관은 호주연방정부에 의해 호주연방 100주년 축하오프닝을 대표하는 프로젝트로 발주되었다. 그 프로젝트는 주어진 예산 내에서 끝났고, 그리고 오프닝 당일보다 하루 앞서 완성되었다. 이 프로젝트는 해당 건물과 프로세스의 품질에 대해서 적어도 13개 상을 수여하였다. 더 많은 사진과 정보들은 다음의 웹사이트를 참고하라.
http://www.nma.gov.au/about_us/the_building/

2. 연합방식은 어떻게 수행하는가(How to do it)

그 프로세스를 설명하기 전에 명확하게 할 것이 있다. 미국에서 연합방식과 관련한 실적은 거의 없다. 그래서 연합방식을 적용하기 위해서는 고정관념을 벗어나 생각하고자 하는, 그리고 그 리스크를 기꺼이 감수할 수 있고, 그 권한과 관리능력을 지닌 발주자가 필요하다.

선구자들은 비록 화살을 맞기도 하지만, 가장 비옥한 땅을 얻는다는 것을 기억하라. 비록 그 테마에 있어 변화는 있지만(그리고 더 많은 변화가 있을 것이지만) 아래와 같은 것들이 그 프로세스의 핵심요소들이다.

Pioneers take the arrows. They also get the best ground.
선구자들은 화살받이가 되기도 하지만 가장 비옥한 땅을 얻는다.

3. 선정(Selection)

우리가 연구한 대부분의 사례에서, 연합방식은 근본적으로 개선된 팀 선정과정으로부터 시작한다. 그 단계는 평범한 것이지만, 그 강도는 그렇지 않다.

Alliancing starts with an improved team selection process.
연합방식은 향상된 팀 선정과정으로부터 시작한다.

그 단계는 전통적인 방식으로 시작한다. 발주자는 여러 조직에 대해 자격심사를 하고, 소수의 우선심사대상을 선정하여 인터뷰를 실시한다.

전통적인 방식은 여기서 끝난다. 그 인터뷰들은 전형적이고,

경직된 한 시간 분량의 파워포인트 발표와 다음으로 이어지는 피상적인 질문과 답변이 아니다. 이것은 워크샵이다. 고려대상인 업체는 첫 시간에 프레젠테이션을 할 수도 있지만, 그 나머지 시간은 형식 없이 진행된다. 토론은 그 프로젝트를 어떻게 수행할 것인지에 초점이 맞추어 진다. 발표자는 다른 논제들보다도 그 프로그램과 초기계획에 대해 평가하도록 요구된다. 이를 역인디뷰(reverse interview)라고 한다.

역인터뷰의 목적은 협조적이고 혁신적인 기술을 평가하기 위한 선정과정을 이용하고자 함이다. 그 인터뷰 과정은 저녁식사, 그리고 밤늦게까지 이어진다(호주의 전통은 의사소통을 활성화하기 위해서 때때로 약간의 술을 곁들이기도 한다). 또 다른 목적은 단순히 사람들이 서로에게 호감을 갖는지를 보는 것이다.

Team selection is sequential — with each selected team joining the selection committee.

팀 선정은 각 선정된 팀이 선정위원회에 합류하게 되는 연속과정이다.

발주자가 첫 번째 업체를 선정하고 나면, 그 선정된 업체는 선발팀에 합류한다. 그리고 확장된 선발팀은 그 다음 업체를 선정한다. 거기서 선정된 업체도 선발팀에 합류하게 되고, 이 과정은 계속 반복된다.

4. 계약과 보상(Contract and compensation)

The core project team signs one contract. Each member is paid at cost. They all share in profits if the goals are met.

핵심 프로젝트팀은 단일 계약서에 서명한다. 각 팀원은 실비를 지급받고, 목표달성 시 이윤을 서로 공유한다.

여기 하나의 계약이 존재한다. 발주자와 모든 주요 업체들이 서명을 한다. 그 결과로서 프로젝트 발주에 필요한 설계자, 컨설턴트, PM, CM, 그리고 시공자들로 구성된 주참여자의 조직이 형성된다. 그 업체들은 다자간계약(multi-party contract)에 참여한다.

발주자는 주참여자들과 함께 계약서 초안에 필요한 법적자문을 할 변호사를 선임한다(주참여자는 그들 자신의 변호사를 선임해도 무방하다). 모든 참여자는 동일한 용어와 조건에 동의한다.

발주자는 주참여자의 일반간접비와 이윤요율을 결정하기 위한 회계장부를 감사하는 회계사를 둔다. 발주자측 회계사는 주참여자의 기본적인 보상과 보너스 및 손실의 적정한 계상을 위한 공식을 개발한다.

A management committee made up of members from the core team members guides the project

핵심 팀원들로 구성된 관리위원회가 그 프로젝트를 관리한다.

관리위원회가 그 프로젝트를 관리한다(호주국립박물관 프로젝트에서는 관리위원회를 연합방식 리더십팀이라고 지칭하였다). 그 관리위원회는 발주자와 각 주요 참여업체의 최고 임원들을 포함한다. 일부 사례에서는 의사결정이 반드시 만장일치로만 결정되어야 한다고 들었으나, 넘기 힘든 장애물이다.

일반적으로 계약은 프로젝트의 목표를 기술하고, 목표의 성과를 측정하는 방법을 규정한다. 그 목표들은 대표적인 비용, 공정, 그리고 품질을 포함하지만, 그 외의 목표인 안전, 중소기업 참여 또는 지역사회와의 관계 등을 포함하기도 한다. 발주자는 성과의 일부를 주관적으로 측정하기도 한다.

일부 연합방식은 팀원 모두 일반적으로 경험하기 어려운 최상의 경험으로부터 최고의 성과를 달성하기 위한 핵심팀의 주요임무를 언급하기도 한다. 이는 다른 많은 연합방식의 언어들처럼 해석하기가 어렵다.

연합방식은 대부분의 발주자측 변호사들이 개발해내는 그런 개념이 아니다. 주참여자의 업무영역들은 일반적이며, 그다지 상세히 기술되지 않는다. 관리위원회는 프로젝트가 진행됨에 따라 업무영역을 조정할 수 있다.

The core team members agree not to sue one another.

핵심팀원은 서로 소송을 제기하지 않는다는데 동의한다.

참여자들은 분쟁과 소송을 제기하지 않는데 동의한다. 그들은 상호간에 의견의 차이나 이해관계의 상충에 대해 공개적으로 논의하기로 약속한다. 그들은 열린 토론을 통해 협의할 것을 약속한다. 그리고 그것을 신속히 한다는데 동의한다.

연합방식에 서명을 한 각각의 주참여자는 사기나 의도적인 채무불이행이 발생하지 않는 한 다른 참여자에게 소송을 걸지 않는 것에 동의한다.

영국 Cambridge, Noble & Wickersham LLP사의 Christopher Noble은 박식하고 존경받는 건설전문 변호사이다. 그는 호주국립박물관의 연합방식 계약협상을 지원했고, 이러한 주제에 대한 컨퍼런스에 참여하였다. 내가 그에게 이러한 조항이 법적 강제성을 갖는지 물었을 때, 그는 다음과 같이 대답했다.

> *"내가 어떻게 압니까? 그러나 사람들이 서로 문제를 풀어가도록 노력하게 만드는 것만은 확실합니다."*

발주자는 각 회사의 소요비용을 지불한다. '비용' 은 발주자의 회계사에 의해 프로젝트 또는 그 프로젝트의 단계에 따라 결정되고, 각 회사는 GMP 내에서 일한다. 관리위원회는 업무범위와 GMP를 조정할 수 있다. 그러나 GMP의 합계는 발주자의 동의

없이 변경할 수 없다.

그런 측면에서 모든 참여자는 한 배를 타고 움직인다. 단일자금풀(a single pool of money)은 전체 사업의 재원이고, 이는 주참여자의 비용, 이윤과 보너스로 나누어진다.

만약 그 팀이 프로젝트의 목표를 달성하면, 그 참여자들은 그들의 일반적인 이윤비율에 따라 이윤풀(profit pool)을 공유한다. 만일 그 팀이 목표를 초과달성하면, 그 이윤은 보너스풀(bonus pool)로부터 가산된다. 영국과 호주는 이 보너스풀을 수익배분제(Gainshare)라 하였다. 그것은 직접비, 간접비 그리고 일반이윤 외에 부가적으로 연합방식의 참여자에 의해 지불되는 위험 또는 보상비용이다. 그 보상은 성과에 따라 산정된다.

보상조건에는 다양한 형식이 있다. 일부의 경우 각각의 참여자들이 그들의 서비스에 대해 GMP를 제공함으로써, 이론적으로 프로젝트의 예산을 초과할 수 없다. 또 다른 경우는 기준예산을 설정한다. 프로젝트 소요비용이 그 예산보다 적을 경우, 발주자는 정해진 기준에 따라 일반이윤 및 보너스 외 여분의 비용을 참여자들과 공유한다.

또 다른 경우로, 정해진 예산에 손실과 이득을 계산하는 방식이 있다. 참여자들은 예산이 남을 경우 그 보상을 공유하지만, 예산을 초과할 경우 고통을 분담하고 손실을 만회하기 위해 자금을 출연한다.

목표에 대한 평가와 초과달성을 위한 방식은 계약에 규정된다. 발주자를 포함한 관리위원회는 프로젝트가 진행됨에 따라 만장일치의 결정에 의해 프로젝트의 목표와 방식을 개정할 수 있다(나의 추측에 따르면, 대부분의 발주자들은 모든 개정에 있어 거부권을 갖고자 할 것이다).

관리위원회는 공동의 이윤과 보너스를 노력의 정도, 성과, 그리고 위험분담 정도에 따라 분할한다.

모든 참여자는 예산 내에서 수행되도록 협력해야 하나, 발주자 또한 업무범위를 조정하여 협조해야 한다. 연합방식에 의한 프로젝트는 업무범위 및 일정을 고정할 수 있고, 비용을 변수로 남겨놓거나 또는 그 세 가지 변수를 조정할 수도 있다.

주참여자는 결과가 협력으로부터 나오고, 협력은 단순히 수평구조에서 서로 함께 일함으로써 향상된다는 것을 인식하게

There are lots of workshops.
많은 워크샵이 있다.

된다. 그래서 많은 워크샵이 열린다. 그 팀은 대개 동일한 레벨에서 참여한다.

5. 연합방식의 몇 가지 문제점(Some problems with Alliancing)

먼저 연합방식에 대한 이해부족이 존재한다. 기존 방식 및 관례는 비록 불완전하긴 하지만, 주된 경영방식과 건설산업 종사자들이 이해하는 기능의 구조를 가진다. 또한 수많은 조직들에 적용가능하고, 그들 간의 관계에 가이드라인을 제공하기도 한다.

발주자가 기존 방식의 답습을 포기하면, 거기에는 의사소통의 중요성이 크게 부각될 것이고, 그렇지 못하면 기존 방식으로 그저 돌아갈 것이다. 그러면 기존 방식을 고수하는 집단은 새로운 프로세스를 구현하고자 하는 집단을 적대시 하게 된다.

동일한 목표와 관심을 이끌어내기 위해 계약적 구조를 조정하는 것은 불가능하다. 세상은 완벽하지 않다. 완벽한 지지라는 것은 결코 불가능하다. 예를 들면, 다음과 같다.

It is impossible to completely align everybody's complete interest.

모든 이들의 완전한 이해관계를 완벽하게 조정하는 것은 불가능하다.

- 일부 설계자들은 프로젝트를 좀 더 분석하고자, 도면납품을 지연시킬 것이다. 일부 시공자들은 생산의 관점에서 가능한 빨리 도면을 얻고자 할 것이다.
- 발주자는 모든 참여자를 손익평형비용으로 지불한다. 이는 이윤을 증대시키기 위해 업무부과량을 최소화한다. 그것이 최소한의 도움이 되긴 하겠지만, 여전히 충분한 인력을 보유한 기업은 더 많은 인력을, 그렇지 못한 기업은 적은 인력을 투입하게 될 것이다.
- 만일 예산이 프로젝트 개시시점에 결정되지 않고, 프로젝트 팀이 업무범위와 비용, 공정을 결정할 책임을 갖게 된다면, 그 참여자들은 그들 자신의 성과를 측정할 기준을 스스로 결정하는 것이다. 그것은 이해상충적이다. 만일 그들이 예산을 결정하고 예산의 초과집행을 공유해야 한다면, 그들은 높은 예산을 책정하려 할 것이다.
- 만일 프로젝트 관리위원회에 의사결정의 권한을 지닌 간부가 없다면, 연합방식은 제 역할을 할 수 없다. 그래서 대형 또는 권위 있는 프로젝트가 아니라면, 대기업의 임원들은 관심을 보이지 않을 것이다.

• BP Andrew Field 프로젝트의 성공에도 불구하고, 연합방식은 에너지 산업에서 일반적으로 적용되지 않았다. 많은 수급자들은 초과이윤 달성의 기회가 많고, 최고경영진의 관심을 필요로 하지 않는 총액계약방식을 선호하였다. 많은 발주자들은 확정금액을 선호하였다. 자원이 조달된 프로젝트들의 여러 금융그룹들은 확정예산을 선호하였다.

6. 연합방식 적용시기(When to use Alliancing)

Alliancing is right for prestigious projects that will attract the core team leaders.

연합방식은 핵심팀 리더들이 주목할 만한 중요한 프로젝트들에 적합하다.

연합방식은 협력의 중요성이 부각되고, 비용의 초과집행 위험부담이 높으며, 협력의 필요성이 높은 특수하거나 주목 받는 프로젝트, 비용이 초과될 위험이 높아 핵심 참여조직의 간부들이 참여할 만한 프로젝트에 적합하다.

특수하고 주목 받는 프로젝트는 설계자들이 그에 걸맞은 독특하고 주목 받는 설계를 하고자 하는 야심을 갖게 한다. 그것은 필연적으로 예산초과를 초래하게 된다(Sydney 오페라하우스 프로젝트는 비용이 천문학적으로 초과했고, 호주 연방정부는 이의 재현을 원치 않았기에 호주국립박물관 프로젝트에서도 예산의 증가는 불가함을 명백히 하였다).

주목 받는 프로젝트는 관리위원회(연합방식 리더십팀)의 필수요건인 참여기업 최고임원들의 주목을 끌게 된다.

이러한 연구를 통해, 우리는 많은 시공자들과 토론을 했다. Hines나 Target, 그리고 Post Office에 연합방식을 적용하는 것은 어렵다. 그러나 GSA가 법원 건설에, Rice의 주요 부서별 건물 및 Methodist Hospital 조직의 획기적이고 혁신적인 실험실건물에 연합방식을 적용하는 것은 쉽다.

7. 연합방식의 철학적 관점(A philosophical view of Alliancing)

Alliancing is a transparent, collaborative form of design-build.

연합방식은 DB방식의 투명하고 협력적인 방식이다.

연합방식은 특수계약조건을 포함한 DB방식의 형태이다. 그 특수계약조건들은 모든 참여자 간 투명성을 증대시키고, 모든 이의 목표를 통일하고, 협력을 증대시키며, 분쟁을 최소화하기 위해 고안되었다. 세상에 그 어떤 것이 이보다 설득력이 있겠는가?

한 세기 전, Austin사와 같은 회사는 단일계약 하에 통합팀을 이루어 건설프로젝트를 수행하였다. 모든 참여자가 같은 회사에서 일하였기에 팀 목표는 통일 될 수 있었다. 현대산업은 전문화, 단편화 되었다. 프로젝트는 각각 자신들만의 차별화된 방식과 관심분야를 지닌 특별한 조직들로 임시결합 되어 수행된다. 각 조직은 자신들만의 관점에서 그들만의 업무분야를 수행한다.

팀원들은 발주자가 필요로 하는 결과를 도출하기 위해 뭉쳐야 한다. 그래서 조직들은 모여서 그룹화 되고, 설계자나 CM, PM, 수급자와 같은 몇 안 되는 기존 조직에 의해 관리된다. 그 후, 조직들을 통합된 프로젝트 계약으로 결부시키는 것은 간단하고 논리적이다.

필자는 많은 JV 프로젝트에 설계 또는/그리고 시공을 위해 참여해 왔다. 우리가 발견한 것은 최상의 계약형태란 각각의 JV 파트너들이 JV에 손익분기비용(break-even cost)을 청구하는 것이었다. JV 관리위원회는 JV 파트너의 자원을 할당한다. 그리고 이윤이 발생할 경우, 파트너들은 그 이윤을 확정협약(fixed agreement)에 따라 분배한다.

그것이 연합방식의 핵심개념이다. 그것은 위에서 언급한 JV와 같은 계약에 모든 프로젝트 팀원들을 포함시키기는 것도 얼마 남지 않았다.

연합방식은 단순히 확정한도공사비(fixed limit of construction cost, FLCC)를 내포한 DB방식이다(129쪽 'FLCC' 참조). 형식상 새로운 것은 발주자가 관리위원회에 참여한다는 것이다.

생각해 봐라. 얼마나 좋은 생각인가. 서비스를 제공받고자 우리를 고용해 왔던 발주자가 다른 프로젝트에서는 격려와 비난과 같은 조언을 하는 한 팀이다. 우리는 발주과정의 계획 및 관리과정에서 발주자들의 적극적인 참여의 필요성과 그 가치를 기꺼이 인정하게 된다. 그 개념적 단순성은 놀랍다.

연합방식은 제재조치보다는 인센티브에, 법적의무보다는 도덕성에 기반을 둔 협력과정이다. 그리고 대안보다는 상식에 주안점을 둔다. 거기에는 함께 헤엄을 치지 않으면 물에 가라앉는다는 강하고 긍정적인 메시지가 있다. 물론 그것은 건설산업에 늘 존재했다고 하지만, 기존 계약방식은 그 현실을 제대로 반영하지 못한다.

Alliancing is based on incentives instead of punitive consequences.

연합방식은 제재조치보다는 인센티브에 기반을 둔다.

연합방식은 협력과 상호보조, 목표공유, 지적재산과 위험/보상의 공유를 이끌어내는 데 좋은 방법이다. 3D/I의 조언자이자 건축과 법학사인 Alan Fleishacker는 다음과 같이 말했다.

> *"잘못된 방향으로 일이 진행되는 것을 예방하는 것은 대단한 일이다. 그러나 만약 잘못된 방향으로 계속 진행된다면 어떻게 할 것인가?"*

이는 직관적이며 날카로운 질문이다. 그 대답은 어렵다. 그러나 그런 일은 일어나지 않을 것이다.

업무수행계약(Job Order Contracting)

JOC는 개념상 프로그램 도구이다. JOC는 다수의 프로젝트를 수행하는 조직을 위해 고안되었다.

JOC는 조속히 끝낼 수 있는 소규모의 프로젝트를 위해 개발되었다. 이는 일반적으로 진행이 어려운 발주과정 대신, 짧은 시간에 소규모 공사에 투입할 수 있는, 경쟁에 의해 선발된 특별임시조직을 공공부문의 발주자들에게 제공한다.

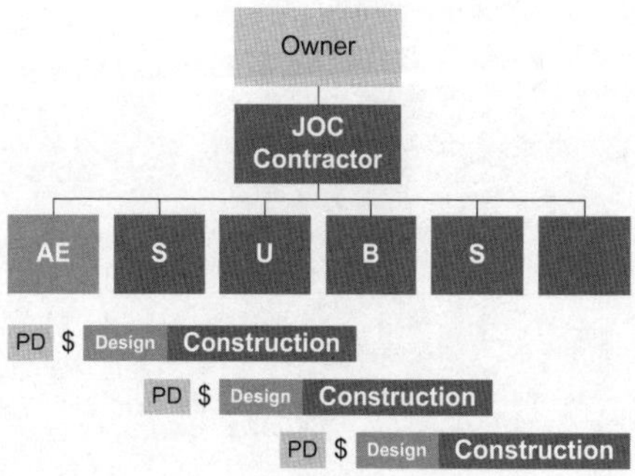

소규모 프로젝트를 위해 개발된 JOC는 본래 다수의 프로젝트 계약을 미리 결정된 단가에 의해 실비정산하는 방식이다.

❖

통계적 근거가 존재하는지 확실하지는 않지만, 만약 있다면 미국은 세계에서 가장 윤리적인 발주방식을 가지고 있는 것이 확실하다. 대기업이나 기관, 정부조직의 발주 담당자들은 많은 칭찬을 받을 만하다.

그러나 우리 산업에서 적용되어 온 보호조항은 신속한 절차를 필요로 하는 프로젝트의 발주자들에게는 방해가 되어왔다. 지붕에 물이 샌다면, 이를 신속히 보수하기 위한 선택과 계약수단이 필요하다.

Many organizations must design, bid and award to the lowest bidder for all projects — an unreasonable amount of hassle for small jobs.

많은 조직들은 작은 프로젝트라 하더라도, 모든 프로젝트에 반드시 최저가 입찰자가 되기 위하여 설계하고 입찰해야 한다.

JOC가 출현하기 전에, 많은 조직, 특히 공공조직들은 아무리 소규모의 프로젝트라 하더라도 모든 프로젝트에 설계, 최저가 입찰과정을 의무화 했다. 그것은 비합리적이었다. 그것은 소규모 프로젝트에 너무 많은 시간과 행정적인 주의를 필요로 했다.

그래서 JOC가 개발되었고, 그것은 1980년에 공군에 의해 시작되었다. JOC방식은 이후 급속히 확산되었다. 지난 몇 년간 많은 주들은 JOC의 적용을 허가해 왔다.

JOC는 최소한의 설계 요구조건으로 소규모 프로젝트에 빨리 대응할 수 있게 한다. 그래서 대규모의 프로젝트에는 부적합하다. JOC는 보통 유지관리, 개보수, 대수선, 확장, 그리고 규모가 작은 증축에 적용된다. 일부 주들은 규정된 비용규모, 보통 약 백만달러 이상의 프로젝트에 JOC 적용을 금지하고 있다.

JOC의 개념은 세부적이고, 공정한 발주과정을 피하려는 것이 아니다. 이는 하나의 선정절차이다. 자격요건에 맞는 수급자를 하나의 절차로 선정하고, 비용과 계약조건을 수립하여 아직 확정되지 않은 향후 프로젝트에 적용하기 위한 것이다.

1. 어떻게 수행할 것인가(How to do It)

확실치 않은 사업에 비용변수와 계약조건을 설정하는 것은 다소 도전적이다. 이를 해결하기 위한 접근방법은 다음과 같다.

1) 자격심의요청서(RFQ)

A JOC contract is for multiple small projects.

JOC 계약은 다수의 소규모 프로젝트들을 위한 것이다.

일반적으로 JOC 계약은 발주자의 소규모의 설계와 건설 프로젝트에 대한 지속적인 필요에 의해 시작되었다. 그 선정과정은 공공부문의 표준선정절차와 거의 동일하다. 발주자는 사업범위에 대한 포괄적인 정보를 제공하고, RFQ를 배부하고 참여자를 평가한다.

사업범위는 교통신호체계나 도로보수와 같이 협소하고 반복적인 일에 국한될 수도 있다. 하지만 사업범위는 때로 상당히 넓고, 건축, 토목, 기계, 전기, 설비 설계와 시공을 포함하기도 한다. 결과적으로 그런 종류의 JOC 계약은 설계와 시공에 포괄적인 능력을 지닌 업체들에게 매력적이다.

발주자는 계약을 체결할 프로젝트의 최대, 최소규모를 포함한 잠재적 사업범위와 예정 공사규모를 입찰자들에게 설명해야 한다. 발주자가 RFP에 계약의 형식을 포함하고, 입찰자로 하여금 그들이 반대할 만한 조항을 파악하여, 대안을 제시하게 하는 것은 좋다. 평가기준은 일반적으로 다음과 같다.

The owner stipulates the maximum and minimum project size and the expected work volume.

발주자는 최대 및 최소 사업규모와 예상되는 공사범위를 규정한다.

- 주무급 인력과 회사 업무수행능력(CM, 설계 및 엔지니어링 등)에 대한 자격
- 설계와 시공경험, 해당 발주자와 JOC 계약, 또는 유사 프로젝트의 경험
- 공사를 위한 자원과 다수의 공종을 동시에 수행할 수 있는 능력
- 문서, 보고, 그리고 의사소통을 위한 관리 시스템
- 자금력
- 품질보증 및 안전관리 프로그램과 안전기록
- 현 고객의 추천

많은 발주자들은 그러한 항목들의 중요도에 따라 가중치를 부여하고 점수를 계산하여, 소수의 우선협상대상자(contractor for a short list)를 선정한다. 필자는 그러한 방식에 대하여 부정적이다. 그것은 부정확한 판단에 대해 정확한 가치를 계산해내려는 것이기 때문이다. 이는 잘못된 결과를 도출할 수 있다. 예를 들어, 내가 어떤 수급자에 대해 좋은 경험을 갖고 그들의 성실성과, 어려운 문제에 대한 해결능력에 자신감을 갖고 있다면, 다른 항목에 낮은 점수가 매겨지더라도 필자는 그 수급자를 선정할 것이다.

2) 입찰안내서(RFP)

발주자나 발주자의 PM이 수급자 우선협상대상자를 선정하고 난 이후, 발주자는 그 우선협상심사에 선정된 수급자들에게 RFP를 배부하게 된다. 수급자들은 입찰계수를 제시하도록 요구된다. 그 계수는 발주자가 정한 물가정보(price book)에 적용된다.

Firms bid a coefficient. Projects are priced by multiplying the coefficient times the unit prices from the price book.

회사들은 계수로 입찰한다. 프로젝트는 계수에 물가정보의 단가를 곱해 금액을 산정한다.

물가정보는 일반적인 건설 프로젝트에 포함되는 모든 노무비와 재료비에 대한 단가 리스트이다. 가장 널리 이용되는 것은 RSMeans에 의해 출판된 것으로 다양한 지역에 따라 가격을 조정하는 지수를 가지고 있다. 그 물가정보는 물가상승률을 반영하여 정기적으로 조정된다.

JOC 수급자에 의해 수행되는 프로젝트는 물가정보의 단가와 수급자의 계수를 곱함으로써 산출된다. 따라서 만약 발주자가 새 인도를 설치하고자 한다고 하자. 물가정보에 ft^2당 10달러 라고 명기되어 있고, JOC 수급자가 0.92라는 계수로 입찰했다면, 그 보도의 가격은 $\$9.2/ft^2$로 계산된다.

RFP는 일반적으로 정해진 최저입찰가와 최대입찰가를 명기 한다. 많은 수급자들간의 경쟁에서 이런 지속적인 수주에 대한 목표는 수많은 수급자들의 경쟁을 유도한다. 그리고 발주자는 가장 낮은 계수를 제안한 수급자를 선정할 수 있다. 또한 발주자는 인터뷰를 실시하여 그 계수뿐 아니라 자격과 인터뷰 점수를 고려한 '최고가치' 에 기반한 낙찰자를 선정할 수 있다.

2. 프로젝트 수행(Project execution)

The owner defines the scope; the JOC contractor designs the project, does a quantity take off with unit price book and the coefficient and establishes a lump-sum price for the project.

발주자는 업무범위를 정의한다. JOC 수급자는 그 프로젝트를 설계하고, 물가정보와 계수를 통한 견적을 수행하여 프로젝트의 총액을 산출한다.

개별 JOC 프로젝트의 수행은 상대적으로 쉽다. 발주자는 수요를 찾아 JOC 수급자와 계약한다. 그들은 함께 요구사항과 사업부지를 검토하고 업무범위를 정하며, 필요한 경우 설계를 진행한다. 그리고 선정된 물가정보와 계수를 이용하여 필요한 노무비와 자재비에 대해 상세견적을 수행하고 공사비를 산출한다. 발주자는 설계와 공사비를 검토하여 변경을 하거나 진행에 대한 승인을 한다.

대부분의 JOC 수급자들은 많은 시간을 절약하기 위해, 사내 설계담당직원 및 건축가를 활용한다.

일반적으로 JOC 주계약은 초기 계약조건과 그 이후의 선택적 기간에 수행될 공사에 대한 최소보증비용을 포함하고, 수급자의 성과가 좋은 경우에는 인센티브를 포함한다. 보통 JOC 계약에서 최대비용은 몇 백만 달러지만 그것을 훨씬 초과할 수도 있다.

JOC 계약은 1년의 기본계약과 다년 간의 선택계약이 있다. 계약연장에 대한 옵션이 있을 수도 있다. 발주자와 수급자간의 관계가 장기간에 걸쳐 유지될 수록 그 효용도 상승한다. 그래서 파트너십을 맺어 초기계약조건 이상으로 이를 연장시키는 것은 발주자와 수급자 사이의 최대 관심사이다.

비록 JOC 계약은 한 조직과 체결되지만, 경제적 규모의 협력을 형성하기 위해 그들의 구매력을 결합하고자, 연계된 다른 조직과 함께 체결한다. 예를 들면, Arizona의 MOHAVE Educational Cooperative사는 모든 공공기관이 기 선정된 JOC 수급자와 함께 그들의 발주방식을 활용하는 것을 허용한다.

3. 다양성(Variations)

모든 기관이 동일한 방법으로 JOC를 수행하지 않는다. 각각의 JOC 계약과 선정절차는 다양하다.

1) 변형 1: RFP의 생략(Variation 1: Skip the RFP)

때로는 최상의 자격을 갖춘 수급자는 RFQ 이후, 또는 RFP 전과 입찰 이전단계에서 선정된다. 그리고 계약조건과 계수는 선정된 업체와 협상을 통해 결정된다. 만약 그 수급자가 난관에 봉착하면, 리스트상의 차순위 업체가 고려된다. 이러한 방식의 반복으로 우선협상대상 리스트의 한 업체와 계약을 체결한다.

The JOC contractor can be selected on the basis of qualifications only.

JOC 수급자는 오직 자격에 기초하여 선정될 수 있다.

가격계수를 협상할 때, JOC 계약이 아닌 최근에 완공된 유사 프로젝트에 의한 계수를 적용해 보는 것은 도움이 된다.

발주자 또는 발주자의 PM은 계수와 물가정보를 이용하여 그 테스트 프로젝트의 견적을 수행하고, 그 견적가를 실제 비용과 비교한다. JOC 계약은 많은 공사를 포함하므로, JOC 계약이 생성하는 규모의 경제로 인해 그 견적가는 실제금액보다 낮아야 한다.

2) 변형 2: 다수의 입찰업체 선정(Variation 2: Pick multiple firms to bid)

일반적인 방법과 또 다른 방법은 대략 3개 정도의 협상대상 업체를 사전자격심사(pre-qualify a small cadre of firms) 하는 방식이다. 이 방법은 물가정보를 배제하고, 단순히 3개의 업체로부터 입찰을 요구하는 것이다. 대부분의 수급자들은 이러한 방식을 싫어한다. 왜냐하면 하수급자들의 입찰가를 받아 합산하는 비용은 수급자가 추가 부담해야 하며, 최상의 하수급자 선정을 위해 수급자 간 경쟁이 필요하기 때문이다. 그리고 이는 더 많은 시간을 필요로 하기 때문에 발주자 또한 큰 이득이 되지 않는다.

There can be multiple firms that are selected to bid each job — skipping the need for an RFQ.

RFQ를 생략한 각 공사 입찰에 참여할 수 있도록 선정된 여러 회사가 있을 수 있다.

3) 변형 3: 성공보수를 포함한 CM 적용방식(Variation 3: Use a CM approach with a satisfaction fee)

필자는 이 방식을 가장 선호한다. 발주자는 전형적인 선정과정을 수행한다. 발주자는 RFP에 계수를 요구하지 않는다.

대신에 발주자는 공사비에 적용될 간접비와 이윤에 대한 수수료를 포함시켜 수급자에게 입찰하도록 요구한다. 그 수수료는 프로젝트의 규모에 따라 달라진다. JOC 수급자는 설계, 조달 그리고 시공을 관리하며 실비를 보상받는다. 각각의 프로젝트에는 GMP가 있을 것이다.

The JOC contractor can be picked on qualifications and fee. Then the JOC contractor can bid and be reimbursed for subs in a transparent process — like a lot of mini CM-at-Risk contracts.

JOC 수급자는 자격과 보수에 의해 결정될 수 있다. 그리고 JOC 수급자는 여러 소규모 CM-at-Risk 계약과 같이 투명한 과정으로 입찰하고 실비정산을 받을 수 있다.

만약 그 수수료가 공사비의 일정 비율이라면 발주자는 수급자가 반대급부의 인센티브를 갖기 때문에 공사비를 절감하기 위한 노력을 하지 않을 것이라고 느낄 수도 있다. 그러나 그것은 그렇지 않다. JOC 수급자는 발주자의 신뢰감을 얻는 것과 옵션 기간에 대한 계약을 연장하는 것에 더 많은 관심이 있다.

게다가 성공보수는 발주자가 JOC 수급자에게 비용절감에 대한 보상을 하기 위함이다. 그리고 성공보수의 다른 모든 편익은 그 프로젝트의 편익이 될 것이다.

4. JOC 계약의 문제점(Problems with JOC contracts)

Although there's a unit price book and a fixed coefficient, there's always room for disagreement and misunderstanding.

비록 물가정보와 고정계수가 있더라도, 불화와 오해는 언제나 있기 마련이다.

물가정보는 다양한 수준의 어셈블리(assembly, 건축물의 부위)에 대한 비용정보를 담고 있다. 거기에는 전체적인 시스템의 가격과 그 시스템을 구성하는 요소들의 가격이 분리되어 있을 수도 있다. 요소들을 하나의 시스템으로 결합하는 조립방식이 다양하기 때문에, 그 시스템의 가격은 그 요소들의 가격의 합보다 크거나 작을 수 있다. 따라서 동일한 프로젝트에서 시스템 방식과 구성요소 방식의 견적가는 서로 다를 수 있다. 견적방식의 선택은 견적가에 영향을 미친다.

시스템과 요소들을 혼합적으로 포함하는 견적은 혼란스럽다. 우리는 전체 시스템의 가격으로 된 견적에 그 시스템에 통합되어 있는 구성요소들의 가격을 더한 견적을 중복으로 수행했다.

물론 현명한 발주자는 불필요한 일반조건 항목의 비용이나 중복된 비용, 그릇된 비용의 항목이 없도록 견적내용을 검토한다. 그러나 그것은 시간과 노력을 요구한다.

또한 물량산출의 법칙에는 약간의 판단력이 요구된다. 예를 들면, 작은 창문이 있는 벽에 건식벽과 도장공사에 대한 비용을 견적할 때, 그 창문은 벽의 면적으로부터 공제하지 않는다. 이는 시간낭비이고 더한 문제를 가져올 것이다. 그러나 이것이 바닥부터 천장까지 이어지는 10ft 너비의 창문이라면, 그 면적은 공제되어야 한다. 그 면적이 공제되기 위해서 창문은 얼마나 커야 하는가?

물가정보의 일부 항목은 가격이 비싸고, 다른 일부 항목은 가격이 약간 낮다. 수급자로부터의 계수는 물가정보 전체의 평균을 기본으로 한다. 만약, 발주자가 가격이 낮은 항목만을 선별하여 적용하게 된다면, JOC 수급자들은 조만간 프로젝트 참여를 거부하게 되고 그 프로그램은 실패할 것이다(전부는 아니지만 대부분의 JOC 계약은 수급자가 특정공사를 거부할 수 있다).

There's judgment involved in a quantity take off. It's not pure engineering.

적산에도 판단이 필요하다. 그것은 순수공학이 아니다.

많은 견적을 요청하고도, 프로젝트를 시행하지 않는 발주자는 또 다른 문제를 야기한다. JOC 수급자가 발주자를 도와 매개변수방식(parametric)의 견적을 통한 초기예산을 설정하는 것은 매우 바람직하다. 그것은 각각의 항목에 대한 상세견적이 수행되기 전에 프로젝트의 공약을 확인하기 위한 것이다. 이 방식은 완곡한 표현으로 개산견적이라고 알려져 있다. 이 개산견적은 일반적으로 단지 두어 시간 정도 소요되며, 이는 발주자와 수급자 양쪽의 시간낭비를 막는다.

There's fairness in the laws of large numbers, but specific items can be off.

큰 금액으로는 유사하나, 구체적인 항목에 대해서는 그렇지 않을 수 있다.

5. JOC에 대한 논점(The argument for JOC)

1) 단순성(Simplicity)

공공조직만이 복잡한 발주규정을 갖는 것은 아니다. 많은 기관과 대기업들은 복잡한 발주규정들을 개발해 왔다. 큰 조직의 조달관리자는 불만을 가지고 있다. 수급자를 선정하는 것이 사업을 수행하는 것 보다 더 많은 비용이 소요되기 때문이다.

The appeal of JOC is the administrative simplicity.

JOC의 매력은 행정적 단순함에 있다.

JOC 계약에서는 수급자를 선정하고 개별 소규모 프로젝트의 계약을 협상하는 모든 발주과정이 불필요하다. 그것은 하나의 과정으로 수행된다. 그러고 나면 그 수급자와 그 계약의 조건들은 성립된다. 특정 프로젝트에 필요한 모든 것은 업무범위를 조정하고 가격을 결정하는 것이다.

The obvious benefit of JOC is speed.

JOC의 큰 장점은 속도이다.

2) 속도(Speed)

공사는 발주자가 프로젝트를 선별한 후, 몇 주 안에 시작된다. 때로는 며칠 안에 시작되기도 한다. 한 프로젝트에서는 긴급한 전화통화 후에 불과 몇 시간 안에 공사를 시작했다.

특히 빠른 공사를 원할 경우, 선정절차가 복잡한 조직은 JOC 방식을 좋아한다.

The process stands the test of public scrutiny.

JOC의 프로세스는 공정성을 요구한다.

3) 객관성(Objectivity)

계수는 경쟁에 의해 결정되고, 가격은 객관적인 물가정보에 의거하기 때문에, 그 과정은 공공발주에서 공정성을 유지한다.

JOC reduces the owner's overhead.

JOC방식은 발주자의 간접비를 절감한다.

4) 조달의 효율성(Procurement efficiency)

조달과정은 발주자와 수급자 모두에게 상당한 간접비를 부담하고 인적자원을 필요로 하기 때문에, 조달과정을 여러 프로젝트에 일률적으로 수행하는 것은 경제적으로 매우 효율적이다.

5) 경쟁(Competition)

만일 어느 조직이 소규모 프로젝트를 한 번에 하나씩 수행한다면, 최상의 수급자들을 매번 경쟁입찰로 선정하기는 어렵다. 만일 그 업체가 많은 프로젝트들을 결집하여 수행할 것을 약속한다면, 더 많은 수급자들이 관심을 갖고 입찰에 참여할 것이다.

6) 문화(Culture)

JOC는 프로젝트에서 프로그램으로의 업무흐름이 순환된 계약방식이다. 가장 큰 JOC의 장점은 미묘하고 측정하기 어렵다. 가장 좋은 것은 발주자와 JOC 수급자가 이상적으로 오래 지속되는 신뢰관계를 맺는 것이다. 협력은 JOC수급자와 발주자의 문화, 업무절차, 그리고 기대치에 대한 이해를 증진시키므로, 장기적 관계는 발주자와 수급자 모두에게 바람직하며, 모두가 이익을 얻는 방법이다. 발주자는 더 좋은 품질의 건설생산물을 얻고, 수급자는 발주자와 만족스러운 지속적 관계를 얻을 수 있다.

Unit price contracting is an old and wide-spread practice in the construction industry.

단가계약은 건설산업에서 오래되고 널리 사용되는 방식이다.

6. JOC에 대한 철학적 관점(A philosophical view of JOC)

전체 공사비를 결정하기 위해 단가를 이용하는 것은 전통적인 방식이다. 영국에서는 두 세기 이상에 걸쳐, 자격이 있는 견적가가 건물의 물량을 산출하면, 수급자가 그 자재를 구입하고 시공하는 단가로 입찰하는 것이 일반적 과정이었다. 미국에서는 대부분 도로공사의 대지절토, 성토작업이 단가계약으로 이루어진다. 개발자들은 거주자를 위한 실내 인테리어 마감을 주로 단가계약으로 한다.

전통적인 계수기반의 JOC 계약의 철학적 토대는 견실하고, 여러 이론과 선례가 있다. 공정한 경쟁 및 입찰과정은 공공기관의 철저한 감사를 거친다. JOC는 사업을 수행하기에 좋은 방법이다.

그러나 설계와 시공의 다른 과정들과 마찬가지로 JOC에는 단점이 있다. 어떤 물가정보도 정해진 장소와 시간의 진정한 사실성을 반영하기 어렵다. 그 이유는 비용은 항상 반복적으로 변화하는 시장상황의 영향을 받기 때문이다. 그것을 이미 알고 있는 JOC 수급자는 사전에 알지 못하고 측정하기 어려운 리스크에 계수를 적용하여 예비비를 산정한다.

물가정보로부터 계수를 사용하는 JOC 방식은, 자격심사에 의해 DBr을 선정하고 규모에 따라 수수료를 부여하는 JOC 방식보다 좋지 않다. DBr 선정에 따라 JOC 수급자는 설계계약과 함께 일련의 소규모 CM-at-Risk 수행방식으로 각 프로젝트에 따른 경쟁입찰을 적용하는 것이다.

7. JOC에 관한 추가정보(More Information on JOC)

JOC에 관한 더 많은 정보는 Arizona State University의 DelE의 일부분인 The Alliance for Construction Excellence (ACE)의 Job Order Contracting Excellence의 웹페이지 http://construction.asu.edu/ace/에서 찾을 수 있다.

발주방식의 개념(Concepts of Project Delivery)

프로젝트 발주전략은 시간이 지남에 따라 변화한다. 기술, 경제, 문화, 전통, 설계자의 구조, 수급자들의 전문성, 그리고 가장 중요한 발주자 조직들의 성격은 이러한 발주방식의 변화에 영향을 미친다.

지난 두 세기동안, 급속한 산업화와 전문화가 이루어졌다. 건축설계 기능과 건설시공은 다수의 전문화된 하수급자들에 의해 분리되었고, 관리는 시공에서 분리되고 있다.

그래서 PgMr은 하나의 프로그램으로 건축물의 설계와 시공을 위해 여러 업체들을 모아야 한다. 그 다음에 PgMr은 어떻게 그 업체들을 선택할 것인지, 그리고 그 업체들 간의 관계는 어떠해야 할지, 그리고 어떤 지불 방법이 적절한 것인지를 결정해야 한다.

비록 발주방식에는 많은 종류들이 있지만, 서로 밀접한 관계가 있는 다음 네 가지 의사결정 요소들이 무엇보다 중요하다. 업체는 어떻게 선정되는가? 가격 혹은 자격? 그들의 발주자와 계약관계는 무엇인가? 대리인 혹은 시공자(vendor)? 얼마나 많은 계약이 프로젝트 수행을 위해 체결되어야하는가? 한 번 혹은 여러 번? 어떤 방식으로 지불하는가? 총액방식 혹은 실비정산방식? 프로그램 레벨에서 주요결정은 프로젝트 중심의 계약들과 프로그램 중심의 계약들을 결정하는 것이다.

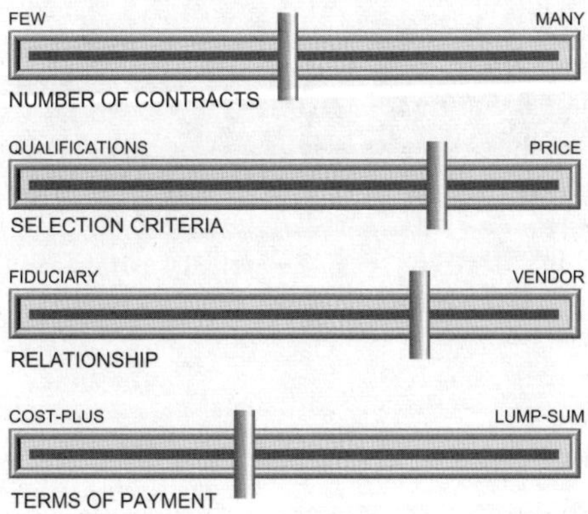

문명의 기원에, 축축한 동굴에서 나가고 싶어 했던 일부 동굴거주자들은 아마도 모래에 그림을 그리고 오두막을 짓기 위해 매머드 상아를 교환했을 것이다. 그 동굴거주자와 상아를 얻은 사람 사이에 거래가 성사되었다. 공사가 시작된 이후, 동굴거주자는 그 설계에 몇 가지 새로운 생각들을 갖게 되었다. 동굴거주자의 요구사항은 변했고, 자신이 시공하고 있는 것에 대해 명확한 이해를 갖고 있다고 자신했던 상아를 얻은 사람은 짜증이 나기 시작했다.

Anasazi 족과 자주 교류했던 Pueblo 족의 조상들은 New Mexico에 그들의 절벽주거를 협곡 벽의 석재표면에 둥근 홈을 파내고, 천장보로 솔통나무를 삽입하여 증축하였다.

1,100년경, Anasazi 족으로 불리는 Pueblo 족의 조상들은 뉴멕시코에 위치한 그들의 절벽주거를 협곡 벽의 석재표면에 둥근 홈을 파내고, 천장보로 솔통나무를 삽입하여 증축했다. 그리고 그들은 전면에 공간을 추가했다. 그 공사는 그룹으로 행해져야만 했었다. 건설 집단을 결집하기 위해 어떤 종류의 협의가 적용되었는지 궁금해 하지 않을 수 없다. 확실히 협의는 있었고, 비록 기록되지 않았더라도, 틀림없이 논쟁이 있었을 것이다.

그때부터, 투명성의 추구와 시행 가능한 협약들을 위해, 또한 하나의 건축물을 완성하기 위한 복잡한 작업들을 수행하는 수백 개의 전문화된 업체들을 결집하고, 그 업체들과 계약하기 위하여 우리는 무수한 방법들을 고안해 왔다.

건축물은 세상에서 가장 큰 일반적인 산업에 의해 지어진다. 여러 부서 내 주문설계방식으로 전 세계에 걸쳐 부품공장에서 규격대로 제조된 후 현장에서 조립되어지는 세계에서 가장 큰 생산품이다. 프로그램에서 그 공정은 여러 건축물을 건설하고자 할 때 더욱 복잡하게 된다. 만약 그 동굴거주자와 Anasazi족을 위한 협의를 맺고 관리하는 것이 어려웠다면, 오늘날 수주(deal-making)를 위한 도전으로 생각하라.

최선의 발주과정(선정과 기능별 조직화, 업무범위 정의, 관계, 책임과 보상의 과정)은 산업 전반에 걸친 끊임없는 논쟁거리다.

세계의 건설산업은 최근 프로젝트의 문제를 해결하기 위한 더 좋은 방법을 연구하여, 다음 프로젝트에 적용하기 위한 많은 종류의 발주방식을 고안해왔다.

그래서 발주전략들은 끊임없이 변화한다. 기술, 경제, 문화, 전통 그리고 가장 중요한 조직의 성격은 많은 종류의 발주전략을 구체화한다. 그러나 전체적인 관점에서 발주방식 전략들은 전문적인 조직과 그 사람들의 기술적인 능력에 영향을 받게 된다.

DBB방식은 건축가와 엔지니어의 숫자가 충분히 확보된 후 가장 많이 활용되었다. 마찬가지로, CM-Agency와 CM-at-Risk 방식은 발주자에 의해 그 방식이 적용되며, 숙련된 CM에 의존한다.

1. 전문직종의 부각과 발주방식 개념의 흐름(Professions emerge and project delivery concepts follow)

19세기 산업화의 번영은 대형건축물과 숙련된 건축가, 엔지니어의 수요를 증가시켰다. 설계자는 번창했고, AIA를 설립했다. 그 후 건축가와 엔지니어에게 면허제도를 시행하기 시작했다. 시공로부터 설계는 조직적이고 문화적으로 독립했다. 그것은 DBB방식을 가능하게 했다.

역사는 반복하고 있다. 계속적인 산업화로 하나의 프로젝트에 요구되는 하수급자들의 수는 꾸준히 증가해 왔다. 이러한 하수급자들을 발주하고 관리하는 것이 점차 요구되었다. 현재 관리는 시공에서 독립하고 있다. CM agency, CM-at-Risk 그리고 프로그램 관리가 보편화 되어가고 있다. CMAA는 1982년 설립되었고, 1995년에 자격제도를 시행했다.

2. 수많은 사업발주방식(Infinite choices for building delivery)

21세기가 시작되면서, 미국 건설산업은 그 규모가 세계 건설시장의 1/4이 넘는 액수인 $1조를 넘어섰다.

발주방식은 산업혁명에 의한 복잡화, 기존 방식의 제약, 다양한 조직목표에 의한 영향, 규정에 의한 제한, 발전하는 기술에 의한 변화, 하수급자의 급증에 의한 다변화, 대규모 프로그램을 운영하는 개인들의 특정한 방식에 의한 변화, 사규와 공공 법 규정에 의해 발전되어 왔다. 오늘날 발주자와 그들의 PgMr은 그들의 프로젝트의 설계와 시공을 조직화하기 위한 많은 선정방법을 가지고 있다.

그리고 많은 발주자들과 PM은 새로운 선정절차를 발주과정에 추가하고 있다. 그래서 이러한 발주방식 전략들을 기술함에 있어 각각의 절차에는 다양한 형태가 있음을 이해해야 한다. 이러한 기본적인 방식에 대해 요약하고자 각 단락을 기술해 나감에 따라, 내 동료들은 장단점을 논해왔다. 우리 모두는 그 선택

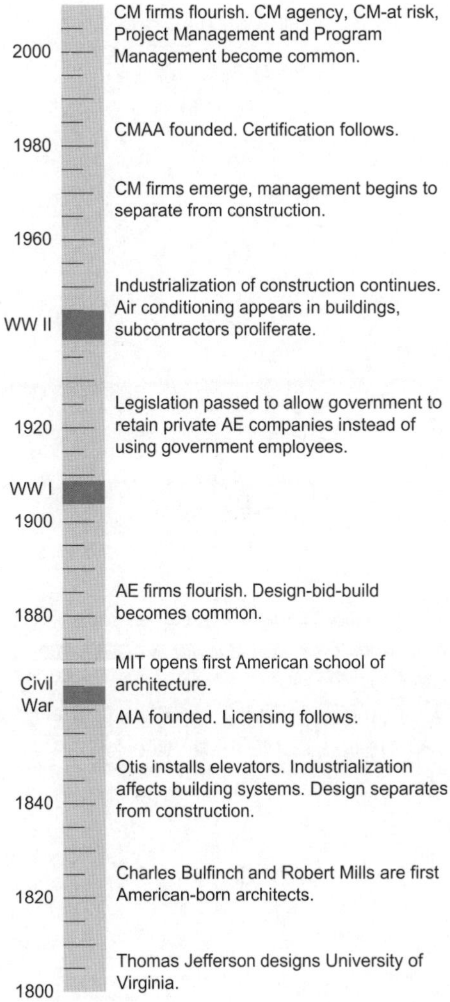

19세기 중반 이후 출현한 설계자들은 20세기 말에 CM사들이 CM-Agency와 CM-at-Risk를 가능하게 한 것처럼 DBB방식을 가능하게 했다.

Industrialization has fostered specialization. Specialization has fostered the proliferation of subcontractors. More subcontractors demand more management.

산업화는 전문화를 촉진시켰다. 전문화는 하수급자를 양산해냈다. 더 많은 하수급자들은 더 많은 관리를 요구했다.

의 다양성을 알고, 가장 적합한 절차를 적용하고자 한다. 다음에는 그것이 어떻게 변화할지 기대한다.

3. 프로젝트 의사결정의 네 가지 열쇠(Four key project decisions)

오래 전에 우리는 건설기반시설이 미약한 교외에 위치한 메가프로젝트에서 일을 했다. 우리의 임무는 발주전략을 고안하는 것이었다. 우리는 가능한 모든 사람들과 이야기했고, 그들로부터 여러 다양한 접근방식에 대한 확신이 들었다. 모든 사람들은 올바른 방식에 대한 굳은 신념을 갖고 있었다.

그러한 혼란 중에, 우리는 모든 선택들을 포괄하는, 우리가 이해할 수 있는 기본적인 원리는 어떻게 적용될 것인가? 그 도전은 설계와 시공계약의 기본원리를 이해하고자 하는 끝없는 노력을 촉발시켰다.

The institutions that represent the various sectors of the construction industry tend to see the best project delivery choices from their own point of view.

건설산업의 여러 분야들을 대변하는 기관들은 그들의 관점에서 최고의 발주방식을 선정하고자 한다.

수급자, CM 그리고 설계자는 그들의 사업을 발전시키기 위해 협회를 구성해왔다. 여러분은 AIA, AGC, DBIA, CMAA 등의 협회를 통해 발주방식에 대한 많은 자료를 얻을 수 있을 것이다. 하지만 모두 같은 관점의 정보와 지식을 얻을 수 있을 것이라고 생각하지 말라. 아시다시피, 이러한 조직들은 그들 자신의 관점에서 산업과 세상을 견지하기 때문에, 그들의 관심 대상과 전문적인 성향이 편향되는 것은 당연한 것이다.

사업초기에 발주자는 당연히 프로젝트에 얼마의 비용이 소요될 것이고, 얼마나 걸릴지에 대해 알기를 원한다. 참고로 설계와 시공 과정은 수백, 수천 개의 조직과 수많은 요소를 포함하고 있다. 그 프로젝트를 위해 많은 사람들이 처음으로 함께 일하게 될 것이고, 대부분의 시스템을 그들이 경험해 보지 않은 방식으로 생산하게 될 것이다. 그 후 하수급자와 제조업자와의 협력을 통한 이윤과 하수급자와 제조업자 사이의 계약에 문제가 생겼을 경우를 생각하라. 그 외에 불합리하게 긴 공사기간, 불확실한 날씨, 물가변동, 정치적 압력, 규정의 변화와 다양한 계약절차의 변화에 대해서도 고려해야 한다. 그러면 건설산업의 낡은 전통은 개선될 것이다.

The design of the best project delivery strategy takes as much creativity as the design of a building.

최고의 발주전략은 건물설계와 같은 창의성이 필요하다.

최고의 발주전략을 찾는 것은 설계와 시공의 기술적인 요구만큼 어렵다. 어렵고 상충된다는 것은 프로세스를 갖추어 나가게 하는 데 동기부여가 된다. 예컨대, 설계 파트에서는 계약을 위한 규정을 발주자에게 충분히 제공하고자 도면과 시방서의 분량을 늘리지만, 동시에 시공 파트에서는 도면이 완료되기 전에 공사를 시작하여 공기를 절약할 수 있는 방법을 모색한다. 따라서 이러한 설계와 시공의 상반되는 동기로부터 발주방식의 프로세스는 형성된다. 우리는 특정한 건설생산물을 원하고, 이를 위한 경쟁을 원한다. 마찬가지로 우리는 발주자의 편에서 그들의 이익을 대변하는 전문가가 되길 원하지만, 발주자들은 CM에게 책임과 책무를 요구한다.

우리의 발주자들은 그들이 고용한 설계자, CM, 수급자를 관리하기 위해 내부적으로 건축가와 엔지니어 조직을 구성한다. 그들은 현명하게 그 프로세스를 규정하고 협력사와 협력사내에서 함께 일할 사람들을 선정한다. 또 한편으로는 그들이 체결해야 할 계약의 수를 최소화하기 원한다.

건설 프로그램에서 요구되는 수 많은 연결요소를 구성하는 많은 방법들이 존재한다. 모든 프로세스는 다양한 수준의 다양한 동기를 만족시키기 위해 존재한다. 능력 있는 사람들과 일하면, 어떠한 일반적인 프로세스도 수행할 수 있다.

발주방식의 권위자들에 의해 쓰인 많은 서적들은 그 주제를 리스크를 할당하는 과정으로 다룬다. 그 기본적인 개념에는 프로젝트에서 고정된 양의 리스크가 존재하고, 그러한 리스크를 가장 적절히 관리할 수 있는 가장 잘 갖춰진 조직에서 분담하도록 해야 한다는 것이다. 이는 부분적으로 맞는 말이다. 더 좋은 것은 팀을 이루고, 인재를 선발하고, 협력적인 문화를 만들어, 모두를 위해 리스크를 최소화 할 프로세스를 만드는 것이다.

The objective is not to assign risk, as much as to minimize it.

목표는 리스크를 할당하는 것이 아니라 최소화시키는 것이다.

그리고 학계에서는 발주자가 리스크를 완전히 제거하는 것은 불가능하다는 견해가 일반적이다. 설계와 시공의 영역에는 어떤 계약이든 이의를 제기 할 수많은 방법이 있다. 그러므로 그 비결은 책무와 협력 간에 균형을 이루고, 모두를 위해 리스크를 최소화하며, 모두가 최선을 다할 수 있는 프로젝트 팀을 형성하는 발주방식의 프로세스를 설계하는 것이다.

그러므로 수많은 선택들에 있어, 어떻게 하나를 선택할 것인가? 우리는 의사결정에 있어 다음과 같은 변수들에 대해 연구했고, 이후로 그 연구를 발전시켜 왔다.

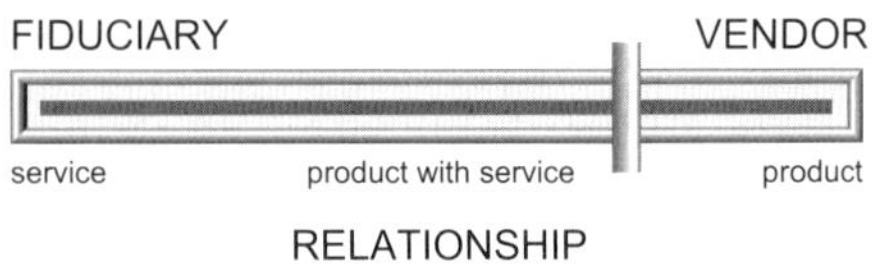

어느 조직은 수탁책임을 갖고 고객의 이익을 대변한다. 또 이와 상반되게, 어느 조직은 공사비를 받고 특정 건설생산물을 제공하는 시공자 역할을 한다.

1) 관계(Relationship)

수탁자(fiduciary)는 에이전트이다. 이는 다른 이를 대신하여, 또는 한 조직의 이익을 위해 활동할 수 있는 권한을 위임받은 사람 혹은 단체를 말한다. 판매자는 그 반대이다. 판매자는 무엇인가를 판다. 우리가 부족한 지식 및 기술적 측면에서, 우리는 수탁자와의 관계를 발전시키려 한다. 예를 들어, 우리는 암묵적으로 수탁관계를 갖고, 우리의 이익을 대변하기 위해 의사나 변호사를 선택한다.

그러나 만약 우리가 무엇을 사길 원하는지, 혹은 정확히 무엇을 해야 할 것인지 그리고, 그것이 어떻게 행해져야 하는지 안다면, 우리는 판매자 관계를 형성할 것이다.

전통적으로 설계자는 설계와 시공의 복잡한 업무경험이 없는 발주자를 대행한다. 그러므로 설계자는 에이전트측에 존재했다. 설계자는 발주자를 대행하여 요구사항을 규정하고, 수급자를 시공자 끝에 위치시켰다(좌측 그림 참조). 그러나 경험이 없는 발주자들은 사라지고 있으며, 에이전트와 판매자는 변화하고 있다. 발주자가 점차 지속적인 사업을 수행하면서, 그들의 프로젝트를 관리할 사내 건설전문가를 고용하게 되었다.

그들이 고용한 이러한 사내 건설전문가들은 완벽한 지침을 제공할 수 없고, 다른 사람들처럼 자신의 주관적인 견해에 편향될 수 있다. 그리고 이러한 사내 건설전문가들은 보통 그들이 무엇을 원하고 어떻게 그것을 얻을지 알고 있다. 그들은 일련의 책무를 묶어 설계자를 설계와 계획과 시방서를 제공하는 판매자로 대한다. 그리고 대부분은 설계단계에서 조언을 구하고, 이후 발주과정과 건설과정의 관리를 위한 도움을 받기 위해 시공자를 대행자로 편입시킨다.

게다가, 우리 경제 전반에 걸쳐 확정금액으로 상품을 파는 판매자들은 소비자 서비스에 대해 내재된 약속이 중요하다는 것을 인식해 왔다. 모든 소비자들처럼, 발주자들은 서비스와 제품보증이 보장된 양질의 생산물을 원한다. 그들은 직업의 전통적 특징이라 할 수 있는 창조적이고 협력적인 관계뿐만 아니라, 건설생산물의 신뢰할 수 있는 품질과 합리적인 가격을 원한다. 수준 높은 연속발주자는 위에서 언급한 모두를 원한다.

2) 지불방식(Terms of payment)

수급자들은 그들의 소요비용을 기초로 하여 상환받을 수도 있지만, 확정금액을 받을 수도 있다. 이러한 경우에는 다음과 같이 많은 변수가 있다.

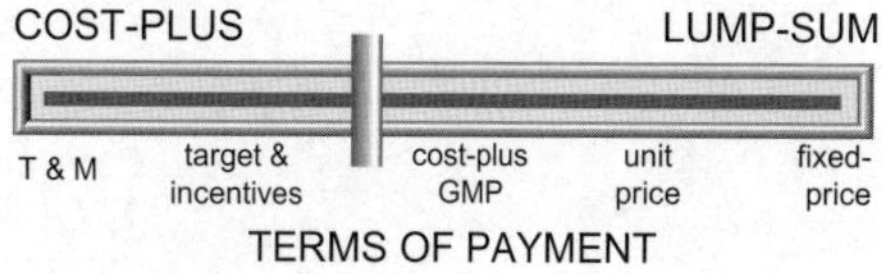

수급자는 정의된 공사범위에 대한 보상으로 총액방식으로 지급 받거나, 그들이 소요한 비용에 맞게 상환받을 것이다. 이 극과 극의 조건 사이에 많은 선택사항이 있다.

- 인센티브가 포함된 목표가. 수급자는 원가 가산방식의 실적 공사비를 받게 된다. 그러나 목표가는 고정되고 수급자는 남거나 초과된 비용을 균등하게 분배한다.
- 상한가보증 실비정산방식. 수급자는 원가 가산방식으로 받게 된다. 그러나 최대비용은 정해진다. 만약 한계액수를 넘긴다면, 이는 수급자 부담이다.
- 단가방식. 수급자는 시공 또는 제거된 각 자재들의 미리 결정된 단가를 합하여 금액을 받게 된다.

다른 지불방식들은 단일계약방식으로 결합될 수도 있다. 예를 들어, 임차인이 바뀌면서 임대기간 동안 사용할 공간에 대한 인테리어 공사에 대해서는 단가계약을 하는 확정금액방식이다. 즉, 기본 인테리어 공사는 확정금액방식으로, 추가 옵션사항에 대한 공사는 단가계약을 하는 방식이다. 지불방식에 대한 조건은 요구사항들이 명확하게 정의되었을 때 확정금액방식을 취하고, 업무범위가 명확하지 않으면 실비정산방식을 취하는 경향을 보인다.

3) 계약의 수(The number of contracts)

한 프로젝트에서 계약의 첫 단계는 DB방식의 경우에는 단일회사에, 전통적 방식인 DBB방식의 경우에는 두 회사에, CM-Agency 계약을 통한 대행방식의 경우에는 약 40개 정도의 하수급자와 자재, 장비, 인력을, 직접 발주하는 직영공사의 경우에는 수백 개의 회사들과 계약될 수 있다.

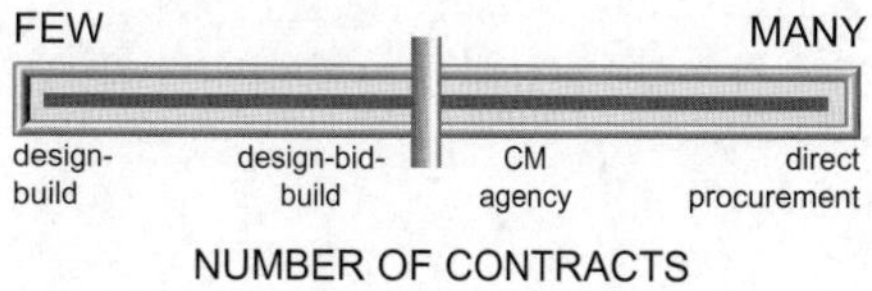

계약의 수가 증가할수록, 비용과 공기는 절감되고, 품질은 향상된다. 그러나 리스크는 증가한다.

다수의 계약은 패스트트랙을 가능하게 한다. 설계와 시공을 묶지 않은 것은 간접비 가격할증을 제거하고, 전문제조업자와 전문건설업자를 제대로 선정할 수 있게 한다. 원가와 공기를 절감하고 품질을 향상시킬 수 있는 기회는 수급자 수의 증가에 따라 같이 증가된다. 리스크와 관리의 부담 또한 그렇다. 다수의 수급자들과 일하는 발주자들은 그들을 잘 관리해야 하고 관리 실패에 대한 책임을 져야 한다. 결과적으로, 대부분의 발주자들은 수급자들이 계약들을 통합관리 하도록 하거나 CM이 리스크를 관리하도록 한다.

4) 선정기준(Selection criteria)

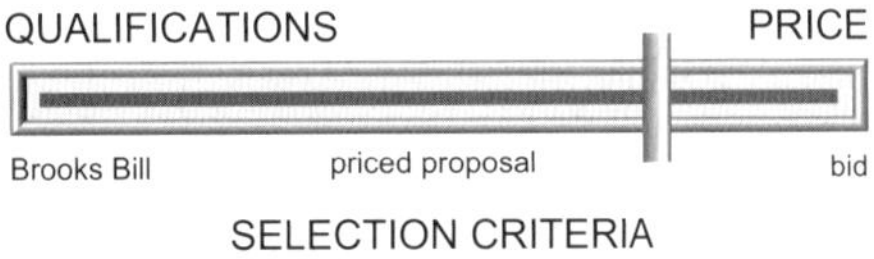

건설생산물 및 서비스가 쉽게 정의되고 평가하기 쉽다면, 가격에 근거하여 선정할 수 있다. 그렇지 않으면, 자격이 반드시 고려되어야 한다.

선정기준은 구매하려는 것에 의해 좌우되어야 한다. 만약 그것이 평범한 제품이라면, 대체로 가격에 의해 쉽게 결정되고 평가된다. 그러나 만약 그것이 독점제품이거나 제품의 가치를 측정하기 어려운 것(예를 들어 창의성, 지혜, 판단력 혹은 경험의 지적수준)이라면, 그 선택은 자격에 근거하게 될 것이다.

전통적으로, 설계자는 자격에 중점을 두어 선정되었고, 시공자는 그들의 건설생산물, 즉 건축물에 대한 가격에 근거하여 선정되었다.

1960년대 초까지 AIA는 회원선정에 앞서 견적금액 제시를 금지하는 윤리규정이 있었다. 다만 거기에는 구성원들이 동의한 수수료 기준이 있었다. 그러나 1960년대 후반, 법무부는 직업윤리상 비경쟁적 이윤추구를 강요할 수 없다고 결정했다. AIA는 '합의서(consent decree)' 에 서명을 하도록 하였고, 이로써 사실상 건축가들은 그들이 고용되기 전에 그들의 보수제시를 요구할 수 있게 되었다. 명백히 AIA의 윤리규정은 비윤리적인 것이었고, 그 수수료 기준은 확정금액이었다.

Builders have been selected based on price, AE on qualifications. That's changing.

시공자는 가격에 근거하여 선정되고, 설계자는 자격에 의해 선정되어 왔다. 하지만 그것이 변하고 있다.

거의 같은 시기에, 의회는 정부가 자격에 근거하여 설계자를 선정하고, 그 후에 보수를 협상하는 규정을 지닌 Brooks 법안을 통과시켰다.

그 사이에, 단일 프로젝트에서 점점 더 많은 하수급자들이 전문성을 갖추었다. 현명한 발주자들은 시공자 관리능력이 프로젝트를 성공하기 위해 중요하고, 수급자를 자격심사기반으로 선정하는 것이 점점 일반화 되어가고 있다는 것을 인식했다.

Most owners now consider both price and qualifications for both AE and builders.

대부분의 발주자는 설계자와 시공자 선정에 가격과 자격을 함께 고려하기 시작했다.

비록 미국 정부는 여전히 건축가와 엔지니어를 자격에 의해 선정하고 있지만, 대부분의 민간부문 단체들은 금액도 고려한다. 건축가, 엔지니어, 그리고 시공자 선정에 있어 일반적으로 금액과 자격 모두를 포함한다. 종종 현명한 발주자는 관리계획 또한 요구한다.

그만큼 발주자의 경험과 기술적인 능력에 많은 것이 달려있다. 예를 들어, 건축가와 엔지니어로 이루어진 사내팀을 갖고 있는 대형 개발업체는 그들 전문분야의 설계와 시공에 더 많은 경험이 있기에 그들은 좋은 업체들을 자격심사대상에 올리고 확정금액을 요청한다. 그들은 그들이 무엇을 원하는지 알고 그들이 얻어야 할 것과 그렇지 않은 것을 구별할 수 있다. 그들은 또한 그들의 협력 투자사들로부터 경쟁입찰을 입증하기 위한 압력을 받게 될 수도 있다.

4. 순환(Rotation)

PgMr은 프로젝트 관리자가 걱정할 필요가 없는 의사결정 기준을 만들어야 한다. PgMr은 어떤 계약들이 프로그램 전체를 위해 체결되어야 하는지, 어떤 계약들이 프로젝트에 구체적으로 체결되어야 하는 지를 고려해야 한다.

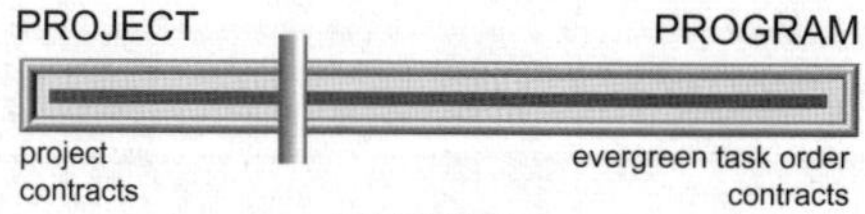

ROTATION

5. 패스트트랙과 GMP(Fast-Track and GMP)

패스트트랙은 설계와 시공의 동시진행을 의미하는 건설산업의 전문용어이다. 패스트트랙은 공기를 단축하지만, 위험부담이 따른다.

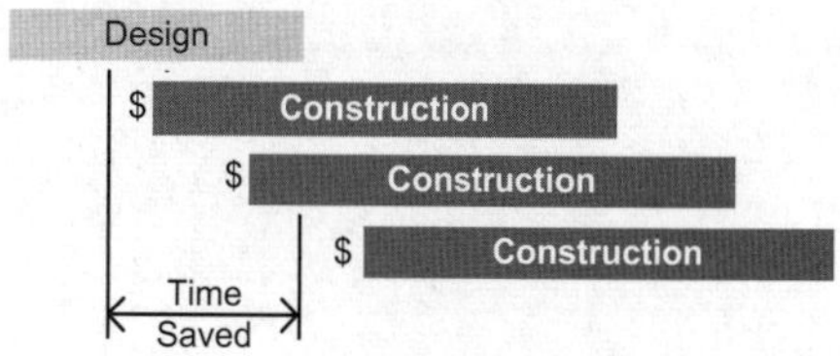

FAST TRACK

분명히, 현명한 방법은 실시설계도서를 작성하고, 모든 하수급자들에게 정확하게 업무범위를 규정한 뒤, 시공 전에 체계적으로 하수급자들의 공사비를 산출하는 것이다. 하지만 여러 상황에서 많은 발주자들에게 패스트트랙의 고충과 위험부담보다 시간의 가치가 더욱 중요할 수 있다. 그것은 신제품의 시장 진출 시간, 일시적인 높은 금융비용의 초래, 또는 새로운 시설의 절박한 필요성에 대한 압박일 수도 있다. 게다가, 몇몇 프로젝트들은 규모가 매우 크므로 부분적으로 시공되어야 할 필요가 있기도 하다.

패스트트랙은 CM-at-Risk, CM-Agency, DB방식 혹은 브리징방식의 어떠한 프로세스와도 함께 적용될 수 있다. 심지어 DBB방식에서, 프로젝트를 시작하기 위해 몇몇 계약을 먼저 진행하고, 모든 계약도서가 구비된 후에 수급자 선정을 위한 입찰을 할 수도 있다.

브리징방식은 패스트트랙 프로젝트를 위한 좋은 선택이다.

프로젝트 팀은 완비된 시공도면 보다 더 빠르게 '프로젝트 정의(project definition)'를 얻을 수 있다. 그리고 계약도서는 완전한 효력을 지닌다. 그러나 브리징방식도 발주자 측면에서 단점을 갖고 있다. 만약 발주자가 프로젝트에 패스트트랙을 적용한다면, 발주자는 착공승인 전에 완전한 의견일치를 보증하기 위해 충분한 실시설계도서 완료승인 권한을 포기해야 한다.

또한 패스트트랙으로 CM-Agency와의 계약은 간단하다. CM은 단순히 주공정 상의 작업 항목들을 완전한 계약도서에 근거하여 계약하고 공사를 시작한다. 발주자는 그 계약들의 책임자이다. 그러나 만약 발주자가 정해진 예산으로 지어야 한다면, 발주자는 후속 계약에 대해 CM이 산출한 견적에 의존해야 한다. 하지만 그 견적은 발주자가 의존하기에 충분한 근거가 되지 못할 가능성이 높다.

1) 패스트트랙의 두 가지 리스크(Two fast-track risks)

The owner must take one of two risks.

발주자는 두 가지 리스크 중 하나는 감수해야 한다.

패스트트랙은 사실상 단순한 개념이다. 명백하게, 당신은 실시설계도서가 다 갖추어지기 전에 대지정리를 시작할 수 있다. 문제는 한번 건설이 시작되면 발주자는 시행에 대한 의무를 지니며, 최종 공사비에 보장은 없다는 것이다. 그래서 발주자는 프로젝트의 총공사비에 대한 불확실성에 시달린다.

프로젝트에 패스트트랙을 적용한 발주자는 두 리스크 중 하나를 감수해야 한다.

1. 그들은 입찰되지 않은 공사비용에 대해 견적에 의존해야 하고 그 견적이 정확하기를 희망한다.
2. 또는 그들은 설계가 미흡한 건물에 대한 견적금액을 받아들여야 한다.

그것은 어려운 선택이다. 그러나 빈번한 실패에도 불구하고, 경쟁력 있는 조직은 이 두 가지 방안을 함께 수행한다.

(1) 리스크 1(Risk 1)

만약 CM이 실수를 하거나, 물가변동과 같은 시장의 변화, 또는 후속 계약이 CM의 견적가를 초과하는 경우, 발주자는 추가 비용을 마련해야 한다. 추가 비용 마련이 어려운 경우 발주자는 불가피하게 공사착수 후에 공사범위를 축소해야 한다. 전 세계 혹은 특정 지역에서, 예측 불가능한 시장 상황으로 인하여 유리, 철, 콘크리트, 구리, PVC, 목재와 같은 기본적인 건축 자재들의 두 자리 수 이상의 연간 가격변동은 흔히 있는 일이다. 그리고 노무생산성은 20% 혹은 그 이상의 가변성을 갖는다. 만약 하수급자들이 경황이 없다면, 그들은 경험이 없는 근로자를 고용하게 될 것이고, 결국 노무생산성은 감소할 것이다. 더군다나, 거기에는 불가피한 비용증가가 뒤따른다. 프로젝트가 설계와 함께 진행됨에 따라 프로젝트에 추가되어야 할 사항들에 대해 미리 고려하여 발주자와 설계자의 불안 심리를 완화하는 것이 중요하다.

물론, 우수한 CM은 이러한 문제들을 고려하고 계획을 세울 수 있다. 많은 패스트트랙 프로젝트들은 정확한 견적과 충분한 예비비를 통하여 성공적으로 수행된다. 그러나 몇몇 프로젝트들은 그렇지 못하다. 우리는 발주자가 패스트트랙 프로젝트 공사를 시작한 뒤, 안타깝게도 견적가보다 높은 후속계약의 입찰가에 대해 충격을 받는 상황들을 잘 알고 있다. 건설산업에는 끔찍한 비용초과의 충격을 겪는 프로젝트가 난무한다.

(2) 리스크 2(Risk 2)

그래서 많은 발주자들은 프로젝트가 GMP 내에 지어질 수 있는지에 대한 여부를 수급자에게 물을 것이다. 그러나 리스크 2처럼, GMP 또한 문제점을 갖고 있다. 그것은 확실하지 않은 건설생산물에 대해 정해진 가격이다.

A GMP is typically a defined price for an undefined product.

GMP는 일반적으로 확정되지 않은 건설생산물에 대한 정해진 가격이다.

GMP 계약은 최대비용이 보증된 실비정산식 계약의 약칭이다. 그 용어는 전형적으로 패스트트랙 프로젝트와 연관된 CMAR, 수급자 혹은 DBr에 의해 불리게 되었다[1]. 발주자는 실시설계도서를 완성하기 전에 공사를 시작하기를 바라면서, 프로젝트는 최대비용을 초과하지 않도록 보장받기를 원한다.

시공자는 아래와 같이 말한다.

"모든 세부사항까지 산출되는 것은 아니라서 나는 얼마

---

1. 단순하게 우리는 끊임없이 반복하는 'CMAR, GC, 또는 DBr'을 기피할 것이다. 그리고 이러한 그룹을 그저 '시공자'라고 언급할 것이다. 만약 우리가 수급자를 구체적으로 언급한다면, 우리는 두 단어 모두 사용할 것이다.

의 비용이 소요 될지 정확히 알지 못하지만, GMP를 산정할 수는 있다. 명확한 근거에 의해 소요된 비용을 지급해 달라, 그리고 나는 그 전체 소요비용이 GMP를 초과하지 않을 것을 약속한다."

그것은 Risk 2의 사례이다. 이것은 확실하지 않은 건설생산물에 대해 정해진 가격이다. 생각해보자. 만약 실시설계도서가 완성되었다면, 발주자는 그 일을 입찰하거나 총액계약으로 협상할 것이다. 그러나 그 계약도서들은 완성되지 않았기 때문에 실비정산방식이어야 한다.

시공자는 발주자를 안심시키기 위해 GMP를 제공한다. 그러나 실시설계도서가 완성되지 않았기 때문에, 시공 및 상세설계 단계에서 세부사항에 대한 분쟁이 발생할 수 있다.

All the project delivery process are flawed. Despite the problem in a GMP, the industry usually makes it work.

모든 발주 프로세스는 결점이 있다. GMP의 이러한 문제점에도 불구하고, 건설산업은 대부분 이를 적용하게 한다.

그럼에도 불구하고, 비록 부분적으로 완성된 도서를 토대로 주어진 GMP는 법률상 명쾌하지 못하지만, 경쟁력 있는 조직들은 늘 그런 일을 가능케 한다. 그들은 프로젝트의 많은 부분을 정의하고, 논쟁과 분쟁의 여지를 줄인다. 다음은 GMP 계약을 가능하게 하는 일반적인 접근방법을 설명한 것이다.

6. GMP의 전형적인 지불방식(Typical payment terms in a GMP)

최대비용보증 실비정산계약(cost-reimbursable contract with a GMP)를 기반으로 하는 CM-at-Risk, DB방식 및 협상에 의한 일반시공계약은 설계자가 도면을 완성하기 이전에 착공할 수 있다.

그러나 대부분의 발주자들은 공사를 시작하기 전에 GMP를 원한다. Cost-plus-a-GMP 계약은 전형적으로 다음 용어들을 포함한다.

1) 간접비와 이윤을 위한 확정금액(Fixed Fee for Overhead and Profit)

패스트트랙은 실비정산계약이라는 사실에도 불구하고, 간접비와 이윤의 보상체계는 전형적으로 공사비에 일정비율로 할증하거나 업무의 난이도에 따라 실비정산 하는 방식이 아닌 총액방식이다.

2) 상환가능한 일반조건(Reimbursable General Conditions)

일반조건은 프로젝트를 보조하기 위해 필요한 비영구적인 건설 공사를 말한다. 시공자는 보통 채권, 보험, 보안, 현장사무소와 사무실 장비, 통신, 인쇄와 시공에 필요한 업무(가설, 휀스, 사인물, 청소, 바리케이드, 현장화장실 및 근로자 주차구간의 자갈포설)에 대해서 markup(일반관리비와 이윤)이 제외된 실비를 상환 받는다.

현장관리팀은 보통 일반조건의 한 부분이다. 현장관리팀의 비용 또한 수급자가 프로젝트가 진행됨에 따라 팀의 규모를 융통성 있게 조정할 수 있도록 실비상환 된다. 수급자는 발주자의 비용을 절약하기 위해 팀을 축소하거나 또는 결과를 향상시키기 위해 팀을 증원 할 수 있다. 그 비용을 원가로 상환하므로, 발주자는 수급자가 자신의 이익 증진을 추구하고자 한다고 의심하지 않는다.

비록 대부분의 시공자들은 일반조건의 비용이 가변적이며 총공사의 GMP에 의해서만 통제된다고 주장하지만, 일부 발주자들은 일반조건에만 적용될 독립된 GMP를 원한다.

CM은 이러한 작업 항목들을 하수급 또는 직영 계약 할 수 있다. 예를 들어, 자갈, 바리케이드, 현장 화장실 설치 등은 토공사를 하는 하수급자의 계약범위 안에 포함 시킬 수 있다. 그러나 토공사를 위한 하수급자는 그 비용에 대해 간접비와 이윤을 추가할 가능성이 높다.

만약 CM이 공사를 직접 발주한다면, 그 CM은 더 많은 일을 수행하고 이윤 없이 발주비용을 상환받는다. 그것은 발주자를 위해 돈을 절약하는 동시에 CM에게 더 많은 일을 준다. 그래서 일반조건 항목들에 대해 높은 예산을 제안하는 CM은 추가업무를 추가비용 없이 수행하여 프로젝트 비용을 절감할 수 있다.

그러므로 일반조건의 비용은 한 CM사와 다른 CM사와의 수수료(보수)를 비교할 때, CM에 대한 보상의 일부로 간주하지 말아야 한다. 그것은 경쟁하는 CM사 간의 프로젝트에 대한 이해를 상세히 비교하여 검토 되어야 한다.

만약 발주자가 CM에게 계약이행과 지불에 대한 보증채권을 제공할 것을 요구한다면, 그 채권에 대한 비용은 CM의 일반조건 비용에 포함된다. CM은 또한 주 하수급자의 공사비에 포함될 보증채권을 그 하수급자들에 요구할 수 있다.

3) 하수급자(Subcontracts)

시공자는 markup이 제외된 비용으로 모든 하수급자의 총 공사비를 상환 받는다. 일반적으로 수급자는 발주자에게 기성을 받기 전까지 하수급자에게 비용을 지불하지 않는다. 수급자는 지불유보금, 공정률, 현장자재, 혹은 노무계획이 반영된 CPM 스케줄을 고려하는 기성일정(schedule of values)에 근거한 지급 일정에 하수급자들과 협의한다. 수급자는 지급금액을 계산하고, 발주자에게 기성을 받기 위해 청구서를 제출한다.

4) 예비비(Contingency)

Estimates for unbid work are fallible.

입찰하지 않은 공사에 대한 견적은 틀리기 쉽다.

일반적으로 GMP는 전체는 아니지만 일부 하수급계약이 성립되고 나서 주어진다. 시공자는 계약이 체결되지 않은 하수급계약에 대한 견적은 틀리기 쉽다는 것을 안다. 물론, 반드시 예측불가능한 상황이 발생할 수 있다는 것은 사실이다.

그래서 예비비가 존재하는 것이다. 예비비는 시공자의 GMP 내의 한 항목으로, 계약되지 않은 일의 비용을 정확히 예측하기 어려운 시공자의 입장을 반영할 것이다. 또한 예비비는 계획과 시방서의 모호한 부분과 공사 중에 발생할 수 있는 예측 불가능한 비용을 포함한다. 대부분의 계약은 예비비가 시공자의 실수를 만회할 비용 또한 포함할 수 있다고 규정한다.

The earlier the GMP, the greater the contingency.

GMP의 결정이 빠를수록, 예비비는 증가한다.

프로젝트 초기에 GMP를 원하는 발주자는 대다수의 하수급자들이 입찰할 때까지 기다릴 수 있는 발주자보다 예비비가 클 것이다. 만약 발주자가 적당한 예비비 협상을 주장한다면, 시공자는 수주되지 않은 계약에 대해 보수적인 견적(estimate conservatively)을 함으로써 예비비를 증가시킨다.

The builder's contingency belongs to the builder to pay for variations between estimates and bids, unpredictable events and mistakes.

시공자의 예비비는 시공자가 견적과 입찰가 사이에 발생할 수 있는 변동금액과 예기치 못한 상황 및 실수를 대비한 금액이다.

예비비는 GMP 내에 있고, 필요할 경우 시공자는 그 예비비를 사용할 수 있다. 그러나 미사용된 예비비는 발주자에게 반환되어야 한다(203쪽 '절감액의 공유' 참조).

발주자도 또한 예비비를 가져야 한다. 그것은 발주자에 속하는 것이고 발주자에 의해 관리된다. 발주자의 예비비는 공사 중에 불가피하게 발주자가 원하는 설계변경을 위한 것이다.

그래서 일반적으로, 시공자의 예비비는 GMP 내에 있고, 발주자의 예비비는 GMP 밖이다. 그러나 금융 혹은 회계목적의 일부의 경우, 발주자는 발주자에 의한 설계변경을 위해 필요할 수도 있는 발주자의 예비비를 시공자의 GMP 내에 한 항목으로 포함시킬 것을 시공자에게 요구하기도 한다.

The builder's contingency is inside the GMP, the owner's contingency is outside the GMP — usually.

시공자의 예비비는 GMP 내에 포함되며, 발주자의 예비비는 대개 GMP와 별개이다.

시공자가 실시설계도서를 완성하기 전에 GMP를 제시하거나, GMP 서류들에 비논리적으로 포함된 항목이 실시설계도서에 추가될 경우, 또는 발주자나 건축가가 설계/공사변경을 한다면, 달갑지 않은 용어인 '설계변경' 은 불가피할 것이다.

하수급계약이 GMP 이내에서 체결되고, 자금상환을 받는 한, 시공자는 하수급자와 공사변경에 대해 협상함에 있어 발주자의 이익을 대변하는 쪽으로 마음이 기울게 된다. 이것은 특히 발주자가 지속적으로 사업을 수행할 경우 더욱 더 그러하다. 지속적 수주가능성은 시공자의 입장에서 매력적일 수밖에 없다. 그러나 모든 시공자들은 특히, 경쟁하여 입찰에 참가한 업체들은 하수급자와의 좋은 관계에도 의존한다.

건설공동체 사이에는 여러 충성(allegiances)이 있는데, 이는 시공자의 발주자에 대한 충성을 약하게 할 수 있다. 그리고 만약 시공자가 전체비용이 GMP를 초과한다고 느끼면, 시공자의 충성은 설계변경을 협상하는 과정에서 이윤을 확보하는 방향으로 돌아설 것이다.

5) 자체수행공사(Self-performed construction)

여전히 수급자가 콘크리트공사, 그리고 목공사 혹은 조적공사를 수행하는 것이 일반적인 지역이 있다. 이러한 지역에서, 수급자들은 그 부분의 공사수행을 원할 것이다. 그것은 민간공사에서, 가장 나쁜 선택이 될 수 있으며, 결코 좋은 실행방법이 아니다. 그것은 이익의 상충을 일으키고, 프로젝트 회계를 혼란스럽게 한다.

Self-performed construction by a builder working under a GMP is a bad practice.

GMP방식에서 시공자의 자체수행공사는 바람직하지 않다.

그것은 공공공사에 있어서는 늘 삼가해야 할 불합리적 관행이다. 통찰력은 공공부문에서 중요하다. GMP 하에서 일하는 수급자는 본공사(permanent construction work)에 대하여 모두에게 공평한 기회를 주고, 공정한 가격책정을 위해 입찰을 허용해야 한다. 그 다음에 수급자는 각각의 하수급자들이 세부업무를 수행하였는지 확인해야 한다. 수급자는 자체적으로 그 역할을 대신할 수 없다.

몇몇 발주자들은 시공자가 다른 하수급자들과 입찰경쟁하는 것이 타당한 관행이라고 주장한다. 그것은 대개 성공하기 어렵다. 하수급자들은 그들이 수급자를 입찰에서 이겨도, 다시 그 수급자와 함께 일하기를 꺼려한다. 더욱이 그들은 수급자가 하수급자 선정에 유리하다고 생각한다.

6) 수급자 지급장비(Builder-furnished equipment)

It's also bad practice for a builder working under a GMP to furnish construction equipment for the project.

GMP방식에서 시공자가 건설장비를 직접 제공하는 것 또한 바람직하지 않다.

또 하나의 불합리한 관행은 프로젝트에 수급자 자신이 소유한 공사 장비를 공급하는 실비정산식 GMP 계약이다. CM-at-Risk는 적절한 임대료에 대한 국가공인가격(national authority for fair rental rates)을 참조하더라도, 임대료는 크게 과대평가되어 있고, 장비가 다른 프로젝트에서 불필요할 때 수급자는 장비를 그 프로젝트 현장에 세워둠으로써 이득을 취하려는 경우가 있다. 즉, 비록 CM-at-Risk가 양심적으로 정당할지라도 그릇된 인식을 야기할 수 있다.

7. GMP 산정(Arriving at a GMP)

GMP를 결정함에 있어 옳은 방법과 그릇된 방법이 있다.

1) 잘못된 방법(The wrong way)

Asking for a GMP too early in the process will produce fat estimates, brother-in-law deals and conflicts over scope.

너무 사업초반에 GMP를 요구하는 것은 과다견적과 담합 및 업무범위의 충돌을 야기시킨다.

우리는 시공자가 공사비를 산출할 능력이 있고, 부분적으로 완성된 시공도면과 시방서에 기초하여 적절한 GMP를 책정할 것이라는 가정 하에 일을 진행하는 많은 발주자들을 보아왔다. 일부의 경우에 국한하여, 발주자들은 기본설계의 마감단계에서 GMP를 주장하여, 그 가격으로 이사회나 주의회에 프로젝트 승인을 요청한다.

그런 접근방법이 가능하긴 하지만, 이는 늘 발주자의 비용과 업무범위, 불편한 사용자 혹은 언급된 모두에게 대가를 치르게 한다.

미완성된 도면과 시방서는 수급자가 하수급자와 함께 사용할 수 있는 시공도서로서 적절하지 못하다. 수급자는 하수급자와 경쟁하여 계약을 입찰할 수 없고, 수급자가 강제로 하수급자와 협상할 수 없다. 그래서 성급히 산정된 GMP는 다음과 같은 문제가 있다.

(1) 과다견적(Fat estimates)

수급자의 견적가는 후속계약 과정에서 자신의 회사가 손해를 보는 것을 원치 않기 때문에 보수적인 견적을 수행하고 리스크를 감당할 예비비를 포함시킨 견적서를 만들 것이다.

우리는 수급자가 설계 중에 견적가를 제시하는 다수의 프로젝트를 보아왔다. GMP를 조속히 제시할 압력을 받았을 때, 그 수급자는 과다한 비용 산정으로 리스크를 감당하려 할 것이다. 그 과다한 비용예측의 결과에 대해 발주자는 분노하게 되고, 결코 유쾌하지 못한 '가치저하(value elimination)' 협의기간과 고통스런 업무범위의 축소로 이어진다. 그러고 나서 입찰일에 예산 이하로 낮춘 가격을 만들어낸다.

그러나 사용자 입장에서는 원했던 일부 시설물을 포기했기 때문에 매우 불만족스럽다. 최저가입찰 후, 그들이 포기한 시설물을 추진할 여유가 있었음에도 말이다. 그래서 발주자들은 공사범위가 축소되고, 건축가는 용역비의 손실을 입을 수도 있으며, 시공자는 체면을 잃는다.

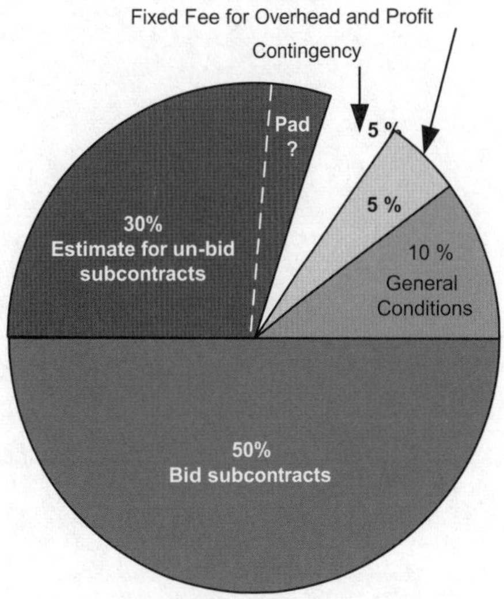

FEE COMPONENTS IN A GMP

(2) 친분관계에 의한 계약(Good-old-boy deals)

위험부담을 줄이고자, 수급자는 견적을 위해 신용이 있는 하수급자를 선정하고 그 하수급자가 수급자가 처음 동의했던 것과 마찬가지로 '확실하지 않은 건설생산물에 대해 정해진 가격' 에 입찰 할 것이다.

결과적으로, 경쟁 없이 선정된 하수급자는 리스크를 감당하기 위해 견적가를 상승시키고, 높은 이윤을 포함시킨다. 수급자의 생존능력은 하수급자와의 신뢰관계에 근간을 두기 때문에, 수급자는 경쟁을 제한하여 견적을 제공한 그 하수급자에 일을 맡기고자 최선을 다한다.

(3) 업무범위에 대한 분쟁(Conflict over scope)

결국, GMP 결정 이후에 도면이 완성되면, 도면과 시방서가 아직 완료되지 않았을 때 없었던 '논리적으로 내재된' 무언가에 대한 분쟁이 발생할 수 있다. 발주자들은 CM-at-Risk나 협상에 의한 GMP 계약의 경우 DBB방식 보다 높은 비용을 지불하고 있다고 말한다. 그러나 조사결과, 우리는 대부분의 경우에 발주자가 GMP를 조급히 요청했다는 것을 알 수 있었다.

❖

여기에 핵심이 있다. 만약 발주자가 시공자에게 예측 불가능하거나 감당할 수 없는 리스크의 감수를 요구한다면, 신용 있는 시공자는 최대의 리스크를 감수하기 위한 예비비를 포함 시킬 것이다. 그렇게 함으로써, 시공자는 리스크가 최대로 발생할 경우에도 손실이 없고, 리스크가 사라지면 초과 이윤을 만들 수 있다. 발주자의 입장에서는 손익이 없거나 손해를 입게 된다. 그래서 발주자가 시공자에게 예측불가능하거나 감당할 수 없는 리스크 감당을 요구하는 경우는 드물다.

2) 올바른 방법(The right way)

The right way is to take bids in methodical way and provide a GMP when the project is substantially procured.

바람직한 방법은 신중하게 입찰을 받고, 그 프로젝트의 주요한 계약들이 이루어졌을 때 GMP를 제공하는 것이다.

수급자가 체계적인 방법으로 하수급 계약을 맺는 것을 가능케 하는 프로세스는 수급자의 리스크를 낮추고, 발주자의 비용을 절감시킨다. 그래서 패스트트랙 프로젝트에서 GMP를 얻기 위한 더 좋은 접근 방법은 일부 실시설계도서가 100% 완성된 단계에서 진행하는 것이다. 여기에 적절한 견해가 있다: 전체 100% 도면의 75%가 완성된 상태에서 보다 75%의 도면이 100%완성되었을 때 GMP를 결정하는 것이다.

이제 아래와 같은 프로젝트의 하수급 계약을 선택할 방법을 기술해 보고자 한다.

1. 문서화하기 쉽고 적은 노력으로도 구체화 할 수 있는 작업(지붕공사, 카펫공사, 커튼월공사와 같은 공종)
2. 주공정상에 있는 작업(부지정리, 기초공사, 골조공사, 코어 및 외피공사)

수급자는 위 하수급계약에 대한 100% 완성된 도서를 가지고, 경쟁을 통해 법적효력이 있는 하수급계약을 체결할 수 있다. 수급자는 입찰되지 않은 일에 대해 견적을 낸 뒤 적절한 예비비를 추가하여 적합한 GMP를 제공할 수 있다. 그 절차는 투명하다. 예비비와 모든 하수급 계약의 입찰가는 노출된다. 예비비는 사용하지 않을 경우에는 발주자에게 반환된다. 어느 경우에나, 예비비의 규모는 늘 실시설계도서의 완성도와 비례한다. 바꾸어 말하면, 완성된 실시설계도서에 기초한 GMP는 리스크과 예비비를 최소화한다.

계획적인 실시설계도서의 단계적 발전과 하수급계약의 수주는 설계에도 도움이 된다. 시공도면을 완성하는 동안, 수급자는 입찰을 진행하거나 엘리베이터, 커튼월 혹은 기계장비등과 같은 빌딩시스템의 대안을 위한 가격협상을 한다. 가장 비용효율이 높은 시스템이 선택되었을 때, 설계자는 그것에 맞춰 설계할 수 있다(예를 들어, 모든 엘리베이터가 모든 샤프트에 설치되지 않는다). 게다가, 설계자는 마지막 실시설계도서에 제조업자들의 상세시공도면을 포함시킬 수 있다.

When the subcontractors are selected, the AE can design around their specific products.

하수급자가 선정되었을 때, 설계자는 그들의 구체적인 프로덕트에 대해 설계할 수 있다.

또 다른 장점이 있다. 시공자는 설계자가 시공도면을 마감하는 동안에 설계자의 도면을 검토하고, 시공상세도면을 제출할 하수급자를 구할 수 있다. 그것은 시공도면을 현장 시공상세도면으로 대체하는 반복을 없애고, 통합된 일련의 시공도서를 제공한다. 최종 시공도서가 실제 최종적으로 지어질 것을 의미함으로써, 비용을 절약하고 시공오차를 줄인다.

8. 절감액의 공유(Shared savings)

일부 발주자들은, 실비정산식계약으로 발주할 경우, GMP 보다 적은 비용으로 계약이 되면 시공자는 비용절감에 대한 인센티브는 거의 없을 것이라고 우려한다. 그래서 수급자는 인센티브를 발생시키기 위하여 GMP이하로 지속적으로 비용을 절감할 것이며, 몇몇 발주자들은 '절감액의 공유' 에 대해 동의한다. '절감액의 공유' 는 수급자의 프로젝트 총 공사비와 GMP 사이에 차이로 정의된다. 본질적으로, 그 조항은 시공자가 그 차액의 일부를 획득할 수 있다고 말한다. 그 비율은 절감액 공유조항으로 규정되고 아주 적은 퍼센트에서 상당히 높은 퍼센트로 다양하다.

만약 계약이 총액방식이고 시공자가 저가 입찰자라면, 분배되는 절감액 조항은 의미가 있다. 본질적으로, 당신은 시공자에 이렇게 말한다.

"시공업무를 수행하는 과정에서 도면과 시방서에 일치하지 않으나 허용가능하고 비용을 절감할 수 있는 것이 있는지 찾아보라. 만약 우리가 그것을 허용하게 된다면, 당신에게 그 노력에 대해 보상하겠다."

A cost-reimbursable GMP contract with a shared savings clause sounds good but usually has unintended consequences.

절감액분배조항이 있는 실비정산 GMP방식은 바람직한 것 같지만, 대개 의도하지 않은 결과를 낳는다.

그러나 실비정산식 GMP 계약에서 절감액의 공유조항은 보통 의도하지 않은 부정적 결과들을 초래할 수 있다. 발주자가 설계 단계에 참여할 자격을 갖춘 수급자를 선정했다고 가정해 보자. 수급자는 설계를 진행하면서 공사비를 산정할 것이다. 그 다음에 수급자는 대부분 하수급계약을 입찰시키고, 미입찰된 계약가를 견적한 뒤, 예비비를 추가하여 GMP를 설정하게 될 것이다. 이런 설정 하에서는, 절감액의 공유조항은 문제가 있다. 그 이유는 아래와 같다.

1. 간접비와 이윤의 수수료
2. 일반조건
3. 입찰계약
4. 미입찰된 보수적인 견적
5. 예비비

The savings may come from padded estimates and an inflated contingency.

절감액은 과다견적과 과다예비비에서 나올 수 있다.

절감액의 공유조항에 있어, 시공자는 총 공사비와 GMP 사이의 차액의 일부를 갖는다. 대부분의 경우에 '절감액' 은 대규모의 예비비를 협상하는 수급자의 능력과 미입찰된 하수급계약가에 포함된 '개략적인 과다예산' 에서 발생된다.

그것은 수급자에게 큰 관심거리이다. 수급자가 간접비와 이윤의 5%를 수수료로 지급받고, 그 절반은 순이익이라고 가정하자. 그리고 총 계약가의 25%가 수주되지 않았고, 그 미수주 계약가에 10%의 과다예산이 책정되었다고 하자. 그것은 총 계약가의 2.5%에 해당한다. 그 다음에 예비비는 5%라고 하자. 그것은 총 7.5%이다. 만약 그 절감액의 공유조항이 50%라면, 그 수급자는 과예산과 예비비로 인해 그들의 이익을 2.5%에서 6%까지로 추가할 수 있는 것이다.

그래서 절감액의 공유조항에서, 수급자는 가능한 높게 예비비를 책정하고자 할 것이다. 그 절감액은 열심히 일하거나 생산성 증가에서 비롯되는 것이 아니다. 그 절감액은 보수적 비용산정과 사용되지 않은 예비비로부터 비롯되는 것이다.

그것은 갈등을 야기한다. 만약 수급자가 예비비의 일부분을 획득한다면, 발주자는 그것의 규모를 크게 하는 것을 꺼려한다. 어려운 협상은 계속해서 일어난다. 수급자는 비용 위험부담으로부터 안전하고자, 예비비를 증가시키기 쉽고, 시공 일반조건의 다른 항목들을 부풀린다. 그것은 건축가와 발주자에게 불필요하게 프로젝트 업무영역을 감소하게끔 만들 것이다. 발주자는 수급자가 위험부담을 느끼는 것을 원치 않는다. 만약 그런 상황이 되면, 프로젝트 팀 관계의 신뢰는 사라지고 투명성에 구름이 낀다.

절감액의 공유조항에는 또 다른 두 가지 바람직하지 못한 결과가 있다.

1) 첫째, 공유되지 않은, 편향된 목표(First, unshared, unbalanced goals)

프로젝트 목표는 항상 가격뿐만 아니라 공정과 품질도 포함된다. 만약 발주자가 시공자에 오직 비용절감에 대해서만 보상을 한다면, 그것은 시공자의 목표와 맞지 않는 것이고, 프로젝트의 모든 목표를 위해 일하는 다른 팀들과의 갈등을 유발시킬 것이다.

2) 둘째, 무너진 신뢰(Second, an erosion of trust)

공유된 절감액은 수급자의 조언에 대한 편협한 인식을 갖게 할 수 있다. 수급자가 비용을 절감할 대안을 제시했을 때, 다른 업체들은 그 수급자가 자신의 이익을 위해 프로젝트를 값싸게 하는 것이라고 의심할 수 있다.

최선의 방식은 대부분의 하수급 일에 대해 입찰 받을 시간을 수급자에게 주고, 적절한 예비비를 지급하며, 사용되지 않은 예비비는 모두 발주자에게 반환되는 것을 규정하는 것이다.

3) 진정한 인센티브(The real incentive)

시공자가 자격에 근거하여 선정되는 것은 설계자를 선정하는 동기와 같다. 어느 회사든 그들에게 가장 중요한 쟁점은 생존하는 것이다. 많은 건설사들에게, 훌륭한 추천과 적절한 이익을 보

The most important issue for any company is survival. An opportunity for repeat work is far more important than a killing on a change order.

어느 회사든 그들에게 가장 중요한 사항은 생존하는 것이다. 후속공사의 기회는 설계변경으로 인한 분쟁에 의한 기회손실보다 훨씬 더 중요하다.

장해주는 후속계약은, 변경업무로 분쟁을 일으키는 것보다 더 가치 있는 것이다. 즉, 발주자로부터의 후속계약에 대한 약속이 가장 중요한 인센티브다. 중요한 것은 훌륭한 계약수행이 선행되어야 후속계약이 가능하다는 것을 인지시키는 것이다.

9. 성공보수(A Satisfaction Fee)

A satisfaction fee may apply to all the project goals, not just cost.

성공보수는 단지 비용만이 아니라 모든 프로젝트의 목표에 적용할 수 있다.

다른 인센티브들도 고려할 가치가 있다. 절감액의 공유조항이 부작용이 있는 반면, 성공보수는 의구심을 일으킬 수 있다. 모든 사람들의 업무는 발주자를 만족하게 하는 것이고, 발주자는 가격, 공정, 품질, 지역사회 관계, 사용자와의 관계, 환경적인 문제 등 많은 목표를 갖는다. 비용과 공정 같은 일부 성공요인들은 정량화 될 수 있으나, 상호협력이나 예기치 못한 상황에 대응하는 시공자의 결단력과 같은 다른 요인은 주관적인 것이다. 실로, 시공자(또는 다른 업체들)는 많은 중대한 문제들이 주관적임을 받아들여야 한다.

한 가지 좋은 접근방법은 수급자를 위해 발주자가 보너스를 챙겨주는 것이다.

It doesn't make sense to award the satisfaction fee at the end of the job. Nobody can change what's already happened.

준공시점에 성공보수를 지급하는 것은 의미가 없다. 이미 발생한 것에 대해서는 아무도 변경할 수 없다.

발주자는 수급자의 업무수행에 대한 만족도에 기반을 두어, 성공보수를 분기별 등 정기적으로 나누어 지급해야 한다. 발주자는 기간별로 수급자의 업무수행에 대한 등급을 평가하고, 적합한 수수료를 지불한다. 프로젝트 수행기간 동안에 이루어지는 주기적인 검토는 중요하다. 그것은 팀이 조치를 취할 수 있을 때 피드백을 얻기 위한 현명한 방법으로, 프로젝트가 완료된 후에 과거를 바로잡을 수 없기 때문이다.

그 회의에는 발주자와 수급자의 PM과 각 조직의 주요 경영진도 포함되어야 한다. 수급자를 평가하는 발주자(혹은 발주자의 PM) 뿐만 아니라, 수급자는 제안과 비평을 듣기 위하여 참석해야 한다. 이것이 협업이다.

시공자는 발주자에게 훌륭한 계약수행의 의무를 가지고 있다. 발주자는 시공자에게 자신의 기대를 명확히 설명할 의무와 시공자의 계약이행에 대한 의견을 제시해야 한다. 그리고 발주자는 시공자에게 시간을 내어, 그러한 문제를 토론할 수 있도록 배려해 줄 의무가 있다.

제3편 프로그램 관리 시스템

프로그램관리 정보시스템 (PgMIS)

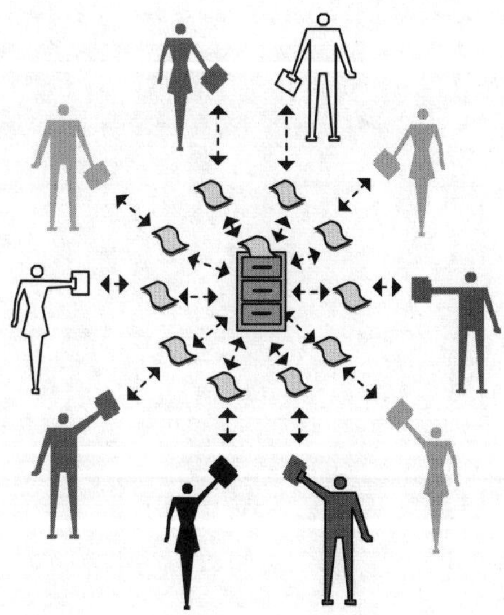

PgMIS는 설계와 시공 프로그램이 방대한 양의 세부 정보를 발생시키기 때문에 이에 대한 관리를 위해 필요하다. 이러한 정보시스템이 없다고 가정해 보자. 프로그램 기간 동안 발생한 모든 정보를 인간의 두뇌에 담을 수는 없다. 심지어 하루 동안 생성된 데이터조차도 인간의 능력만으로 관리하는 것은 벅찰 것이다. 상황이 정상적인 궤도에서 벗어나는 것을 즉각 알 수 있게 하기 위해서는 이들 정보가 반드시 관리되어야 한다. 그리고 프로그램의 관리 주체인 발주자측 참여자뿐만 아니라 개별 프로젝트와 관련된 설계자, 엔지니어 및 시공자 등을 모두 포함한 확장된 프로그램 팀 구성원들이 이에 시간적 제약 없이 접근할 필요가 있을 것이다.

잘 개발된 PgMIS는 좋은 사업 결과를 이끌어 낼 수 있을 뿐만 아니라 참여자들의 업무 능률을 향상시킬 것이다. PgMIS는 설계와 시공 프로그램 분야의 전문가가 가지고 있는 지식을 시스템을 이용해 외적으로 표현하여 정보를 제공한다. PgMIS는 프로그램 내의 물리적 산출물(products), 절차 그리고 가장 중요한 참여자에 관한 프로그램에 대한 사실을 가감 없이 전달해주고, 관리자에게 이를 통보해 주며, 관련 개선사항을 알려준다.

PgMIS는 해당 조직의 특별한 요구사항에 맞게 맞춤형으로 개발되어야 하며 이 조직의 다른 시스템의 변화와 같이 보조를 맞출 수 있어야 한다. PgMIS의 구축은 과정이지 목적지가 아니다.

정보는 프로그램 관리의 입력값과 출력값이다. 이들 정보는 수집되고, 통합된 후 검증을 거쳐 기록되고 공유된다. 이들 정보에 지혜, 경험 그리고 적절한 판단이 가미된 후 보고된다. 최종적으로 이를 바탕으로 프로그램 수행 방향이 설정된다. 그 방향 자체도 또 다른 형태의 정보로 볼 수 있다.

정보기술이 효과적인 프로그램 관리를 위해 필요한 도구라는 것에는 의심의 여지가 없을 것이다.

1. 프로젝트 정보 vs. 프로그램 정보(Project vs. program information)

Program Management Information Systems (PgMIS) are not the same as project management information systems.

PgMIS(프로그램관리 정보시스템)는 PMIS(프로젝트관리 정보시스템)와 동일하지 않다는 점에 주의하자.

이 장에서는 먼저, 중요하면서도 상당 부분 오해되고 있는 사실을 언급하고자 한다. 두 곳 이상에서 동시에 진행되는 현장 설계 및 시공 프로그램들 중 상당수 경우에 의외로 단지 프로젝트정보시스템을 구축하는데 그치고 있고, 프로그램을 단지 일련의 프로젝트들의 연속으로만 간주하는 올바르지 않은 관리 전략을 지속적으로 유지하고 있다는 것이다. 프로젝트와 프로그램을 수행할 때 간과할 수 없는 차이가 있는 것과 마찬가지로 프로젝트정보시스템과 프로그램정보시스템에는 분명한 차이가 있다.

Meridian의 Prolog나 Primavera의 Expedition과 같은 프로젝트 관리 소프트웨어들은 종합건설업자가 여러 하수급자들을 관리하기에 유용한 도구들이다. 이들 제품들은 일반적으로 상세한 프로젝트 회계와 보고 기능을 제공한다. 이 소프트웨어들은 또한 발주자와 하수급자의 변경 요구사항, 클레임, 정보요청(RFIs: Request For Information), 제출된 각종 문서(submittals), 기성지급, 공사일보, 기상일지, 현장근로자 출력상황, 일정 및 문서와 같은 정보를 관리하도록 도와준다. 이 프로그램들은 이를 능숙하게 사용하는 많은 수급자들에 의해서 발전되었고 활용되었다.

비록 1990년대에 개발되었던 다양한 유형의 프로젝트 관리 소프트웨어가 닷컴의 실패와 함께 사라졌지만, 좋은 제품을 보유한 일부 개발사들은 계속해서 끈기를 갖고 자사 제품들을 개량해서 지금은 안정적인 조직을 유지하고 있다. 그 사이 개인용 컴퓨터의 도입이후 고등 교육을 받아 컴퓨터 사용에 익숙한 신세대들이 성장해서 건설회사와 CM회사에서 선도적인 역할을 하고 있다. 현재 거의 모든 건설사에서 이런 효과적인 도구를 사용하고 있다.

일반적으로 프로젝트만을 관리하기 위해 개발된 관리 소프트웨어는 다중 프로젝트들로부터 정보를 취합해 프로그램 수준의 정보로 제공하지 않고, 확장된 프로그램 팀 전반의 협력을 위한 기능도 포함하지 않고 있다.

이들 소프트웨어 개발사들은 수요자의 특별한 요구를 반영한 서비스보다는 범용적인 소프트웨어 개발 및 판매에 관심이 있기 때문에 다양한 유형의 발주자 요구사항과 업무절차를 반영해 맞춤형으로 소프트웨어를 제작해주지는 않는다.

PgMIS software must report on the status of the entire program as well as individual projects.

PgMIS 소프트웨어는 개별 프로젝트뿐만 아니라 전체 프로그램의 상황을 보고해야 한다.

프로젝트 관리 소프트웨어가 단일 프로젝트의 세부정보를 관리하는데 반해 PgMIS는 반드시 프로그램 관리를 위한 새로운 기능을 추가로 포함해야 한다. 프로젝트 관리 소프트웨어를 공급하는 기존 개발사 중 일부와 새롭게 설립된 회사들 중 일부는 프로젝트 수준에 집중해 건설사 및 CM사에게 소프트웨어를 제공하기 보다는 대형 건물 프로그램을 가지고 있는 발주자와 관리자들에게 초점을 맞추었다. 현재는 Trimble의 자회사로 편입된 Meridian사가 Proliance와 ProjectTalk를 개발했고, Autodesk사는 Constructware를 합병했으며, Skire사는 많은 고등교육기관에서 사용되고 있는 효과적인 PgMIS를 생산하고 있다.

좋은 PgMIS의 특징은 아래와 같이 세 가지 특징을 가지고 있다.

1. 보고기능(Reporting): 좋은 PgMIS는 자본계획을 기록하고, 진도를 측정하며, 프로그램의 상황에 대한 정보를 제공한다. 이를 통해 프로그램을 올바르게 이끌 수 있다. 무엇보다도 프로그램에 대한 가감 없는 상황을 보여주고 다른 전문가의 경험을 간접적으로 접함으로써 이를 터득할 수 있게 해준다.
2. 문서화 및 의사소통 기능(Documentation and Communications): 좋은 시스템은 반드시 프로젝트 정보를 문서화하고, 이 정보를 프로그램 수준의 정보로 가공하며, 모든 프로그램 이해당사자

가 허용된 범위에서 손쉽게 이들 정보에 접근하게 한다.

3. 관리기능(control): PgMIS는 수동적인 시스템이 아니다. 이 시스템은 관리자가 확장된 조직을 관리하고 지시하는데 사용된다. 이를 위한 업무 형식과 절차가 만들어지기도 한다.

2. 보고기능(Reporting)

The first function of a PgMIS is to keep leaders informed so they can apply their judgment.

PgMIS의 가장 중요한 기능은 의사결정권자에게 상황판단에 참조할 수 있는 정보를 지속적으로 제공해주는 것이다.

PgMIS는 다른 무엇보다도 계획달성을 위해 현재 수준의 성공 또는 실패 정도에 관한 정보를 프로그램을 이끄는 관리자에게 제공해 관리를 수행할 수 있게 하고, 필요할 경우 잘못된 상황을 바로잡을 수 있게 해줘야 한다. 관리자에게 주는 위와 같은 편익에 더해, 좋은 보고 기능은 고객을 지속적으로 만족시킬 수 있다. 최악의 상황에 처했었던 한 프로젝트가 기억난다. 고객은 용역수행자들과 거리감이 있었고, 용역수행자들이 사업을 잘 수행하고 있지 않다고 느꼈다. 그에 반해 용역수행자들은 사업을 잘 진행하고 있다고 생각했다. 한 조인트벤처(joint-venture) 파트너는 고객이 단순히 무엇이 진행되는지를 모르고 있지만, 모든 것이 순조롭게 진행되고 있다면서 불평했다. 그는 괴로워하는 표정으로 이렇게 질문했다.

> *"당신의 고객이 당신이 일을 잘 하고 있지 않다고 생각할 때 당신이 일을 잘 하고 있다는 것을 어떻게 설명합니까?"*

고객이 용역수행자가 무엇을 하고 있었는지를 모른다는 것은 분명 용역수행자의 잘못이었다. 용역을 제공하는 측에서는 프로그램으로 향하는 창을 열어서 고객이 상황을 올바르게 보게 해야 한다. 투명한 정보공개의 필요성이 다시 떠오르는 이유이다.

1) 계획(The Plan)

"If you don't know where you're going, any path will do."
....The Cheshire Cat in Lewis Carroll's Alice's Adventures in Wonderland

"만약 당신이 어디로 가고 있는지 모른다면 어느 길이든지 갈 수 있다."

…이상한 나라의 앨리스의 원작자 루이스 캐롤이 희화화한 체셔 고양이

PgMIS의 기초는 프로젝트들의 범위와 비용 및 시간에 대한 계획이다. 이를 바탕으로 PgMIS는 정기적으로 입력되는 정확하면서 항목별로 나누어진 데이터를 가지고 진도를 측정할 수 있고, 이것을 계획과 비교함으로써 관리자들이 관리업무를 할 수 있

다.

건설산업에서 사용되는 대부분의 용어들처럼, '계획' 이란 용어는 각 기관에서 서로 다른 이름으로 불려진다. 경우에 따라서 자본개선계획, 줄여서 CIP(Capital Improvement Plan)로 불려진다. 그러나 교육구에서는 일반적으로 건설사업이 지역채권을 재원으로 하기 때문에 건물 프로그램을 채권 프로그램이라고 부를 것이고, 창고형 할인매장 체인 측에서는 새로운 사업안이라고 부를 것이다. 발주자들은 자신들의 계획을 건물 프로그램이나 마스터 개발계획이라고 부를 것이다.

자본계획은 회사에서 만들 수 있는 여러 계획 중 하나이다. 여기에 간략한 어휘를 정리하였다.

(1) 전략계획(Strategic plan)

전략계획은 회사의 목표와 그 목표를 달성하기 위해 수행해야 하는 운영 지침을 다룬다. 이 계획은 대개 정성적이면서, 세부사항을 많이 포함하지 않는 문자와 숫자로 이루어진 일반적인 문서로 나타난다.

(2) 마스터 플랜(Master Plan)

마스터 플랜은 명확하게 정해지지는 않았지만, 시간이 지남에 따라 어떻게 전략계획이 실제 시설물로 구체화 될 것인가를 묘사하는 계획이다. 마스터 플랜은 개발과 관련된 다년간의 비전을 제시하는 반면, 자본계획은 일반적으로 예측가능한 단기간을 대상으로 한다. 마스터 플랜은 예상 결과에 대한 모형이나 가상모델과 같은 렌더링 형태로 제시되지만, 그 계획을 뒷받침할 필수적인 문자와 숫자 형태의 데이터가 포함된다.

(3) 비지니스 플랜 (Business plan)

비지니스 플랜은 자본계획의 감가상각비와 분할상환금에 전략계획과 연관된 소득과 운영비를 더한 비용을 포함한다. 비지니스 플랜은 그 조직의 최종 손익계산을 보여준다.

(4) 현금흐름 계획(Cash flow plan)

현금 유동성 계획은 실제 현금의 상환과 현금 지급에 대한 예측이다. 이것은 소득과 비용과는 다른 개념이다. 소득과 비용의 예측은 자본 지출의 초기 현금 비용을 포함하지 않는다. 건물, 부동산 및 장비는 자본금이 투자되고, 시간이 경과함에 따라 일부 비율로 감가 상각된다. 현금흐름은 이런 자금 유출(outflow)을 알게 해준다.

세금을 지불하지 않는 공공기관들에게 현금흐름은 아주 중요하다. 전통적으로 세금으로 운영되는 공공기관들은, 자본환원을 계산하고 자본 비용을 감가상각 하는 대차대조표(재정증명서)에 크게 신경을 쓰지 않는다. 그들은 소요되는 자금을 단순히 현금 사건으로 처리한다.

(5) 시나리오 계획(Scenario plan)

시나리오 계획은 마스터 플랜에 대한 가상의 시나리오로 제시된다. 자본 조달 계획이 원안대로 실행되는 일이 거의 희박하다는 것을 인지한 발주자들과 그들의 PgMr들은 미래에 대한 추측을 토대로 시나리오 계획을 입안한다. 예를 들어, 인구가 늘어나서 등록률이 10%까지 증가한다면, 한 교육구에 얼마나 더 많은 시설물 공간이 필요하며 그 비용은 얼마나 될 것인가? 혹은 만약 임상실험 단계의 암 치료가 성공한다면, 그 지역사회에 그 치료를 도입하는데 얼마나 많은 공간이 요구되는가? 등이다.

(6) 자본계획(Capital plan)

자본계획은 한 프로젝트에 대한 예산과 일정을 세우는 계획이다. 자본계획은 비용항목이라기보다는 자본 항목들의 목록이다[1]. 자본계획은 마스터 플랜을 실행하는 데 필요한 자본 금액에 대한 시간적 계획을 수립하는 것이다. 만약 가용 자원에 의해 제약을 받는다면, 전체 마스터 플랜보다는 이 중 특정 단계에 대한 계획이 될 수도 있다. 자본계획은 새로운 시설물, 개조, 주요 장비 목록과 기존 시설물에 대한 자본 재유치 등에 대한 예산을 포함한다.

---

1. 자본항목의 비용은 대차대조표에 자산으로 잡힌다. 근본적으로 한 자산(돈)은 다른 자산(건물)으로 교체된다. 비용항목은 대차대조표에 남지 않게 된다. 자산(돈)은 노무비와 공과금과 같은 항목으로 사용된다. 지출 후에는 어떤 자산도 남아 있지 않게 된다.

PgMr들은 비용산출과 일정관리를 위해 공학적 방법들을 사용하고 세밀한 계획을 세우기 위해 이들 개념을 조달과 발주방식 전략에 응용한다.

PgMIS는 다년간의 예산 수립, 프로젝트 요구 추적, 자금 조달계획 승인, 부족분과 지연된 유지보수의 보고, 목표 점수에 따른 프로젝트 우선순위 결정, 예산 전환, 채권 관리, 현금 소요, 개별 프로젝트로의 자금 할당, 자금 조달원 확보 등 기획팀 업무를 지원하기 위한 자본계획 모듈을 포함할 것이다.

2) 계획변경(Plans change)

PgMIS의 기반인 자본계획은 항상 변화한다. 경험을 통해 보건대 의도된 대로 실현된 적은 한 번도 없었다. 비용과 일정에 대한 가정은 시간이 흐름에 따라 무너져 버린다. 사용자 측은 언제나 요구사항을 변경하기 때문이다.

A capital plan is based on assumptions about cost, schedule and requirements: all three will change during the program

자본계획은 비용, 일정, 요구사항에 대한 가정에 기반을 두고 수립된다. 이 세 가지 모두가 프로그램을 진행하는 동안에 변경될 것이다.

(1) 비용과 일정변경(Costs and schedules change)

계획은 프로젝트의 비용, 설계와 시공기간에 대한 가정에 기반을 두고 있다. 이런 가정들은 종종 곤혹스러울 정도로 잘못된 것으로 판명되기도 한다. 이러한 상황은 계획하는 사람이 미숙해서 초래되는 것은 아니다. 어느 누구도 미래를 예측할 수 없고, 예측할 것이라고 기대하는 것 자체가 어쩌면 현실적이지 못한 태도이다. 일례로 인도 Bombay의 경기호황에 따른 예상치 못했던 철강 수요가 가격상승을 부추겨 미국 Missouri주 Kansas시의 예산 파탄에 영향을 준 적이 있다. 그 누구도 이를 예측하지 못했다.

사업이 진행됨에 따라 계획은 현재가 되고, 가정은 실제 상황으로 바뀌게 된다. PgMr들은 이를 감안해 예정된 방향으로 나아가기 위해 조치를 취할 수 있어야 한다.

설계자와 CMr은 치열한 경쟁에서 용역을 수주하기를 간절히 바란다. 잠재 고객에게 자사의 비용 견적과 일정 관리 능력의 우수성을 홍보한다. 이러한 마케팅 미사여구로 인해 많은 발주자들은 이들 용역수행자가 미래를 정확히 예측할 수 있고 발주 방식에 영향을 미치는 조건들도 예측 가능할 것이라고 믿게 된다. 실제는 그렇지 않다. 비용과 일정은 경험에 의한 예측으로 결정될 뿐이며, 예측할 수 없는 미래는 특정 방향이든 다른 방향이든 간에 그 예측과 다르게 왜곡되어 진행될 것이다. 이러한 착오의 최대 피해자는 발주자일 뿐이다.

Plans fail because the future changes the assumptions.

프로그램이 진행됨에 따라서 계획시 세웠던 가정이 변하기 때문에 계획은 실패한다.

(2) 요구사항 변경(Requirements change)

계획을 어렵게 만드는 것은 예측할 수 없는 건설산업의 본질 때문만은 아니다. 기술, 인구 특성, 경쟁 및 경제 상황의 변화는 고객들에게 지속적으로 영향을 미친다. 복잡한 건물들과 장기간 수행해야 하는 일정을 다루는 프로그램은 수많은 변화들의 영향을 받는다. 이런 상황으로 인해 계획 또한 필연적으로 변화되기 마련이다.

3) 조정의 필요(The need to adjust)

변화의 소용돌이와 흐름은 계획이 실행됨에 따라 사업이 어느 방향으로 진행되는지 반드시 파악해야 하는 필요성을 역설한다. PgMr들에게 계획대비 차이나 목표지점에서의 변화를 알려 줌으로써 PgMr들에게 조정 시점과 필요성을 알게 해주는 정보 시스템이 반드시 존재해야 한다.

미래는 불확실하기 때문에 상황을 통제하기 위한 조정 능력이 필요하다. 이 능력은 다음과 같다.

- 불가피한 변경에 따른 조정이 필요할 수 있음을 발주자측 상위관리자들에게 확실히 함으로써 변경으로 인한 대립이나 지연을 초하지 않도록 하는 능력
- 프로그램과 프로젝트 두 수준에서 모두 대비가 가능한 주요 예비비 보유
- 용역수행자와 시공자 간의 유연한 계약서를 개발해서 변경으로 인한 추가적인 협상이나 법률검토에 따른 방해를 최소화 할 수 있는 능력

The classic management step are to plan, organize, monitor and control. But to manage a capital plan, stretched over year, we have to add adjust, compensate and modify

고전적인 관리단계는 계획하고, 구성하고, 관찰하고, 통제하는 것이다. 그러나 여러 해에 걸쳐 지속되는 자본계획을 관리하기 위해서는 조절하고 절충하고 수정하는 것을 추가해야 한다.

필연적으로 이 능력은 용역수행자로부터 상세한 비용정보를 확보해서 협상이 복잡하지 않게 하는 능력까지를 포함한다.

타성적으로 좋은 관리자가 계획하면 모든 것이 계획한 바와 같이 진행될 것으로 여기게 된다. 그러나 현실은 복잡하기 때문

에 이와 같이 진행되는 경우는 드물며, 만약 모든 것이 바로 진행될 것이라고 믿는다면 실망하게 된다. 왜냐하면 예정대로 진행되지 않기 때문이다.

건물 프로그램을 실행하는 데는 수년이 걸린다. 필연적으로 요구사항과 비용 및 일정의 세 가지 가정들은 변화하게 된다. 전체 계획이 이런 세 가지 가정 위에 세워진다고 추측해보자. 관리자가 이런 조건들이 변경된 후에도 완강하게 계획을 계속해서 실행한다면, 그로 인한 결과는 좋지 않을 것이다.

바이올린 제조업자인 Antonio Sttadivari의 바이올린이 최상급이었던 이유는 그가 어떤 현악기 제작자보다 손재주와 재료에 관련해 발생한 실수를 바로잡을 수 있었기 때문이라고 밝힌 음악 악기와 관련된 책이 있었다. PgMr에게 수정할 수 있는 능력이란, 바이올린의 명인인 Sttadivari만의 능력만큼 가치 있는 것이다.

The ability to evaluate and adjust is a critical asset for a Program Manager.

평가하고 조절할 수 있는 능력이 PgMr에게 중요한 자산이다.

예정된 방향대로 수정하기 위한 조절능력은 PgMIS에서 여러 개의 추가적인 모듈로부터 나온 정보를 필요로 한다.

(1) 프로젝트 현황(Project status)

PgMr이 프로그램 상황을 이해하고 조정이 필요한지를 알기 위해서 PgMIS는 프로젝트 수준 정보를 반드시 제공해야 한다.

A PgMIS presents both program and project information

PgMIS는 프로그램과 프로젝트 정보 모두를 제시한다.

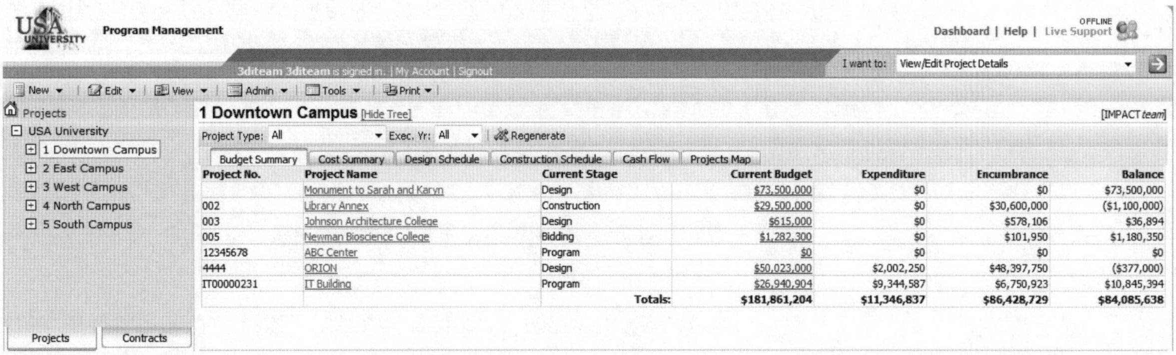

위의 그림은 USA 대학교 다운타운 캠퍼스라는 가상 사업에 있는 프로젝트들을 모아놓은 것이다. 사용자는 대형 건물 프로그램에 있는 모든 프로젝트를 보기 위해 화면 왼쪽에 있는 프로젝트 구조도에 있는 상위 요소들을 클릭하거나 개별 프로젝트를 보기 위해 추가적인 아이콘 클릭 혹은 정보검색을 할 수 있다.

프로젝트 수준의 정보는 일반적으로 PgMIS 내부의 계층 수준(hierachical level)에 있다. 예를 들어, 발주자는 소수의 프로젝트들을 포함하는 지역별로 프로젝트를 그룹 짓거나, 교대로 계약 당사자(예를 들어, 설계자, 컨설턴트, 시공자)를 포함하거나, 아니면 일부 다른 변수들을 포함하는 지역별로 그룹 지을 것이다. PgMIS

는 이런 다중 프로젝트들을 프로그램 수준에서 '경영진에게 친숙' 한 화면으로 요약해야 한다.

프로그램 수준의 화면은 사용자, 위치, 회계 연도나 여러 해에 걸친 범위별 또는 누군가에 의해 정의된 프로젝트 그룹 기준별로 검토하기 위해 프로젝트를 선택할 수 있는 기능을 포함해야 한다. 사용자는 계약 사실, 계획 대비 실제 프로젝트 지출(예산, 계약금액, 계약변경, 계약예측금액, 기성금 및 기타 정보), 마일스톤 일정과 그 이상의 정보들을 검토하기 위해 추가적인 명령수행이나 검색을 한다.

(2) 계약현황(Contract status)

PgMIS는 또한 '프로젝트 화면' 과 '계약 화면' 을 포함해야 한다. 분명히 프로젝트들은 다수의 계약을 맺고 있다. 수많은 시공자들과 컨설턴트들이 다중 프로젝트에서 일을 하고 있다. 따라서 PgMIS는 다수의 참가자들의 불필요한 잡무를 덜어주고 보고서 상에 정보를 두 번 입력하거나 뜻하지 않은 중복됨이 없이, 재무 정보나 마일스톤 일정 정보를 다수의 프로젝트에 적용되는 수평적 계약들에 대해, 그리고 단일 프로젝트에 대한 비용을 취합해 놓은 수직적 계약들에 대해 정리할 필요가 있다.

프로젝트 화면과 계약 화면 모두에 대한 정보는 계획 대비 실제 비용(예산, 계약금액, 계약변경, 제안변경, 예측, 지불금, 마일스톤 일정 등)을 포함할 것이다. 사용자가 요약된 세부사항에서 가공되지 않은 데이터를 대상으로 추가 작업을 할 수 있도록 시스템을 만들어야 한다.

(3) 다수 프로젝트들로부터 통합된 정보(Consolidated information from multiple projects)

우수한 PgMIS는 프로젝트 상황보고 뿐만 아니라 프로젝트 데이터를 상위수준의 요약으로 취합한다. 앞서 제시된 가상의 USA 대학교 프로그램의 화면 예시에서 볼 수 있듯이, 다운타운 캠퍼스 사업의 모든 프로젝트와 이들의 현황이 화면에 나열됨을 알 수 있었다.

프로그램 정보는 전체 프로그램에 대한 유사 정보를 검색하기 위해서 경우에 따라서 더 높은 단계로 이동할 수 있다.

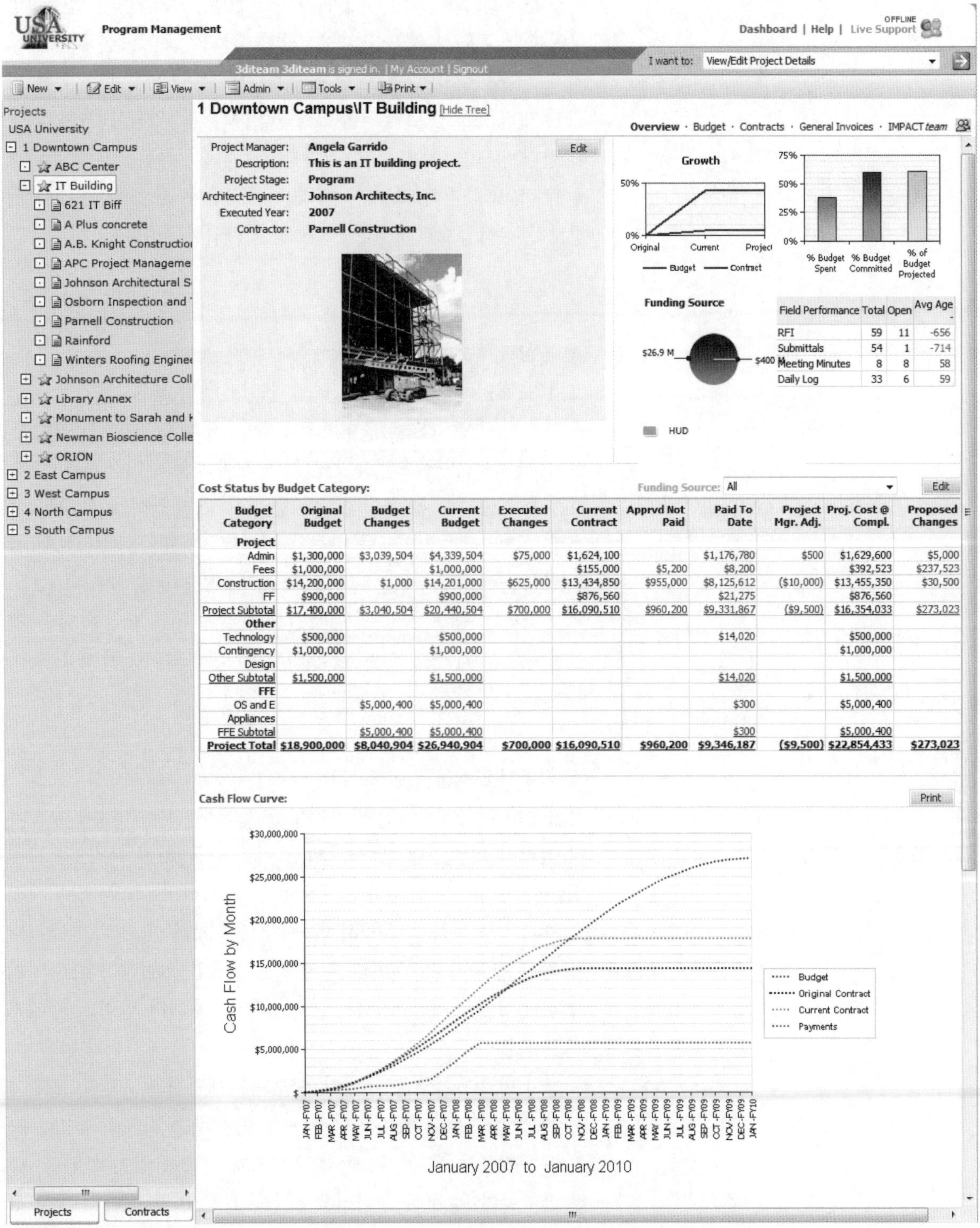

Budget Category	Original Budget	Budget Changes	Current Budget	Executed Changes	Current Contract	Apprvd Not Paid	Paid To Date	Project Mgr. Adj.	Proj. Cost @ Compl.	Proposed Changes
Project										
Admin	$1,300,000	$3,039,504	$4,339,504	$75,000	$1,624,100		$1,176,780	$500	$1,629,600	$5,000
Fees	$1,000,000		$1,000,000		$155,000	$5,200	$8,200		$392,523	$237,523
Construction	$14,200,000	$1,000	$14,201,000	$625,000	$13,434,850	$955,000	$8,125,612	($10,000)	$13,455,350	$30,500
FF	$900,000		$900,000		$876,560		$21,275		$876,560	
Project Subtotal	$17,400,000	$3,040,504	$20,440,504	$700,000	$16,090,510	$960,200	$9,331,867	($9,500)	$16,354,033	$273,023
Other										
Technology	$500,000		$500,000				$14,020		$500,000	
Contingency	$1,000,000		$1,000,000						$1,000,000	
Design										
Other Subtotal	$1,500,000		$1,500,000				$14,020		$1,500,000	
FFE										
OS and E		$5,000,400	$5,000,400				$300		$5,000,400	
Appliances										
FFE Subtotal		$5,000,400	$5,000,400				$300		$5,000,400	
Project Total	**$18,900,000**	**$8,040,904**	**$26,940,904**	**$700,000**	**$16,090,510**	**$960,200**	**$9,346,187**	**($9,500)**	**$22,854,433**	**$273,023**

좋은 PgMIS는 요약 수준에서 경영진이 프로젝트의 필수적인 상황을 검토하기 위한 요약보고 기능을 가지고 있을 것이다. 그러나 사용자가 더 많은 관련 정보를 검색할 수 있도록 요약과 연결된 개별 프로젝트의 세부사항을 열람할 수 있는 기능도 있어야 한다. 관리자들은 개별 원가를 검토하고, 미결중인 설계변경을 추적 및 관리하고, 계약 이력을 검토해서 늦었거나 잃어버린 정보를 추적함으로써 리스크를 더 잘 관리할 것이다.

(4) 동향과 주요한 판단기준(Trends and critical metrics)

과거의 데이터를 저장한 소프트웨어는 월별 또는 연도별 동향과 주요한 판단기준을 수립하고 관찰할 수 있게 해준다. 이런 판단기준들은 일반적으로 사용자정의 그룹에서의 비용과 일정 증가를 보고하는 것을 포함하거나 정보 요청, 제안서 요청, 제출물 검토, 설계변경 해결 또는 다른 프로젝트 수준의 상세 정보와 같은 항목들에 대한 시간에 따른 요약 정보를 제공할 것이다.

보고서는 녹색, 노란색과 빨간색으로 상황을 강조해 바쁜 경영진에게 즉각적으로 프로그램 상의 문제점들을 알려줄 것이다.

(5) 발주자 조직을 위한 조정(Tailored to the owner's organization)

경험에 비춰볼 때 어떤 발주자도 프로젝트 진행에 대해 동일하게 접근하지 않았다. 발주자의 조직이 다를 뿐 아니라 그 조직 또한 지속적으로 변화하기 때문이다. 그래서 PgMIS는 발주자별로 제기되는 독특한 요구사항들에 맞추어 맞춤형으로 만들어져야 하고 발주자 조직의 다른 시스템이 변화함에 따라 맞추어져야 한다. PgMIS를 설치하는 것은 목적이 아니라 과정일 뿐이기 때문이다.

만약 발주자가 소프트웨어 개발사가 개발한 시스템을 프로그램 관리 소프트웨어로 통합한다면, 발주자는 소프트웨어를 수정하는 것을 허용하는 공식적인 합의가 반드시 있어야 한다. 또한 발주자가 그 모든 데이터를 소유하고 있고, 발주자가 원할 경우 발주자측의 소프트웨어를 이용하여 발주자의 서버 컴퓨터에 있는 데이터를 검색 및 보관할 수 있다는 것을 반드시 명시해야 한다.

다수의 소프트웨어 개발사들은 사용자 수에 따라 자사 소프트웨어 비용을 책정한다. 이런 종류의 구매 조건은 동일 플랫폼에서 가능한 한 많은 사용자가 이용하는 것을 방해한다. 이런 문제를 예방하기 위해서는 발주자 측에서 별도의 구매나 번거로운 사용자 등록 없이 발주자 조직 내부뿐만 아니라 설계사와 시공자와 같은 외부 사용자들도 사용할 수 있도록 하는 협의가 이루어져야 한다.

Pricing software by the number of user hinders its purpose.

사용자의 수에 따라 소프트웨어의 가격이 결정되는 것은 그 목적을 방해한다.

(6) 사용자가 정의하는 보고서(Custom reports)

소프트웨어가 아무리 많은 수의 표준 보고서를 만들어 낼지라도 사용자가 추가로 자신의 요구에 다른 형식으로 분석할 필요가 있다. 고객은 예상하지 못한 보고서를 요구하기 마련이다. 따라서 소프트웨어는 특정 사안에 대해 심도 있는 내용을 제공하기 위해 사용자가 간단하면서도 직관적으로 사용할 수 있는 사용자정의 보고서 작성 기능을 포함해야 한다. 사용자는 보고서에 포함하기 위해 데이터 항목을 선택하고 다양한 기준에 따라 그것들을 취사선택할 수 있어야 한다(오른쪽에 있는 예제를 참조하라). 이런 기능은 비전산 전문가들이 데이터를 추출, 분류, 배열한 다음에 다운받아 마이크로소프트 워드, 엑셀, 파워포인트와 같은 일반 프로그램을 이용하여 보고서나 발표 자료를 만들 수 있도록 해야 한다.

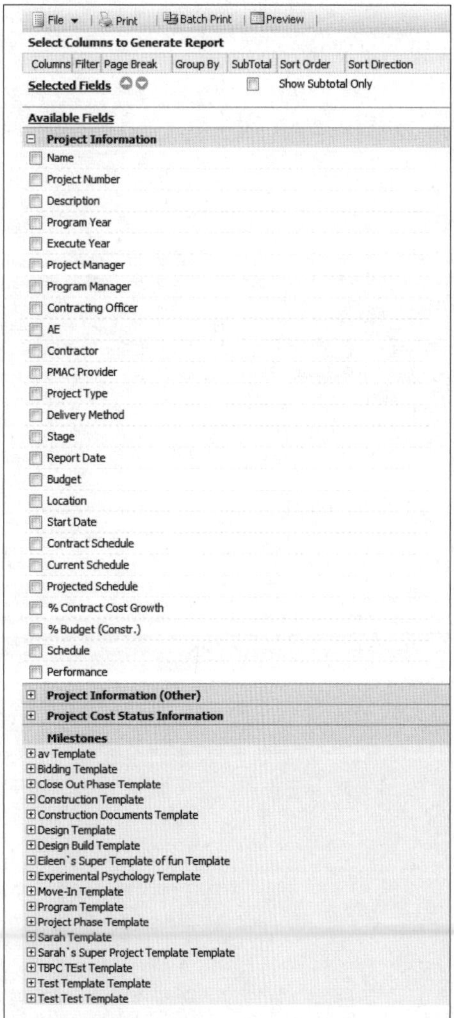

우수한 PgMIS는 특정 데이터 항목을 선택할 수 있는 능력을 제공해서, 스프레드시트나 발표용 소프트웨어로 내보내서 사용자가 원하는 형식으로 보고서를 작성할 수 있게 해야 한다.

(7) 경영진 수준의 정보 및 인터페이스(Executive level information and interface)

전통적으로, 빠짐없는 세부사항들을 필요로 하고 관련 소프트웨어를 매일 사용하는 기술관련 직원들이 프로그램 관리 시스템 요구사항을 도출한다. 그리고 개선사항들이 누적된다. 이러한 과정을 거쳐 개발되고 개선된 소프트웨어 자체는 강력해지지만, 사용자 인터페이스는 너무 복잡해져서 경영진이 쉽게 이해할 수 없게 된다. 중요한 징후들이 자칫 상세내용에 묻힐 수 있다.

프로그램 관리 소프트웨어는 명확한 의사소통을 필요로 한다. 소프트웨어에서 이해하기 힘든 명령어나 스프레드시트에서 의미가 불분명한 데이터 항목을 보면서 그것들이 무엇인지 의

아해 한 경험이 누구에게나 있을 것이다.

자사의 정보시스템을 이용하는데 익숙한 경영진은 많지 않다. 그런 경영진들은 교육을 받을 시간도 없을 뿐만 아니라, 만약 교육을 받는다 할지라도 사용하는 횟수가 너무 적어서 사용법을 잊어버리거나 사용에 어려움을 갖게 될 것이다. 그렇지만, 전반적인 혹은 상세한 프로그램 정보를 얻기 위해 몇 개의 자판을 치는 것 이외에 경영진이 현재 진행상황을 이해하게 해주는 다른 방법은 아직 없는 것 같다.

프로그램의 경영진들을 위해서 위의 문제들을 해결할 필요가 있다. 프로그램 관리 시스템은 보편적인 내비게이션 도구를 사용하는 간단한 사용자 인터페이스를 구축할 필요가 있다. 시스템은 반드시 큰 그림을 제시해야 하고 이해하기 쉬운 수준을 갖고 있어야 한다. 만약 그렇게 된다면 상사는 그 소프트웨어를 좋아하고 지원 할 것이다.

A PgMIS needs to be executive friendly-that means Peter Rabbit simple.

PgMIS는 경영진에게 친근해야 하는데, 베아트릭스 포터의 동화 속 주인공인 피터 토끼만큼 단순해야 한다는 것을 의미한다.

만약 그렇지 않다면, 상사는 시스템을 무시할 것이다. 그리고 그 시스템 팀은 필요로 하는 지원을 받지 못할 것이고, 직원들이 즉각적으로 데이터를 입력하도록 훈련되지 않을 것이다. 따라서 정보는 가장 최근의 상황을 반영할 수가 없고, 사용자는 그런 정보를 신뢰하지 않을 것이며, 결국 PgMIS는 실패할 것이다.

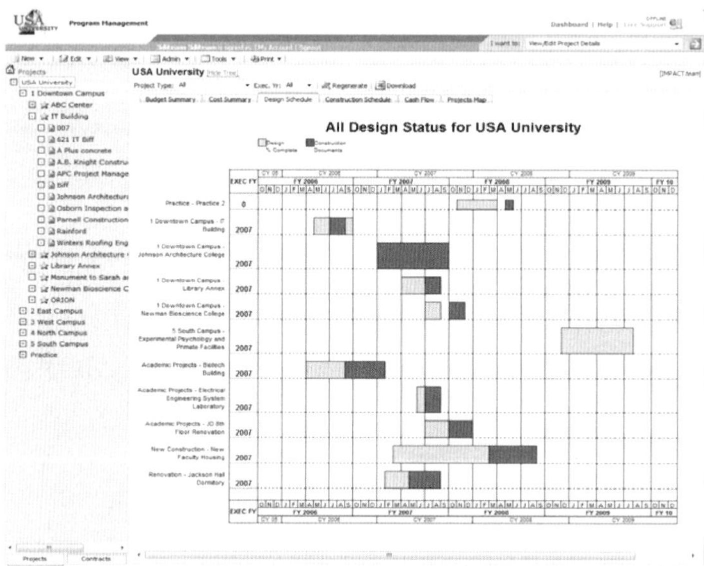

PgMIS는 경영진에게 자본계획의 중요한 징후에 대한 전반적이며 개념적인 의견을 제시하고 나서 필요할 경우 필요한 상세데이터의 근원까지 열람할 수 있는 능력을 제공할 필요가 있다.

4) 측정: 실제 사례(Measurement: true stories)

조직을 관리해 본 사람은 누구나 조직의 성과에 대해 좋은 정보를 얻고 싶어 하는 리더의 조급함을 이해한다. 만약 상사가 보고서를 요구하는데 표준 보고서로는 해결할 수 없다면, 다음과 같은 두 가지 문제점이 있을 수 있다.

A human pyramid reporting system is often inaccurate, inconsistent and biased.

사람에 의한 다단계 보고 시스템은 종종 부정확하고 일관성이 없으며 편향된다.

1. 그 상사는 편향되거나 제한된 견해를 제공하도록 의도적으로 선택된 정보를 받을 수 있다.
2. 이해하는데 약간의 시간이 걸릴지도 모르는, 보고자에 의해 새롭게 개발된 양식으로 제출될 것이다.

지난 두 세기에 걸쳐서 회계사들은 한 조직의 재무 상태를 측정하는, 보편적으로 인정된 회계원칙(Generally Accepted Accounting Principles, GAAP)을 개발했다. 이 원칙들은 한 조직의 경제 상황에 대해 상당히 정확한 사실을 전달해 준다. 자산과 지급 기일 만기 순으로 정렬된 부채의 표현 방식은 일관성을 지니고 있어서, 재무 교육을 받은 사람이라면 해당 회사의 재무 상황을 빠르게 파악할 수 있다.

GAAP principles have created standard formats for accouting, but standard formats don't exist for reporting on design and construction programs. That means we have to puzzle out each new report that someone invents.

일반적으로 인정된 회계원칙은 회계분석을 위한 표준 양식을 만들어 왔지만, 설계나 시공 프로그램에 관한 보고용 표준 양식은 존재하지 않는다. 이것은 매번 누군가에 의해 개발된 새로운 보고서를 파악하도록 노력해야 함을 의미한다.

그러나 건설산업계는 설계나 시공 프로그램의 성과 측정과 관련된 산업 표준을 갖고 있지 않다. 이는 몇 가지 문제를 초래한다. 일관성이 없다면, 상황 보고를 위해 역할이 다른 다수 참여자가 필요로 하는 사항이 무엇인지에 대한 선택과 관련된 적지 않은 업무가 수행되어야 한다.

그래서 뛰어난 PgMr은 사실이 아닐 것 같은 내용, 허구적인 내용, 보고자의 이익을 위한 내용, 정치적인 의도가 내포된 내용을 배제하고 중요한 사실만을 제공하도록 표준 보고 시스템 양식을 수립할 것이다. 그 보고서는 솔직하게 내부상황을 드러냄으로써 관리자와 경영진이 프로그램의 상태를 파악할 수 있게 해 준다.

Standard formats are essential

표준양식은 반드시 필요하다.

총 사업기간 동안 이런 일관된 형식에 의한, 사실에 근거한 보고 체계가 없다면, 사업 참여자들은 잘못된 정보에 입각해 업무를 수행하고, 수행된 업무도 좋지 않은 결과를 만들 뿐더러 이 잘못으로부터 어떤 개선점도 찾을 수가 없는 위험에 처할 것이다.

그럼에도 불구하고 이처럼 핵심적인 보고체계 수립에 관한 임무가 중요한 임무들 중에서도 가장 소홀히 다루어지고 있다.

건물 프로그램에는 한 사람이 파악하기에는 너무나 많은 정보들이 존재하기 때문에, 관리자들은 전통적으로 다단계(pyramid) 보고 체계를 운용해 왔다. 경영층은 중간 관리자들에게 책임을 위임하고, 순차적으로 중간관리자들은 프로젝트 관리자들과 현장 엔지니어들에게 프로젝트 정보를 수집하도록 위임한다. 현장 엔지니어들이나 프로젝트 관리자들은 주기적으로 중간 관리자들에게 현장 정보를 보고하고 이를 중간 관리자들이 요약하고 다시 정리해서 상위 관리자들에게 제출한다. 보고되는 과정에서 프로젝트 정보전달은 지연되고, 내용은 여과되며 명확성이 떨어지고, 경우에 따라서는 개연성이 훼손된다. 상위 관리자들은 개념만을 다루고, 세밀한 사항까지 관리하는 것을 피하면서 이를 프로젝트 관리자나 현장 엔지니어에게 맡긴다.

그러는 사이 모든 사업 참여자들은 보고서 작성이나 단순한 보고서 양식 변경에 상당한 시간을 허비한다.

웹기반 정보시스템은 그러한 보고 체계를 바꾸었다. 현장으로부터 규정된 입력을 강조하는 21세기형 관리자들은 자신들의 책상에 놓인 컴퓨터 앞에 앉아, 마우스를 몇 번만 클릭함으로써 분리되지 않고, 여과되지 않은 프로젝트 상황 보고서를 실시간으로 얻을 수 있다.

현재 경영진들은 직접 사실들을 검토할 수 있고, 프로젝트 관리자들에게 불필요한 업무를 경감해주면서 PgMr와 프로젝트 관리자 사이의 협업을 원활하게 할 수 있다.

오직 소수의 관리자들만이 이 기술로부터 얻을 수 있는 혜택을 알고 있다는 것이 의아할 따름이다.

다수의 PgMIS는 핵심징후(vital signs)가 세부사항에 의해 부각되기 어려운 형태를 가지고 있는 프로젝트 관리 시스템들과 단순하게 연결되어 있다. 일련의 개별 프로젝트에서 발생한 상세한 데이터를 살펴봄으로써 큰 프로그램을 관리하는 것은 시계의 초침을 바라보면서 시간을 말하려고 시도하는 것과 같다.

Managing a large program by looking at detailed data from a series of individual projects is like trying to tell time by looking at the second band.

일련의 개별 프로젝트에서 나온 상세한 데이터를 살펴봄으로써 큰 프로그램을 관리하는 것은 시계의 초침을 바라보면서 시간을 말하려고 시도하는 것과 같다.

프로젝트 세부사항을 제공하는 시스템은 데이터를 획득하여 프로젝트의 상황을 경영진에게 요약해 줄 수 있도록 설계되어야 한다. 이런 시스템들은 전체 프로그램에 대한 개념적이고 전반적이면서 폭넓은 견해를 제시해야 한다. 만약 문제가 발생한다면, 상위 관리자들은 프로젝트 세부사항까지 열람해서 문제를 찾아내고 원인을 밝혀낼 수 있을 것이다.

한 예를 살펴보자. 시스템이 자료 요청에 대한 정보를 추적하고 기록한다고 가정하자. 시스템은 각 프로젝트에 대한 각각의 자료 요청에 대한 내용, 상황, 사건 일자 및 주석을 제시할 것이다. 만약 한 임원진이 모든 세부사항을 이해하려고 시도한다면, 상위 수준에서의 전반적인 시각을 잃어버릴 수 있다. 반면에 만약 보고서가 시간이 경과함에 따라 발생하는 문제에 대한 경고를 보여 준다면, 최고 관리자는 해당 프로젝트의 세부사항을 열람해서 기계/전기/배관 컨설턴트 관련 업무에 문제가 있음을 파악하게 된다. 관리자는 신속하게 전화로 회의를 한 후 설비 엔지니어가 병가 중이라는 것을 알게 된다. PM팀은 최고관리자 수준에서 문제에 집중함으로써 대안을 제시하게 된다.

중요한 마감일이나 엄청난 금액이 연관된 업무는 세세한 부분까지 관리하는 것이 좋다.

A good PgMIS will make good Program Manager. A crucial function of good control systems is that they teach the team.

우수한 PgMIS가 우수한 PgMr을 만든다. 우수한 관리시스템의 중요한 기능은 팀을 가르치는 것이다.

우수한 관리 시스템들이 보다 낳은 프로젝트 결과를 만들어낸다. 이 시스템들은 또한 관리자의 능력을 향상시킨다. 이 시스템들은 협업을 원활하게 하고, 이를 통한 협력적인 의사결정으로 이익을 증가시킨다. 상충되는 정보에 의한 논쟁으로부터 촉발된 분쟁은 자주 있어 왔다. 좋은 정보시스템들은 모든 사람들에게 똑같은 사실을 제공해서 사업과 관련된 확장된 프로젝트 팀이 분쟁에 휘말리거나 와해되지 않도록 지켜줄 수 있다.

발주자들은 일반적인 이유로 회사내부의 인력이 되었건 외부인력이 되었건 PgMr이 있었으면 한다. 발주자는 설계나 시공과정을 이해하고 올바른 행동을 해주는 등 자신들의 이해를 대변할 PgMr을 원한다. 이상적인 상황이라면, PgMr은 무엇이 진행되고 있는지에 대한 최고의 이해와 무엇을 해야 하는지에 대한 최고의 판단을 내릴 것이다. 그래서 관리 시스템의 중요한 기능은 현실에 대한 투명한 보고를 통한 판단력 향상이다.

좋은 사람과 우수한 프로세스 사이에서 선택하라고 한다면, 현명한 선택은 항상 좋은 사람들이다. 그러나 여기에 핵심이 숨어있다. 우수한 관리시스템은 사람들을 교육시킬 수 있기 때문에 그들을 보다 뛰어나게 양성할 수 있다.

정확한 정보를 제공하는 관리시스템들은 경험을 증대시키고 판단력을 향상시킨다. 격언에 아래와 같은 것이 있다.

질문: *당신은 어떻게 좋은 판단력을 갖게 되었습니까?*
답: *경험입니다.*
질문: *당신은 어떻게 경험을 갖게 되었습니까?*
답: *나쁜 판단으로부터입니다.*

사실이다. 그러나 우리가 나쁜 경험을 통하지 않고 좋은 판단력을 갖게 되는 방법을 알 수 있다면 더 좋을 것이다. 하나의 해결책은 모든 관리자들이 정확한 사실에 근거해 업무 진행사항을 파악하고 있음을 확신함으로써 모든 사람들의 경험을 향상시킬 수 있는 방법들을 찾아내는 것이다. 올바른 관리시스템들은 실제 이야기를 전달한다. 시스템을 통해 현장상황을 교육할 수 있고, 팀의 경험도 풍부하게 해줄 것이며 관리자들은 올바른 교훈을 배우게 된다.

게다가, 이들 관리시스템들은 프로그램의 실제 사건들을 들여다 보는 창문 역할을 한다. 프로세스를 이해하는 좋은 판단력을 가진 영리하고 경험이 많은 관리자라 할지라도 무엇이 진행되고 있는지를 모른다면, 그런 좋은 능력은 발휘되지 못할 것이다.

A good PgMIS will present global and detailed program, project and contract status and will forecast trends.

우수한 PgMIS는 전반적이면서도 상세적인 프로그램, 프로젝트, 계약상황을 제시하고, 미래경향을 예측할 것이다.

전체적인 상황은 자주 세부사항에 묻히게 된다. 사용자는 프로젝트의 상태를 알기 원하지만, 미리 요청해도 늦게 제공되는 정보에 의해 갈팡질팡하게 된다. 그래서 우수한 프로그램 관리 소프트웨어는 자본계획의 중요한 징후에 대한 전반적이면서도 개념적인 견해를 경영진에게 보고하고, 필요할 경우 근본 세부사항까지 열람할 수 있도록 설계되어야 한다.

관리시스템은 기획팀이 다년간의 예산을 책정하고, 프로젝트 필요 요청을 관리하고, 채권발행을 재가하고, 부족 및 계획과 다른 부분에 대한 조치사항을 보고하고, 목표치에 따른 프로젝트 요구사항을 관리하고, 예산 전환을 수행하고, 채권을 발행하고, 현금 필요성을 예측하고, 개별 프로젝트에 자금을 할당하고, 자금원을 확보하는 것을 지원하는 자본계획 모듈이 필요하다.

프로젝트 수준의 정보는 일반적으로 PgMIS 내의 계층구조에 소속되어 있다. 예를 들어, 발주자는 소규모 프로젝트들을 포함하는 지역별로 프로그램을 구성하는데, 이때 프로젝트별로 계약주체(예: 설계자, 컨설턴트, 시공자)이 달라지며 이들을 모두

시스템 사용자에 포함해야 한다. 일부 다른 요건에 의해 프로젝트들을 프로그램으로 묶는 경우도 있다. PgMIS는 이런 다수 프로젝트들을 프로그램 수준 화면으로 요약해야 한다.

PgMIS는 당연히 프로젝트 회계정보를 제공해야 한다. 이 소프트웨어는 다수 프로젝트에 걸쳐 자재와 서비스를 제공하기 위해 어느 시점에 발주자가 공급자나 시공자와 계약을 맺는지에 대한 상황을 예상할 필요가 있다. 이런 계약관계를 수평적 조달(horizontal procurement)이라고 한다. 다수의 참가자들의 잡무를 덜어주고 보고서 상에 정보를 두 번 입력하는 실수를 범하지 않으면서 다수의 프로젝트에 적용될 수 있는 수평 계약들과 개별 프로젝트에 대한 비용을 수집하는 수직 계약들 두 가지 모두에 대한 계약, 재무, 또는 마일스톤 공정(milestone schedule) 정보를 체계화할 필요가 있다.

3. 문서화 및 의사소통 기능(Documentation and communication)

대부분의 회의나 개별적인 업무는 정보를 요구한다. 올바른 시점에 적절한 정보를 가지는 것은 확실히 큰 도움이 된다. 만약 바른 사실들만 알고 있었어도 쉽게 해결될 수 있는 회의임에도 혼란스러웠던 경우를 생각해 보자. 필요로 하는 정보를 찾기 위해 낭비하는 시간은 또 얼마나 되는지 생각해 볼 필요가 있다.

전통적으로 프로그램은 정보를 자사의 컴퓨터나 파일 보관함에 저장한 회사와 사람들에 의해 그 조직이 구성된다. 그리고 정보는 명령체계에 따라 보고된다. 이것은 아래와 같은 몇 가지 고전적인 문제들을 야기한다.

- 모든 사람들이 다른 사람에게 혼돈을 야기하는 그들 자신만의 양식을 개발한다.
- 정보가 부적절하게 공유된다. 일부 사람들은 정보 공유를 무시하는 반면 다른 사람들은 정보가 힘이라는 것을 주지하면서 의도적으로 공개하지 않는다.
- 정보가 손상된다. 데이터가 회사의 보고 체계를 통해 흐름에 따라 정보가 왜곡된다. 중간관리자가 보고서를 원할 때, 그 명령체계에 있는 사람들은 사실을 바꾼다. 최고 관리자가 이해하기를 원할 때, 중간 관리자는 다시 그 사실을 왜곡하거나

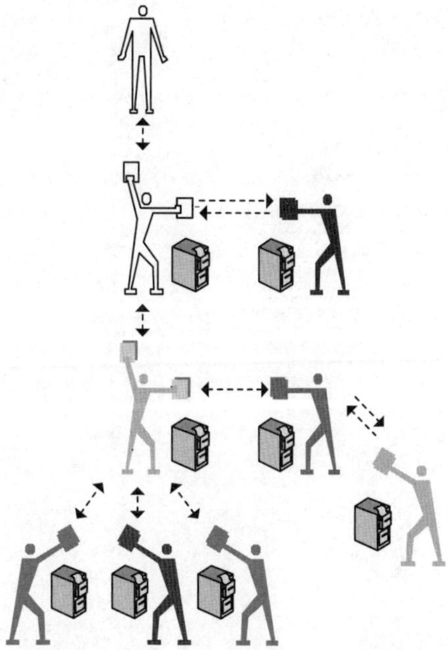

일반적으로 모든 사람들은 그들 자신의 파일 보관함을 보유하고 있으며 자신만의 양식을 갖고 있다. 종종 동일한 데이터가 다양한 파일 보관함에 들어있거나 내용이 일치하지 않는 경우도 있다.

인터넷은 모든 사람들이 동일한 웹 기반 파일 보관함을 사용할 수 있게 해 준다. 그래서 좋은 PgMIS는 웹 기반이고, 정보와 문서의 중앙 저장소를 제공하여 확장된 프로그램 팀이 이용할 수 있는 자원이 된다.

아니면 내용자체를 모를 수 있다.

- 너무 오래 걸린다. 한 장의 보고서가 회람되는데 휴가 중이거나 아픈 누군가가 있다면 그들이 보고서를 볼 때까지 지체되기 마련이다.
- 기록들이 일치하지 않는다. 만약 동일한 정보가 다른 장소에 보관된다면 필연적으로 정확히 동일하지 않게 될 것이다. 예를 들어, 동일 인물인 Chuck Thomsen이 누군가의 파일에는 정확히 Chuck Thomsen으로, 누군가의 파일에는 Charles B. Thomsen으로 기재되어 있다고 가정하자. 만약 파일들이 취합되면 두 명의 다른 사람이 존재하는 것처럼 된다. 때때로 차이점이 미미할 수도 있지만 어떤 경우에는 중대한 문제를 야기한다.

웹 기반 중앙 파일 시스템은 더욱 접근이 용이하고 적시적이며 정확하다. 상충되는 중복된 정보들은 제거된다. 더 많은 사람들이 정보 항목을 세심히 살피고 수정할 수 있는 기회를 제공하기 때문에 잘못된 정보가 줄어든다.

정확히 프로젝트 팀이 사용 가능하게 하려면, PgMIS는 어느 곳에서나 어느 컴퓨터를 이용하던지 인터넷 브라우저를 통해 접근이 용이해야 한다. 물론 그 시스템은 서로 다른 사용자 그룹별로 여러 수준의 암호기반 보안 장치가 필요하다. 예를 들면, 몇몇 사람들은 그들 자신들의 프로젝트에 대한 정보만 접근할 수 있는 반면에 다른 사람들은 입력하고 읽기만 가능한 권한을 가질 수 있고, 또 다른 사람들은 문서를 수정한다든지 하는 권한까지 가질 수 있다.

온라인 서류에 접근하는 것이 쉽기 때문에 생산성은 증가한다. PgMIS는 전송 처리, 제출물, 회의 기록, 설계변경이나 정보요청 같은 설계와 시공 정보를 교환하고, 문서의 발송 및 접수 날짜와 시간을 기록하고, 관련 내용을 추적 및 저장하는 것을 용이하게 할 것이다. 이 시스템은 한번 저장하면 여러 회사에 발송될 수 있기 때문에 문서발송이 간소화 될 것이다.

시스템에 있는 폴더나 다른 데이터 장소는 정보 분산을 위한 규칙에 따라 '스마트' 하게 만들어질 수 있다. 예를 들어, 만약 정보 요청이 프로젝트 폴더에 올라올 경우 그 폴더는 누가 그 요청을 받아야 하는지를 알고 자동적으로 배포할 수 있다. 그 폴더는 또한 요청된 정보에 대해 토론하기 위한 블로그 사이트를 포함할 수 있다. 그러나 일부 발주자들은 이 블로그 사이트 때문에 어려움을 겪기도 한다. 예를 들어, 회사의 업무환경이 변하면 시스템의 절차도 재구축해야만 한다. 실제 사용에 있어서도 만약 직원 중 누군가가 아프거나 휴가 중이면, 정보요청은 보낸 사람이 그 사실을 알지 못한 채 처리되지 않기도 한다.

중앙 데이터베이스는 복사, 파일 작업 및 팩스 발송을 위한 고용비용을 줄인다. 그리고 보고서가 자동으로 작성될 수 있기 때문에, 경영 보고서를 작성하는데 밤과 주말시간까지 소비해야 하는 비용을 줄일 것이다.

중앙 문서화 시스템은 프로그램 팀에 대한 책임을 증가시키는 한편 법률적인 영향도 상당하다. 불행하게도, 설계와 시공 프로그램에서 분쟁이 다수 발생하고 있다. 일관성 있게 최신 버전으로 중앙 처리된 문서는 오류를 사전에 발견해 분쟁 가능성을 낮춤으로써 비용을 줄이고 있다. 일단 분쟁이 발생하더라도 문서화를 가장 잘한 측이 우위에 서게 된다.

1) 경험지식 데이터베이스(Lessons learned databases)

다수의 건물 프로그램을 진행하는 회사는 반복되는 실수를 피할 수 있는 기회를 갖고 있다. 경험지식 데이터베이스는 성과가 기대치를 초과했거나 만족시키지 못한 것과 관련된 쟁점, 사안 및 상황을 파악하고 공유하게 해준다.

이런 시스템을 구현하는 것은 쉽지 않다. 이런 시스템 구축이 어려운 점은 실제 교훈이 무엇인가에 대한 일치된 견해를 도출하기 힘들다는 것이다. 예를 들어, 콘크리트 슬래브와의 결합이 느슨해진 비닐 타일이 문제가 되었다. 그 문제를 시스템에 입력하는 사용자가 그 문원인이 습기라고 생각한다면, 해결책은 습기 방지를 확실히 했는지 구체적으로 측정하는 것이라고 기록할 것이다. 그 문제가 잘못된 접착제 때문이라고 여길 수도 있고 비닐타일 설치작업과 관련된 자재 불량 때문일 것이라고 생각할 수도 있다. 이런 모든 경우 원인은 다르게 기록될 것이고 실패에서 얻을 수 있는 교훈도 달라질 것이다.

The challenge in creating a lessons learned database is in getting everybody to agree on what the right lesson is. When something is done wrong, there is often disagreement about what "right" should have been.

경험지식 데이터베이스를 창출하는데 있어서 모든 사람들로 하여금 올바른 교훈이 무엇인가에 관해 동의를 얻는 것이 쟁점이었다. 무언가 잘못되면, 어떤 '올바른' 것이 이루어졌어야 했는지에 대한 견해가 일치하지 않게 된다.

PgMr은 신뢰할만한 데이터를 확보할 수 있도록 약간의 통제를 해야 한다. 경험 지식 데이터베이스는 표준양식에 의거해 입력되어야 한다. 그 다음에 그 문제에 대한 해결책이 정말로 올바른 해결책이었는지를 확증하기 위해서 '교훈'의 수용여부 및 이를 편집할 심의 위원회를 설치할 수 있다.

노동력을 줄일 수 있는 또 다른 방법은 블로그에 올리는 것이다. 문제가 있을 때, 어느 누구라도 그 문제를 블로그에 올릴 수 있고 모든 사람이 무엇이 좋은 해결책인지에 관해 자신들의 의견을 제시할 수 있다면 좋을 것이다. 위의 예라면, 블로그에 접속하는 모든 사람이 어떻게 슬래브를 계속 건조한 상태로 유지할 수 있는지 또는 어떤 접착제가 좋은지를 말할 수 있다. 결국, PgMr은 해결책을 선정해서 그것을 표준화할 수 있다.

경험 지식 데이터베이스에 관한 굉장하지만 유쾌하지 못한 사례가 있다. LAUSD는 미국에서 가장 큰 규모의 건설 프로그램을 진행하고 있다. 그들은 경험 지식 데이터베이스를 보유하고 있었다. 대형 규모의 프로그램인 이유로 Los Angeles 타임지는 관련 프로그램에 대한 취재에 열을 올렸다. 마침 타임지의 리포터는 데이터베이스에 대해 교육 받은 사람이었다. 그 리포터는 교육구를 곤경에 처할 정도의 일련의 잘못 진행된 사업 과정에 대한 진실이 데이터베이스에 담겨 있음을 파악했다. LAUSD는 실패로부터 교훈을 얻고자 이를 모두 관리하고 있었던 것이다. 타임지는 그 데이터베이스를 공개할 것을 LAUSD에 요청했다. 그들은 법정에 갔고 LAUSD가 승리했지만 다툼이 없진 않았다. 정치적인 의도가 좋은 경험지식 데이터베이스 운용을 방해하는 것은 슬픈 일이다.

2) 기본문서와 설계지침(Baseline documents and design guidelines)

여러 건물 프로그램을 진행하는 회사들은 각종 표준을 수립한다. 그들의 관리 소프트웨어는 계약서, 양해각서, 설계지침서, 빌딩시스템과 구성요소, 시방서와 사진들에 대한 표준 항목을 전자파일로 저장하고 접근하게 하고 있다.

이런 정보시스템은 이미 웹 기반으로 접근할 수 있는 연방정부나 주정부의 규제 같은 표준과 연결되고, 문서나 캐드 파일로부터 생성된 임시적인 문서나 도면을 저장, 접근 및 열람 가능하는 기능이 있어야 한다.

나는 표준(standard)이란 용어를 결코 좋아하지 않는다. 개선되기만을 기다리기만 하면 되는 표준처럼 들려서 기본(baseline)이라는 용어를 더 선호한다.

3) 확장된 프로그램 팀 간의 협력(Collaboration among the extended program team)

A web-based PgMIS increase accessibility and transparency.

웹 기반 PgMIS는 접근성과 투명성을 향상시킨다.

PgMIS는 근거리 통신망에 얽매이지 않고, 일 년 365일 하루 24시간 웹 브라우저를 통해 접근할 수 있어야 한다. 이 시스템은 발주자의 경영진에서부터 현장 기사에 이르는 단일 데이터베이스로부터 확장된 프로그램 팀에게 프로그램 정보를 제공해야 한다.

이 시스템에 대한 접근은 일반적으로 안전장치와 통제 장치가 되어 있어서, 개별적인 허용이 가능하게 하는 사용자정의가능 접근권한 통제 기능을 제공한다. 예를 들어, 단일 프로젝트 CMr은 그 프로젝트에 관한 데이터에만 접근할 수 있도록 제한될 것이다. 그러나 PgMIS는 모두에게 이익이 될 수 있도록 PgMr이 투명성을 높일 수 있도록 지원할 것이다.

발주자 그룹과 외부업체에 소속된 누구든지 PgMIS에서 필요로 하는 유용한 정보를 가지고 있다. 동시에 그들은 중복해서 데이터를 입력하는 수고 없이 프로그램에서 정보를 얻기를 희망할 것이다. 이러한 이유에서 관련 기관들은 모두 인터페이스에 영향을 미치고자 한다. 그들은 새롭게 데이터를 입력하는 과정을 거치지 않고 데이터를 교환하기를 희망한다. 만약 PgMr이 이

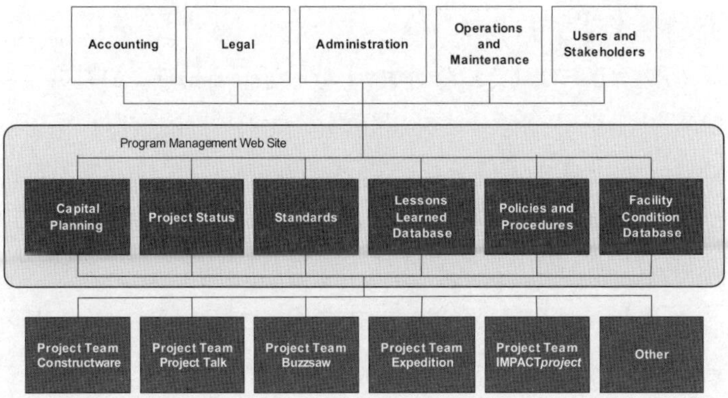

발주자 그룹과 외주업체에 속해 있는 모든 참여자는 유용한 정보를 획득할 것이고 중복되는 데이터 입력 노력 없이 데이터를 교환하기를 원할 것이다.

런 환경을 구현한다면 모든 참여자가 행복해 질 것이다.

그러나 모든 참여자들은 아마도 이미 자신들의 업무에 적합한 소프트웨어를 도입해 사용하고 있을 것이다. 이들 개별 소프트웨어 패키지간의 데이터 호환이 안 되는 상황을 가정해 보자.

프로그램 외부 팀(설계사, CM회사, 시공자)이 사용하는 다른 소프트웨어들과 발주자 그룹(회계, 법률, 행정, 유지 관리, 사용자 및 이해 당사자)의 소프트웨어 간의 데이터 호환 문제가 대두될 수 있다.

먼저 설계와 시공 측면을 살펴보자. 많은 건설사들과 CM회사들은 여러 프로젝트관리 소프트웨어 개발사들의 소프트웨어들 중 한 가지를 사용한다. 그러나 그런 프로젝트 수준의 소프트웨어 상호간에도 데이터 호환이 잘 되지 않는다. 프로젝트 관리 소프트웨어간의 데이터 호환 문제와 함께 건설사들도 타 건설사와 데이터를 공유하지 않는다.

이와 같이 데이터 호환성 때문에 문제가 발생한다. PgMr은 건설사나 CM회사 각각에게서 데이터를 수집하고 그것을 프로그램 보고서에 포함하기를 원한다. 그러나 어떤 참여자도 데이터를 중복해서 입력하는 것을 싫어한다. 무엇보다도 이를 위한 충분한 시간이 없고 옮기는 과정에서 항상 실수가 발생하기 마련이다.

한 가지 해결책은 발주자가 그들 자신의 소프트웨어를 갖거나 또는 한 판매회사만을 선정하고, 참여하고 있는 프로그램 외부 팀도 그것을 사용하도록 명령하는 것이다. 일부 프로그램에서 이러한 시도가 있었다. 때때로 이런 상황이 실현되었지만 저항 역시 상당했다.

Most firms have commitments to one of several good brands of software. So on program there are likely to be multiple systems that are not interoperable.

대다수 회사들은 여러 좋은 브랜드의 소프트웨어 중 하나를 사용할 것에 대한 약속이 있다. 그래서 프로그램 상에서 상호 호환되지 않는 여러 시스템이 있을 것 같다.

개별 프로젝트를 수행하는 종합건설업체들과 CM회사들은 그런 접근 방법을 좋아하지 않는다. 그들은 자사 전체가 한 소프트웨어 개발사와 전략적으로 협의해 해당 소프트웨어를 사용하고 있다고 주장할 것이다. 사용 라이선스에 대한 비용도 이미 지불되었을 것이다. 게다가 자사 직원들이 선택된 응용 프로그램을 사용할 수 있도록 숙련시켰고 직원들 모두가 사용방법을 아는 도구를 선호한다고 주장할 것이다. 만약 그들이 발주자측이 정한 소프트웨어를 사용한다면 새 시스템의 교육 및 사용 라이선스 비용까지 요구할 것이다. 이미 사용비용이 지불되었고 익숙한 시스템을 사용할 수 없다면 프로젝트 비용이 추가될 것이라고 주장할 것이다. 그러나 만약 그들이 지속적으로 자신들의 소프트웨어를 사용한다고 해도 자신들의 시스템에 데이터를 입력하고 난 후 그것을 발주자측 시스템에 다시 입력해야 하는 것에 불만을 제기할 것이다.

만약 발주자가 오직 한 수급자와만 계약을 맺었다면, 발주자가 시공자의 소프트웨어를 채택하는 것이 상식적으로 맞을 것이다. 이것은 오직 프로그램에 참여하는 시공자가 하나이고 그 시공자의 소프트웨어가 발주자 측의 프로그램 관리를 충분하게 지원할 경우의 이야기이다. 그러나 그런 만약은 거의 존재하지 않는다. 만약 발주자가 한 시공자의 소프트웨어를 채택한다면, 다른 시공자의 소프트웨어와는 호환되지 않을 것이다.

발주자 조직도 유사한 문제점을 갖고 있다. PgMr은 지불금과 총 채무, 계류 중인 클레임과 설계변경 등 프로그램 비용을 훤히 알기를 원한다. 발주자의 회계부서 역시 같은 정보를 알기를 원한다. PgMr은 자본 개선이 필요한 수선과 개조를 위해 예산을 책정하기를 원할 것이고 유지관리부서와 데이터를 공유하기를 원할 것이다. 계류 중인 클레임에 관해 법률 부서와 유용한 데이터 교환이 이루어 질 것이다. 행정직원들, 시설물 사용자와 이해당사자들은 PgMr에게 정보를 전달하고 무엇이 진행되고 있는지를 알고 싶어할 것이다.

그래서 프로그램 정보는 왁자지껄한 상황과 같은 장면을 연출한다. 위의 다수의 그룹이 각기 다른 소프트웨어를 사용한다면 어떤 데이터도 호환되지 않을 것이다.

The bureaucracy is more difficult to deal with than the technical programs of data transfer

관료주의는 데이터 전송에 관한 기술적인 문제보다 훨씬 더 다루기가 어렵다.

데이터 호환 문제점은 내부 문제에 따라 더욱 복잡해진다. 정보가 한 회사에서 다른 회사로 또는 회사의 한 부서에서 다른 부서로 이동함에 따라, 정보제공에 책임이 있는 그룹은 그 정보를 면밀히 조사하고 승인하며 어쩌면 그 정보에 모종의 조치를 취해야 한다. PgMr은 검토와 승인 과정을 거치지 않고 시공자가 프로그램 전반의 관리를 위한 시스템에 정보를 단순히 입력하는 것을 허용하지 않을 것이다. 회계사들 또한 검토와 승인 과정을 거치지 않고 같은 회사 내의 PgMr이 자신들의 회계 시스템으로 정보를 밀어 넣은 것을 허용하지 않을 것이며 그 반대도 마찬가지다. 확장된 프로그램 팀 상호간에 이런 관계는 모두 동일하다. 따라서 이런 그룹 혹은 팀 간의 합리적인 데이터 호환에 있어 합리적인 장벽이 형성된다.

게다가, 이런 그룹 중 일부는 자신들의 데이터에 소유권이 있다고 느낀다. 종합건설회사들은 발주자가 자신들의 데이터베이스를 보는 것을 원하지 않고, 발주자의 회계부서는 외부인이 어떤 형태로도 접근하는 것을 원하지 않는다.

소프트웨어 간 데이터 호환을 가능하게 하는데 기술적인 문제는 없다. 아주 드물지만 각 소프트웨어에 있는 데이터가 동일한 의미와 동일한 형식체계를 가지고 있다면 이런 기술 개발에 필요한 모든 것은 각 소프트웨어의 데이터 필드를 연관시키는 단순한 연결 테이블뿐일 것이다.

우리는 데이터 연결기술을 개발했고, 그 중 일부를 상당기간 사용하였다. 그러나 한 회사의 서로 다른 부문들과 서로 다른 설계자, 시공자와 CM회사들이 주기적으로 자사의 소프트웨어를 업그레이드한다. 그들이 업그레이드 하면, 새로운 버전의 소프트웨어는 종종 다른 데이터 구조를 가지게 된다. 그 결과 세심하게 구조화된 데이터 연결기술이 작동하지 않곤 한다.

Microsoft Office는 종종 간단하고 거의 보편적인 데이터 교환 포맷인 Rosetta Stone[2)]과 같은 중요한 열쇠를 제공한다. 우리 경험상 확장된 프로그램 팀에 의해 사용된 거의 모든 소프트웨어의 데이터를 엑셀로 내보내거나 엑셀에서 불러들일 수 있다. 이에 따라 엑셀은 발주자 회사 내에서 또 발주자와 외주업체들 사이에서 테이블 연계 인터페이스로 사용될 수 있다. 더군다나 엑셀은 거의 모든 개인용 컴퓨터에 설치되어 있고 모든 이들이 잘 이해하고 있다.

여러 수급자들과 일하는 발주자는 각 시공자가 주기적으로 제출할 수 있는 확정된 데이터 항목을 단순하게 명확히 하고 이에 대한 엑셀 템플릿을 제공할 수 있다. 그러면 발주자측은 자신들의 시스템에 그 데이터를 입력하기 전에 스프레드시트를 검

---

2. Rosetta Stone의 발견은 고대 이집트의 상형 문자인 히에로글리프를 해독하는 열쇠였다. 그 비석에는 히에로글리프, 민용문자, 그리스 문자로 작성된 글이 있었다. 프랑스의 샹폴리옹(Jean Francoise Champollion)은 그리스와 콥트 말 둘 다를 읽을 수 있었기 때문에 1822년에 히에로글리프를 판독했다. 그는 콥트 말로 민용문자를 해석할 수 있었고 그리고, 그것들을 히에로글리프 사인과 비교할 수 있었다.

토하고 승인한다. 모든 것이 추가적인 입력작업 없이 진행될 수 있다. 발주자측 내부 부서간의 데이터 입출력에도 동일한 접근이 이루어질 수 있다.

4) 휴대용 기기의 연결성(Handheld connectivity)

휴대용 무선 통신 기기들의 보편화는 데이터 접근성이 용이한 새로운 방법을 만들어 내고 있다. 블랙베리와 아이폰 또는 트리오 같은 포켓용 휴대용 무선 장치들을 이용해 보고서에 접근하는 것이 가능해졌다.

인터넷의 개발은 우리 손가락 끝에 필요한 정보를 공급해 주는 뜻밖의 혜택을 가져다주고 있다. 웹 기반 컴퓨터 시스템은 우리에게 PgMIS 개발을 위한 훌륭한 도구를 제공해 준다.

4. 통제(Control)

우리 모두는 효율적인 도구로서의 정보기술에 익숙해져 있다. 컴퓨터는 우리가 더 빨리 자료를 입력하고, 계산하고 그림을 그리는 것을 도와준다. 인터넷의 등장과 함께, 폭넓은 네트워크가 의사소통을 더욱 원활하게 해주고 있다. 데이터베이스는 다른 형태의 정보도 더 빠르게 저장하고 검색할 수 있게 해준다.

21세기 관리자들에게 인터넷은 또한 관리용 도구이다. 리더들은 절차나 임무를 더 빠르고 체계적으로 제공한다. 건물 프로그램에 대한 통제시스템은 어떻게 사람들이 함께 일하고, 팀이 구성되며 정보가 사람에서 사람으로, 회사에서 회사로 전달되는지를 정의한다. 반복되는 입출력은 의사소통, 회의 및 진도 보고 형태를 결정한다. 정보기술과 관리 프로세스는 공생하면서 상호 지원한다.

A PgMIS is a tool for leaders to increase their span of control.

PgMIS는 리더들의 조정범위를 증대시켜주기 위한 도구이다.

Winston Churchill은 1945년 의회 명연설에서 이렇게 말했다.

> *"우리는 건물의 모양을 결정하지만 그리고 난 후에는 건물이 우리의 모양을 결정한다."*

21세기에 우리는 정보시스템의 모양을 정하지만 그리고 난 후에는 그 정보시스템이 우리의 모양을 결정짓는다.

이런 시스템들은 확장된 프로젝트 팀을 위한 일반적인 절차에 대한 안내를 제공한다. 이 시스템들은 행동 체크리스트를 만들어내고, 세부사항을 기록하고, 의사소통하며, 데이터를 분석하고, 진도를 추적하고, 의사 결정과 이에 대한 동의내용을 서류화하고, 과거 기록을 정리하고 비용과 공사 일정을 예측하고, 보고서를 제공하는 등의 기능을 수행한다. 이 시스템들은 확장된 프로그램 팀의 구조와 행태와 유효성에 현저한 영향을 미친다.

통제시스템은 리더들이 자신들의 건물 프로그램을 위해 실행하기 원하는 경영 절차를 정의한다. 그래서 그 시스템들은 결국 갈등에 시달리기 마련인 리더들의 의도나 회사의 행동, 리더십의 방향을 반영해야 한다.

1) 통제시스템(Control systems)

모든 통제시스템들은 기존 계획대로 계속 머무르기 위해 피드백을 요구한다. 자본계획의 중요한 구성요소는 예정 방향으로 조절하기 위해 필요한 통제를 제공하는 정책들이다.

모든 통제시스템은 피드백을 요구한다. NASA가 가용한 모든 컴퓨터와 우주 물리의 법칙을 이용할지라도, 로켓의 추진제를 추적하고 궤도상에서 조절하지 않는다면 로켓이 달에 도달할 수 없다는 것은 자명하다.

일부 통제시스템은 자동화되어 있다. 실내 온도를 조절하기 위해서 온도조절장치는 현재 온도를 측정하고 계획 온도와 비교하여 조절하기 위해 난방, 환기, HVAC 시스템으로 신호를 돌려보낸다.

위와 같은 통제시스템은 사람의 개입이 없어도 운용될 수 있다.

사용자는 목표 온도를 정한다. 그러면 시스템이 나머지를 알아서 처리한다. 다른 시스템들은 통제할 때 사람의 역할이 필요하다. 자동차를 도로 상에서 목적지까지 운전하고 가기 위해서 도로와 신호등, 거리 신호와 주변의 자동차들을 살펴야 한다. 그 후 바퀴, 가속기와 브레이크를 조정한다. 목적지는 목표이고 눈은 정보 피드백 메커니즘이며, 손은 조정 수단이다. 이런 시각적인 피드백과 예측불가능한 교통현상 하에서 예정 방향대로 수정하지 않고 운전하는 것이 얼마나 불가능한지 생각해보자.

Program Management requires managerial adjustment as well as engineering precision.

프로그램 관리는 공학적인 정밀함뿐만 아니라 관리에 필요한 조정 기능을 요구한다.

설계와 시공 프로그램들은 온도 조절 장치와 같지 않으며 그것들은 도로 상에서 차를 운전하는 것에 더 가깝다. 설계와 시공 프로그램들은 자동화가 아닌 인간의 조정을 요구한다. 온도조절장치는 피드백을 위해 온도를 사용한다. 설계와 시공에서 우리는 정보를 사용한다. 온도 조절 장치 때문에 시스템은 자동적으로 정상 온도를 유지한다. 설계와 시공 특성상 시스템은 해당 사안을 잘 알고 있는 참여자의 지식과 행동에 의존한다. 그리고 마치 차를 운전하는 것처럼, 시스템은 종종 빠른 반응을 필요로 한다.

그래서 PgMIS 자체를 통제시스템이라고 부르는 것은 아마 부적절한 명칭일 것이다. 조정하는 것은 사람이다. 정보 피드백과 정보 수집을 위한 반복되는 매커니즘은 가능하다면 자동화되어야 하지만 항상 인간의 입력에 의존한다. 그래서 우리가 개발한 PgMIS는 우리가 계획을 실행해 나감에 따라 우리에게 정보를 제공해주는 피드백 매커니즘이다. 우리는 조정하고 정상 상태를 유지하기 위해 의사결정을 한다.

그러나 우주물리에 의해 예측할 수 있는 경로를 통해 달에 도달하려고 애쓰는 것과 달리, 인간 거동은 예측할 수 없는 우여곡절에 의해 결정되기 때문에 목표는 변화하기 마련이다.

설계와 시공 프로그램을 다루는 것에 관한 한 우리는 공학적인 정밀함 뿐만 아니라 관리에 필요한 조정기능에 의존할 필요가 있다. 우리가 과정을 좌표에 나타내고, 자동조정하고 목적지에 도착할 것이라고 가정할 수는 없다. 프로그램이 진행됨에 따라 과정에서 벗어나고 목표는 변경된다. 끊임없는 조정이 필요하다. 그것은 유연성이 있는 계획을 요구한다. 유연성이 없으면 조정도 없다.

2) 업무절차서(Procedures manuals)

단일 건설 프로젝트를 수행하는 소규모의 팀은 비공식적으로 의사소통 할 수 있고, 경험에 근거해 자신들의 프로세스를 혁신할 수 있고, 자신들의 파일 처리 시스템을 설계할 수 있으며, 심지어 엑셀만으로도 보고서를 작성하고 일을 완료할 수 있다.

프로그램은 사뭇 다르다. 일부는 다수 프로젝트의 프로그램 수준에서 일한다. 다른 이들은 개별 프로젝트 수준에서 구체적인 임무를 수행한다. 다수의 사람들이 전에는 결코 함께 일해본 적이 없다. 각 개인이 서로 다른 경험을 갖고 참여한다. 각자는 서로 다른 절차를 익혔다. 업무절차서는 확실히 배경이 다른 사람들이 같은 방식으로 업무를 수행하도록 해준다. 절차에 관한 명료한 서류는 협업을 가능하게 해주고, 프로그램에 일관성, 효

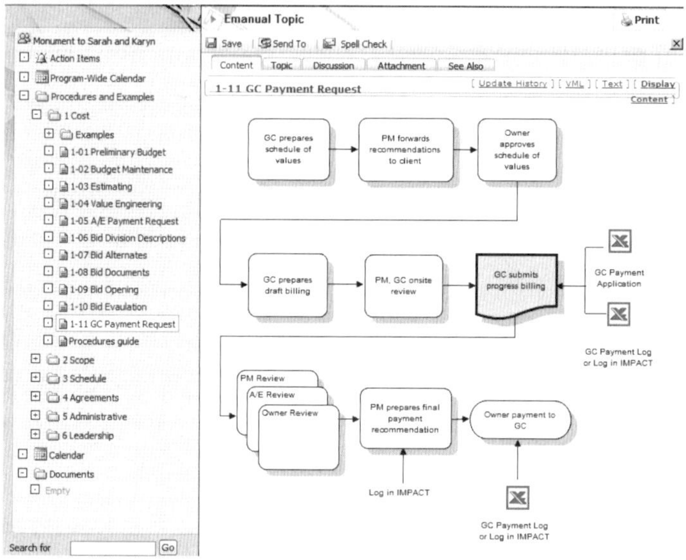

웹 기반 정책과 업무절차서는 사람들이 올바른 절차서를 빠르게 알아내고 정확한 양식을 다운로드 받는 것을 도와주는 상호적인 다이어그램을 가질 수 있다.

율성과 공통된 방향을 제시한다. 모든 사람들이 무엇을 해야 하고 어떻게 함께 일해야 하는지를 인식함으로써 효율성이 향상된다.

그래서 모든 기관들이 자신들의 건물 프로그램을 안내하기 위한 정책과 업무절차서를 갖고 있다. 불행하게도 이들 절차서의 상당수는 우선 한눈에 찾아내기 어려운 종이 서류들이고, 그것들을 본다고 해도 주제를 발견하기 어렵다. 따라서 업데이트하기도 어렵다. 다음 단계는 그런 업무절차서들을 온라인 상에 PDF 파일로 올리는 것이다. 그러나 그것은 여전히 사용자가 집중해서 읽어야만 하는 사용자에게는 불편한 문서이다

웹 기반 업무절차서는 정보검색(electronic navigation)의 모든 편의를 수용했기 때문에 확장된 프로젝트 팀이 몇 번의 키보드 입력만으로도 정보를 얻을 수 있도록 명확한 방향을 제공한다. 회사 전화번호부, 달력, 도면을 위한 FTP 사이트, 문서와 답변 파일들이 제공되어 프로젝트 팀에게 굉장히 유용한 수단이 될 수 있다.

만약 최상의 절차들이라 할지라도 외부에서 접근할 수 없는 노트북에 묻혀 있다면, 이것들 역시 가치 없기는 마찬가지이다. 웹은 앞서가는 리더들이 자신의 조직 구성원 모두가 업무절차서에 접근할 수 있도록 사용하는 매개체이다. 정책과 절차를 업

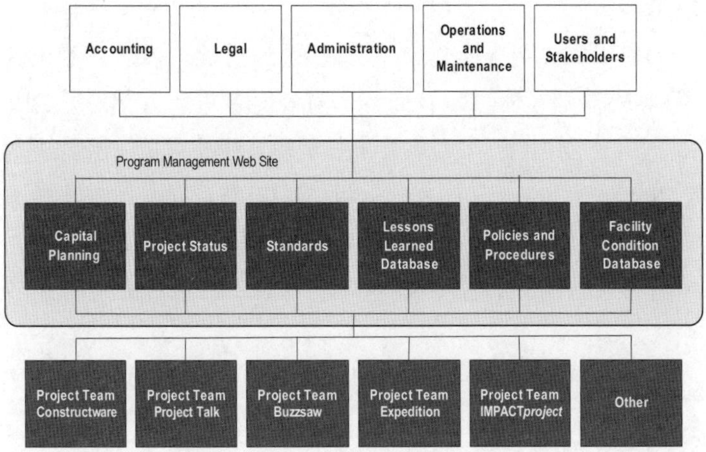

PgMr의 시스템과 정보를 교환할 수 있어서 프로젝트 팀에게 유익할 뿐만 아니라, 다양한 발주자 그룹 또한 동일한 데이터에 접속하거나 공유할 수 있을 것이다.

데이트 하는 것은 오직 한 장소의 웹 서버에서 이루어지는 일이기 때문에 용이하다. 문서를 재작성하거나 다시 배포할 필요가 없다.

5. PgMIS 구현(Implementing a PgMIS)

대부분의 조직들이 자신들의 프로그램을 관리하기 위해 소프트웨어를 구현하기로 결정하면 기술적 측면에서 지옥 같은 상황을 경험하게 된다. 조직들은 바람직한 기능을 결정하기 위해 대규모의 연구그룹을 만든다. 그 연구그룹은 소프트웨어가 할 수 있는 대부분의 좋은 것들을 생각한다. 연구그룹은 모든 특성을 갖춘, 완벽한 시스템을 설계하려고 도전한다. 이런 과정을 거친 후 이런 저런 세부사항에 대한 입력 및 점검을 요구하면서 스스로 변화하기를 거부하는 조직 내의 대다수 다른 그룹들 앞에서 시스템이 운영됨을 보여주기 위해 수년을 보낸다.

Managing the implementation of a PgMIS is harder than developing the technology.

PgMIS 구현을 관리하는 것은 시스템 관련 기술을 개발하는 것보다 더 어렵다.

PgMIS를 구현하는 것은 항상 새로운 교육을 요구하는 문화적인 변화이다. 그것은 상부로부터의 압력 없이는 실현되지 않는다. 이런 시스템들의 시작 단계는 일반적으로 상당한 불평을 동반한다. 시스템이 운영되기 시작하면 의례적으로 있는 작은 결함과 매끄럽지 않은 시작은 피할 수 없는 사실이며, 이에 따른 불평도 당연히 나온다. 새로운 기능을 수행하도록 개선된 시스템도 마치 새로 개발된 시스템처럼 제대로 작동하지 않는 경우가 많다.

결론적으로 현명한 PgMr은 시스템 도입 초기에는 가장 중요한 정보를 제공하는 소규모 시스템의 일부만을 구현하는 것으로 시작할 것이다. 최고의 전략은 사용하기에 쉬운 유용한 무엇인가를 구현하고, 모든 사람들이 데이터를 유지 · 관리하는 습관이 들게 한 다음에 확장함으로써 시스템 구축이 최종 목표가 아니라 지속적으로 수행해야 하는 과정으로 여기게 만드는 것이다.

프로그램의 리더들은 시스템 개발 및 시스템의 정상적인 기능 수행을 위해 정기적이면서 끊임없이 일관되게 독려할 필요가 있다.

세 가지 관리기능(Three Controls)

전형적인 세 가지 관리대상은 비용, 일정 및 품질이다. 미래를 예측할 수 없고 자본계획을 설정할 때 근간이 되었던 가정사항들이 변화하기 때문에, 이 세 가지 대상은 관리될 필요가 있다. 가정사항에는 공사비와 발주자 요구사항과 같은 아주 기본적인 것이 포함된다. 가정사항은 변하기 마련이다. 따라서 성공적인 사업수행을 위해서는 지속적으로 예정된 방향으로 진행될 수 있도록 조정을 해야 한다.

❖

1. 비용관리(Cost Control)

비용관리(혹은 비용통제)의 전형적인 관점은 견적을 하고, 예산을 수립하고, 프로젝트가 진행됨에 따라 설계를 견적하면서, 공사범위의 변동을 방지하기 위해 부단히 노력해, 마침내 그 작업의 마지막 단계에서 초기예산에 정확히 맞추는 것이다. 여기에서 문제는 예산을 세울 때 가정했던 가격이 변하여 참여자를 당황하게 만든다는 것이다. 더군다나 발주자는 요구사항을 바꾸기 마련이다. 가격변동을 통제할 수 없다면 이를 메커니즘 내에서 조정할 필요가 있다.

1) 예측불가능(Unpredictability)

예산을 세우고 견적하는 것은 미래비용의 예측이며 합리적인 과정이다. 그러나 입찰은 비합리적이고 예측하기 어려운 경우도 있다. 결국 모든 프로그램마다 예산상 실패가 있고, 심각하게 난처한 상황과 해결해야 하는 큰 문제가 있을 것이다. 추정 원가를 예측할 수 있는 우리의 능력은 월등하지는 않지만 적어도 증시를 예측할 수 있는 능력보다는 좋다. 여기에 그 이유들이 있다.

(1) 재료비(Material costs)

Double-digit annual variation is common for basic building commodities.

두 자릿수의 가격변동은 건축 원자재에서 나타나는 일반적인 현상이다.

Engineering News Records(ENR)에서 한 눈에 볼 수 있는 가격보고서를 통해 볼 때 유리, 강철, 콘크리트, 구리, PVC, 목재와 같은 건물의 원자재 가격에서 두 자릿수의 연간변동은 일반적인 현상임을 알 수 있다. 때때로 더 큰 변동도 있다.

건설 붐은 자재의 부족을 야기한다. 자연재해도 자재수급에 영향을 줄 수 있다. 일례로 플로리다에서 발생하는 허리케인은 합판 가격을 두 배로 올릴 수 있다. 정치 및 사회적 변화도 영향을 줄 수 있다. 예를 들면, 외국에서 발발한 전쟁은 중장비 비용을 상승시킬 수 있고, 아시아나 라틴아메리카의 경제성장은 철재가격의 상승을 가져올 수 있다.

(2) 노무비(Labor costs)

재료비가 국내 혹은 세계 경제수준에서 설명되는 반면에, 노동력은 지역상황에 더 큰 영향을 받는다. 이는 두 요소의 이동성(mobilability) 차이 때문이다. 왜냐하면 예를 들어, 가족들을 이사시키고 근로자들을 이동시키는 것보다 강재를 이동하는 것이 쉽기 때문이다.

여러 주요 프로젝트들이 한 지역사회에서 시작된다고 가정해 보자. 물가상승은 미미 하지만 그 지역에 있는 모든 사람들이 너무 바빠지고 특히 숙련공 공급 여력이 없을 경우, 하수급자들은 비숙련공들을 고용한다. 이는 생산성 저하로 이어질 것이다. 그리고 여가생활(예: 낚시 여행)을 하지 못한다면 이에 대한 보상으로 예전보다 더 높은 이윤을 추구할지도 모른다.

반대의 경우도 있을 수 있다. 프로젝트가 아주 드문 상황을 가정해 보자. 하수급자들은 자신들의 직원들 중 생산력이 높은 기능공을 유지하기 위해 공사를 수주해야 한다. 수급자들은 자신들의 핵심 인력을 유지하기 위해 높은 생산성과 최저 이윤으로 입찰할 것이다. 이 경우 입찰 당일 20% 정도의 입찰가 하락은 드문 일이 아닐 것이다.

A variation in labor supply can affect labor costs plus or minus 20%

노무자 공급변동은 노무비의 ±20%까지 영향을 미친다.

(3) 경쟁(Competition)

입찰은 감정적으로 흐르기 쉽다. 일부 시공자들은 프로젝트가 사냥과 같은 유혈 스포츠인양 열을 올린다. 특히 그들이 일을 필요로 한다면 더더욱 그렇다. 사냥에 대한 열정이 이성을 압도한다. 미국 Texas A&M 대학교의 과학관 프로젝트들 가운데 하나는 지역 내 일감이 많지 않았을 때 그 입찰이 시행되었다. 입찰 마감 24시간 전에 하수급자의 가격이 누설되었다. 프로젝트 가격은 공식 견적가인 $3,400만에서 $2,600만로 떨어졌다.

Estimating is logical. Bidding is emotional.

견적은 논리적이지만, 입찰은 감정적이다.

(4) 욕심(Avarice)

때때로, 모든 사람들이 예산을 펑펑 쓰기 위해 음모를 꾸밀 것처럼만 보인다. 물론 사실은 아니지만 확실한 점은 확장된 프로젝트 팀이 프로그램 비용을 감소시키는 것이 아니라 증가시키는 태도를 갖고 있다는 점이다. 프로그램에 참여한 회사들은 더 많은 돈을 벌고 싶어 한다. 사용자들은 더 많은 시설물을 원한다. 건축가와 엔지니어들은 더 나은 건물을 설계하기 원한다. 수급자는 이익을 얻을 수 있는 설계변경을 시도할 것이다. 이 상태를 그대로 방치하면 프로그램 비용은 모래주머니를 떨어뜨리는 열기구처럼 상승할 것이다. 이런 일반적인 압박이 주어지면 PgMr은 사태의 혼란을 막기 위해 끊임없이 확장된 프로젝트 팀을 압박해야 한다. 이것은 동료에게 이기는 일이 아니다.

Most of the extended project team will have tendencies to increase project and program costs.

대부분의 확장된 프로젝트 팀은 프로젝트와 프로그램 비용을 증가시키려는 성향을 보일 것이다.

2) 프로젝트 예산편성 규칙(Rules for budgeting projects)

세상 어딘가에는 무제한으로 자금을 조달할 수 있는 프로젝트가 분명 있을 것이다. 그러나 반세기에 걸쳐 우리는 예산에 대해 신경 쓰지 않거나 손익 계산에 약간의 통제라도 가하지 않는 발주자를 본 적이 없다. 게다가 진행 과정에서 예산이 무엇이었는지에 대해 약간이라도 혼동이 일어나지 않은 프로젝트를 본 적이 없다.

계획과 대비해 턱없이 부족한 예산이 존재하는 프로젝트가 많은 이유 중 하나는 초기에 너무 빈곤한 예산을 세우려는 태도 때문이다. 발주자들은 가능한 아주 적은 비용을 지출하기를 원하면서 프로젝트 팀을 몰아붙인다. 사용자들은 가능한 더 많은 시설물을 원한다. 건축가와 엔지니어는 충분히 지원받고 자신들의 요구가 동의받기를 원한다.

일반적으로 초기에 예산을 적게 세우는 것은 해가 되지는 않는다. 그러나 이것은 낙하산 없이 비행기 밖으로 뛰어내리는 것과 같다. 이에 대한 폐해는 프로젝트가 종료되는 시점에 나타나기 마련이다.

예산을 설정하기 위한 다섯 가지 기본 원칙은 다음과 같다.

Five cardinal rules for a budget.
예산을 세우기 위한 다섯 가지 기본 원칙

1. 항목별 예산에 관한 유연성을 유지하고 프로그램 예비비를 포함하라.
2. 실현가능한 예산을 편성하고, 즉시 그리고 자주 견적을 하면서 설계하라.
3. 향후 계약내용과 비교해 검증될 수 있는 비용항목을 설정하라.
4. 프로젝트 비용과 프로그램 비용을 정의하고 모든 사람들이 모든 예산 구성요소들을 이해하고 있는지를 확인하라.
5. 조건이 변화함에 따라 세부 사항들이 증가하는 방식으로 예산을 업데이트하고 예산을 아주 세밀하게 관리하라.

이 원칙들을 자세히 설명해보자.

1. 항목별 예산에 관한 유연성을 유지하고 프로그램 예비비를 포함하라.

건설업에서 누릴 수 있는 가장 큰 기쁨 중에 하나는 좋아하고 존경하는 고객과 신뢰관계를 형성하는 것이다. Placentia-Yorba Linda Unified School District의 감독관인 Dennis Smith가 위의 설명과 잘 부합되는 사례다. 어느 날 그의 건설 프로그램에서 가장 염려되는 것이 무엇인지를 물어보았다. 그는 '협업할 수 있는 강의 공간배치' 같은 우리의 예상답변과는 달리 아래와 같이 대답했다.

"나는 납세자들이 우리가 공적자금을 사용하는 것에 동의했을 때, 그들에게 약속한 프로젝트들의 연속 가운데 모든 건물을 짓고 있는지에 대해 확신할 수 있도록 해 주었으면 한다."

물론 Dennis는 학교 건설을 위해 돈을 지불한 지역주민들에 대하여 의무를 느꼈다. 그리고 그는 정해진 예산 안에서 프로젝트를 발주하는 것이 어렵다면 정해진 예산안에서 프로그램을 발주하는 것은 더 어렵다는 것을 알고 있었다. 만약 프로젝트를 정의하는 것이 바람직하다면, 프로그램을 정의하는 것은 더욱 바람직한 것이다. 프로그램을 정의하지 않는다면 시간을 끌다 죽는 것과 다름없는 좋지 않은 결과를 낼 것이다. Dennis가 알고 있던 바와 같이, 다수 프로젝트로 구성된 프로그램에서 어디에서 자금이 부족하고 그렇지 않은지를 파악할 수 있다. 만약 제대로 정의하지 않고 프로그램을 수행한다면 향후 수정할 기회가 없으며, 결국 큰 곤경에 처하게 된다.

정말 많은 프로그램들에서, 예산은 일련의 독립적인 개별항목으로 편성된다. 가치가 있는 것으로 파악된 건물에 재원을 할당하는 책임이 부여된 위원회, 입법부, 시행정부, 시의회 또는 다른 기구가 독립적인 예산이 편성된 프로젝트들의 목록을 승인한다.

Most capital building programs are an assembly of independent line items.

대부분의 대형 건설 프로그램은 독립적인 개별항목의 조합이다.

프로젝트 예산은 공사비견적을 바탕으로 수립된다. 이들 예산은 물가상승을 예측해 수립될 수도 있다. 그리고 각 프로젝트 예산은 예기치 못한 상황에 대처하기 위해 예비비를 포함하고 갑작스런 일에 대응할 수 있는 여지를 포함한다. 우리는 예측 불가능한 상황이 있음을 알 수 있을 만큼 충분히 영리하다.

"그러나 프로그램이 프로젝트 각각의 예비비가 포함된 일련의 독립적인 프로젝트들로 여겨진다면, 프로그램은 최초 예산을 초과할 가능성이 높다."

무슨 일이 일어났는지 살펴보자.

프로그램이 유지되고 시간이 지나감에 따라 현재 시장 조건에 의해 야기된 비용이 주요 물가상승률 위아래로 변동될 것이다.

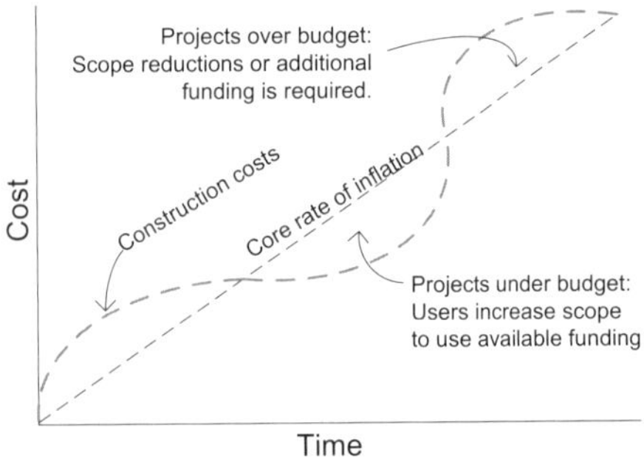

공사비용은 주요 물가상승률보다 훨씬 변동폭이 크다. 만약 프로그램 예비비 없이 항목별 예산이 수립된다면, 참여자들은 건설시장이 불황이고 공사비용이 낮을 때 확장된 공사범위를 위하여 예산을 사용할 것이다. 그 후 건설시장이 호황이고 공사비용이 증가할 때 프로젝트의 공사범위는 축소되거나 추가 자금을 조달 받아야 한다.

하수급자가 바쁘지 않고 재료값이 하락하면 사용자들은 유리한 입찰 결과를 얻게 될 것이다. 그들은 프로젝트 예비비를 포함해 예산이 적정하게 확보되어 있다고 느낄 것이다. 여유가 있다고 느끼면서 공사범위를 확장하고 예비비를 사용할 것이다. 그 이후에 지역건설경기의 활황으로 하수급자들이 바빠지고 재료비가 상승하면 프로젝트들은 예산을 초과할 것이다. 이런 경우 PgMr은 공사범위를 축소하거나 관리기관에 돌아가 비용 상승을 처리하기 위한 추가 비용을 애원하다시피 해서 확보해 오거나, 아니면 프로그램 상에 예정되어 있던 마지막 건물을 포기하게 될 것이다.

그래서 다수 프로젝트를 다루는 프로그램에서는 예산상의 여유가 증가된 공사범위에 따른 비용으로 채워지는 경향이 있고, 총 예산은 난처할 정도의 추가 책정액에 의해 상승한다. 불가피한 비용 변동은 불가피한 프로그램 비용 초과를 초래한다.

이 내용은 다르게 설명될 수 있다. 몇 년의 기간에 걸쳐 물가상승률 위/아래로의 가격 변동은 확실히 발생한다. 만약 예비비를 한 프로젝트에서 다른 프로젝트로 이동시킬 능력이 없는 PgMr이 개별 항목별 자금과 예비비를 사용할 권리를 가지고 있는 프로젝트 참여자와 함께 사업을 진행한다면, 프로그램 비용 초과의 가능성은 매우 높다.

물론, 프로젝트 예산이 고정되어야 하는 상황도 있다. 개발업자는 각 프로젝트에 대한 서로 다른 투자자 그룹을 가질 수 있다. 만약 예산 초과가 프로젝트를 나쁜 투자로 만든다면 그 개발업자는 현명하게 그것을 포기할 것이다. 만약 예산이 덜 사용되어지면 개발업자와 투자자들은 행복하게 이익을 챙길 것이다.

Some owners must provide similar facilities for each project.

일부 발주자들은 각 프로젝트별로 유사한 시설물들을 제공해야 한다.

그러나 개발업자와 달리 교육구는 각 지역사회에 동일한 시설물을 제공해야 한다. 동일한 학교라 할지라도 시장 조건이 다양함에 따라 소요 비용은 다를 것이다. 만약 예산여유 범위 내에서 공사범위가 증가되는 것을 허용한다면 차후 사용자들은 증가된 공사범위를 원할 것이다. 프로그램에서 소요비용의 정점에 다다르는 다음 프로젝트에서의 공사범위 증가는 이중의 타격을 입힐 것이다. 자금을 조달하기 위한 채권발행액은 프로그램의 예산을 초과하고 감독관, 위원회와 PgMr을 당혹스럽게 할 것이다. 결국 이에 대한 책임을 져야 한다.

이런 종류의 프로그램에서 영리한 PgMr은 프로젝트 예비비를 제외하고 프로그램 예비비를 편성한다. 그리고 PgMr은 확고한 공사범위를 책정하고, 시장상황이 좋아지면 만일의 경우를 대비하여 절약기조를 유지한다. 시장조건에 따라 15%의 변동이 쉽게 발생할 수 있다는 사실에 견주어보면, 7.5%의 프로그램 예비비는 그렇게 많은 액수는 아니다.

Program Managers have the law of large numbers to help with total program capital costs.

PgMr들은 프로젝트에 비해 총 프로그램 자본이 큰 까닭에 운신의 폭이 넓다(law of large numbers).

PgMr은 PMr에게는 없는 예정된 방향대로 사업을 수정할 수 있는 기회를 갖고 있다. PgMr들은 프로젝트에 비해 총 프로그램 자본이 큰 까닭에 운신의 폭이 넓다. 조절할 수 있는 더 많은 사건들과 더 많은 장소들이 있기 때문이다. 그래서 예정된 방향대로 수정하기 위해 조절할 수 있는 능력을 가진다면, 예산 내에서 프로그램을 발주하는 것이 프로젝트를 발주하는 것보다 더 쉽다.

2. 실현가능한 예산을 편성하고, 즉시 그리고 자주 견적을 하면서 설계하라.

예산이 초과된 프로그램을 운영하는 좋은 방법은 의회 혹은 입법부가 자금을 심의하는 동안 프로젝트들에 대한 설계안들을 발전시키고 견적하면서 심의를 지켜보는 것이다. 노무비와 재료비가 변함에 따라서 입찰단계에서 설계가 예산에 부합되지 못할 수도 있다.

실행 가능한 예산으로 시작해서 적절한 시기에 그것에 맞추어 설계하는 것이 훨씬 좋다. 그리고 건축비용이 다양해짐에 따라 자주 견적을 내고 설계를 수정한다. 그러나 이는 실행 가능한 수준에서 예산이 수립될 수 있도록 하는 적절한 과거 정보와 알맞은 매개변수 견적을 요구한다(250쪽 '신규 프로젝트 예산편성' 참조).

A good approach is to start with an achievable budget and design to it.

좋은 접근방법은 실행 가능한 예산으로 시작해서 그것에 맞추어 설계하는 것이다.

참조할 수 있는 유사 프로젝트를 반복해 수행하는 조직은 단순히 수행할 구체적 프로젝트에 따라 예산을 조정하면 된다. 일반적인 접근방법은 물가상승을 추측하고, 노무비와 재료비를 사업 대상 지역의 것으로 조정하기 위한 계수를 사용하는 것이다. 만약 계획된 일정이 짧다면 일부 관리자들은 현재 시장 조건에 대한 또 다른 계수를 더할 것이다.

Organizations that replicate prototypes adjust budgets for each project

유사 프로젝트를 반복하는 회사는 각 프로젝트에 대한 예산을 조절할 수 있다.

참조할 만한 사례가 없는 독특한 시설물을 건설하는 경우도

Designing a building and then delaying for an extended period for finding deliberations is risky.

건물을 설계하고 난 다음 자금 심의를 기다리면서 사업을 지연시키는 것은 위험하다.

있다. 만약 그들이 제한된 예산(책정액, 기부금, 기업의 인가)을 갖고 있다면 예산을 책정하는 것은 중대한 일이다. 그것은 반드시 실행 가능해야 한다. 그렇지 않고 후속 작업을 다시 해야 할 필요가 있다면, 관리자들은 당황하게 되고 때때로 개인들이나 회사들이 해고되거나 파산하게 된다.

이와 관련된 미국 공군의 예가 있다. 수년전에는 미국 공군이 새로운 프로젝트의 설계와 시공에 대한 자금을 한 번에 조금씩 단계마다 획득하는 것이 일반적이었다. 처음 단계는 설계였다. 설계가 완성되면 설계에 대한 견적을 해서 시공 자금을 국회에 요청한다. 해당 프로젝트는 국회가 심의하는 동안 최장 일 년까지 시작되지 못했다. 주된 이유는 국회 승인을 위해서는 설계를 먼저 수행하고 이를 바탕으로 한 신뢰할 만한 견적이 있어야 한다는 것이었다. 이런 절차는 실제상황을 반영하지 못해 잘 작동하지 않았다. 프로젝트가 입찰에 부쳐지고 나서 일 년의 지체 후의 물가상승과 시장조건의 변화는 종종 심각할 정도여서 최초 예산과 큰 차이를 보이기 때문이다. 미국 공군은 설계 없이 실행 가능한 예산을 설립할 수 있는 매개변수 견적 시스템을 개발하기로 결정했다. 미국 공군은 "매개변수 견적 시스템을 통해 수립된 예산은 시설물에 대해 지출될 합리적인 금액이다. 우리에게 돈을 주면 우리가 그 예산에 맞추어 설계할 것이다"라고 주장했다. 결과는 매우 성공적이었다.

3. 향후 계약내용과 비교해 검증될 수 있는 비용항목을 설정하라.

이에 대한 논의가 얼마나 많이 있었는가? 예산이 최종 계약과 일치하지 않는 항목으로 책정되었다. 최초 예산을 초과한 금액으로 입찰하는 경우가 있다. 이런 경우 예산 항목이 입찰 항목과 일치하지 않는다면 어디에서 문제가 발생했는지 알아낼 수가 없다.

Budgets must be verifiable against future contracts.

예산은 향후 계약내용과 대비해 검증이 가능해야 한다.

만약 비용관리 단계들을 통해서 예산을 추적하기를 원한다면 최종 비용과 비교될 수 있는 예산 카테고리(작업분류체계)를 설정해야 한다. 그것을 하기 위해서 예산 카테고리는 반드시 최종 계약 구조와 동일해야 한다. 다른 팀 구성원들에게 유용한 정보를 제공하기 위해 예산을 재배열하고 분석할 수 있는 시스템이 필요하기 때문에 이는 필수적이다.

예를 들어, 프로그램 예산은 프로젝트와 계약 모두의 비용을 추적 관찰해야 한다. 분명히, 그 프로젝트들은 다양한 계약들을 갖고 있다. 그러나 분명하지 않은 것은 일부 계약들은 다수 프로젝트에 적용될지도 모른다는 것이다. 일례로 대학교 자산개선(capital renewal) 프로그램에서 다년간에 걸친 지붕공사 계약 건이 있었다. 지붕 시공자는 작업자들을 이동배치하면서 한 건물에서 다른 건물로 옮겨가는 형태로 작업을 수행했다. 지붕공사 계약을 관리할 필요가 있었다. 우리는 또한 다른 구체적인 건물 계약을 포함한 건물들에 대한 예산이 있었기 때문에 각 건물에 배정된 비용을 추적 관찰할 필요가 있었다. 양방향으로 비용에 관해 보고할 수 있을 필요가 있다(217쪽 'PgMIS' 참조).

또한 최종 계약금을 건물, 빌딩시스템, 그리고 기능면적에 대한 비용정보로 재분류할 필요가 있다. 설계기간 동안, 발주자는 기능별 면적비용이 얼마인지를 알기 원하고, 설계자는 하나의 시스템과 다른 시스템과의 가격 비교를 원하며, PgMr은 거래 계약을 추적하기를 원한다. 거래 금액은 결국 시장에서 나올 현실적인 명백한 숫자인 실제 금액일 것이다. 그러나 발주자들과 설계자들은 이 모든 정보를 또한 필요로 한다.

4. 프로젝트 비용과 프로그램 비용을 정의하고 모든 사람들이 모든 예산 구성요소들을 이해하고 있는지를 확인하라.

Most project teams have confusion about the budget.

대부분의 프로젝트 팀은 예산에 대해 혼란스러워 한다.

시공은 한 프로그램 총비용의 오직 한 부분이다. 모든 발주자가 제각각 다른 비용항목을 포함하거나 배제하기를 원하는 것 같다. 프로젝트 비용은 타당성 조사, 건축가와 엔지니어 비용, 발주자 관리비, 금융비용, 법률비용, 시험비용, 수장공사 비용, 인허가비용, 예비비 등을 포함할 수 있다. 건축비는 프로젝트 비용의 오직 2/3 정도일 것이고 프로그램 비용에 비하면 훨씬 적을 것이다. 내가 입찰일에 프로젝트가 예산 내에서 입찰이 이루어졌다고 고객에게 전달하면, 늘 아래처럼 섬뜩한 답변을 듣게 된다.

> *"그러나 최저 입찰액이 우리 전체 예산이다. 당신 수수료는 어떻게 지불해야 하는가?"*

At the beginning, there is a tendency for everyone to be optimistic about the budget.

처음에는 모든 사람들이 예산에 대해 낙관적인 경향이 있다.

한 프로젝트에 할당하기 어려운 비용이 있을 것이다. PgMr에 대한 수수료를 프로젝트 패키지로 배분하기 위한 합리적인 방법을 찾기 위해 엄청나게 고심한 적이 있다. PgMr에 대한 수수료가 건축비, 건물 면적, 일정에 근거해서 비례 배분되어야 하는가? 모든 사람들이 프로그램이 아니라 개별 프로젝트별로 시간을 청구해야 하는가? 간접비용을 할당하는 주제는 항상 긍정적인 논쟁을 촉발할 수 있다.

프로그램은 프로젝트보다 비용 분류에서 더 많은 도전과제를 제시한다. 많은 발주자들이 프로젝트들에 대한 예산을 세우고 지속적으로 간접비용을 낮추려는 강력한 의지를 보인다. 그러나, 프로그램을 독립적인 프로젝트들의 집합이라기보다는 프로그램으로써 관리하는 큰 장점은, 규모의 경제와 지속적인 개선에 대한 기회, 그리고 이 책에서 우리가 말한 모든 것들이다. 일부 발주자들은 이런 비용들을 프로젝트들에 할당하기를 원할 것이다. 당신은 비용에 기초해서 할당하는가? 단위 면적에 기초해서 할당하는가? 기능에 기초해서 할당하는가? 그 토론은 임의적일 것이다. 한 정책을 선정해서 그것을 고수하는 것이 좋은 접근이다.

5. 조건이 변화함에 따라 세부 사항들이 증가하는 방식으로 예산을 업데이트하고 예산을 아주 세밀하게 관리하라.

Probably every key meeting should begin with a review of the budget.

모든 주요 회의는 예산을 검토하는 것부터 시작해야 된다.

프로젝트가 진행됨에 따라, 상세 수준이 계속 확장될 것이다. 진행 과정에서 누군가 전체 카테고리를 바꾸기를 원할 수도 있다. 이 방법보다는 지속적으로 세부사항들을 더하고 이와 관련해 프로젝트 팀과 핵심사항을 계속 검토하는 것이 좋다.

3) 신규 프로젝트 예산편성(Budgeting new projects)

프로그램의 시작점에서 예산을 낙관적으로 설정하려는 선입견을 조심해라. 발주자는 가능한 최대의 성과를 내기 위해 팀을 확장하고자 한다. 프로젝트 팀의 새로운 구성원들은 시장에 대한 낙관적인 약속을 하고 자신들의 새 고객들을 기쁘게 하길 원할 것이다. 초기에 예산을 현실적으로 수립하면, 나중에 예산이 지나치게 팽창되는 것을 막을 수 있다.

만약 예산이 실행가능하지 않다면 형편없는 프로그램이 될 것이다. 손실과 지연을 초래하는 후속 작업을 다시 해야만 하는 상황을 초래하게 된다.

관리자들이 실행 가능한 예산을 설정하는 세 가지 고전적인 방법을 소개한다.

(1) 과거사례(Historical examples)

PgMr들은 같은 발주자의 유사한 프로젝트들로부터 확실한 비용정보를 받는다. 물론 새 프로그램에 최대한 유사한 과거 사례를 얻기 위해서는 과거 사실들을 유용한 형태로 내재한 데이터베이스를 갖고 있어야 한다. 프로젝트들로부터 경험적 비용정보를 수집하고 그 결과를 비교하기를 원한다면 엄격하게 지켜야 하는 양식이 존재해야 하고, 카테고리에 대한 정의들이 정밀해야 한다. 그렇지 않을 경우, 다음 프로젝트 예산을 편성할 때 경험 데이터를 사용할 수 없다.

Program Managers have an opportunity to access historical costs that's unavailable to single-project managers.

PgMr들은 단일 프로젝트 관리자들에게는 허용되지 않는 실적 비용정보에 접근할 기회를 갖고 있다.

데이터베이스는 UniFormat과 CSI MasterFormat 모두에 맞게 프로젝트들의 비용을 분류해야 한다. 기능별 면적에 대해 단가 추세 변동항목이 있어야 한다. 데이터베이스에는 위치와 시간에 대한 건물비용을 표준화할 계수가 있어야 하며, 서로 다른 시간에 서로 다른 위치에서 건설된 개별 빌딩의 비용들이 비교될 수 있다.

신축 프로젝트가 발생했을 때, PgMr은 표준화된 비용을 위치 및 물가상승 요인과 함께 조절하고, 예상되는 시장 조건들을 고려하면서 특별한 조건에 대비해 조절할 수 있다.

(2) 시스템 견적(Systems estimates)

향후 건설될 빌딩시스템과 재료에 대해 상세히 견적하는 것은 많은 업무를 필요로 하며 시간이 걸리는 작업이다. 게다가 아주 좋은 견적자가 일련의 시공도서에 나와 있지 않은 모든 것을 포함하는 동시에 간접 비용을 더하며 손익분기점을 제시해야 한다. 그러나 많은 견적자들은 이미 설계가 완성된 건물을 견적하는데 익숙하기 때문에 이런 접근방법을 이행하지 않는다. 설계에 앞서 빌딩시스템의 원가를 책정하는 것이 디자인 팀에 도움이 되기 때문에 시스템 견적은 유용한 연습이다. 그러나 이 책의 목표를 환기시키고 싶다.

"정밀한 과정이 정확한 가정보다 훨씬 중요하다."

(3) 매개변수 견적(Parametric Estimate)

A blunt approach is for an estimator to simply hypotheize a set of building systems and materials and make a detailed estimate as if the building were designed.

견적자가 일련의 빌딩시스템과 재료들에 대한 가정을 단순화하고 마치 그 빌딩들이 설계된 것처럼 가정하여 상세한 견적을 수행하는 것은 어리석은 접근이다.

PgMr은 주어진 빌딩 종류에 대한 상세 모델을 만들고 나서 구체적인 프로젝트 요구사항들에 토대를 두어 여러 비용안을 산출할 수 있도록 매개변수들을 입력할 수 있다. 일반적으로 매개변수 견적은 제2의 매개변수 및 제3의 매개변수들과 함께 조절될 수 있는 주요변수를 포함한다. 일부 방법들은 또한 사용자가 공간 할당하거나, 빌딩시스템과 자재 선정을 수정하는 것을 가능하게 한다. 물론 여기에 간접비용을 포함하는 방법이 있어야 한다.

The parameter that interests an owner is the unit of value that the building provides.

발주자가 관심이 있는 매개변수는 그 빌딩이 갖고 있는 가치단위이다.

발주자들은 소비될 많은 양의 강철이나 콘크리트에는 관심이 없다. 발주자에게 관심을 끄는 제1 매개변수는 보통 건물이 제공하는 가치에 대한 유닛이다. 예를 들어, 주요변수들은 아마도 아래의 것들일 수 있다.

- 병원 침대 수
- 극장의 좌석 수
- 사무실 건물의 순 임대 면적
- 학교 학생 수

A budget can be built from a detailed estimate of a representative part of the project.

예산은 프로젝트를 대표하는 부분에 대한 상세견적으로 수립될 수 있다.

여기에 한 예를 제시하겠다. DeCA는 군사시설물에 입주할 유사한 식료품매장를 짓고 있다. 그러나 매장규모는 각 군사기지가 시장이 되기 때문에 그 기지의 규모에 따라 변한다. 각 군사기지가 독특한 설계 지침을 갖고 있기 때문에 외장은 다양해진다. 게다가 DeCA가 계속해서 매장들을 개선함에 따라 요구사항들도 따라서 변한다.

우리는 DeCA에서 표준모델로 사용한 매장을 이용해 간단한 컴퓨터 프로그램을 개발하였다. 매장의 규모와 비용은 예상 판매량이고, 이는 군사기지에 의해 결정된다. 그래서 예상되는 판매금액이 주요변수이다. 이것은 판매량별로 다양한 면적(체크아웃 레인, 선반공간, 냉동고 등)을 계산하는데 사용된다. 매장에는 판매량과 더불어 변하지 않는 고정된 면적(관리인 사물함, 관리자 사무실, 하역장 등)도 있다. 이것은 면적이라는 제2의 매개변수와 부피라는 제3의 매개변수를 만들어낸다. 사용자는 이

제 세부사항으로 접근해서 빌딩시스템, 재료, 배치, 면적 등을 수정할 수 있다. 위치 인자와 예상되는 물가상승 및 간접비용을 첨가하는 방법이 있다. 출력값은 CSI MasterFormat과 UniFormat으로 각각 정리된다.

(4) 일이 쉬워진다(Piece of pie)

PgMr은 다양한 기능별 면적으로 사용될 것 같은 다양한 빌딩시스템에 대한 상세견적을 할 수 있다. 이 상세견적은 프로그램 내 전체 프로젝트들에 적용될 수도 있는 단가정보집(collection of unit cost)을 만들어 낼 것이다.

❖

이들 세 가지 방법 모두를 사용할 수 있다. 그렇게 하는 것이 현명하다. 그러나 과거 사례를 이용한 방법이 가장 쉽고 보통 최선의 방법이다. 건설전문가들은 모두 예산을 초과하는 프로젝트들에 의해 속이 타왔기 때문에, 그래서 건설전문가들은 실제보다 낮게 책정하는 견적을 하는 본능적인 욕구를 갖고 있다. 건설전문가들은 견적과 각 구성요소에 약간의 예비비를 두고 시작한다. 그 프로젝트는 시작도 하기 전에 예산을 초과한다.

4) 보수공사 예산편성(Budgeting repair work)

대부분의 발주자들은 기존 시설물을 소유하고 있고 그래서 대부분의 건설 프로그램들은 이런 시설물들의 예산 재투입을 포함한다(자산개선은 유지관리가 아닌 자본이 필요한 보수, 개선, 리모델링의 미화된 이름이다).

그것은 현재 파손 되었거나 손상된 것들을 고치는 데 얼마나 비용이 들어갈 것인지를 알아야 할 필요가 있다는 것을 의미한다. 우리는 또한 향후 실패를 예측할 필요가 있고 이로 인한 비용까지도 예상할 수 있을 것이다. 어느 누구도 전략 계획을 좌절시키기 위해 예정에 없던 설비를 교체하기를 원하지 않는다.

Because the inventory of buildings in the U.S. is aging, many owners have budgets for renewal that exceed the budget for new buildings.

미국에 있는 건물들이 노후화되고 있기 때문에 많은 소유주들은 신축 프로젝트 이상의 재개발 예산을 확보하고 있다.

자산개선에 대한 예산을 편성하고 향후 실패에 대한 수리비용을 예상하기 위해 요구되는 작업을 시설물 상태평가(Facility Condition Assessment, FCA)라고 부른다. 시설물 상태평가를 위한 도구와 프로세스는 신축 건설 프로젝트에 대한 예산을 세우기 위해 사용된 것들과는 다르다. 시설물 상태평가는 전문화된 서비스 영역이 되었다. 갑작스럽고 빠르게 성장하기 시작하는 모든 서비스들처럼 이 평가는 변화하고 매년 진보하고 있다.

우리 회사는 고객의 요구가 있으면 항상 건물평가를 실시했다. 80년대에는 Texas 공립학교에 있는 모든 교육 공간을 측정했다. 그 전에는 건물평가를 외면하던 미국 대사관들을 평가했다.

그러나 1990년대에 5, 60년대에 출생한 베이비 붐 세대를 위해 건설된 학교와 대학교 건물들이 노후화되기 시작했고 황폐해졌다. 이들 피교육자의 대다수는 오직 신축건물에서 교육받았다. 그러나 1990년까지 자산개선(보수, 개선, 리모델링 등)에 대한 필요구가 새 시설물에 대한 요구를 초과했다. 교육 시설물에 대한 상태평가 서비스를 위한 시장이 호황을 이루었고 그 서비스는 전문화되었다.

우리에게 이 서비스는 핵심사업이 되었다. 2006년 말까지 20억 ft^2의 건물들을 평가했다.

처음에는 고전적인 공학적 접근방법을 택했다. 일일이 모든 공간을 다녔고, 파손되었거나 손상된 것을 보고 수리비용을 견적하였다. 구조물, MEP, 지붕 또는 단순히 찢어진 카펫과 벽 같은 기본적인 빌딩시스템 모두를 조사했다. 그 당시 현장에서 휴대용 컴퓨터를 이용해 데이터를 입력한 후 인터넷을 통해 데이터베이스로 전송할 수 있는 좋은 소프트웨어를 개발했다. 그 소프트웨어는 CSI 카테고리, 빌딩시스템, 방재 또는 고객이나 현장 팀이 설정한 여러 '사용자 지정' 카테고리 중 하나와 같은 12개 이상의 기준에 토대를 두어 결함을 분류하도록 하는 것을 가능하게 했다. 그 프로그램은 RSMeans와 같이 어떠한 비용 데이터베이스도 사용할 수 있었다. 생애주기 재개발 비용을 예상할 수 있었고, 다수의 좋은 성과를 냈다.

다시 한 번 정밀한 과정이 정확한 가정을 뛰어넘는 때가 왔다. 비용예측이 상세 수준에서까지 정확할 수는 없다. 이것이 왜 그렇게 어려운지 예를 들어보자. 한 대학교 프로젝트에서 우리는 5년 동안의 프로그램으로 편성된 재개발 카테고리들을 마련했다. 더 이상의 손실을 방지하는데 필요하거나 안전을 위해 수리가 필요하다고 생각되는 것은 우선순위에 책정되었고, 즉각적으로 수리에 들어갔다.

석면제거와 같은 환경개선작업은 세 번째 우선순위에 놓였고 3년차에 예정되었다. 외관에 대한 수리는 다섯 번째 우선순위에 놓였고 5년차에 일정이 잡혔다.

시설물 관리담당 직원과 우리 모두 이를 이해하고 있었다. 그러나 일을 시작한 지 일 년 후에 위원회가 건물을 둘러보고 나서 모든 돈이 지출되었음에도 아무것도 변한 것이 없다고 말했다. 우리는 외관 수리는 5년차에 이루어질 것이라고 설명했다. 그들은 우리가 틀렸다고 말했다. 그들은 학생들을 더 끌어들이려고 애쓰고 있었다. 그들에게는 외관 수리가 당장 이루어져야 하는 최우선 순위였던 것이다.

Repair work rarely follows the assumptions of a facility assessment.

보수공사는 시설물 평가를 근거한 예상을 거의 따르지 않는다.

(1) 가정(The assumptions)

시설물 상태평가 시스템의 도입은 첫 번째 변화였다. 두 번째 변화는 패키징 전략(packaging strategy)에 수반되었다. 데이터베이스에 단가를 설정함에 있어서 우리는 자본 개선 프로그램에 의한 규모의 경제에 대해, 그리고 오직 한 번의 이주와 한 번의 재입주 비용으로 석면 제거가 3년차에 단일 계약 하에서 모두 이루어질 것이라고 가정했다.

합리적으로 들릴지도 모르지만 이 경우는 합리적이지 않았다. 우리는 강당 천장에서 부식된 온수 파이프를 발견했다. 만약 그것이 파열 되었다면 상당한 손실을 일으켰을 것이다. 물론 파이프는 우리가 그 파이프를 교체하기 위해 제거해야만 한 석면으로 둘러싸여 있었다. 우리는 천장이 더러웠고 얼룩졌다는 것을 알아냈고, 5년차에 개선하도록 일정을 세웠다. 그러나 우리가 천장을 드러내고 파이프에 접근하기 위해 천장을 복구해 놓으면 하면 새로운 타일에 대한 추가 비용이 최소로 소요되는 상황이었다. 특히 외관 수리를 강조하는 위원회의 견지에서 보면 그것을 수리하지 않는 것은 미친 짓으로 여겨졌을 것이다.

이는 단순한 예이다. 특히 수선이나 리모델링과 같은 일괄 건설작업은 공사비용에 큰 영향을 미친다. 그리고 상태평가를 하고 있을 때 궁극적인 일괄계약을 가정하는 경우는 없다.

The contract packaging has a large affect on construction cost.

패키지계약은 건축비용에 상당히 큰 영향을 미친다.

대부분의 사람들은 모든 결함을 가정해서 재개발 프로그램에 대한 총 금액이 $500,000라고 하면, 그것은 적당할 것이라고 믿

The law of large numbers helps, but individual contract elements may vary enormously.

큰 규모의 예산을 관리함으로 인해 운신의 폭은 넓겠지만, 개별 계약요인들은 지나칠 정도로 다양할 수 있다.

어버린다. 큰 수들의 집합으로부터 상쇄오차가 있을 것이다. 그러나 우리 모두는 어떤 개별 하위 비용이 완전히 틀릴 수 있음을 안다.

어느 날 나는 미국에서 주정부의 지원을 가장 많이 받는 대학교들 가운데 한 곳의 시설물 책임자를 방문했다. 그는 구체적인 프로젝트에 대한 예산을 설정하기 위해 상태평가 데이터를 이용하고 있었다. 그는 부정확성에 대해 몹시 화가 나 있었다. 그는 예상치 못한 곳에 예산을 쓰고 있었다. 그 문제의 일부는 건설시장의 변화 때문이고, 일부는 작업 범위의 변경 때문이고, 또 일부는 평가자가 기대했던 것과 서로 다른 일괄계약 때문이었다.

나는 개별 프로젝트 예산을 위해 건물상태평가 자료에 의존하지 말라고 그에게 충고했다. 건물상태를 평가했던 회사는 좋은 회사였다. 그 평가회사와의 공동도급 경험을 통해 좋은 회사라는 것을 확신했다. 심지어 우리도 그 회사보다는 더 잘 하지는 못했을 것이다. 주요 개선 프로젝트는 알려진 시장 조건과 함께 주의 깊은 견적을 요구한다. 20%의 예비비가 결코 높은 것이 아니다.

The savings in contract packaging for repair and renovation is many times the cost of a condition assessment.

보수와 리노베이션 작업의 패키지계약에서의 비용 절감은 상태평가에 의해 상당부분 이루어진다.

우리가 처음으로 건물 상태평가 서비스를 시작했을 때 우리는 그것이 건설자재의 효율적인 패키지를 가져올 것이라 생각했다. 우리는 모든 결함들을 조사하고, 유사한 종류의 작업을 묶어 포괄적인 데이터 없이는 불가능했을지도 모르는 규모의 경제에 도달할 수 있었다.

어떤 측면에서는 이것이 옳은 것이었다. 작업을 효율적으로 일괄 처리함으로써 비용을 절감했기 때문이다. 한 대학교에서 단순하게 3년짜리 지붕공사의 순서를 배열해서 지붕 회사의 한 팀이 작업을 진행할 수 있게 해 작업성과를 더 높이고 더 저렴하게 공사할 수 있도록 했다.

공사를 묶는 것(bundle work)을 돕기 위해, 공사 항목을 프로젝트로 놓고 하수급자별로 합리적으로 임무를 묶는 것을 가능하게 하는 시설물 상태평가(FCI) 소프트웨어인 'project-builder' 라는 모듈을 개발했다.

후속 수선작업을 관리했던 보수공사 중에는 일괄계약을 효과적으로 진행함으로써 비용을 절감함으로써, 보수공사의 극히 일부분만을 진행했을 때 이미 상태평가 비용을 상쇄한 경우도 있었다.

이 간단한 수학을 살펴보자. 평균 $50/ft²에 달하는 보수공사에 대해 평가비용이 $0.1/ft²라고 가정하자. 보수비용 1%의 1/5이다. 그리고 효율적인 일괄계약이 10%, 20% 때로는 50%의 공사비용을 절약할 수 있다는 것을 인지하라. 생각할 필요도 없는 가치 있는 투자이다.

그러나 이런 괄목할만한 절감에도 불구하고, 공사를 일괄진행하는 것에 대한 고객의 우선순위가 비용절감에 있지 않은 것을 알고 놀란 적이 있다. 그들은 예산을 확보하기 위해 상태평가 결과 데이터를 원했다. 보수공사에 대한 거대한 상세 견적 데이터베이스는 공사가 필요함을 증명하고 자금을 조달하기 위한 확실한 증거를 제시한다. 교육구는 채권승인이 통과되기 위해 대중에게 제시하기 위한 상태평가 데이터를 원했고, 주립대학은 입법부에게 자신들의 필요를 증명하기 위해 그 데이터를 원했다.

우리는 수천 건의 결함들을 데이터베이스에 문서화해서 그것들을 다양한 방식으로 분류한 보고서를 출력했다. 그 이후 그것들을 여러 개의 두꺼운 3공 바인더로 파일링해서 고객 선반 공간의 12ft를 차지할 만큼 제공했다.

But often, the most important value of a condition assessment is to get money.

그러나 종종, 상태평가의 가장 중요한 가치는 예산을 확보하기 위한 것이다.

이 서비스의 좋지 않았던 점은 소수의 사람들만 우리가 제공한 데이터를 사용하고 있다는 점이다. 우리가 보수공사 관리를 요청받은 것들에 대해 'project builder'를 적용했지만, 여러 고객 또는 그들의 설계자도 우리가 고용되지 이전에는 전혀 관심을 가지지 않았다.

우선 한 가지 이유는 어느 누구도 모든 것을 고치려는 시도조차 하지 않았다는 점이다. 그들은 그것을 감당할 수 없었다. 우리는 교육구에 그들이 필요한 보수공사를 하는데 $1,000,000가 필요했다고 밝혔을 것이다. 그럼 그들은 $500,000 이상의 예산을 보수 항목으로 통과시키지는 못하며, 예산 가운데 일부는 새로운 학교들을 건설하기 위해 소요되어야 한다고 설명할 것이다. 그러면 우선순위를 정하고 가장 긴급한 것부터 수선할 것이다.

We learned that we could produce an accurate estimate with just a little information.

우리는 단지 약간의 정보만으로 정확한 견적을 낼 수 있음을 경험했다.

수백만 ft²에 대한 보수비용을 견적한 후에 우리는 단지 약간의 정보만으로 정확한 견적을 낼 수 있다는 것을 확신하기 시작했다. 도면을 갖고 시설물의 연령을 파악하고 보수 기록을 검토한 후 그 시설물들의 몇 가지 일반적인 샘플들만 조사한다면, 책정된 단위면적당 10센트 대신에 약 2센트의 합리적인 서비스 요금을 제시할 수 있었을 것이다. 결함에 대한 상세한 데이터베이스는 없지만 근본적인 원리는 더 좋을 수 없었다. 많은 고객들이 그 접근방법을 선호했다(이것을 '주행 중' 평가라고 약간 엉뚱한 별명을 붙이기도 했었다).

And we learned how to do highly detailed condition assessments.

그리고 우리는 매우 세밀하게 시설물의 상태를 평가하는 방법도 배웠다.

때때로 다른 방향에서 접근하기도 했다. 견적을 위해 매우 정확한 데이터를 가진 명쾌한 설계안을 어떻게 상세하게 평가할지에 대해서도 알게 되었다. 이들 서로 다른 접근방법들을 1수준(2센트 접근방법), 2수준(표준 10센트 접근방법), 그리고 3수준(아마도 25센트 접근방법)으로 이름을 지었다.

예산을 설정하기 위한 이런 서로 다른 접근방법들은 고객과 상황에 맞춰 적절하게 사용될 수 있다. 그러나 대부분의 경우에 발주자는 모든 것을 수선할 여력이 없기 때문에, 시작되지도 않은 공사에 대한 상세한 견적을 내는데 시간과 돈을 소비하는 것은 어리석은 일일 수 있다. 보다 나은 접근방법은 주행 중 평가를 하고, 만약 그들이 자금을 확보하고 있다면 자금 조달을 받은 공사에 대한 3수준 정도의 상세 평가를 하는 것이다.

Sometimes buildings have problems because they are inadequate, not because they are broken or worn out.

때때로 빌딩들은 부서지고 손상되었기 때문이 아니라 기능이나 용도가 부적합하기 때문에 문제점을 낳는다.

상세평가 도중 상태평가에 대한 서비스의 범위가 확장되고 그 중요성이 부각될 수 있다. 예를 들어, 고객들 중 많은 사람들이 시설물이 파손되거나 손상되진 않았지만 적절한 상태도 아니라고 지적했다. 비슷한 예로 조명 기구들이 작동은 하지만, 적절한 조도를 만들어낼 만큼 충분하지 않은 것을 들 수 있다. 또는 교실들이 너무 작다는 지적도 있었다. 시설물의 안전시스템이 부족했거나 방재규정, 접근표준이나 친환경설계규정을 따르지 않은 경우도 있었다.

그래서 상태평가 분야는 자신들의 소프트웨어에 대해 기능적으로 적합한 모듈을 개발해야 했다. 발주자는 기능 적합성에 대한 기준을 규정할 수 있다. 그 기준은 조도, 요구된 공간, 칠판의 면적, 카테고리 5 소켓들, 친환경건축인증(예: LEED) 기준, 빌딩 코드 등 무엇이든지 될 수 있다. 그런 식으로 파손된 것들을 고칠 뿐만 아니라 요구사항을 충족시킬 수 있는 비용을 견적할 수 있었다.

일부 고객들은 자신들의 시설물들을 재난(예: Florida의 허리케인이나 California의 지진)을 대비하여 평가하기를 원했고, 이에 따라 그들의 시설물들이 안전할 것이며, 새로운 규정사항들을 충족할 것이라는 혹은 안전성을 바탕으로 유리한 보험요율을 적용받을 것이라는 확신을 심어줄 수 있었다.

And other categories of "adequacy" emerged.

그래서 별도의 '적합성' 항목이 시설물 평가에 도입되었다.

Sid Sanders는 가장 영리하고 상상력이 풍부한 고객들 가운데 한 명이다. Sid는 Texas 대학교 빌딩시스템을 운영한 후 Houston에 있는 Methodist Hospital System 건설을 위한 거대한 건설 프로그램을 관리하도록 채용되었다. 감리교회가 새로운 건물을 건설할 때면 매번 일부 기능들이 기존 시설물에서 이관되고, 기존 시설물에서는 공간용도에 대한 연쇄적 변화가 더 이상 여유 공간이 없을 때까지 일어날 것이다(musical chair). 실내 기능의 일관성을 유지할 필요가 있었다. 그래서 시드는 어떤 공간이 어떤 기능을 위해 채택되어질 수 있고 그 공간이 서로 다른 기능을 위해 사용되는 데 비용이 얼마나 소요될지 파악하기 위해, 기존 시설물들의 포괄적인 판단기준을 포함시키는 1수준 평가를 확장해 달라고 요청했다.

상태평가 서비스 시장은 지속적으로 성장할 것이고 계획 및 예산수립 과정에서 점점 더 큰 비용항목이 될 것이다. 발주자들이 더 연합하고 발주자측의 포트폴리오가 더 대형화됨에 따라, 발주자측 관리자가 높은 수준에서 프로그램을 관리하다 보면 시설물에 대한 직접적 지식을 획득하지 못할 수도 있다. 시설물 수준까지 온전하게 관리하기 위해 관리자들은 데이터에 의해 명확한 사실을 제공하는 시스템을 원하게 된다.

5) 가치공학(Value engineering)

가치공학에서의 일반적인 문제는 시점(timing)이다. 가치공학이 설계이전이 아니라 이후에 수행된다는 것은 고전적인 잘못된 추측일 뿐이다. 가치공학은 반드시 설계 전에 이루어져야 한다. 그러면 설계를 보다 신속히 진행할 수 있고 비용뿐만 아니라 시간도 절약한다. 그러나 가치공학단계에서 설계가 완료되지 않았음에도 비용을 예측하려 시도하는 팀도 있기 마련이다.

Value engineering is cherished by CMr and detested by architects and engineers.

가치공학은 CMr에게 선호되지만, 설계자에게는 꺼려지게 마련이다.

적절하게 수행된 가치공학은 최소 비용으로 얻을 수 있는 최대 가치를 발견하는 과정이다. 도출되는 대안은 사용자, 다양한 설계 분야 전문가들, 시공사들로부터의 동의를 요구하기 때문에 가치공학은 전통적으로 협동 과정이다. 최적안의 선택은 빌딩 재료, 시스템, 범위 또는 기능별 배치와 연관된다.

CRS 회사의 CM그룹의 이전 회장이었던 프랭크 와이콤(Frank Whitcomb)은 가치공학을 간단하지만 명쾌한 예를 들어 설명했다:

> *"내 현관문에 있는 불투명유리(leaded glass)는 문과 문틀의 틈새가 너무 꽉 끼어 사람들이 문을 닫으려고 강하게 밀쳐버리는 바람에 문과의 접합이 점점 느슨해지고 있다. 일반적인 해결안은 철제 꺾쇠를 이용해 유리를 문에 단단하게 고정시키는 것이다. 시스템적인 해결안은 문과 문틀의 틈새를 알맞게 수선하는 것이다. 관리적인 해결안은 뒷문을 사용하는 것이다."*

Architects and engineers tend to think of the building as a finished product. Builders think of the process. The collaboration is usually productive.

건축가들과 엔지니어들은 건물을 최종 생산물로 여긴다. 시공자들은 그것을 프로세스로 생각한다. 협업은 대체로 생산적이다.

가치공학은 좋은 것이지만, 보통 그것이 행해지면 가치를 떨어지게 만들 수도 있다. 건축가들과 엔지니어들이 이 과정을 싫어하는 이유는 이것이 종종 잘못된 시간에 행해지기 때문이다. 설계자들은 시공자들과의 공동 작업을 하지 않고 앞서서 일을 한다. 아마 발주자가 그때까지 CMr을 고용하지 않는 것이 일반적일 것이다. 고용되었다 하더라도 CMr이 예비 설계 서비스에 능숙하지 않거나 설계가 끝날 때까지 어떤 조언을 해야 하는지 모를 수도 있다.

더 나쁜 경우는 CMr가 설계자를 영업대상으로 여기는 것이다. 그래서 CMr들은 설계에 대해 설계자에게 많은 것을 말하기를 꺼려하는데, 이는 설계시작 전에 CMr들이 설계에 대해 참견하는 것에 대해 설계자가 주제 넘는 짓이라고 생각할 수 있기 때문이다.

Value engineering becomes a program, not a project activity.

가치공학은 프로젝트 액티비티가 아니라 프로그램 자체가 된다.

이런 이유로 불가피한 일이 발생한다. 설계 마무리에 가서 프로젝트 예산이 초과된다. CMr은 가치공학을 하자고 제안한다. 건축가는 범위를 줄이고, 설계 개념은 절충되며 설계자는 설계를 수정하는데 소요되는 비용 때문에 손실을 입게 된다. 일의 가속도가 떨어지고 설계자와 CMr와의 관계가 악화된다. 설계자는 '가치공학' 을 '가치 제거' 로 비방하는 언급을 한다.

프로토타입을 갖고 일을 하는 일련의 건설사들은 프로젝트 작업흐름에서 가치공학 노력을 기울여서 프로토타입에 적용할 수 있다. Marriott 호텔과 Target 같은 회사들은 끝없이 비용을 조사한다. 가치공학은 프로젝트 액티비티가 아닌 프로그램이 된다.

커다란 건설 프로그램을 가진 많은 고객들은 독특한 빌딩들을 건설하는데 그 예로는 MIT, 국무부 산하 각국 대사관들, GSA 연방법원청사 프로그램 등이 있다. 이들 프로젝트들에서 비용통제는 더욱 어렵다. 행정부는 비용통제를 기대한다. 그 기관 위원회는 국제적으로 명망 있는 건축가를 고용했다.

유명한 건축가의 설계는 보통 전례가 없기 마련이다. 한 유명한 연구자는 그 설계안이 수정되어야만(공간 혹은 연구설비 설치 등과 관련해) 진행할 수 있는 연구 프로젝트를 수주했다. 주요 기부자들은 자신들의 아이디어를 갖고 있다. CMr은 프로젝트가 설계로 넘어갈 때까지 그 프로젝트에 참여하지 않는다. 모든 사람들이 그 프로젝트에 대해서 무언가 말할 것이 있다. 예외 없이 그 프로젝트는 예산을 초과할 것이고, 가치공학은 비용 절감에 초점을 맞추게 되고 모든 관련자들에게 고통과 비난을 가져다 줄 것이다.

가치공학은 설계 전에 반드시 이루어져야 하고 프로젝트 수준은 아니지만 또한 프로젝트들 간의 공통분모를 찾을 수 있도록 프로그램 수준에서 이루어져야 한다. 대규모 프로그램에서 설계 전의 가치공학 비용은 다수 프로젝트에 걸쳐서 분할 상환될 수 있다. 고도로 세심한 가치공학 전문가들은 거의 모든 사안을 표준화 시켜 프로그램마다 반복 사용할 수 있다.

Value engineering can occur at the program level.

가치공학은 프로그램 수준에서 수행되어야 한다.

6) 비용견적(Cost estimating)

설계 전이나 설계 중에 지속적으로 견적을 내는 것은 아주 중요하다. 과거 비용 기록과 매개변수 또는 시스템견적은 합리적이면서도 달성 가능한 예산을 설정한다. 물량산출을 이용한 상세견적은 대안 설계 개념단계에서 비용을 산출하는 것을 가능하게 하고, 해당 프로젝트를 관리할 수 있는 범위 안으로 유지하고, 입찰이 공평하다는 확증을 제공하며, 계약 협상을 위한 정보를 제공한다.

A Program Manager must have a capability - in-house or outsourced - to estimate designs as they develop.

PgMr은 설계가 진행됨에 따라 회사 내부인력을 투입하던지 혹은 외주를 주던지 간에 상관없이 설계를 토대로 견적할 수 있는 능력을 가지고 있어야 한다.

그러나 견적은 까다롭다. 견적은 공학 프로세스이다. 견적자는 건축자재의 물량을 파악하고 그 수량과 단가를 곱하고, 자재를 설치하기 위한 노무비를 더하고, 장비비를 더하고, 일반조건 공사비용[1]과 간접비 및 이익을 더한다.

견적에 관한 책들과 견적을 가르치는 과목들은 이런 고전적인 접근방법을 설명한다. 그러나 교과서적인 과정을 동일하게 밟아 견적을 수행한 하수급자 다섯 곳이 제출한 견적가는 서로 차이가 날 것이다.

프로젝트가 일단 수급자에게 입찰된다면 입찰 종료 후에는 변경의 여지가 별로 없다. 이 입찰가를 파악한 발주자들과 설계자들은 입찰 전 여러 곳의 견적사가 제시한 금액을 서로 비교해 볼 때 약 7%의 차이가 있음을 알게 된다. 실제로 변동 폭은 훨씬 더 크다.

Bids from contractor are fairly close because they use the same sub proposals. But the subs can vary substantially.

수급자는 동일한 하수급자로부터 제안서를 받기 때문에 이들이 제출한 입찰가는 상당히 유사하다. 그러나 하수급자들은 근본적으로 다를 수 있다.

모든 건설사들은 자사의 견적서 대부분에 가장 낮은 하수급 입찰가를 사용하기 때문에 대부분의 종합건설업체들이 거의 유사한 하수급자 목록을 갖고 있다. 그럼에도 변동 폭이 큰 이유는 입찰가를 구성하는 하수급 계약 중 일부가 독특한 하수급자와 맺어졌거나, 건설사들이 선호할 만한 가격을 제시한 하수급자가 있거나, 건설사 자신들의 일반조건 공사비용과 간접비 및 이익을 반영한 견적 결과 때문일 것이다.

만약 하수급자들이 제출한 입찰가가 공개된다면 굉장한 차이가 드러날 것이다. 인력중심이거나 날씨에 민감한 업종일수록 차이는 커질 것이다.

일부 프로그램 발주자들은 설계 단계별로 자신들의 건축가들과 CMr들을 시켜서 CSI MasterFormat으로 견적을 하고 그것을 실제 공사비용과 비교한다. 이것은 견적과정을 관리하는 것을 도와주고 프로젝트 관리자들에게 단계별로 비교할 수 있는 정보를 준다.

큰 규모의 프로그램은 장점을 가진다. 실제 건설비용을 프로젝트들에서 포착하여 향후 견적에 사용할 수 있다. 이것은 예측성을 향상시킨다. Marriott 호텔 같은 회사들은 자사의 비용을 지속적으로 조사해서 자신들이 배운 교훈을 데이터베이스에 유

1.이 비용에 대한 설명은 196쪽 참조

지하고 한 프로젝트에서 다음 프로젝트로 넘어갈 때 이 자료를 이용한다.

2. 일정관리(Schedule control)

비용이 예측 불가능성에 영향을 받았듯이 일정도 예측 불가능성에 영향을 받는다. 비용을 관리하는 것은 일정을 관리하는 것과 분리될 수 없다. 가격 상승을 초래하는 건설자재의 부족분은 공기 또한 지연시킨다. 비숙련 노동자는 실수를 하고 마감기일을 지키지 못하기도 한다.

The same unpredictability that affects cost, affects schedules.

비용이 예측 불가능성에 영향을 받았듯이 일정도 예측 불가능성에 영향을 받는다.

자원의 부족을 초래한 경제적 동인이 발주자의 요구사항에도 영향을 미치기 마련이다. 예를 들어, 한 지역사회의 급속한 경제성장은 노동력과 자재 부족을 일으키는 동시에 (취학 인구 증가에 따른) 학교 교실, 병원 침실 및 창고형할인매장을 위한 시장 수요를 증가시킬 것이다.

1) 설계일정 vs. 시공일정(Schedule design vs. construction)

건설만큼 일정에 민감한 산업도 없을 것이다. CPM과 PERT 같은 뛰어난 일정계획 도구들이 보편적으로 사용되고 있다. CMr들과 건설사들은 작업(tasks), 참여사, 자재와 장비들을 촘촘하면서 논리적으로 연결된 액티비티로 묶는데 괄목할만한 기술을 개발하고 있다.

또한 건설만큼 정리되고 분석적인 일정에 잘 들어맞는 산업도 많지 않다. 조적벽을 설치하는데 다수의 조적공이 여러 날에 걸쳐 다량의 벽돌을 사용한다. 조적공의 수를 증가시키면 공기를 단축할 수 있다. 벽이 세워지기 전에 기초 콘크리트가 타설되어야 하고 벽을 세운 후에 창문이 설치된다. 공학적 논리로 보면 이것은 고전적인 일에 지나지 않는다.

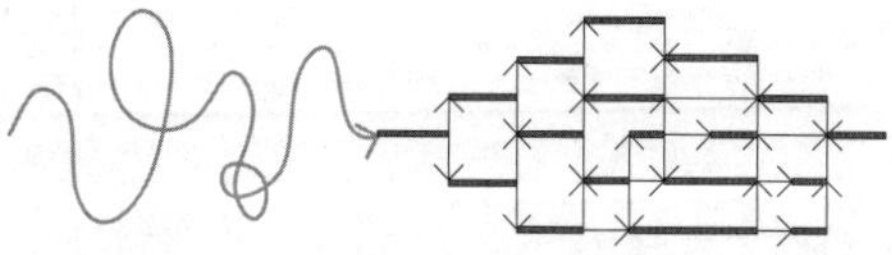

시공과정은 논리적이고 순차적이며 생산 집약적이다. 설계는 반복되는 작업으로 의사결정 집약적이고, 한 임무에 소요될 수 있는 시간의 양에 제한이 없다.

관리자들이 하는 일반적인 실수는, 시공과정의 공학논리를 설계 일정계획을 수립할 때에도 적용하려고 하기 때문에 발생한다.

조적공 한 명이 하루에 쌓을 수 있는 벽돌 수에 관한 지침이 있다. 그러나 벽을 설계하도록 요구한 시간에 대한 지침은 논란의 여지가 있다. 일반적으로 설계자들은 자신들의 용역비를 투입된 인력의 작업시간, 숙련도 및 마감기일에 맞춰 설계의 한도를 정한다.

"설계자는 작업을 끝내는 게 아니라 단지 그 일을 그만 하는 것이다."

As a designer develops the design, he or she discovers that many good ideas require doubling back to make changes in earlier work.

설계자는 디자인을 발전시킴에 따라 다수의 좋은 아이디어들을 떠올리고, 초기 작업을 수정하기 위해 앞부분으로 다시 돌아가 작업하게 된다.

설계의 그 다양한 측면들은 적어도 한 번 이상 연구된다. 실제로 설계는 끝없이 연구될 수 있고 많은 설계자들이 또한 그렇게 하고 있다. 사실, 최고의 설계자들은 종종 가장 오래 작업을 하고 따라서 일정을 정해주기 어려운 사람들일 것이다.

CMr이 하는 일반적인 실수는 시공일정을 계획할 때 사용한 기법으로 설계 일정계획을 시도하는 것이다. 시공은 생산 집약적이지만 설계는 의사결정 집약적이다. 시공은 순차적이지만 설계는 반복적이다. 시공은 시간, 노동력과 재료의 자원들에 대한 필요를 정의하지만 설계는 오직 지적 자원만을 요구한다. 시공자의 목표는 처음에 모든 것을 올바르게 하는 것이지만 설계자는 매 단계마다 개선해서 문제를 여러 번 되풀이하여 연구하는 것이다.

설계자가 설계안을 더 좋게 만들기 위해 더 많은 시간을 보내지 말아야 할 하등의 이유도 없다. 그래서 최고의 설계자들은 더 많은 시간을 사용해서 보다 뛰어난 디자인을 하는 사람들이다. 아래와 같은 오래된 농담이 있다:

"한밤 중에 대학교 교정에서 건축대학을 어떻게 찾을 수 있나요? 불이 켜진 곳이 바로 건축대학일 것입니다."

Design is the hardest part of a capital program to manage.

설계는 대형 건설 프로그램에서 관리하기 가장 어려운 부분이다.

그래서 설계는 시공보다 예측이 힘들고 통제하기가 훨씬 어렵다. 그러나 설계는 비용, 일정과 품질을 결정한다. 따라서 최고로 숙련된 PgMr들은 프로젝트 작업 흐름에서 가능한 한 많은 설계 액티비티를 추출해서 프로젝트 발주를 더 예측 가능한 것으로 만들기 위해 프로그램 액티비티에 포함시킨다.

설계자들과 시공자들은 서로에게 짜증을 낸다. 설계자(특정 시점에는)는 도면과 의사결정 결과를 제시해야만 되기 때문에 시공자들에게 짜증을 낸다. 시공자들은 건축가들이 문제를 계속해서 연구하기만을 원하기 때문에 건축가들에게 짜증을 낸다.

2) 다양한 일정(Different kinds of schedules)

(1) 마스터 스케줄(Master schedule)

마스터 스케줄은 주요 설계 액티비티, 승인시점(points of approval), 입찰 기간, 입찰 검토, 주요 시스템의 제작 및 조립시간, 주요일정(milestones)과 점유준비(move-in) 액티비티들을 보여준다. 이 스케줄은 어떻게 프로젝트들이 관련되어 있고 어떻게 각각의 주요 프로젝트 참가자들이 서로 교류하는지를 보여준다.

(2) 설계 스케줄(Design schedule)

설계 스케줄은 설계검토와 승인 액티비티들을 통합한다. 이 스케줄은 결정지어야 할 사안, 누가 의사 결정을 하는지, 그 의사 결정을 하는데 요구되는 정보, 그 정보를 창출하기 위해 요구되는 시간과 누가 그것을 할 것인지를 확인해 준다. 시공이 노무와 자재들의 가용성 여부에 구속받는 반면 설계는 의사 결정에 의해 구속받는다.

(3) 단기 스케줄(Short-interval Schedule)

단기 스케줄은 공동협의를 위한 시간 단위 스케줄이나 2주 혹은 3주 단위의 일별 액티비티를 다루는 스케줄을 포함할 것이다. 설계 동안에 단기 스케줄은 설계검토 사이의 액티비티를 다룬다. 시공 중에 단기 스케줄은 보통 3주 단위를 기본으로 하는 스케줄이다.

(4) 입찰 스케줄(Bid schedules)

입찰 스케줄은 입찰 안내 서류 열람가능 일시, 추가 사항(addenda) 배포 일시, 입찰설명회(pre-bid meeting) 개최일시, 그리고 입찰서 제출 마감기일, 응찰일, 낙찰일을 안내한다.

(5) 시공 스케줄(Construction schedules)

시공 스케줄은 설계와 시공 순서를 연결하고, 다양한 시공자들의 액티비티들을 통합하고, 발주자가 제공한 자재 발주를 관리하기 위한 전략수립을 가능하게 해준다. 일부 시공 스케줄은 진도를 측정하기 위한 투입노무누적계획(labor-loaded schedule), 기성금 청구(payment request)를 위한 기성누적계획(cost-loaded schedule) 혹은 설계변경 분석서를 포함하기도 한다.

(6) 점유 스케줄(Occupancy schedules)

점유 스케줄(occupancy schedule)은 설계자들, CMr들 및 시공자들과 함께 사용자가 시설물에 입주하기 위한 액티비티를 총괄한다. 이 스케줄은 가구, 수장물(fixtures)과 장비를 할당된 위치에 설치하고, 시스템 시운전(systems start-up) 및 품질보증서류를 포함한다. 그 프로젝트의 어떤 다른 단계도 고객에게 최종적으로 남는 기억보다 더 중요한 것은 없다.

3. 품질관리(Quality control)

품질에 대한 확실하고 명쾌한 정의는 아래와 같다:

> *품질은 요구사항에 대한 일치성이다.*

Phillip Crosby는 1979년 자신의 책 *'Quality Is Free: The Art of Making Quality Certain'*에서 이 개념을 설명했다. 적어도 내가 아는 한, 혼란스런 설계와 시공의 세계에서 품질에 대한 최고의 정의이다.

품질은 호화로움, 영구성(permanence), 내구성(durability) 또는 아름다움이 아니다. 품질은 요구사항에 대한 일치성이다. 호화로움, 영구성, 내구성 또는 아름다움은 바람직한 것이고 종종 그것들이 요구사항일 수도 있다.

Project Definition is the foundation for quality control in a program.

프로젝트 정의는 프로그램 수준에서의 품질관리를 위한 기초가 된다.

만약 비용 면에서 효과적인 단열 금속 패널이 빌딩의 기능적 요구를 잘 만족시키고 있고, 애초부터 이것을 사용하도록 설계에 명시되었다면, 석회암을 사용하는 것은 나쁜 품질이다. 그래서 PgMr로서의 업무는 발주자가 요구사항을 정의하는 것을 돕고 그 이후 그것들을 발주하는 것이다.

품질은 요구사항과 함께 시작한다. 그리고 '프로그램과 프로젝트 정의' 장에서 이것을 어떻게 해야 하는지 알고 있는 모든 것을 밝히는 것에 대해 강조했다. 품질관리 프로그램은 프로젝트 정의와 함께 시작해야 한다.

또한 지속적인 개선을 위해서는 프로젝트 작업 흐름에서 반복성을 찾아 이를 프로그램 수준에서의 순환구조로 만드는 것이 중요함을 강조했다. 따라서 반복성의 발견이 프로그램에서 품질관리를 위한 기초가 된다.

건설 프로젝트에 관한 많은 글들은 품질관리를 현장에서의 정확한 검사, 다시 말해 도면과 시방서대로 건물이 지어지고 있는지를 확실히 하는 것으로 설명한다. 그것은 확실히 요구사항에 대한 일치성의 한 형태이다. 그러나 프로그램 관리 환경에서 우리는 품질을 재정립하고 가다듬기 위해 개선할 방법들을 꾸준히 찾고 있다. 그리고 설계도 제시된 품질기준에 부합하는지 확인해야 한다.

1) 설계 중 품질관리(Quality control during design)

설계 품질관리는 프로젝트 정의와 요구사항 체크리스트와 함께 시작된다. 그러나 프로그램이 시작되면, 도움이 되거나 방해가 되는 개별적인 가치들이 있다. 동기가 부여된 설계 전문가들은 개인적이면서 전문적인 성향, 의욕과 영감을 펼쳐놓을 것이다. 최고의 설계안은 가장 어려우면서, 이전의 기준들과 입증된 사고방식에 배치된 안일 것이다. 그 기준들에 도전하는 설계자들을 소중히 여겨야 하지만 만약 그들에게 더 좋은 아이디어가 없다면 지침을 따르라고 말할 준비를 해야 한다.

Challenge the standards, but stick with them if there isn't a better solution.

기존 표준에 도전할 필요가 있지만 만약 더 낳은 해결책이 없다면 그 표준을 받아들여야 한다.

엔지니어들과 건축가들은 아래와 같이 배웠다.

> *"당신 자신의 이익보다 당신 고객의 이익을 우선하라. 그리고 이슈가 분명할 때, 고객의 이익보다 공공의 이익을 우선하라[2]"*

전문성은 발주자뿐만 아니라 대중에게도 더 나은 것을 제공해야 하는 책임을 의미한다. 진정한 전문가들은 발주자와 대중 모두에게 충성한다. 누구에게 충성하던지 프로젝트는 정의될 것이고, 그 설계가 타당한 것인지 확인하는 것은 PgMr의 일이다. 이를 위한 몇 가지 기본적인 도구들이 있다.

---

2. Carl Sapers는 Havard 대학에서 자신이 담당하고 있는 건축전문실무 수업에서 학생들에게 이 신조를 충고한다.

(1) 품질 매트릭스(A quality matrix)

품질 매트릭스는 프로젝트 요구사항과 이에 대해 설계담당자 및 컨설턴트들이 제시해야 하는 내용을 담은 데이터베이스이다. 품질 매트릭스는 각 요구사항이 적절하게 프로젝트 참여자 혹은 조직에 할당됐는지를 확인하게 한다. 매트릭스는 특정 요구사항에 대한 해결책을 제시할 수 있는 최고의 자격을 갖춘 확장된 프로젝트 팀의 구성원에게 그 요구사항들을 분배하는 것이다. 이 매트릭스는 모든 사람들이 무엇을 해야 하는지를 알게 해 준다. 이 매트릭스는 설계진도를 측정하는데 유용하지만 시공보다 설계를 측정하는 것이 어렵다는 것도 염두에 둬야 한다.

(2) 시공성, 조율 및 간섭 검토(Constructability, coordination and interference reviews)

시공성, 조율 및 간섭 검토는 빌딩시스템과 조립 방법에 대한 실현가능성(practicability)을 검증하게 한다. 이들 검토는 호환성을 검토하고 물리적인 충돌, 특히 시공 중 종종 간섭을 만들어내는 기계와 구조 시스템 사이의 충돌을 체크한다.

시공성 검토는 그 빌딩을 건설하기 위한 쉬운 방법을 제시하기도 한다. 이 과정은 일반적으로 뛰어난 건설감독관이나 현장경험이 있는 견적전문가에 의해 수행된다.

여기에 한 예가 있다. 설계과정에 있던 한 학교 프로젝트의 일정은 특이하게 짧았다. 8월에 설계를 시작했고 11개월 만에 학생들과 선생님들이 사용할 수 있도록 시설물이 준비될 것이라고 약속했다. 우리 팀의 신경질적인 감독관은 슬래브 콘크리트를 타설하기 전에 벽과 지붕을 세우는 것을 가능하도록 하기 위해 기초와 설계 세부사항을 변경하자고 제안했다. 그는 가능한 한 빨리 그 프로젝트가 계획대로 잘 진행되기를 원했다. 하수급자들이 나쁜 날씨 속에서도 작업을 할 수 있도록 한 끝에 지붕하부 작업을 마쳤을 때 지붕 하단 슬래브 콘크리트를 타설 할 수 있었다. 아니나 다를까 그 해 1월에 28일 동안 비가 왔지만 그 감독관의 독려 덕분에 아무 문제없이 일정에 맞추어 완성할 수 있었다.

(3) 요구사항 일치성 검토(Requirement compliance reviews)

요구사항 일치성 검토는 기능적, 미적 요구사항이 충족되는지를 확인하는 것이다. 이 검토에는 발주자의 요구사항뿐만 아니라 인허가기관들의 요구사항도 포함된다.

(4) 상호검토(Peer reviews)

상호검토는 프로젝트 진행 중 언제라도 수행될 수 있다. 근본적으로 이것은 그 임무에 직접적으로 연관된 사람들보다는, 유사하거나 보다 뛰어난 자격을 갖춘 전문가에 의해 이루어지는 설계나 시공 액티비티의 검토이다. 이 검토를 통해 실제 중요성에 비해 종종 무시되거나 부각되지 않았던 큰 쟁점들을 찾아내기도 한다. 참여자들 스스로 프로그램에 너무 깊숙하게 개입되어 있거나 그간 제시했던 해결책에 매몰될 수 있기 때문에, 상호검토는 참신한 관점을 가지도록 도와준다.

2) 시공 중 품질관리(Quality control during construction)

시공검측과 시험은 시공도서, 품질기준 적합여부와 적절히 작업이 완료되었는지 등을 확증하는 수단이다. 이들은 첫 번째 시도에 일을 올바르게 하기 위한 절차로써의 품질 보증과 실수들을 포착하기 위한 절차로써의 품질관리를 포함한다. 이들 주제에 관해서는 상당량의 서적이 있는 관계로 부연설명을 하지 않는다.

PgMr에 의한 안전성 검토는 사고와 이에 따른 법적인 문제를 최소화하는 것을 도와준다. PgMr은 시공자가 상세한 안전계획서를 준비할 것을 요구한다(그러나 PgMr에 의해 제시된 요구사항들은 안전에 대한 시공자의 책임을 경감시켜줄 어떤 행위도 포함해서는 안 된다).

프로그램에서 시공검측와 안전성 검토는 단일 프로젝트에서의 그것들과 차이가 있다. 대부분의 프로젝트에서는 일반적인 경험을 가진 현장직원 중 차출된 검측자 혹은 현장 외부 소수의 검측자들이 검측업무를 수행할 수 있다. 보통 규모의 프로젝트라도 건축, 전기, 기계, 토목, 데이터통신, 안전 관련 검사만 전담하는 인력을 배치하기 어렵다. 그러나 다수 프로젝트로 이루어진 프로그램에서는 검측전담팀을 구성해 여러 프로젝트를 번

갈아가면서 검측할 수 있다.

3) 품질: 관리 책임(Quality: a management responsibility)

Too often, a Program Manager is charged with managing the business, not the quality of a building program.

많은 경우에 PgMr은 프로그램의 품질을 관리하는 것이 아니라 사업을 관리하는 책임을 맡는다.

If there are multiple architects in a building program, it's uncommon for them to exchange ideas.

한 프로그램에 다수의 건축가들이 참여하는 경우에도 그들이 아이디어를 교환하는 경우는 흔하지 않다.

공공부문에서 일반적인 프로그램 관리의 업무는 계약적 성과, 즉 시공업무와 관련된 비용, 일정, 범위를 통제하는 것이다[3]. 공공 발주자는 PgMr에게 보다 좋은 건물을 건설하라고 요구하지 않는다. 건축가들이 그것을 할 것이라고 가정하기 때문이다.

공공부문 프로그램 관리 임무에서 PgMr들은 보통 여러 건축설계사무소들을 다루는데, 보통 한 회사가 한 프로젝트를 진행한다. 좋은 회사들은 좋은 아이디어들을 내지만, 한 회사가 다른 회사의 아이디어를 참조하거나 아이디어를 상호교환하는 것은 드문 편이다. 순환이 많지 않은 것이다. 예외도 있지만 프로그램 관리 업무를 외주한 공공부문은 설계 기준을 설정하거나, best practice들을 정의하고 개선하거나, 학습된 경험을 기록하려 들지 않는다[4]. 심지어 여러 번의 설계와 시공을 반복해도 그다지 많은 개선이 이루어지지 않는다.

이 문제점은 정치적인 압력을 받는 공공기관이나 교육기관들과 일하거나 다수의 세납자들과 선거관련 정치후원금 기부자들과 연관되어 있는 선거구 관련 사업일 경우 더욱 심해지는 것 같다.

또한, 일부 리더들은 일에 연루되는 것을 내키지 않는다. 그들은 건설 프로그램들이 뜨거운 감자라는 것을 알고 있다. 예를 들어, 미국 내 많은 주에서는 가장 큰 주정부의 지출 중 하나가 교도소 건설 프로그램이다. 선거가 있는 해에는 도전자가 항상 재임자의 교도소 건설에 대한 관리 능력을 비판한다. 공립학교 건설 프로그램 또한 논란의 온상이다. 학교 교장이 해고되는 가장 일반적인 이유는 빈약한 교육 과정 때문이 아니라 건설 프로그램에서의 비용 초과와 일정 초과 때문이다.

정치적 압력이 결과적으로 리더십의 공백을 야기한다. 어느 누구도 프로그램의 성공을 위한 책임을 떠맡으려 하지 않는다.

한 학교 건설 프로그램의 시설 과장은 자기 자신의 직원들이

3. GSA의 설계우수프로그램(design excellence program)은 주목할 만한 예외이다.

4. LAUSD의 경험지식 데이터베이스는 주목할 만한 예외이다(230쪽).

직접 프로그램 관리를 하기를 원했기 때문에 프로그램 관리의 외주를 반대했었다. 외부 PgMr의 평판을 나쁘게 하기 위해 가능한 한 모든 것을 했다. 곧 프로그램 관리팀에 있는 모든 사람들이 그를 싫어했다. 그 학교 시설관리 책임자는 이런 분쟁에 휘말리는 것을 원하지 않았다. 그의 리더십 부재가 제대로 기능을 하지 않는 관계를 남겼고, 프로그램의 진행을 둔화시켰으며, 비용을 초래했다. 결국 그 프로그램은 초라하게 끝이 났다.

An executive void is a recipe for failure.
경영진의 공백은 실패의 근원이다.

거의 모든 사례에서 이러한 공백은 골칫거리로 여겨진다. 적절하지 않게 부여된 프로그램 관리 업무로 인해 PgMr이 해당 학교의 교장이나 빌딩 위원회의 의장을 만날 수 없는 경우가 있었다. 발주자측 대리인이 처음부터 자신들의 직원으로 프로그램 관리팀을 구성하기 원했기 때문에 PgMr의 선임에 반대했던 시설부서였기 때문이다. 이 경우에도 교장은 이런 분쟁에 휘말리기 싫어했고, 이런 리더십의 부재가 일정 순연 및 비용 초과를 가져왔다.

프로젝트 발주를 시설과 직원에게 위임하고 오직 시간, 돈 및 범위만을 강조하는 너무나 많은 조직들을 보았다. 그 이후 시설과 직원들을 지원하기 위해 PgMr을 고용한다. 그 시설물의 성능을 향상시키기 위한 책임은 누구에게도 없다. 그들은 프로젝트들을 개별 건축사사무소에 분할해서 나누어주기 때문에 best practice들을 수집하고 실행하는 것을 어렵게 만든다. 그 결과는 최종 빌딩 결과물에서의 일관성 결여로 나타난다.

다행히 그 반대의 현상도 보았다. 공공기관과 민간기관 모두에서, 프로젝트의 설계와 건물의 성능이 최고 경영진의 책임이라는 것을 느끼는 강력한 리더들에게 감명을 받았다. 더 중요한 것은 그들이 사용자들, 설계자들, CMr들 및 시공자들이 서로 다른 목표, 가치, 작업습관을 갖고 있다는 것을 이해한다는 것이다. 위의 모든 분야 전문가가 아니더라도(어느 누구도 모든 분야의 전문가가 될 수는 없다), 능력 있는 리더들은 정해진 시간과 예산 안에서 훌륭한 빌딩을 건설하기 위해 화합하고 일관성 있는 팀을 함께 만들 수 있다.

제4편 리더십과 팀워크

리더십(Leadership)

권한, 영향력 및 통제(Authority, Influence and Control)

프로그램 관리팀은 조직의 가치뿐만 아니라 프로그램의 리더에 의해 확립된 명시되거나 명시되지 않은 가치에 의해 영향을 받을 것이다. 이런 미묘하고 명시된 가치들은 리더마다 상당한 차이가 있다. 리더십이 바뀌면 기존에 설정된 가치도 따라 변하게 되므로 프로그램 팀 사이의 변화를 요구한다.

리더십은 아마도 경영진들, 사용자들, 설계자들 또는 건설 에이전트들, 또는 이들이 조합된 형태를 취할 것이다. 각 리더들의 관심 분야가 서로 다르기 때문에 일부는 상충된 의견을 제시한다. 예외 없이 이들 리더십 가운데 한 유형이 다른 유형보다 프로그램에 더 큰 영향을 미친다.

PgMr의 권한은 구조적이거나 영향력이 있을 수 있다. 회사 내부의 PgMr은 프로젝트 팀과 계약을 맺는 직접적인 구조 권한을 가질 수 있다. 그러나 외부 PgMr은 프로젝트 팀의 나머지와 계약을 맺지 않고 오직 영향력이 있는 권한만 행사한다.

PgMr이 문서화했건 그렇지 않건 간에 영향력 있는 권한은 리더십의 목표를 지원한다는 인식에서 나온다.

PgMr은 프로그램의 리더십이 설정한 문화와 가치들을 이해해야 한다. 만약 이 장이 이런 미묘한 문제의 중요성에 대해 당신을 민감하게 만들고 리더십이 바뀜에 따라 당신이 적응해야 할 필요성을 알려준다면, 이 책과 이것을 읽는 당신의 시간은 가치가 있을 것이다.

리더십은 문서화된 정책과 명시화되지 않은 태도와 같은 프로그램 문화를 형성한다. 한 프로그램을 위해 만들어진 일련의 서비스, 가치와 절차는 다음 프로그램에서 적합하지 않을 것이다. 만약 리더십이 바뀐다면 처음 사용된 프로그램은 다시 사용하지 못할 것이다.

프로그램 리더십은 발주자 조직 내에 존재하는 또 다른 직업을 가지고 있는 개인일 수 있다. 리더십은 발주자의 행정관리자 가운데 한 명이거나 또는 향후 지어질 시설물의 사용자일 수도 있다. 리더십은 또한 설계자일 수도 있다. 또는 건설 에이전트의 프로젝트 발주를 관리할 책임이 있는 PgMr(발주자 직원으로 고용되었거나 외주 용역업체)일 수도 있다.

이 네 가지 유형의 리더십이 미치는 영향은 변화하기 쉬운 균형이 있다. 그러나 어느 한 유형의 리더십이 나머지를 지배하게 된다. 그 균형은 공식적인 방침이나 비공식적인 태도에 영향을 줄 것이다. 이런 균형이 의사결정에 영향을 미치고 어떤 것이 좋고 나쁜 지를 정의할 것이다. 이것이 프로젝트의 문화를 형성할 것이다.

The two largest AE/CM companies in Houston, across the street from each other, had good but profoundly different values that affected decision-making.

도로를 가로질러 맞은 편에 위치한 미국 Houston의 AE사와 CM사는 우수하지만, 의사결정에 매우 큰 영향을 주는 서로 다른 가치를 가진다.

리더십이 가치에 미치는 영향에 대해 살펴보자. 내 경력의 처음 시작은 CRS 회사에서 출발했다. CRS 회사는 창조적인 생각을 가진 사람들이 소도시에서 시작되었으나, 창조적인 아이디어를 토대로 전국적인 건설업체로 발돋움했다. CRS는 공격적인 성장과 혁신에 초점을 맞추었다. 한 회의에서 당신이 누군가의 아이디어를 비판하려면 이렇게 말해야 한다.

"그 아이디어에는 전혀 새로운 게 없잖아."

CRS는 너무 혁신적이어서 경우에 따라서는 실패도 있었다. 그러나 다른 때에는 놀랄만한 성공을 이루었다.

내가 3D/I로 이직했을 때, Houston에서 성장한 이 회사의 창업자인 Vic Neuhaus는 주변 사람들이 매우 좋아하는 사람이었고, Houston에 있는 많은 리더들과 개인적인 친분이 있는 사람이었다. 그는 책임감이 아주 강했다. 이 회사의 모든 직원들은 지역사회에서 프로젝트와 관련해 문제가 발생하는 것을 피하려 했다. 왜냐하면 신뢰를 혁신보다 더 중시하기 때문이다. 이곳의 한 회의에서 만약 당신이 누군가의 아이디어를 비판하려면 이렇게 말해야한다.

> *"우리는 전에 그것을 해 본 적이 없잖아."*

두 회사들은 매우 잘 알려졌으며 상당히 존경을 받는 성공한 회사들이다. 두 회사들 간의 차이는 옳고 틀리고의 문제가 아니다. 서로 다른 종류의 성공을 창출해 내려는 문화적인 차이점과 그 회사직원들의 기여도를 측정하기 위한 방법이 달랐던 것이 두 회사 간의 차이점이다. 각각의 회사에서 성공한 사람들은 가치의 차이를 이해했다.

우리가 일한 모든 회사들과 우리가 인터뷰한 모든 사람들은 자신들의 프로그램을 서로 다르게 운영하고 있다. 그들은 개인마다 인격의 차이가 있고, 조직마다 임무가 다른 만큼 많은 문화를 창출한다. 그 차이는 공식적으로 표현되고 강령, 정책매뉴얼, 조달규정, 관리계획 및 절차서와 같은 문서를 통해 행동을 통제한다.

There are as many differences in programs as there are differences in individuals.

개개인마다 차이가 있는 만큼 프로그램도 차이가 있다.

그러나 프로그램 사이의 차이점들은 비공식적으로 표현되고 무형의 가치와 전통을 통해 행동에 영향을 준다. 프로그램마다 리스크, 혁신, 책임, 작업 윤리와 대인 관계에 대해 미묘한 태도들이 존재한다. 이들 대부분은 문서화 되지 않았을 것이고, 일상의 상호작용으로부터 유추되어야 한다.

이런 태도들이 비용, 일정 및 품질에 할당된 상대 중요도에 영향을 미친다. 예를 들어, 한 회사는 제한된 공공 책정액으로부터 더 많은 공간을 얻기 위해 건설단가를 줄이려고 한다. 반면에 또 다른 회사는 시장에서 자사의 경쟁력을 확보하기 위해 공기를 줄이려고 한다. 세 번째 회사는 기관의 동질성이나 브랜드 이미지를 강화하기 위해 건물 외관을 통일한다. 그리고 다른 회사들도 마찬가지다.

The role of buildings in the success of owner organizations varies enormously.

발주자의 성공에서 빌딩의 역할은 크게 변하고 있다.

발주자들은 자신들의 임무에서 건물이 가진 중요성에 대해 서로 다른 확신을 갖고 있다. 발주자들은 때로는 건물에 열정을 보이기도 하지만 때로는 관심을 갖지 않는다. 박물관 위원회는 올바른 설계자를 선정하기 위해 노력하고 건물마감에 많은 돈을 지출하는 반면, 공장발주자는 기술자에게 실용적인 외부구조를 원할 것이다.

이 신념들은 발주자 조직에 있는 경영진들, 사용자들, 시설그룹들 사이의 상호작용에 영향을 미친다. 이 신념들이 누가 의사결정을 하고 방향을 정하는지를 결정한다.

The personal convictions of the program leadership affect the program as much as the mission of the organization.

프로그램 리더십이 가진 개인적인 확신은 조직의 임무 못지 않게 프로그램에 상당한 영향을 미친다.

누가(또는 어떤 그룹이) 프로그램을 주도하느냐에 따라 단순한 현실이 굉장한 결과를 초래한다. 비록 건설 프로그램을 정부, 기관 또는 회사들의 행위로 볼지라도, 차이는 고유한 신념과 관심사, 개인적인 스타일을 가진 개성 있는 사람들에 의해 필연적으로 형성된다.

그래서 하나의 설계와 시공 프로그램을 관리하는 것은 결코 다른 하나를 관리하는 것과 같지 않다. 그 차이는 명백하다. 유사한 프로그램들 가운데 가치에서의 미묘한 차이점들은 덜 분명하다. 건강관리를 목적으로 하는 시설물의 발주자는 다른 발주자와 다르다. 정부, 교육, 창고형할인매장, 병원에 종사하는 발주자 사이에도 차이가 있다. 더욱이 리더십이 바뀌게 되면 프로그램을 진행하는 동안에 변화가 생길 것이다.

Programs change when leadership changes. A smart Program Manager will get acquainted with the values of a new leader quickly.

리더십이 바뀌면 프로그램도 바뀐다. 현명한 PgMr은 새로운 리더가 가진 가치에 빨리 친숙해질 것이다.

조직의 가치는 발주자의 경영진들이 사내 프로그램들을 수행하는 사람들과 조직들의 성능을 평가하기 위해 사용하는 미묘한 기준이 된다. 발주자의 리더십이 바뀌면 그 기준도 바뀐다. 성공적이었던 PgMr들도 바뀌거나 곤란하게 된다.

좋은 프로그램은 리더십이 바뀔 때 곤란을 겪게 된다. 당신은 이런 시나리오를 몇 번이나 목격했는가? PgMr은 만족해하는 발주자와 신뢰관계를 발전시킨다. 그때 발주자는 경영진을 바꾼다. 새로운 경영진은 성능을 평가하기 위해 일련의 새로운 가치들을 사용한다. 일반적으로, 새로운 경영진은 단순히 모든 사람이 동일한 가치를 가지고 있을 것이라고 가정한다. 그러나 이런 가치들은 문서화되지 않고, 구두로 전달되지도 않는다. 아마도 이전 경영자는 품질에 대해 더 걱정을 했다면 새로운 경영자는 비용에 대해서 신경을 쓰기 때문에 다른 사람도 비용에 신경을 써야 한다고 생각한다. 이전 경영자는 공식적인 보고체계를 이용하는데 반해 새로운 경영자는 그런 보고체계를 사용하지 않는다. 반면에 프로그램 팀은 명문화되지 않은 이전 가치들을 가지고 계속해서 팀을 운영하기 때문에 문제가 발생한다.

프로그램 문화의 모든 뉘앙스를 설명할 수는 없다. 그러나 프로그램에 영향을 주는 그룹을 아래와 같이 정의할 수 있다.

1. 경영진
2. 사용자
3. 설계자
4. 에이전트

이들 카테고리를 선정하고 일반화시키기 위하여 많은 노력을 기울였다. 건설산업에는 항상 변화와 예외가 있다. 프로그램을 운영하는 사람들만큼 프로그램 문화에도 많은 차이가 있다.

따라서 이들 네 그룹의 특성이 가지고 있는 훨씬 더 복잡한 주제를 지나치게 단순화시키는 측면이 있다. 그 고정관념을 인정한다. 그럼에도 불구하고, 프로그램 관리팀이 모든 프로젝트에서 고유하고 개별적인 영향요인을 반드시 인식하고 분석해야 한다는 이유만으로 이 네 그룹의 이 같은 경향(그리고 그들 사이에서 생길 수 있는 내적분쟁)을 빠르게 특성화하도록 하자.

건물에 대해 열정을 갖고 관심을 기울이는 최고경영자는 조직의 목표에 대한 명백하고 강력한 반응을 원하고, 프로그램이 예정된 방향대로 진행되도록 변경을 요구한다. 그리고 일방적이고 비관료주의적인 결정이 있을 수 있고, 손익분기점과 개장일이 조직전략과 맞는지의 여부가 변경의 기준이 된다.

CEO's will be interested in the response to corporate goals; users will be interested in functional response; designers will be interested in aesthetics; construction agents will be interested in cost and schedule. Whoever has the most clout will elevate their interest.

최고경영자들은 조직 목표에 대한 반응에, 사용자들은 기능적인 반응에, 설계자들은 미적인 요소에, 에이전트들은 비용과 일정에 관심을 가지게 될 것이다. 가장 큰 영향력을 가진 누군가가 자신들의 관심사를 증가시킬 것이다.

사용자들은 더 기능적인 효율성과 더 넓은 공간을 원하는 경향이 있다. 사용자들은 아마도 위원회를 구성하고, 자신들의 요구사항들을 주장하지만, 예산은 다른 사람들이 신경 쓰도록 내버려 둔다. 의심할 여지없이 사용자들의 궁극적인 기준은 시설물을 적절하게 운영할 수 있는가에 있다.

설계자들은 미적인 요소와 빌딩시스템 품질에 관심이 있다. 설계자들은 고객의 행복과 아울러 자신들의 평가기준이 동종업계의 동료들에 의해 인정을 받는 것이기 때문에, 기능적이거나 기술적인 혁신을 추구한다.

건설에이전트들(내부조직이나 외부 PgMr들)은 비용과 일정을 기준으로 자신들이 평가되기 때문에 정의할 수 있는 요구사항과 신뢰할 만한 빌딩시스템을 원한다. 에이전트들은 변덕스러운 변경을 요구하길 좋아하는 경영진들, 사용자들, 설계자들의 능력을 최소화하길 원하고 안정된 프로세스를 개발해서 관료주의적 절차를 제도화할 것이다.

물론, 이 네 그룹은 어떠한 현실의 건설 프로그램에서도 영향을 미친다. 그러나 보통 한 그룹이 다른 그룹보다 더 많은 영향력을 행사한다. 우세한 그룹이 바뀜에 따라 그들이 사용하는 기준도 바뀐다. '훌륭한 일(good work)' 에 대한 정의는 가변성이 있는 변수이다.

일부 경우에 따라서, 여러 개의 강력한 그룹들이 있다. 예를 들어, MIT 대학에는 상당한 영향력을 행사하고 프로젝트가 진행되는 과정 동안에 지속적인 변화를 요구하는 강력한 사용자(종종 큰 연구비를 가진 과학자들)가 있다. 그리고 이 대학교의 행정부서는 건물을 최고 수준으로 설계할 것을 약속했고, 혁신적인 건축가를 지원했다. 설계자와 사용자가 PgMr보다 의사결정에 더 큰 영향을 미쳤다. 일정과 예산은 중요한 추진요인이 아니었다.

프로그램 팀을 힘들게 하는 일반적인 상황은 설계와 시공이 진행됨에 따라 경영진들, 사용자들, 설계자들과 에이전트들로부터 영향력이 이동할 때이다. 프로젝트가 서로 다른 일련의 가치에 따라 조정되기 때문에 결과가 변화하고, 공기는 지연된다.

'그것이 무엇인가' 하는 인류의 습성으로, 이들 네 가지 그룹들은 본능적으로 자신들의 관심사를 '올바른' 것으로 보고 다른 것들을 '틀린' 것으로 본다. 그리고 누군가가 틀렸다고 생각하는 것과 그 또는 그녀가 나쁘다고 생각하는 것 사이에 매우 작은 단계가 있다. 자신들의 가치 틀에 의해 주도되어 온 팀이 작은 의사결정을 할 때 팀 구성원 중 일부가 다른 사람들에 대해 부정적인 생각을 갖지 못하게 하는 것은 어렵다. 강력한 리더십, 분명한 비전과 좋은 프로세스가 없다면, 이들의 다양한 이해관계가 갈등(warring camps)으로 진행될 것이다. 만약 그렇게 된다면, 프로그램은 어렵게 진행될 것이다.

그러나 먼저, 어느 누구도, 이전에, 언제든지, 설계와 시공 프로그램을 완벽하게 통제할 수 없다. 어떤 황제도 없고 어떤 군주도 없다. 그리고 독재자들은 항상 쓰러진다. 심지어 지배적이고 실천하는 최고경영자도 그것 모두를 통제할 수 없다. 너무 많은 것들을 통제해야 한다. 프로젝트 리더들은 위원회, 자금 공급원, 입법자, 규제 기관, 그 일을 끝내야만 하는 사람들로부터 항상 감독, 승인 및 허락의 받아야 한다.

그렇다고 하더라도, 서로 다른 리더십에는 저마다의 스타일이 있다.

1. 경영진(Executives)

빌딩이 전체 기업의 성공에 얼마나 중요할 수 있는지를 이해하고, 그 프로세스를 어떻게 고무시키는지를 이해하며, 빌딩에 관심이 있으며, 실천하는 접근방식을 취하는 리더(최고경영자, 장군, 감독관, 이사)가 일부 조직에 있다.

건물을 이해하는 유명한 리더들의 예를 들면 다음과 같다. Steve Jobs (Apple Computer), Michael Eisner (Disney), Edgar Odell Lovett (Rice 대학교), Sam Walton (Wal-Mart), Bill Marriott (Marriot 호텔), Gerald Hines (Hines). 이들 모두는 자신들의 건물에 열정적인 관심을 갖고 있다. 이들 조직 사람들과의 대화를 토대로 그들의 관심사가 어떻게 다양한지를 묘사하기 위해 아래에 삽화와 함께 제시하였다.

Steve Jobs의 탁월한 디자인에 대한 열정적인 관심과 집중은 애플사의 제품뿐만 아니라 시설물에 영향을 미치고 있다.

Steve Jobs가 1980년대에 Apple사로부터 압박을 받아 퇴출되었을 때, 그는 유닉스 기반 PC 디자인을 주도했다. 비록 성공하진 못했지만, 언론은 그것을 세상에서 가장 아름다운 컴퓨터로 묘사했다.

Jobs가 Apple사로 돌아왔을 때, 그는 자신이 디자인을 하기 위한 사명감을 갖고 돌아왔다. 그는 Apple사 제품들을 포장할 박스에 있는 그래픽까지도 신경을 썼을 만큼 세부 사항에 초점을 맞추었다. 그는 미국에서 최고의 디자인 조직들 가운데 일부를 고용하고, 이 회사들을 철저하게 관리했다. Apple 제품 가운데 일부는 현재 New York에 있는 현대미술관에 소장되어 있을 정도다.

Apple사가 자사 제품들을 전시하기 위해 매장을 열기로 결정했을 때, Jobs는 탁월한 디자인을 구사하기 위해 열정적으로 디자인 개념을 도출했다. 그는 개념에서 세부사항까지 디자인 팀과 정기적으로 일했다. 그는 세부사항들에 민감했고 결과를 향상시키면 조절과 변화를 했다. Jobs는 매장배치, 도어 하드웨어, 나무 마감까지 신경썼다. Jobs는 최초의 애플스토어가 오픈하기 이틀 전에 주요 조명시설을 변경하였다. 그로 인해 사람들은 정해진 시간에 오픈하기 위하여 밤 늦게까지 일했다.

Michael Eisner가 1984년에 Disney의 최고경영자가 되었을 때 그는 세계를 이끄는 건축가들을 찾아 나섰다. California에서 Tokyo에 걸쳐 세계적인 건축가들이 Disney 호텔들과 오피스 건물들을 설계했고 Disney 건물들에 디자인상을 안겨 주었다.

Eisner는 건물과 테마파크 디자인의 최종 의사결정권자였다. 그는 가장 세부적인 건축요소들을 집중적으로 세심히 살폈다. Disney에 좋은 건축물의 가치를 최고 수준으로 유지하기 위해 1992년부터 2003년까지 Robert A. M. Stern을 Walt Disney사의 이사회에 선임했고, Stern은 Disney사를 위해 몇 개의 건물들을 설계했다.

Eisner가 디자인에 대해 얼마나 헌신했는지에 대한 유명한 일화가 있다. 한 회의석상에서 어느 프로젝트에 대해 너무 열광해서 하던 일을 멈추고 Disney사의 회장인 Frank Wells에게 전화한 Eisner는 이렇게 말했다.

> *"Frank, 빨리 와 보시오. 내가 너무 많은 돈을 낭비하고 있소."*

Edgar Lovett과 Ralph Adams Cram은 새로운 기관의 동질성을 표현할 미적 특징을 탐험하기 위해 유럽을 함께 여행했다. 그렇게 하기를 계속했다. 위의 그림은 20세기 초에 Cram이 설계한 Lovett Hall과 20세기 말에 Robert A.M stern이 설계한 Baker Hall이다.

Edgar Odell Lovett은 Rice Institute가 세워지기 전인 1907년에 이 학교의 총장으로 임명되었다. Lovett은 Princeton 대학의 교수이자 Princeton 대학교의 건물과 조경 위원회의 일원이었다. Cram, Goodhue & Ferguson은 Princeton 대학교를 위한 주요 건축사사무소였고, 그래서 Lovett은 그가 알고 있는 사람들을 찾아갔다. Lovett과 Ralph Adams Cram은 유럽을 함께 여행했고 Rice Institute 교정에 고딕과 지중해 건축의 혼합물인 건축양식을 개발했다.

이들이 개발한 새로운 건축양식은 전 세계의 어떤 다른 대학교

와는 다른 독특한 스타일을 갖춘 대학교를 만든다는 Lovett의 비전을 뒷받침했다. Rice 대학교에 대한 Stephen Fox의 책, Rice Institute : 건축기행에서 아래 문구를 여기에 인용하려고 한다[1].

"우리만의 정체성을 갖기 위해 설계되었다."

Bob Workman은 Sam Walton이 Wal-Mart 건설 프로그램을 계획하는데 실천적인 사람이었다고 평가했다. 미국 Oklahoma 주의 Tulsa에 기반을 둔 설계사인 BSW를 이끈 Sam과 Bob은 프로그램 수준에서 거의 모든 설계를 수행하기 위한 프로세스를 개발해서 프로젝트 작업 흐름에서 설계를 제외시켰다. 프로그램 팀은 표준 프로세스를 지속적으로 발전시키기 위해 관리한다. 프로그램 팀은 프로토타입 모듈을 개발하고, 개선한다. Wal-Mart는 그 프로토타입을 한 달에 약 150번이나 변경한다. BSW는 자신들의 모듈을 이용해 조립한 독특한 시설물에 대한 시공도서를 하루 안에 작성할 수 있다고 한다. 그런 혁신적인 프로세스를 실행에 옮기기 위해서는 경영진의 의지가 확고해야 한다.

Bill Marriott는 종종 Marriott 본사에 있는 실물 크기의 모형룸을 방문한다. Jobs와 Eisner처럼 필요하다고 생각하면 언제든지 주요한 변경하는 것을 두려워하지 않으며, 경영상의 결정도 두려워하지 않는다. 조직 내부그룹이 개발하는데 몇 달이 걸린 새로운 브랜드에 대한 이름인 'Maritel' 에서 'Fairfield Inn' 으로 교체한 경우도 있다. 그는 실내 디자인, 직물, 색깔, 방 배치와 다른 실내 재료들과 같은 프로토타입 설계의 세부 사항들을 직접 해보는 사람이다. 그리고 승인된 프로토타입을 토대로 집행을 위임하는 경향이 있다. 그러나 여전히 자신이 해야 할 필요가 있다면 또 변경할 것이다.

최고경영자는 프로젝트들과 프로그램에 주요한 변경을 하는데 큰 특권을 행사한다. 가장 극적인 사례 중 하나는 Gerald Hines가 초창기에 One Shell Plaza를 개발했을 때이다. SOM사가 건물을 도드라진 콘크리트 마감으로 설계했다. 그것은

One Shell Plaza는 원래 도드라진 콘크리트 마감으로 설계되었다. 이 건물이 기대했던 것보다 더 빠르고 비싼 가격으로 임대되었을 때, Hines는 이익을 자기 주머니에 넣지 않고 건물마감을 석회암으로 바꾸었다. 이 품질에 대한 살행이 국제적인 개발업자로서 Hines의 화려한 성공에 기여했다.

1. Stephen Fox, Rice University: an architectural tour, Princeton Architectural Press, 2001.

Houston에서 가장 높은 건물로 그 도시의 실제 랜드마크였다. 그 프로젝트는 Hines가 기대했던 것보다 더 빠르고 비싼 가격으로 임대되었다. 그래서 예상치 못한 이익을 자기 주머니에 넣지 않고 Hines는 도드라진 콘크리트 마감을 석회암으로 교체하기 위하여 큰 설계변경을 단행했다.

그것은 Hines의 미래를 향한 개발전략을 나타내는 품질에 대한 약속이었다. 어떤 사람들은 이런 개발전략 때문에 Hines가 세상의 어떤 다른 조직들보다 더 좋은 건축물을 건설했고, 우수한 건물들을 건설하는 개발업자로서 국제적인 평판을 얻었다고 주장한다.

❖

Steve Jobs, Michael Eisner, Edgar Odell Lovett, Sam Walton, Bill Marriott와 Gerald Hines 같은 리더들은 보통 그들이 결정하기 때문에 자신들의 임무를 이해한다. 그들은 자신들의 임무를 뒷받침할 크고 작은 변화를 요구할 권한을 갖고 있다. 그들은 자신들이 그것이 해야 할 올바른 것이라고 생각하면 프로젝트의 중간에도 예산, 일정이나 범위를 조절한다. 그들이 생각하기에 프로젝트가 향상될 수 있다면, 상세한 것까지 관리한다고 그들이 곤란해 하지는 않는다.

이들 조직들 가운데 일부는 설계와 관리업무를 수행하기 위하여 사내팀을 구성한다. 다른 조직들은 자신들에게 서비스를 제공할 최고의 조직를 외부에서 물색한다. 대게 그들은 이 두 가지 접근을 모두 활용하고, 경영진은 이들에 대한 통합을 이끈다.

이 경영진들이 이끄는 건설 프로그램은 긴장감이 돈다. 이런 환경 속에서 근무하는 프로그램 관리 회사들 대부분 부담을 안고 있지만 보람도 있다는 것을 안다. 왜냐하면 효율성과 성과를 위한 확실한 의사결정, 분명한 방향과 높은 기대감이 있기 때문이다. PgMr은 신호가 크고 분명할 때 수행하는 것이 비교적 쉽다. 그들이 매장 오픈 이틀 전에 무엇을 요구하더라도 마찬가지이다.

2. 사용자(Users)

In some programs, the users control the capital building program.

일부 프로그램 내에서 사용자들은 주요 건설 프로그램을 관리한다.

창고형할인매장 시설물들을 관리하는 직원으로 구성된 판매원들은 일반적으로 자신들이 운영하는 매장설계에 대하여 할 말이 별로 없다. 그 매장을 방문하는 고객들도 마찬가지다. 그러나 일부 조직들은 자사의 시설물을 사용하는 사람들이 상당한 영향력을 갖는다. 그들은 설계뿐만 아니라 상당량의 통제권를 행사한다.

MIT 대학교 Capital Construction의 단장이었던 Paul Curley는 이 효과를 이렇게 평가했다.

> *"대규모의 연구비나 주요 기부금을 받은 노벨상 수상자와 연구실의 요구사항들을 논의할 때, 그에게 당신의 기준이 무엇이고 당신이 그에게 무엇을 해 주려고 하는지를 말하는 것은 매우 어렵다. 그 노벨상 수상자는 자신이 원하는 것이 무엇인지를 당신에게 말할 것이고, 그럼 당신은 그가 요구하는 것을 주어야 한다."*

이는 MIT 같은 연구 대학교들만의 이야기가 아니다. 미국 Arizona주의 Phoenix에 위치한 Maricopa Community College의 시설단장인 Lionel Diaz는 동일한 네트워크에 있는 대학의 학장들이 설계를 통제하고 서로 다른 것들을 요구하기 때문에, 자신이 표준화할 수 있는 것이 거의 없다고 했다.

나는 몇 년 전에 유명한 병원그룹을 자문했다. 그 병원들은 네트워크를 형성하기 위해 함께 뭉치려는 건강관리 분야의 현대 경제논리에 압력을 받고 있었다. 그룹 내 각 병원들은 과거에 자율적이었고 내부 시설부서들을 만들었다. 각 병원들은 설계와 시공 프로그램들을 서로 다르게 관리했다. 우리의 일은 그들에게 이 분리된 시설물 그룹을 전체 하나로 묶고, 규모의 경제효과를 알고, 응용하기 쉬운 best practice들을 선택하도록 자문하는 것이었다.

어떻게 그렇게 될 수 있었는지 이해하는 것은 어렵지 않았다. 그러나 그렇게 되지 않았다. 그 병원들을 사용하는 의사들과 연구 과학자들은 경제적 이익을 추구하는 행정직원들보다 병원 내에서 더 강력한 힘을 갖고 있었다. 그래서 그 시설물 그룹은 거의 영향력이 없었다. 의사들은 자신들이 필요한 것을 하고 그것이 언제 필요한지를 결정하면서 자신들이 시설물 그룹을 통제하기를 원했다. 의사들은 자신들이 원하는 것을 가졌고, 규모의 경제는 어디에서도 찾을 수 없었다.

The scientists and chemical engineers had ideas that improved the project every day. They also blew the budget.

과학자들과 화학 엔지니어들은 매일 프로젝트를 향상시키는 아이디어를 갖고 있다. 그들은 또한 예산을 낭비해 버린다.

또 다른 경우에, 대규모 제약연구 실험실에 대한 자문을 제공했다. 이 프로젝트는 예산을 초과했고 비용은 끊임없이 커져갔다. 단 시간에 그 이유를 파악했다. 고객의 과학자들과 화학 엔지니어들이 프로젝트의 설계팀에 합류했다. 그들은 매일 좋은 아이디어를 제시했다. 그리고 매번 새로운 좋은 아이디어는 설계 변경으로 이어졌다. 물론 모든 과학자와 화학 엔지니어들은 자신들이 실험실을 개선하고 변경할 가치가 있다고 판단했다.

우리는 우리를 고용한 이사회의 의장에게 이를 보고했고, 아래 짧은 메시지를 전달했다.

> *"당신의 직원은 매일 프로젝트를 향상시키고 있습니다. 지금까지 프로젝트 비용이 20%나 증가되었습니다. 지금 당신은 그 비용 상승의 원인을 알고 있습니다. 그것은 아마도 가치가 있는 것입니다. 우리는 그것을 어떻게 평가하는지를 모릅니다. 그것은 당신의 일입니다."*

이런 평이한 자문에 대해 약간 걱정했었지만, 그 의장은 개인적 판단은 자신들의 일이라는데 동의했다. 우리는 사용자가 건설 프로그램에 대해 변경할 수 있는 자유권한을 주는 것은 그가 추구했던 비용통제를 할 수는 없지만, 보다 나은 운영을 할 수 있다고 지적할 수 있었다.

예산과 시간상 비효율적일지라도, 어떤 종류의 시설물은 사용자가 통제하는 것이 옳을 때가 있다. 비용이 증가하는 경향이 있지만 초과 비용은 조직의 임무를 달성하는 데 사용된다. 매우 전문화된 연구, 건강관리 및 교육 분야의 사용자 그룹은 자신들이 필요한 것이 무엇이고 건물이 어떻게 그들의 요구사항을 지원해야 하는지를 훨씬 더 구체적으로 제시한다.

그러나 애석한 것 중 하나는, 사용자가 통제하는 그룹의 PgMr이 에이전트가 통제하는 그룹처럼 변경이 없는 프로젝트와 문제가 없는 프로세스를 만들어 낸다고 믿는 이사회나 행정부서를 보는 일이다.

3. 설계자(Designers)

1893년에 Daniel Burnham은 Chicago에 세계 콜롬비언 전시관을 건설하기 위해 Frederick Law Olmsted, Richard Morris Hunt, McKim Mead and White, Adler and Sullivan, 그리고 Baron LeJenny를 포함한 유명한 건축가들로 설계팀을 구성했다. Burnham은 분명 건축가였고 많은 부분의 설계를 담당했다. 한편으로 그는 또한 PgMr이었다. 그는 현장사무소에서 모든 일을 관리했고 발주했다.

우리가 보아온 설계자 통제의 가장 극단적인 예는, 우리가 테마파크사에 대해 분석했을 때였다. 그들은 놀이기구와 같은 독특한 엔터테인먼트 프로젝트를 건설했다. 그 건물은 수익을 창출하는 엔진이었다. 더 나은 건물은 더 나은 수익을 의미했다. 그 설계그룹은 오픈하는 날까지 변경했고, 더 나아가 놀이기구의 가동을 중단시킨 채 더 많은 변경을 했다. 그들이 가장 잘할 수 있었던 것은 딱 한 가지, 바로 독특한 시설물을 건설한다는 것이었다. 그들은 비용이 많이 드는 변경을 좋아하지 않았지만, 좋은 설계는 더 많은 수익을 의미하므로 이러한 변경을 승인했다. 결국 설계용역비는 시공비의 절반에 달했다.

Daniel Hudson Burnham(1846-1912)은 미국인 건축가이면서 도시계획가였다. 그는 1893년 Chicago에 있는 세계 콜롬비언 전시관 건설공사의 단장(확실히 PgMr)이었다.

창고형할인매장 프로토타입을 위한 부지선정에 소요되는 1%에서 2%의 수수료와 50%의 설계용역비는 대조된다. 그러나 가족들은 자신들의 아이들을 한 차에 태우고 Wal-Mart를 걸어 다니기 위해 전국을 운전하지 않는다(그만큼 부지선정이 중요했다).

설계자가 통제하는 또 다른 좋은 사례는 MIT에서 찾을 수 있다. Victoria Sirianni는 대규모 확장공사를 진행하는 동안 MIT의 설계와 시공 프로그램을 이끌었다. 그녀가 Simmons Holl에 대한 Stephen Hall의 설계를 당시 총장이었던 Charles Vest 박사에게 가져가서, 그 건물의 설계가 너무 앞서 나가서 시공될 수 없을 것이라고 했다. Vest 박사의 대답은 훌륭했다.

MIT에서 Stephen Holl이 설계한 Simmon Hall은 리더십과 MIT관리자의 지원이 없었다면 혁신적 설계가 이루어질 수 없었을 것이다.

> *"그냥 시공하세요. MIT는 연구기관이므로 건물 시공도 실험처럼 해야 합니다. 실험은 본래 실패가능성이 있습니다."*

건축의 선두역할을 하는 그들의 노력에 동문으로서 큰 존경심을 갖게 되었다. 얼마나 많은 사람들이 이런 고객과 같이 일하고 있는가? (흥미로운 점은 그들이 토론하고 있는 설계는 최종안이 아니었다는 것이다. 최종설계안은 믿거나 말거나 더 진부한 것이었다.) Victoria는 이어서 말했다.

> *"설계의 한계를 초월할 때는 그 설계안이 무엇이든 그 기관이 끝까지 이를 밀어붙였을 때였다."*

Paul Curly는 우리에게 건축적 선택이 MIT의 미디어 실험실장인 Bill Mitchell과 Vest 박사로부터 영향을 미쳤다고 했다. 유명한 설계자가 이러한 기관으로부터 지원을 받았다면, 시설물 PgMr들은 예산과 일정을 유지하는데 힘든 시간을 보냈을 가능성이 크다.

2차 세계대전 이래로 MIT 대학교는 건축물을 위해 선두적인 건축가들을 끌어들였다. Alva Alto는 1947년에 Baker House를 설계했다.

아마도 MIT의 설계와 시공 프로그램은 이런 방식으로 이루어져야 하는 것 같다. 일류 대학으로서 MIT는 건축물을 자랑하려고 한다(MIT는 미국에서 건축학교로서도 유명하다). MIT가 1916년에 Boston에서 Cambridge로 이전했을 때는 별다른 특징이 없는 일련의 연방 건물스타일을 닮은 건물들을 건설했다. 그러나 20세기 후반부 초창기, Alvar Aalto, Eero Saarenin, Edurado Catalano, I. M. Pei, Stephen Holl과 Frank Gehry와 같은 거장들에 의해 건물들을 설계하기 시작했다.

MIT는 최고가 되기를 기대하고, 학교건물들 또한 그렇게 되기를 기대하며, 그들 건설 프로그램, 학생, 그리고 교수진에 대한 우수성이 세상에 알려지기를 기대한다. 그들은 마치 Steve Jobs가 애플스토어에서 자사제품을 홍보하는 것처럼 학교의 건축물을 이용하여 학교를 홍보한다.

결국 유명한 설계자들을 고용해서 프로젝트 단위를 기초로 학교 건설 프로그램을 이루었다. 그들은 순환방식의 접근을 거의 하지 않았다. 그들은 프로그램 전반에 있어 효율성은 거의 고려하지 않고, 독특한 설계에 대한 본질적 문제를 다루어야 한다. 그러나 MIT에는 이러한 건축가들에 의해 만들어진 그 건물들에 대해 자부심을 갖는 사람들이 있다. 많은 다른 사람돌 또한 그렇게 생각한다.

연속발주자들은 프로젝트마다 서로 다르게 접근하고 또 그렇게 해야만 한다. 나는 Wal-Mart에서 인공지능에 대해 배우는 것을 좋아하지 않고, MIT에서 타이어를 사는 것 또한 원하지 않는다. 서로 다른 목표는 서로 다른 지적능력을 필요로 한다. 그리고 서로 다른 경영전략들은 서로 다른 가치시스템을 제공한다.

건축물은 일부 발주자들에게 기능적인 니즈를 제공한다. 때때로 이는 상징적인 권한이다. 형태는 리더의 결정에 따라간다. 그것은 '형태가 기능을 따라간다'와 같이 멋있고 기억에 남을 만한 표현은 아니지만, 그것이 현실이고 일반적으로 옳다.

4. 에이전트(Agents)

많은 조직들은 건설 프로그램이 마치 공포영화의 어두운 터널에 있을 수 있다는 것을 고통스럽게 배워왔다. 비용초과, 지연, 그리고 소송은 그림자로부터 갑자기 찾아오고, 경력에 손상을 입힌다. 종종 이런 조직들은 설계와 시공 관리를 전담하는 경험이 풍부한 사람들로 구성된 핵심 그룹이 필요하다는 것을 현명하게 인식한다. 그래서 그들은 자신들의 프로그램을 관리하기 위해 조직 내에 부서를 만들거나 프로그램 관리 회사에게 외주 용역을 준다.

연방정부는 이들 조직들을 '건설 에이전트(Construction agents)'라고 부르는 경향이 있다. COE, NAVFAC, GSA가 대표적인 에이전트들이다. 에이전트들은 또한 도시, 군 및 주들이 보유한 건축부서도 포함한다.

The U.S. Corps of Engineers, NSVFC and GSA are construction agents. Their objective is to meet defined goals, not make on-course corrections as a CEO, a designer or a user would.

COE, NAVFAC, GSA가 에이전트들이다. 이 에이전트들의 목적은 최고경영진이나 설계자나 사용자가 요구하는 대로 프로젝트를 진행하기 위해 변경을 하는 것이 아니라 정해져 있는 목표를 달성하는 것이다.

교육기관과 건강관리 기관들은 '계획, 설계 및 시공 관리'와 같은 무언가로 종종 불리는 사내 시설그룹을 구성한다. Fortune지의 500대 회사들은 이를 대게 '부동산 관리'로 부른다. 이러한 에이전트 가운데 일부는 설계와 시공을 관리하는 책임 외에 부동산 조달, 리스, 운영 유지관리의 책임이 있다.

이 에이전트들은 건물설계가 조직의 임무에서 최상의 우선순위가 아니라고 생각하는 경영진이 있는 조직들을 대표한다. 국방장관은 Steve Jobs, Michael Eisner, Edgar odell lovett, Sam Walton, Bill Marriott나 Gerald Hines와 같이 건물설계에 관심이 있거나 관련될 것 같지는 않다. 비록 이 에이전트들이 종종 발주자 조직의 직원이지만, 많은 발주자는 에이전트 역할을 하는 민간조직에게 프로그램 관리를 아웃소싱한다[2].

이 토론의 목적을 위해, 외부 프로그램 관리 회사를 에이전트라고 하자. 이 주제를 깊이 다루려고 의도한 것은 내 경력의 상당부분이 프로그램 관리 분야이기 때문이다. 이는 또한 건설산업에서 가장 관심을 많이 필요로 하며, 가장 밝은 전망을 가지고 있다고 믿기 때문이다.

PgMr인 에이전트의 전형적인 업무는 건물의 비지니스에 초점을 맞추는 것이다. 보통 거기에는 확정된 예산, 아마도 입법부에 의해 책정된 예산, 발부된 채권이나 이사회가 승인한 자본계획 항목과 같은 것이 있다. 그리고 거기에는 공정도 있다. PgMr의 업무는 프로젝트의 요구사항을 제 시간에 주어진 예산범위 내에서 발주하는 것이다.

프로젝트를 정해진 시간에 주어진 예산으로 발주하는 것은 그 프로젝트의 성능을 측정하기 위한 기준이 되고, 또한 확장된 프로그램 팀에 적용할 기준이 된다. 결론적으로, 이 에이전트들은 미학과 기능적인 혁신과 같은 어렴풋하고 측정하기 어려운 가치 위에 비용, 일정, 운영 신뢰도와 같이 측정이 용이한 매트릭스를 놓는 경향이 있다.

Most construction agents are primarily concerned with the business of design and construction.

대부분의 건설 에이전트들은 설계와 시공업무에 우선적으로 관심이 있다.

많은 사례에서, 건물 비즈니스의 이러한 초점은 PgMr이 최종적인 건물에 대해 경영진, 사용자 및 설계자의 임무만큼 중요하게 다루지 않는다라는 비판을 낳을 것이다. 이는 옳은 지적이다. 경영진들, 사용자들, 설계자들은 건설생산물에 관심이 있는 반면 에이전트들은 자신들의 성공 여부를 평가하기 위해 사용되는 기준인 프로세스와 비용 및 일정 매트릭스에 더 관심이 있기 때문이다.

Too often the assumption is that the AE's responsibility is to make a good building and the construction agent's responsibility is to meet the schedule and the budget. That's too bad. The construction agent (a Program Manager) is in the crucial position to make good buildings.

설계자의 책임은 좋은 건물을 만들고, 건설 에이전트의 책임은 주어진 예산과 일정 내로 맞추는 것이라고 흔히 생각한다. 참으로 안타깝다. 건설 에이전트(PgMr)는 좋은 건물을 만드는데 매우 중요한 위치에 있다.

일부 예외를 인정하더라도 대부분의 발주자들은 외부 PgMr에게 건물을 더 좋게 만들라고 압력을 많이 주지는 않는다. 그 이유는 PgMr이 예산과 일정에 책임이 있는 반면, 설계는 건축가에게 달려있다고 생각하기 때문이다. 에이전트는 건축가를 정상 궤도에 유지하는 통제 매커니즘이다. 불행하게도 이 임무는

---

2. 2006년 FMI/CMAA의 7차 연간 발주자 설문조사에서는 내부직원이 프로그램 관리에 34%의 시간을 사용했다고 보고했다. 이들 조직들이 외주 용역을 했을 때 그들이 선택한 조직들은 CM(30%), 프로그램 관리(20%), 설계자(10%), 그리고 기타 조직(6%)였다.

탁월한 설계를 포함하지 않은 채, 공기를 지연시키지 않으며 초반에 요구사항을 정의한 그대로 발주하는 것이다. 외부 프로그램 관리 그룹은 Hines가 그랬던 것처럼 프로젝트의 중간에 도두라진(bush-hammered) 콘크리트 마감을 석회암으로 바꿀 가능성이 크지 않다. 기능적인 혁신이나 미적 상징주의는 비용과 일정 관리보다 우선시되지 않기 때문이다.

PgMr들의 업무 중 많은 부분은 개별 프로젝트를 설계하는 개별 조직들의 다양한 건축사사무소들을 관리하는 것이다. 훌륭한 조직들은 좋은 아이디어를 제시하지만, 일반적으로 그 조직들은 좋은 아이디어를 공유하지 않는다. 그래서 각 설계자 조직는 쓸데없이 시간을 낭비한다. 그 결과, 일관성이 없기 때문에 일부 건물은 좋지만, 또 다른 일부는 그렇지 않게 된다. 프로그램 관리 용역업무를 제공한 PgMr은 실무차원에서 이런 결점을 수정해야 한다.

이 문제점은 다수의 세납자들과 선거 기부자들에게 그 일을 돌리기 위해 자신들의 선거구에 정치적 압력을 가하는 공공기관들과 일할 때 더욱 심한 것 같다. 일부 사례에서, 공공기관들이 무의미하게 많은 PgMr들을 고용하는 것을 보았다.

그래서 규모의 경제 효과를 자주 놓친다. 우리는 여러 해 동안 DeCA에 프로그램 관리 지원을 했다. 1990년도 후반, 우리는 그 프로그램을 개선하기 위한 방향을 토의하기 위해 컨설턴트들과 함께 큰 회의를 열었다. 그 때 DeCA에서 많은 프로젝트를 수행하고 있던 건축가가 내 맞은 편에 앉아 있었고, 나는 그에게 물었다.

Economies of scale are often missed.
규모의 경제 효과를 자주 놓친다.

> *"매장 하나를 설계하는 설계비용이 X라고 하면, 매장 10개를 설계하는 비용은 얼마입니까?"*

그는 다소 짜증스런 목소리로 바로 대답했다.

> *"10X"*

이것은 전혀 이치에 맞지 않는다. 나중에 DeCA는 일련의 채택할 수 있는 프로토타입들을 이용해서, 설계비용을 줄이고 오류를 줄였다.

나는 이 답변이 그 건축가에 대한 탐욕의 일부였다고 생각하지는 않는다. 이 건축가는 여러 개의 프로젝트들에서 우리와 함께 일했던 좋은 조직에서 근무했다. 많은 건축가들이 그렇듯이, 그는 단지 각 프로젝트가 독특한 창조물이어야 한다고 믿었다. 그러나 유사한 건물들이 수 백개가 필요한 연속발주자에게는 비합리적이다.

대행히도, 우리는 반대의 경우도 보았다. 공공조직과 민간조직 모두가 프로젝트의 설계와 건물의 성능이 핵심 책임이라고 생각했던 에이전트 조직들에 의해 감동을 받은 적이 있다. 만약 PgMr이 좋은 아이디어를 수집해서 정보를 공유하고 그 아이디어로 짓는다면 놀랄만한 개선의 기회가 있다.

사내 건설 에이전트들은 설계품질에 표준을 정립하고 개선을 하는데 있어 종종 더 성공적이다. Rice 대학의 시설물 공학/계획 부서의 부총장인 Barbara White Bryson은 다음과 같이 언급했다.

> *"우리는 구속적인 느낌이 나는 설계를 원하지 않지만,*
> *큰 규모의 화장실 또한 원하지 않는다."*

Construction agents typically define the process to keep users at bay after design approval.

건설 에이전트들은 전형적으로 설계승인 이후에 사용자들이 접근하지 못하도록 그 프로세스를 정의한다.

일부 예외적으로, 외부 PgMr이 설계표준을 정립하고, best practice들을 정의하고 수정하며, 지속적인 개선항목을 작성하고 얻은 교훈을 기록하는 것은 드물다. 건물을 더 좋게 만드는 임무는 그들의 업무범위를 벗어난다. 이러한 외주 프로그램 관리 용역 업무를 제공하는 민간조직들과 PgMr을 직원으로 채용하는 발주자들은 이러한 효과적인 발주자 조직으로부터 배워야 한다.

좋은 건설 에이전트는 일반적으로 요구사항들을 정의하고, 예측하며 승인하는 프로세스를 문서화한다. 설계승인 이후에 그들은 사용자들과 적당한 거리를 두기 위해 전력을 다한다. 그들은 건물이 설계된 후에 도드라진 콘크리트 마감을 석회암으로 변경한다거나 또는 조명을 바꿀 수 있는 권한이 부족하다. 그들은 설계변경과 비용초과가 발생하면 크게 비난을 받기 때문에, 진행 중에 발생하는 수정을 매우 싫어한다.

5. 영향력 있는 리더십 vs. 구조적인 리더십(Influential vs. structural leadership)

서로 다른 유형의 리더들이 있는 것처럼 서로 다른 리더십의 양상이 있다.

An in-house Program Manager will have more structural authority than an outsourced firm.

사내 PgMr은 외주업체보다 조직화된 권한을 가질 것이다.

회장, 최고경영자, 의장, 장군, 감독관과 같은 리더들은 구조화된 통제권을 갖고 있다. 명백한 권한체계가 있다. 상사는 보상, 승진 및 표창에 영향을 준다. 다른 리더들은 예제나 설득을 통해 올바른 것을 하라고 다른 사람들에게 단순히 영향을 준다. 역사상 가장 위대한 리더들(Martin Luther, Mahatma Gandhi 또는 Martin Luther King) 가운데 일부는 구조화된 권한을 갖고 있지 않았다.

사내 PgMr 그룹은 그들이 확장된 프로젝트 팀들을 선정하고 계약을 맺기 때문에 훨씬 구조화된 권한을 갖고 있다.

그러나 외부 PgMr은 보통 설계자 및 시공자와 계약을 맺거나 그들을 선정할 통제권한을 갖고 있지 않다. PgMr을 선정한 동일한 이사회나 경영진이 시공자를 선정한다. 때때로 PgMr과 설계자는 발주자의 승인을 얻기 위해 약간의 경쟁을 한다.

일반적으로 관리자들은 세 가지 통제형태 중 하나를 적용하는 경향이 있다.

1. 계약이나 조직의 권한을 통한 직접 관리
2. 문서화된 목표, 목적, 절차를 통한 간접 관리
3. 예제와 개인 설득을 통한 간접 관리

1번은 구조적이다. 2번과 3번은 영향력이 있는 것이다.

오직 구조화된 리더십을 이해하는 외부 PgMr은 힘든 시간을 보낸다. 외부 PgMr은 사내 PgMr보다 권한이 약하다. 비록 계약 당사자인 발주자가 그들에게 권한을 위임할 수 있고, 그들이 기성요청을 승인할 수 있으며, 성과를 평가할 수 있는 암묵적인 권한이 있더라도, 그들의 리더십 대부분은 영향력이 있어야 하고 또 그들은 반드시 영향력 있는 리더십 기법을 배워야 한다.

Some of the world's greatest leaders have been influential leaders.

세계에서 가장 위대한 리더들 중 일부는 영향력이 있는 리더였다.

영향력이 있는 리더십은 구조화된 리더십보다 대체로 더 효과가 있다. 성공적인 설계사무소들과 시공사들은 일반적으로 그들 스스로 리더십을 가지고 있는 사람들에 의해 운영되며, 그들 자신의 판단에 큰 자신감을 갖고 있다. 그들은 권위적인 방향

Structural leaders are wise to use influence too.

구조적인 리더들 역시 영향력을 사용할만큼 현명할 필요가 있다.

보다 명확한 목표와 절차가 있을 때 더 좋은 성과를 낼 것이다.

따라서 대부분의 외부 PgMr들은 절차와 신념으로 자신들의 통제력을 확고히 할 것이다. 그들은 프로그램 업무흐름 및 업무절차서를 문서화하여, 사람들이 어떻게 성과를 낼 수 있는지 알게 할 것이다. 그들은 목표와 가치들을 문서화하여 설득한다.

그리고 프로그램이 진행되는 만큼, 비록 사내 PgMr이 구조화된 권한을 갖고 있더라도, 그들이 발휘할 수 있는 모든 영향력 기법을 활용하는 것이 현명하다. 동기부여와 공유된 목표, 공동의 업적과 더 높은 목표 의식을 갖는 문화가 권위주의적 환경보다 훨씬 더 좋은 결과를 만들어 낸다. 사람들은 돈을 위해 일하지만 그들은 아이디어를 위해 목숨을 걸고 일하기 때문이다.

따라서 PgMr들은 방향을 제시하지만, 그들은 업무절차를 설정하고, 비전을 그리고, 올바른 것이 무엇인지 설명함으로써 자신들의 권한을 뒷받침해야 한다.

마지막으로, PgMr들의 임무는 신뢰관계와 목표를 공유하는 팀을 구축하는 것이다. 법적 동의서는 업무와 기간을 정의하므로 중요하다. 그러나 관계는 그 열차에 동력을 공급하는 것처럼 매우 중요하다.

그럼에도 불구하고, 단지 리더들이 좋은 의사소통자와 관계 형성자가 되는 것만으로는 충분하지 않다. 리더들은 모든 팀 구성원이 프로그램에 있는 다른 사람들과 자유롭게 의사소통할 수 있는 환경을 조성해야 한다.

어떠한 설계나 시공 프로그램도 계획된 대로 정확히 진행되지는 않는다. 전체 팀이 이전에 함께 일해 본 경험이 있는 경우는 거의 없다. 각 개인이 공평하게 대우받는다는 전제 하에 세워진 강한 유대관계가 시간, 비용, 품질의 목표를 달성하는 것이 매우 중요하다. 문제가 발생했을 때는 그것을 해결하려는 개별 조직들의 개인적인 관계에 달려있다.

관리자들이 다른 사람이 성공하는 것을 돕는다는 평판을 들을 때 관리 효율은 향상된다. 만약 PgMr이 '어느 누구도 실패하도록 내버려두지 말자' 는 생각을 갖고 확장된 팀 내에서 상호지원하는 문화를 제공한다면, 그들의 권한은 매우 커질 것이다.

사람과 프로젝트 팀(People and Project Teams)

프로그램에 소속된 사람들이 서로 돕고 싶어 한다면, 이 프로그램은 성공적일 것이다. 그러나 만일 사람들이 서로 싫어한다면, 그들은 서로 돕지 않을 것이고, 이런 프로그램은 실패할 것이다. 협업은 필수 불가결하다.

협업하는 문화를 만드는 것은 경영에서는 하나의 예술이다. 이 협업은 저절로 생성되는 것이 아니다. 사람들 간의 관계와 태도를 계획하는 것은 조직에서 계약과 일의 순서를 정하는 것만큼 중요한 일이다. 이 협업은 프로젝트보다 프로그램에서 더욱 중요하다. 왜냐하면 프로젝트 발주를 위해 프로그램에서는 보다 많은 조직과 사람이 존재하기 때문이다.

PgMr은 PMr이 가지고 있지 않는 좋은 기회를 가지고 있다. PgMr만이 수많은 프로젝트에서 지속적이며, 분쟁의 소지가 되는 사람과 조직은 제거할 수 있다. 반대로 조직의 개선과 일을 잘하는 팀에게는 보상을 주는 방식으로 협업관계를 만들 수 있다.

❖

사람들과 좋은 관계를 유지하는 것은 대학 커리큘럼과 계약도서에서 경시되고 있다. 그러나 현대사회에서 이는 중요한 관리기법이다.

물론, 설계와 시공관리 같은 기술적, 법률적 지식은 반드시 먼저 습득해야 한다. 이러한 지식들은 학교와 현업에서 얻게 된다. 우리는 빌딩시스템들이 어떻게 조립이 되고, 누가 이 작업을 함께 하며, 이 작업이 얼마나 시간이 소요될지를 알아야 한다. 이를 통하여 우리는 일정을 작성하고 함께할 사람과 조직을 구축하고, 이를 통하여 소요되는 비용을 알아야 한다. 그리고 계약도서에 어떤 내용이 기술되어 있으며, 이를 통하여 모든 업무가 어떻게 진행되어야 하는지를 알아야 한다. 이런 일은 지속적으로 학습되어야 하고, 이 일은 절대 멈추어서는 안 된다.

프로젝트 관리는 전통적으로 이러한 기술적, 법률적 기반(underpinning)위에 있다. 팀의 업무를 구성할 우리의 개념은 조직의 권한, 정확한 계약과 불이행에 관한 법률적대응에 기초한다. 우리는 이러한 기법들을 관리의 적절한 기법으로 사용한다. 우리의 직업을 설계와 시공에 대한 기술적, 법률적 도전으로 생각한다. 그러나 태도와 도덕성 등 정신적이며 소프트한 문제들은 많이 무시된다.

Collaboration - the application of more than one intellect, more than one body of experience and more than one viewpoint - is not an optional luxury for a program; it's a prerequisite necessity.

협업은 – 하나의 지식이나 하나의 경험과 하나의 관점을 넘는 것의 응용 – 프로그램에서 사치스러운 것이 절대 아니다. 이는 사전에 반드시 취득해야 되는 것이다.

프로그램에서 기술적으로 경쟁력이 있는 팀이 협업에 실패해서 조직 간에 많은 어려움을 겪는 것을 우리는 수없이 많이 보아왔다. 그리고 자신의 컨설턴트와 수급자들을 잘못 관리하여 실패한 프로그램 문화를 만든 수많은 발주자들도 보았다. 스위스 시계나 이와 유사한 형태(자신의 일만하는)로 운영이 되어서 결국은 기능장애가 된 팀도 보았다. 고도의 경쟁력이 있는 팀도 협업하지 않아 실패한 사례도 보았다.

만약, 프로젝트 팀의 소속원들이 협업하기를 원한다면, 이들은 프로젝트에 도움이 된다. 이러한 협업과 팀워크를 강조한 소프트한 부분을 일깨운 관리철학은 좋은 건물을 구축하게 할 것이다. 이것들이 우리가 관리할 수 있어야 하는 것들이며, 반드시 이루어져야 한다. 무엇이 더 필요하겠는가? 협업은 결국 조직이 아니라 사람이 하는 것이다.

Collaboration doesn't just happen. It must be managed.

협업은 저절로 이루어지는 것이 아니다. 이는 반드시 관리되어야 한다.

우리는 프로젝트의 불협화음이 비합리적인 발주자, 기능장애를 일으키고 있는 관료자들, 개인적인 갈등들, 예측되지 않는 기술적인 문제들과 기본적으로 협력을 할 줄 모르는 사람들이 존재하기 때문으로 판단하며 일을 추진한다.

즉, 일반적으로 협업이 관리되어야 하는 것이라고 생각하지 않는다. 협업이 단순히 잘 될 수도 있고, 안될 수도 있었다. 개인적인 행동은 중요하고, 좋은 천성을 가지고 태어난 사람이 있고 그렇지 않은 사람이 있다고 생각했다. 이는 잘못된 생각이다. 협업에 가장 중요한 요소인 사람들과의 좋은 관계는 기술적으로 경쟁력 있는 사람들을 프로그램에서 고용하기 때문에 그냥 존재하는 것이 아니다. 협업은 우리가 이해하고 관리하며 개선해야 하는 것이다.

어떤 사람은 천성적으로 이러한 대인관계를 기술을 가지고 있고, 또 어떤 사람은 그렇지 않을 수도 있다. 그러나 모든 사람들은 개선될 수 있다. 우리는 개인과 조직, 두 가지 모두에게서 많은 것을 배울 수 있다. 우리는 사람들 간의 관계에 대한 기본적인 메커니즘들과 스트레스를 받으면서 함께 일을 해야 하는 프로젝트 팀원들의 예상되는 행동을 이해할 필요가 있다. 우리는 협력에 대한 구조를 이해함으로써 협업을 창조하고 관리하는 방법을 배워야 한다. 그리고 이것들에 관해서 우리는 배울 수 있어야 하며, 연구할 수 있어야 한다.

건설 프로그램은 함께 일하는 각각의 사람들의 축척되고, 통합되며, 그리고 상호협력적인 행동으로 이루어지는 것이다. 그래서 사람을 관리하고 행동을 이해하는 우리의 역량은 설계와 시공에 대한 기술적인 지식만큼 중요한 것이 된다.

기술적인 지식만으로는 충분하지 않다는 것은 고통스러울 만큼 명확한 것이다. 그러나 기술적인 경쟁력과 사람들 간의 관계는 매우 유사한 관련이 있다. 필연적으로 기술적인 실패는 지탄이나 분쟁의 소지가 된다. 반대로 사람들 간의 분쟁은 협업을 못하게 하고 기술적인 실패의 원인을 제공하게 된다. 기술과 사람은 서로 연결되어 있는 것이다. 이는 어려운 순환관계이다.

Stereotyping causes conflict.
고정관념은 분쟁의 원인이 된다.

아직도 많은 사람들은 자기 생각만 하는 이기주의적인 건축가, 숫자만 채우는 엔지니어, 비양심적인 수급자, 뒤뜰의 개(junk-yard-dog) 같은 CMr, 이상만 있고 실현이 불가능한 말만하는 환경론자들로 건설인을 생각하는 고정관념을 가지고 있다. 모든 소속된 사람들은 자신의 직업적인 관점과 자신의 이익을 위하여 프로젝트를 바라본다. 이들은 다른 사람들의 원칙과 다른 사람들의 가치를 존경하고 인정하는 것이 매우 어렵다. 진리는 프로젝트에 소속된 모든 사람에게 중요하지만, 직업적인 오만은 협업

Partnering helps
파트너링은 도움이 된다.

을 저해하는 가장 나쁜 것이다.

우리의 건설산업은 이러한 문제에 대하여 인지하기 시작하였다. 20세기 말에는 파트너링이 생겨났다. 1990년대, COE 엔지니어어인 Lester Edelman은 파트너링을 적용하고부터는 클레임이 25%가 저하되었다고 말했다.

파트너링은 좋은 방향으로 시작한다. 파트너링에서는 함께 일할 사람들과 대화채널을 만들고, 문제의 해결을 위한 시스템의 설정과 프로젝트의 목적을 정한다. 발주자, 동료들과 경쟁자들은 이를 통하여 보다 많은 경제적 이득과 좋은 결과를 얻었으며, 변경의 여지를 줄였다고 한다. 직원들은 자신의 일이 전보다 즐겁다고 말한다. 여러 작업자들과 함께 일하고, 흙 묻은 안전화를 신는 건설산업에서, 이 소프트한 기법은 좋은 아이디어로 인식되기 시작했다.

그러나 한 번의 파트너링 세션을 갖고 나면, 기존의 적대적 관계로 다시 자주 돌아선다. 이러한 경우에는 파트너링 원칙을 이행하는 일반 리더십 미팅에 의한 본래의 세션을 갖는 것이 더 좋다.

파트너링은 좋은 프로젝트의 기법이다. 그러나 프로그램은 오랜 기간의 유대관계를 구축해야 훌륭한 기회를 가진다. 오래 지속되며 신뢰가 있는 관계를 개발하고 팀들간의 동등한 관계를 유지할 수 있으며 프로그램에서 여러 가지 원리를 구현할 수 있는 기회가 있다. 그러나 파트너링은 주의할 것이 있다. 만일 이것이 관리되지 않고, 관찰되지 않으면 이 관계는 단발적이며 예측이 불가능해 진다.

모든 프로그램은 유일한 문제들, 사람들, 변화들과 목적을 가지기 때문에 유일하다. 그러나 여기에도 항상 변하지 않는 개인간의 행동과 관계가 존재한다. 이러한 행동은 날씨와 같다. 우리는 다음 달에 언제 비가 내릴지 모른다. 그러나 다음 달 내에 비가 올 것이라는 것은 어느 정도 확실하게 유추할 수 있다.

프로그램에서 서로 간의 올바른 문화들이 상호 교류된다면 상당한 효과를 얻을 수 있다. 문화와 태도와 사람 간의 관계를 관리하는 것은 공정과 견적을 기술적으로 운영하는 것만큼 중요하다. 그리고 이러한 것들은 관리될 수 있다. 이는 기술적인 부분을 다루는 것만큼의 능력과 최소한의 관심만이 있다면 구현할 수가 있다.

프로그램에 소속된 모든 사람들이 자신의 성공을 위하여 다른 사람의 도움을 원하는 것은 프로그램을 성공적으로 이끄는 가장 중요한 요소라는 것을 알아야 한다. 이것은 프로젝트가 잘 수행되게 하고, 고객을 행복하게 해준다.

물론, 모든 분쟁의 소지를 없애는 방법은 명확하지 않다. 만일 그렇게만 할 수만 있다면, 세상은 평화로워 질 것이다. 그러나 우리가 일반적인 문제들과 예측 가능한 반응을 이해한다면, 우리는 분쟁의 소지를 없앨 수 있는 프로세스를 만들 수 있다.

그리고 그 점은 더 흥미롭다. 그래서 관리자가 프로젝트 팀에 관해서 생각을 해야 될 것이 무엇인지를 아래에 기술하였다.

설계와 시공 프로그램에서 사람의 행동과 협업에 영향을 미치는 13가지 프로그램 이슈를 살펴보면 다음과 같다. 관리자는 이들을 이들을 이해함으로써 프로그램 성과를 향상시킬 수 있다.

1) 충성에 대한 위계가 있다(There's a hierarchy of allegiance)

단합(Integrity)은 신뢰관계를 구축하는 선행조건이며, 이 신뢰관계는 성공적인 설계와 시공 프로그램을 위해 필요하다. 성공은 그룹에 속한 사람들이 서로 정직하고, 솔직하고 투명하며 공개적으로 일을 할 때 존재한다. 설계와 시공 프로그램에서 기계의 기름만큼 중요한 것이 신뢰이다.

일반적으로 멀리 있는 그룹보다는 가까이 있는 그룹에 속한 사람들이 보다 상호협력적이다. 그러나 설계와 시공 프로그램에서 기계의 기름만큼이나 중요한 것은 신뢰이다.

우리는 개인으로서 다른 개인을 다루는 방법을 알고 있다. 이는 우리 부모님의 무릎에서, 유치원에서, 주일 학교 등에서부터 알고 있는 것이다. 점점 자라서 우리는 우리의 잘못된 행동을 비판하는 배우자나 좋은 친구와 동료가 있게 된다. 그리고 각개 각층의 사람과 사람에게서 단합을 이해하게 된다.

그러나 충성에 대한 위계가 있다. 일반적으로 멀리 있는 그룹보다는 가까이 있는 그룹에 속한 사람들이 보다 상호협조적이다.

하나의 설계와 시공 프로그램은 회사에서 위계를 가진다. 사람들은 천성적으로 자신의 그룹을 보다 크고 힘이 강한 그룹 가까이 두기를 원한다. 회사의 PMr는 발주자 보다는 자신의 회사에 이익이 되는 방향으로 설계변경을 하는 것과 같은 공격적인 방향을 선택한다. 현실적으로 발주자를 포함한 대부분의 회사들은 자신의 조직원들에게 자신의 조직을 위하여 먼저 충성할 수 있도록 한다. 그래서 신뢰가 깨진다.

Henry Kissinger는 그의 저서 Diplomacy(외교술)에서, 세계사 관점에서 바라본 국가는 자신의 국민과 제국의 번영을 위해서 행하는 전쟁, 거짓말과 속임수에 대하여 전혀 뉘우침이 없다고 기술하였다. 한 예로 그의 저서에서 Woodrow Wilson은 한 국가가 다른 국가에 대하여 동일한 도덕성을 가지고 있는 것으로 취급하는 혼란을 겪었다고 지적하였다. 이는 개인과 개인에서도 나타나는 현상이다.

우리 개개인은 서로 작은 국가와 같으며, 우리 자신의 조직에 대하여 먼저 충성을 하고, 경제적인 이득이나 정치적으로 이점이 있는 경우에 기발한 방법을 동원하여 다른 그룹과 교류를 한다. 그러나 자신의 그룹에 대한 충성도는 프로그램 팀에 대한 단합으로 결정된다. 충성도는 존경할 만한 것이지만, 단합은 최후의 수단이다.

개인과 기업(발주자, 설계자와 시공자)의 행동들은 수많은 기억 속에서 긴 세월을 이어왔다. 모든 사람들은 Wilson의 원칙에 의하여 행동할 것이다. 즉, 다른 그룹들을 같은 단합을 가지고 있다고 취급할 것이다. 이는 우리의 친구들에게도 적용이 된다.

많은 프로젝트가 있는 프로그램에서 PgMr은 자신의 조직에 대해서만 맹목적으로 충성하는 사람들을 반드시 제거해야 할 책임과 의무가 있다.

우리는 동료로서 팀을 만족시키기를 원한다. 어떻게 이를 측정하는가? 거울을 보라. 우리의 감정은 화답할 것이다.

2) 감정은 호혜적이다(Feelings are reciprocal)

이런 시도를 해보라. 다른 사람에게 좋은 말을 하면, 당신도 그 소리를 듣게 된다. 그리고 이 이 칭찬을 누가 했다고 해라. 그러면 아마도 칭찬을 받는 사람으로부터 좋은 말을 듣게 될 것이다. 아래의 대화는 아주 보편적인 것이다.

대화 1 : *"Bill은 당신은 열심히 일하고, 정말 당신의 일을 잘한다고 합니다."*

답변 : *"정말 좋은 말이네요. Bill도 좋은 사람입니다. 그도 또한 열심히 일합니다."*

이것이 PgMr의 법칙이다. 칭찬을 반복하라. 어떤 사람이 당신에게 무엇인가 멋있다고 하면 느낌은 좋아진다. 그리고 당신 주변에 없는 전혀 모르는 누군가에게 이런 칭찬을 들으면 기분이 더욱 좋아진다.

자, 이제 여기에 중요한 것이 있다. 그룹은 개인과 같이 반응한다. 프로젝트 팀들은 칭찬에 목말라한다.

여기에는 또 다른 방법이 있다. 프로젝트 팀 미팅에 참석하고, 발주자를 비판하여 보라. 그리고 각 팀이 말하는 발주자의 약점과 단점을 기술하라. 그러나 불행히도 이러한 단점의 기술은 문제를 푸는데 도움이 되지를 않는다. 다음과 같이 자부심/자아존중이 방어기능으로 극대화된다.

> *"그들이 우리를 비판하지만, 그들의 처지가 얼마나 처량한지 보라."*

또는 아래와 같이 애들처럼 말할 것이다.

> *"그래, 우리도 그렇게 했지만, 그들도 마찬가지일거야."*

우리는 동료로서 팀을 만족시키기를 원한다. 어떻게 이를 측정하는가? 우리는 거울을 보고 우리의 감정을 알 수가 있다. 대부분 우리는 우리가 동료들을 얼마나 좋아하는지에 의해 동료의 만족도를 측정할 수 있다. 우리가 스마트한 사람과 일하고 있다고 생각하면 우리는 아주 행복하다고 느끼는 것이 당연해진다. 우리가 다른 누군가에게 불평불만을 이야기 하는 것을 들으면, 우리도 그 사람에게 느끼는 것은 동일하게 된다.

Little House의 저자 Laura Ingalls Wilder 는 다음과 같이 말했다.

> *"사람들은 우리 자신의 마음 속에 어떤 형태의 빛으로 비추었는가로 나타난다."*

그녀는 이 빛은 반사되며, 당신이 다른 사람에게 어떻게 나타나는지 영향을 미친다고 기술하였다.

감정은 호혜적이다. 얼마나 간단한 생각인가? 우리가 사람들을 좋아하지 않으면 그들은 이를 느끼고, 당신을 좋아하지 않을 것이다. 당신이 다른 사람들의 나쁜 모습만 주의 깊게 본다면 다른 사람도 그렇게 할 것이다. 악순환은 거듭될 것이다.

모든 조직에서 이런 일들이 발생한다. 발주자가 컨설턴트나 수급자들에게 기분 나쁜 태도를 계속보이거나 컨설턴트도 같은 행동을 하면, 이 조직은 나쁜 말만 순환되고 곧 붕괴될 것이다. 또한 이런 것은 전파되기도 쉽다.

이런 문제를 어떻게 고쳐야 하는지는 나는 잘 모른다. 어떤 사람이 나에게 좋은 않은 모습을 보이면, 단순하게 나는 그 사람을 당분간 만나지 않고, 나 자신에게 나는 그 사람들을 좋아한다고 말한다. 그러나 나는 약간의 제안을 할 수 있다.

우리는 어떤 사람을 좋아할 수 있는 그 사람의 좋은 점을 발견할 수 있고, 이것에 대하여 여러 가지 이야기를 할 수 있으며, 이를 칭찬할 수도 있다.

우리는 이제 남들의 단점만을 보는 것을 멈추고, 문제가 무엇인지를 규명하여야 한다. 이는 기술적인 문제가 될 수 있고, 개인적인 문제가 될 수도 있다. 비판적인 마음은 버려야 한다. 이런 것이 조직에서 이루어지지 않으면 좋은 관리자는 이런 관계를 풀 수 있는 다른 누군가를 고용하여야 한다. 누군가 최고의 사람은 이 일을 할 수 있다. 한번은 나의 동료가 나를 대신하여 이 일을 다른 사람에게 부탁한 적도 있다.

프로그램에서 다음과 같은 방침을 적용하라. *'비판하지 말고, 칭찬하라'* 리더는 반드시 여러 가지 칭찬을 듣게 될 것이다. 그리고 리더는 평범한 업무 속에서도 좋은 성과를 발견하여 용기를 북돋아주는 일을 할 필요가 있다.

반면에 우리는 나쁜 말이 퍼지는 것을 막아야 한다. 우리의 나쁜 생각을 우리 자신만 가지게 할 수 있고, 다른 사람에게도 이와 같이 하도록 할 수 있다. 이것이 리더가 가져야 될 진실이다. 그들의 부정적인 언급이 팀 전체의 성과를 망칠 수 있다. 결국 팀의 사기는 떨어질 것이고, 업무성과가 떨어지며, 더욱 비판적이게 될 것이다.

당연한 것이다. 우리가 긍정적인 지적을 하면 좋은 감정을 형성할 수 있다. 이런 분위기를 만드는 최선의 방법은 모든 사람이 성공을 위하여 우리를 원하게 하고, 우리도 성공을 위하여 그들을 원하게 하는 것이다. 좋은 느낌도 나쁜 느낌처럼 똑같이 전염성이 있다.

3) 우정은 무시된다(Friendship is neglected)

일반적으로 우정이라는 것은 다음과 같은 사회적인 감각이라고 생각한다. 친구는 우리가 함께 있으면 즐겁고, 우리가 도움이 필요할 때 도움을 줄 수 있는 사람이다.

그러나 일에서 이보다 중요한 것은 무엇인가? 프로젝트에서의 우정은 컴퓨터의 운영시스템과 같다. 이 네트워크는 표면에 나타나지 않지만, 충돌이 있을 때까지 일을 한다. 그러나 이 네트워크가 붕괴되면, 더 이상 일을 하지 못하게 된다.

Gene Lupia의 은퇴 기념 저녁식사자리를 기억한다(Gene는 공군에서 토목부분을 총괄한 장군이다). Gene은 이 자리에서 '우정이 공군에서의 나를 유지시켰고, 문제를 풀어 주었으며 일이 되게 하였다' 라고 말했다. 그는 그의 경력에서 이루어진 위대한 친구에 대하여 이야기 했고, 그들이 자신에게 어떤 의미를 가지는지 알게 하였다.

친구는 우리가 함께 있으면 즐겁고 우리가 도움이 필요할 때 도움을 줄 수 있는 사람이다. 일에서 무엇이 더 중요한가? 그러나 공식적인 우정과 사회적 우정과는 많은 차이가 있다. 사회적 친구를 그대로 받아드려라. 프로그램에서는 사회적 친구와 공식적인 업무를 구별해야하고, 누군가 그렇게 하지 않으면 반드시 그렇게 하라고 말하라.

Gene의 연설은 Peter Drucker와 Tom Peter에 의하여 책으로 출판되었으며, 그는 관리자의 정신적 리더가 되었다. 이때까지는 수많은 경영관리에 관한 책에서 관리의 개념으로 우정을 언급한 사례가 없었다. 물론 우정은 긍정적인 것이다. 우정은 삶을 보다 윤택하게 하는데 도움을 준다.

우리는 서로뿐만 아니라 우리의 발주자, 우리의 컨설턴트들, 우리의 수급자들 및 프로젝트에 연관된 모든 사람과 친구가 되어야 한다. 당신도 알다시피, 예의, 상호협력, 종직, 진실성, 주일학교 등 이 모든 것들이 중요하다.

그러나 공식적인 우정과 사회적 우정과는 많은 차이가 있다. 그리고 프로젝트에 소속된 모든 사람에게 이 차이점을 인식시키는 것이 무엇보다도 중요하다. 마음속에 다음과 같은 내용을 명심해야 한다.

업무상의 우정은 직장 밖의 사회적 우정을 요구하지 않는다.

실제로 우리의 공적인 고객 일부는 우리와의 교제에 제한이 있다. 이것을 존중해야 한다. 더욱이 우리의 고용인들 중 일부는 그들의 업무관계와 사적인 내용을 철저히 분리하기를 원한다. 우리 역시 이를 철저히 지킨다.

사회적 우정과 업무상의 우정의 또 다른 점은 다음과 같다. 우리는 호의로써 친구에게 묻고 답한다. 그러나 비록 발주자가 친구라도 업무 상에서는 호의로써 묻지 않아야 하며, 불공정한 이득도 얻어서는 안 된다.

그래서 개인적인 친구가 고객이 되면, 우리는 우리의 우정을 나타내는 것을 엄격하게 금해야 한다. 더욱이 그 고객을 업무상으로 연관된 다른 사람에게 소개할 때도 호의성이나 선물을 주는 것을 금지해야 한다.

마지막으로 아주 중요한 차이점이 있다. 사회적 우정관계는 우리 친구의 단점을 모르는 사이에 수용할 수 있게 한다는 것이다. 개인적인 우정은 그들 자신의 있는 모습 그대로인 친구로 받아들이고, 우리도 그들에게 이런 모습으로 선택되어야 한다. 그리고 개인적인 우정을 끝내는 좋은 방법은 친구의 의사에 따라 결정되도록 하는 것이다.

프로젝트에서는 효율을 향상시키기 위하여 많은 일을 해야 한다. 프로젝트를 해치는 단점들을 절대로 받아드릴 수는 없다. 프로로서의 우정은 받아들일 수 있는 중요한 요구사항을 수용하고, 비판성을 가지는 것이다. 우정과 비판은 서로 배타적인 것이 아니다. 건전한 비판은 긍정적이며, 업무에서도 또한 필요하다.

그룹의 기능은 구조시스템과 같다. 너무 많은 하중이 있으면 안되고, 적절한 하중이 있어야 한다. 너무 많아도 안되고, 너무 적어도 안된다. 리더는 어느 정도의 하중이 필요한지를 반드시 알고 있어야 한다.

4) 구조물과 같은 그룹의 기능(Groups function like structures)

널리 알려진 비유이지만, 사람들의 기능으로 이루어진 팀은 구조 시스템과 매우 흡사하다.

구조물에 가해지는 초과하중은 각 부분의 인장력을 증대시키고, 시스템의 형태를 변형시키며, 결국은 붕괴시킨다. 팀들 간의 관계도 마찬가지이다. 이룰 수 없는 목표와 수많은 비판들은 스트레스를 만들고 팀워크를 붕괴시킨다.

일들이 잘 될 때는 팀들의 기능은 손쉽게 이루어진다. 그러나 문제가 있을 때는 무의식적으로 서로간의 자기 방어 시스템이 그 문제를 다른 사람 잘못으로 이끄는 것을 볼 수 있다.

그래서 손가락질과 남의 잘못에 대한 리스트들이 나타나게 된다. 그래서 팀 간의 구조체인 상호협조는 붕괴된다.

최고의 팀이라도 계속되는 비판은 결국 그 팀을 무너지게 한다. 그러나 일반적인 팀이라도 적절한 격려가 있다면 이를 훌륭하게 이겨낼 수 있다.

나는 비유적인 것은 알고 싶지 않지만, 여기 당연한 결과가 있다. 많은 구조시스템은 상호 지지하여야 하는 하중이 존재한다. 아치구조는 상부의 무게가 있어야 만들어진다. 프리스트레스 보는 설계된 인장력이 내부에 존재해야 한다.

팀도 이와 같다. 팀의 기능이 잘 운영되기 위해서는 적절한 업무가 있어야 한다. 달성가능한 목표는 팀워크를 만든다. 그리고 목표를 달성할 때 팀워크가 견고해 진다.

그래서 PgMr은 반드시 팀의 하중을 적절히 조절할 지혜를 가지고 있어야 한다. 만일 팀원이 부족하다면, 성과에 균열이 생길 것이다. 반대로 업무량보다 사람이 많이 있으면, 동일한 업무로 인해 사람들 간에 경쟁이 있을 것이다. 이것 또한 좋은 관계를 해치게 한다.

5) 아무도 통제하지 못한다(Nobody's in control)

한 프로젝트에서는 수천 명의 사람과 수백 개의 조직이 함께 일한다. 이 모두를 통제할 수 있는 사람은 아무도 없다. 각 조직이 명령체계가 확실치 않다면, 전체적인 관리는 어렵고, 각 조직은 그들이 영향을 미칠 수 있는 그룹들의 일만 다룰 수 있다.

설계와 시공 프로그램 모두를 통제하는 사람은 아무도 없다. 협업만이 성공할 수 있는 유일한 방법이다.

PgMr은 명령체계에서 거의 가장 아래를 차지한다. PgMr들이 내부직원이라면, 그 조직의 주요 사업은 우위를 점할 것이다. 그러나 발주자 조직조차도 이사회나 참여자들에 의해 관리될 것이며, 프로그램 관리 그룹은 인허가기관에게 답변해야할 것이다.

만약 PgMr들이 아웃소싱된 그룹이라면, PgMr의 권한은 줄어들 것이다. 결과를 형성하는 우리의 능력이 우리의 지식에 달려있다는 믿음은 우리와 우리의 신뢰에 있다.

만약 우리가 아웃소싱된 그룹이라면, 우리는 고객에게 보고한다. 그러나 우리 고객의 직원들은 완벽한 관리를 하지 못할 것이다. 그들은 관리자, 위원회, 사용자 그룹을 가진다. 그 그룹에는 시민관점위원회, 예술위원회, 복합대행사, 규제위원회, 그리고 코드 권한을 가질 것이다. 건축가, 엔지니어, 수급자 그리고 노무자에 대한 관심이 있을 것이다. 미디어 매체는 이것을 보고 기록할 것이다.

그러나 프로젝트와 고객의 성공여부는 이들 그룹 전체의 태도에 따라 결정된다. 3D/I, CRSS, Gilbane, Fluor Daniel, Brown & Root 그리고 Turner가 Texas 형사재판부(Department of Criminal Justice)의 Emergency Bed 프로그램($1억 8천만, 6개월 내 설계/시공)을 시작할 때, Warren Deam은 다음과 같이 말했다[1].

> *"이 거대한 프로그램을 수행하는데 우리는 정책이 필요하며, 어느 누구도 실패를 용납할 수 없다."*

그것은 명확한 생각이었고, 정책은 우리를 잘 지원했다. 프로젝트가 성공하기 위한 것이라면 다른 사람의 업무수행을 모두 지원해야 했다. 이 경쟁자들은 큰 협력자들이 되었고, 우리는 큰 성공을 거두었다. 물론 프로젝트는 성공적이었다.

모두 우리가 성공하기를 원한다면, 우리에게 기회는 많이 생길 것이다. 그리고 기억과 느낌들은 교환될 것이다. 다른 사람들은 우리가 그들이 성공하기를 원한다면, 우리가 원하는 것 이상으로 우리의 성공을 바랄 것이다.

6) 문제는 조직을 분열시킨다(Problems polarize organizations)

한 사람이 전체 명령체계를 분열시킬 수 있다.

몇 년 전에, 우리 프로젝트 매니저 중 한 사람이 금요일 늦게 Atlanta 공항에서 나에게 연락하였고, 다음과 같이 말했다.

> *"우리 고객은 당신이 그의 사무실에 월요일 아침에 오기를 바란다. 당신이 그렇게 하지 않으면, 우리는 해고된다."*

물론 나는 고객의 사무실에 갔고, 그들의 리더 대부분은 거기에

고용안전과 자기보호의 화신이 깨어났다. PMr은 그들에게 왜 그것이 고객의 과실인지를 경영진에게 설명한다. 실수에 대한 편향된 설명은 명령체계를 따라 악화된다. 같은 일이 발주자 측에서도 일어난다. 곧 두 조직의 리더들은 서로 만나기를 꺼린다.

1. Warren은 그 때 CRSS Constructors의 대표였다. 그는 후에 Jacobs Engineering Group Inc.의 부회장이 되었다.

있었다. 나는 그들과 일면식도 없었지만, 그들에게 거의 한 시간 동안 혼났다.

나는 프로젝트의 속도를 높이기 위해 주말에도 일했다. 우리 프로젝트 팀은 우리 고객의 미숙함에 기인된 문제들을 자세히 설명했다. 물론 우리 고객의 PMr는 그 문제들이 모두 우리의 과실이라고 설명했다.

한 시간 동안 혼난 후, 나는 발주자측 PMr들의 실패에 대해 묻기 시작했다. 나는 발주사측 회장단이 점차 화내는 것을 볼 수 있었다. 결국 그는 나를 보고 이렇게 말했다.

> *"당신은 정말 교묘하다. 당신의 질문은 그것이 당신의 잘못이 아니라는 것을 보여주기 위함이다."*

그 시점에 나도 화가 났다. 내가 무언가를 말하기 전에 우리 프로그램 관리 그룹을 리드했던 Ron Schappaugh는 말했다.

> *"그는 교묘하지만 불쾌하진 않다."*

모두 웃었다. 분위기가 바뀌었다. 웃음이 멈춘 후, 우리는 문제를 파악하기 시작했다. 분명한 진실은 양쪽 모두 실수가 있다는 것이다. 결국 우리는 정상적으로 일을 진행했지만, 우리는 많은 개인적 관계를 조정해야 했고, 그것은 모두의 시간, 돈, 고통을 필요로 했다.

불행히도, 이건 특별한 경우가 아니다. 여기 전형적으로 프로젝트를 깬 경우가 있다. 무언가 잘못되고 있는데, 그것은 항상 그렇다. 문제가 없는 프로젝트는 없다. 그것은 경영과 관련된 잘못된 결정 또는 프로젝트 팀에 의한 실수와 같은 외부요인에 의한 경우도 있다. 아마도 그 문제는 우리가 원인이거나 고객 팀의 문제일 것이다. 누가 원인인지 신경 쓰지 않고, 우리는 프로젝트가 끝나기 전에 우리 몫을 할 것이다. 모두는 실수가 있다는 것을 알고 있다. 고용안전과 자기보호의 화신이 깨어났다. PMr은 그들의 관리자에게 왜 그것이 발주자의 과실인지를 설명한다. 실수에 대한 편향된 설명은 명령체계를 따라 악화된다.

그것이 관리체계를 통해 돌면서, 사람들은 조금씩 진실을 왜

곡하고, 그들이 가지고 있던 불평을 덧붙일 것이다.

한편 같은 과정이 발주자 조직에서도 일어난다. 프로젝트에 속한 사람들은 그들의 관리체계를 분열시킨다. 호혜성의 원칙은 감정을 자극한다. 곧 리더들은 서로 미워하게 되고, 절대 만나지 않는다.

프로젝트에서 갈등은 피할 수 없다. 그러나 이를 최소화하는 것이 좋은 것은 확실하다. 우리의 고용주와 자회사들과의 프로그램에서 brass-to-brass와 staff-to-staff 관계에서 신뢰를 쌓아야만 한다. 우리가 이렇게 한다면, 우리는 이런 문제들이 발생했을 때, 잘 대처할 수 있다. 그리고 우리는 문제가 발생하기 전인 프로젝트가 시작시점에 이런 관계를 형성해야 한다.

7) 팀들은 발주자와 경쟁한다(Teams get competitive with the owner)

외부 프로그램 관리팀들은 그들의 고객들과 매우 자주 경쟁한다.

종종 PgMr은 발주자의 사내 시설그룹과 함께 일한다. 대체로 시설그룹들은 그들의 관리자가 내부의 직원을 늘리지 않거나 승진시키지 않고, 외부 PgMr을 고용하는 것에 불만을 가진다. 게다가 사내 시설그룹은 프로그램이 진행됨에 따라 그들의 모든 일이 아웃소싱될지 모른다는 걱정을 할 수 있다.

한편 아웃소싱된 팀은 그들의 작업범위를 확장시키면 그들의 기업관리의 승인을 이끌어낼 수 있을 거라 생각한다. 그래서 그들은 발주자의 관리자에게 그들이 발주자의 사내 시설그룹보다 일을 더 잘할 수 있다는 것을 보여주기 위해 잘못된 임무에 착수한다.

나는 결코 그것이 성공한 것을 본 적 없다. 그것은 실패하는 길이다.

만약 시설팀 직원이 외부 PgMr이 경쟁적이라고 느끼게 된다면, 그들은 보복(reciprocate)할 것이다. 아무도 승부에서 이길 수 없다. PgMr의 일은 발주자의 성공을 만들어내는 것이다. PgMr이 발주자측의 전체 직원을 떠받든다면, 항상 더 좋을 것이다. 그러면 발주자가 다시 도움이 필요할 경우에 다시 고용될 것이고, 그 발주자는 주변에 그 PgMr을 추천할 것이다.

그러나 가장 중요한 것은, 프로그램 팀의 성공은 발주자측 직원의 성공과 다르지 않다는 것을 인식하는 것이다.

설계와 시공 프로그램에서는 단독 승자가 거의 없다.

8) 보상은 질투를 야기한다(Compensation causes jealousy)

불가피하게, 발주자들은 외주업체에 대한 내부 직원들과는 다른 보상체계와 업무방침을 가진다. 그 발주자는 정부, 학회, 또는 Fortune지 500위 안에 드는 기업일수도 있지만, 그들은 항상 다른 보상체계와 업무방침을 가질 것이다.

그리고 발주자가 다양한 프로그램 관리 회사들을 고용한다면, 각각의 PgMr들은 다른 보상정책을 가질 것이다. 게다가 A/E사, CM사, 하수급자들도 마찬가지일 것이다.

어떤 회사는 더 좋은 수입에도 더 낮은 기준을 가질 수도 있다. 어떤 회사는 더 많은 휴일을 가질 수 있지만 일을 쉬는 시간에 대한 유연함을 덜할 수도 있다. 한 회사가 작업시간과 몇몇 작업자의 지각을 느슨하게 관리한다면 다른 사람들은 주목할 것이다. 그러나 그들이 보상을 위해 늦게까지 일한다면, 그들은 주목하지 않을 것이다.

프로그램에서 다양한 회사들은 다양한 보상패키지를 의미한다. 결국 사람들은 다른 사람들이 어떻게 보상받는지 파악할 수 있을 것이다. 일부는 가장 좋은 개별 보상패키지 구성에 초점을 맞출 것이고, 질투하게 될 것이다.

프로그램을 진행하면서 큰 문제는 사람들이 결국에는 다른 사람이 얼마나 보상받는지 알게 되면서 발생한다. 그러면 모든 사람은 가장 좋은 보상에 초점을 맞추게 되고, 질투하게 될 것이다.

게다가, 민간분야의 컨설턴트들은 다양한 간접비와 이익이 포함된 그들의 노무비를 청구할 것이다. 발주자의 직원들은 숫자를 보게 되고, 자신의 봉급과 비교하여 엄청나게 불공평하다는 느낌을 받게 될 것이다. 소수의 협회나 공공 조직들은 그들의 고용인들이 간접비에 대한 부담을 인식하게 한다. 다수는 이조차 모른다.

저절로 해결되는 문제는 없다. 모든 주요 조직의 리더십은 보상체계의 고유한 차이를 설명해야한다. 그들은 발주자가 그들의 직원들에게 자신들도 간접비를 가진다고 설명하는 것을 장려한다.

그리고 그 업무방침의 차이는 공유되어야 한다. 나는 전체 프로젝트 팀이 발주자의 시간, 휴일 일정 그리고 다른 작업환경에 적응되어진 프로그램들을 본 적이 있다. 그리고 나는 모두가 그들 자신의 일을 하고, 그들의 정책을 유지하는 프로그램을 보았다. 모두가 그 프로그램 방침이 그들의 회사규칙에서 일하는 모두를 위한 것이라고 이해한다면 그것 역시 작업할 것이다.

그러나 가끔은 모든 것들이 다 원활하게 이루어지는 것은 아니다. 그러면 리더들은 그들의 프로젝트 팀원들에게 극복하라고 말해야 한다.

9) 관료체제는 모두를 실망시킨다(Bureaucracy frustrates everybody)

지속적인 건설 프로그램에서 발주자는 관료체제이다. 그리고 민간부문의 프로그램 관리 회사들도 그들만의 관료체제를 가지고 있다.

새로운 회사가 팀에 합류했을 때, 그 팀의 사람들은 그들이 언어, 문화, 영토가 다른 외국으로부터 이민 온 사람이라는 느낌이 들 것이다.

관료주의는 요식행위(red tape), 혼란스러운 신호(confused signals), 활발하지 않은 변화(lethargic change), 정보의 통제(gatekeepers), 영역싸움(turf battles), 권력투쟁(power struggles), 그리고 실망(frustration)과 같은 고질적인 문제가 있다. 사람들은 그들 자신 또는 자신의 사리사욕을 채우기 위해 사실을 왜곡한다. 중간관리자가 잘못된 결정을 내릴지도 모르고, 다른 사람들을 그들의 상사에게 좋게 보이도록 다루는 것이 서툴지도 모른다. 그 리더들은 종종 무엇을 하고 있는지 전부 알지 못하고, 문제를 명확히 보고 있는 일반조합원을 실망시키는 잘못된 결정을 내릴지도 모른다.

게다가 다음 규칙이 있을 것이다. 그것들은 다른 규칙과 차이가 있을 것이다. 발주자의 관료체계와 함께 시작하는 새 회사는 다른 규칙의 환경으로 구성될 것이다. 그들은 그들 자신의 규칙이 옳고, 다른 것들은 틀리다는 시각으로 보게 될 것이다.

발주자의 직원들은 자신들의 사업절차가 프로그램 관리 회사나 다른 컨설턴트들이 보유하고 있는 것 보다 좋다는 것을 알 것이다. 그래서 팀에 새로운 회사가 합류하게 되면, 사람들은 언어, 문화 또는 지역을 모르는 국가로 이민 온 외국인 같은 느낌을 받게 된다. 그리고 그들은 새로운 작업체계를 경멸하게 될 것이다.

우리는 우리의 관료체계를 이해하고 받아들인다. 그리고 다른 관료체계를 싫어한다. 우리는 발주자의 관료결함이 발생하기 원한다. 전형적으로 우리는 우리의 사업절차를 우리가 이해했기에 좋은 것으로 그리고 다른 것들은 나쁜 것으로 보게 된다. 그리고 만약 우리의 발주자가 나쁜 사업절차를 가지고 있다면 그것은 발주자를 나쁘게 바라보게 만든다.

첫째, PgMr은 객관적인 관점을 가지는 것을 배워야 한다. 여기 일을 잘하는 여러가지 방법이 있다.

한편 PgMr은 발주자가 관료체계를 개선시키는데 시간을 투자해야 한다. 일부 PgMr들은 프로세스 개선팀 직원과 그들의 사람들 그리고 발주자의 사람들과 같은 큰 행운을 가졌다. 그들은 그들의 다른 고객으로부터 최상의 생각에 기여하는 반면, 고객은 그들의 생각을 설명한다. 그럼 팀은 관료체계를 개선시키고 새로운 생각을 사업에 적용시킨다. 팀워크를 형성하고 팀으로서 승리하는 것보다 좋은 것은 없다.

10) 우리는 우리가 잘못했을 때 가장 비판적이다(We're most critical when we're guilty)

나는 많은 시간을 범선 경주에 보냈다(그들은 대부분 행복했다).

어느 날 나는 내가 전략적인 실수를 했을 때, 팀원들에게 기분 나쁘게 대한다는 것을 깨달았다. 나는 나 자신에게 화가 났을 때, 다른 사람에게도 화를 냈다. 같은 일이 작업 중에 일어난다. 나는 그들이 내가 잘못했다고 말할 때, 나의 동료에게 짜증을 냈다.

여기 프로젝트가 잘못될 수도 있다는 것을 보여주는 실험이 있다. 당신이 아는 누군가를 선정하고, 그들이 실수할 때까지 기다려라. 실수하면 호통을 쳐라. 분명히 말해라. 그리고 팀에게 이것을 모두 알려라. 당신이 그것을 훌륭히 해내고 싶다면 많은 사람들 앞에서 해라. 나는 당신의 실수를 길고, 시끄럽게 들을 것이라고 확신한다.

누군가 공을 떨어뜨리고(실수를 하고), 잘못했다고 느낄 때, 일반적으로 다른 사람을 비난한다.

당신은 아마 같은 방식으로 대답할 것이다. 그리고 우리의 고객도 그럴 것이다. 우리의 JV파트너와 하수급자도 그러할 것이다. 그리고 우리와 함께 일할 기관도 그럴 것이다. 다른 조직(발주자, JV파트너, 시공자 등 누구든지)은 그들이 잘못할 때, 더 비판적으로 된다. 이것은 단순히 인간의 본성이다.

나의 컨설팅 업무에서, 나는 종종 설계와 시공과정에서 과실을 찾을 수 있다고 기대했다. 나는 그것을 몇 차례 했다. 그것은 나의 일을 쓸모없게 만들었다. 사람들은 개선하길 원하기보다 방어적이 된다. 나는 실수가 아니라 개선에 집중하는 것을 배웠다.

그래서 PgMr이 비판받게 되면, 그 PgMr은 방어적이게 되고, 비판하는 사람의 과실을 목록으로 만든다. 그리고 설계, 시공 프로그램에서 누군가가 (과실)리스트 만드는 작업을 시작하면, 목록을 추가하는데 부족함이 없다.

가상의 상황을 살펴보자. 우리 고객이 실수를 한다. 그것은 문제를 야기한다. 우리 고객들은 세계에서 혼자가 되고, 내가 나의 동료(sailing crew)에게 짜증을 냈던 것처럼 그들은 우리에게 짜증을 낸다. 그래서 우리는 무엇을 해야 할까? 우리는 앉아서 우리의 고객들에게 그것이 정말로 그들의 과실이라고 설명해야 할까? 그리고 우리가 그렇게 하면, 그것이 고객이 더 죄책감을 느끼고, 더 기도(crosser)하게 만들까? 그리고 그들이 우리를 비판하고자 더 많은 방법을 찾는 것을 아는가? 확실하다.

만약 이런 일이 일어난다면, 그 사업은 악화되기 시작한다. 팀 문화는 악화되고, 사람들은 일하는 것을 좋아하지 않으며, 기술적 결과들은 방치되고, 사람들은 불평한다. 이것은 매우 전문적인 리더십으로 고칠 수 있다.

11) 문제는 시간이 흐르면서 커진다(Problem grow with time)

어느 날, 우리는 우리 프로젝트 중 하나의 결함에 대해 논의했다.

누군가는 우리의 결정을 미루고 기다리면서 상황을 지켜보자고 제안했다. 오래된 친구이자, Southern California practice의 리더인 Joe Scarano는 말했다.

> *"그것은 와인이 아니다. 나이로 증명되지 않는다."*

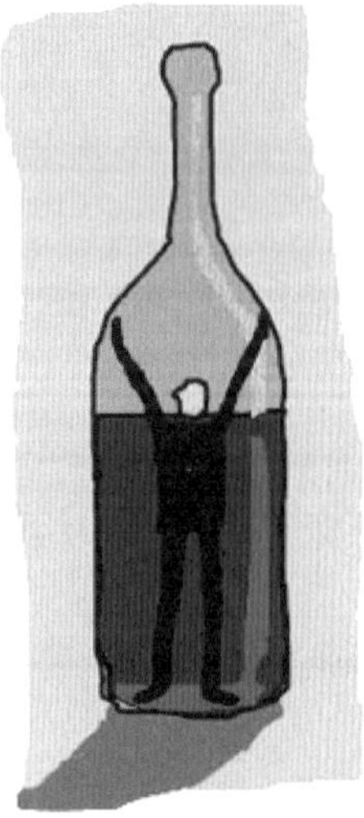

설계와 시공 문제들은 와인과는 달리 시간이 흐른다고 좋아지지 않는다.

보통 알아채지 못한 건설관련 문제들은 뚜껑이 열린 병과 같다. 그것들은 시간이 지남에 따라 점점 시큼해져 더 이상 먹지 못하게 된다(문제가 더 커진다).

문제가 해결되지 않는 이유 중의 하나는 일반사원이 그들의 간부에게 보고하지 않는 것이다. 그들은 문제에 대한 보고가 자신들 일에 대한 약점이나 무능력함의 신호라 여긴다. 대부분의 PgMr들은 자신의 영역을 통제하기를 원하며, 그들은 자신들의 프로젝트에 간부의 간섭을 원치 않는다. 그리고 그들이 그들의 상사에게 시인하기를 원하지 않는 문제가 발생했을 때, 그들은 그것을 조절할 수 없다.

많은 사람들이 문제에 대해 도움을 요청하기 보다는 해결하려고 애쓴다. 만약 우리 고객의 대표자가 문제의 원인이라면, 우리는 고객을 상대하지 않고, 그들의 상사에게 가는 것을 꺼려한다. 우리는 작업관계가 깨지는 것을 두려워한다. 가끔은 그들의 간부가 문제를 일으킨다. 프로젝트의 세부사항에 대해 이해하지 않으면, 일부 상사들은 비합리적이거나 일방적인 명령을 줄지도 모른다. 물론, 그 반대의 경우도 마찬가지다. 이런 경우에는 PMr은 문제를 해결할 수 없다. 그냥 그대로 진행한다.

그래서 문제가 커진다. 양쪽의 멤버들은 모두 방어적이고, 그들의 상사들에게 상대방 회사에서 문제를 일으켰다고 말한다. 문제가 참을 수 없게 되고, 간부가 그것에 관여하게 될 때까지, 사람들은 서로에게 화내고 사업조직은 불안정해진다. 문제는 기술적이라기보다 감정적으로 되고, 업무관계는 악화된다. 개선은 힘들고, 최악의 경우에는 소송까지 가게 된다.

좋은 리더는 프로젝트 팀들이 도움을 청하는 것에 대해 안심하도록 만들어줄 것이다. 나는 Barry Nixon(DeCA의 우리 PgMr)이 프로젝트의 결함을 가졌었을 때를 확실히 기억한다. He called 그는 금요일 밤에 우리 그룹의 리더인 Gary Boyd를 불렀다. Gary는 나를 불렀고, 우리는 토요일 아침에 Langley 공항에 있었다. 우리 고객은 우리의 응대에 감동받았다. 물론 Barry는 20년간 이곳의 성공한 PMr였고, 그래서 그는 도움을 청하는 것에 대해 불안하다고 느끼지 않았다.

우리는 빨리 문제를 우리 회사의 상부에 보고하기 위해 고객의 동의가 필요했다. 그리고 우리는 문제가 발생하기 전에 brass-to-brass관계를 개선시킬 필요가 있었고, 따라서 우리는 신뢰를 기반으로 전문적이면서도, 우호적인 분위기에서 문제를 해결할 수 있었다.

12) 갈등을 인내하는 것은 드물다(Conflict tolerance is rare)

우리가 우리 동료들을 존중하는 것은 자연스러운 일이다. 의견대립이 비난으로 이어진다고 느껴서 우리는 논쟁을 꺼릴지도 모른다. 우리는 비판적이거나 개인적인 공격으로 보이는 것을 원치 않는다. 우리는 갈등이나 비판으로부터 떨어져서 조심스럽다는 것을 원치 않는다.

프로젝트 팀 동료 사이에서 의견이 서로 불일치하는 것을 당연하게 여기고, 그것을 말하지 않으면 안 된다.

그리고 거기에는 항상 상사와 의견이 다르다는 것에 대한 꺼림칙함이 잠재적으로 깔려있다. 그/그녀는 분명 당신과 당신의 경력을 손상시키는데 열중했을 것이다.

그러나 공통의 목표를 위해 일하는 프로젝트 팀 멤버들 사이에서, 당신은 동의하지 못할 경우 말할 의무가 있다. 만약 그러지 않고, 또 당신이 틀렸다면, 당신은 더 현명한 관점(의견)에 의해 설득될 기회를 잃는 것이다. 반대로 당신이 옳다면, 당신은 다른 사람을 가르칠 기회를 잃는 것이다.

무엇보다 최악인 것은 당신이 협력자들과 아이디어를 주고받으면서, 혼자서는 생각해낼 수 없는 진보적인 결론을 만들어갈 때 얻을 수 있는 혁신의 기회를 잃는 것이다.

수년전에, George Kassabaum (the K of HOK)가 나에게 말했다.

> *"Chuck, 단지 누군가 당신과 의견이 다르다는 이유로 그들이 나쁘다거나 사적으로 공격하라는 의미는 아니다. 그들은 단지 당신과 사실을 다르게 볼 뿐이다."*

내가 Rice 대학에서 건축을 가르칠 때, 나는 우수한 학생들 중 몇몇이 아주 논쟁을 좋아한다는 것을 알았다. 그 이후로 나는 자신의 일을 가장 잘 처리하는 사람들이 그들의 관점 때문에 심하게, 때로는 아주 열정적으로 다투는 것을 자주 보았다. 그들은 자신들의 일을 걱정하기 때문에 갈등을 유발한다.

그래서 만약 우리가 그 일에 대해 애정이 있는 사람을 원한다면, 우리는 갈등을 참는 문화를 가지고 있어야 한다. 우리 프로젝트 리더는 팀원들이 솔직하게 말하는 것을 장려해야 한다.

그렇다. 우리는 공공장소에서 사람들을 당혹하게해서는 안된다. 그러나 우리에겐 뻔뻔함이 필요하다. 그리고 팀원들은 발언하는데 두려움을 느끼지 말아야 한다. 사실 그들은 그렇게 할 의무가 있다는 것을 들어야 한다.

프로젝트 팀 사이에서 의견이 불일치하는 것을 잠자코 있어서는 안 된다. 그것은 협력을 방해한다. 그리고 가장 최악의 잘못은 리더와 의견이 불일치하는데, 침묵을 유지하고 지시를 따르지 않아 발생하는 느린 진행이다.

13) 새 아이디어는 깨지기 쉽다(A new idea is fragile)

누군가의 완성되지 않은 아이디어가 거절되는 것은 팀워크를 손상시킨다. 부모는 자기자식에게 많은 발전이 필요하고, 사랑과 보호를 필요로 하더라도 자랑스러워한다. 부모(아이디어 창안자)를 새 아이디어에서 떼어놓을 수 있는 좋은 방법은 그것이 어리고 미숙한 동안에는 새로운 아이디어를 떠나게 하는 것이다.

우리가 설계자와 시공자 사이에서 협업을 구성하기 위해 노력할 때보다 더욱 맞는 상황은 없다. 남자와 여자가 건축학교에 들어가면서부터 창의적, 독창적으로 생각하고 독특한 것을 설계한다. 표절은 죄악이다. 그러나 시공자는 설계대로 지어야 하고, 그 결과를 보증해야한다. 그래서 시공자는 건축가 관점에서 표절과 비슷한 증명된 방법만 사용하려는 경향이 있다.

새로운 아이디어는 아이처럼 아주 생산적이지 않다. 그러나 아마도 큰 잠재력은 있을 것이다. 그래서 우리는 새로운 아이디어를 소중히 여겨야 한다.

나는 어느 건축가로부터 그가 아는 매우 훌륭한 시공자는 "어떻게 작동하게 만들지 생각하는 것보다 왜 그것들이 작동하지 않는지 생각하는 데에 더 많은 시간을 할애한다." 고 말하는 것을 들었다. 놀랄만한 일이 아니다. 그 시공자는 책임감이 있다. 시공자는 그 생각을 확정하기 위해 돈을 쓰고, 사람을 쓸 것이고(lose money, send people), 발상당시에는 좋아보였던 아이디어와 싸운다. 당연히 그들의 첫 번째 반응은 디자인에서 결점을 찾는 것이다. 그리고 우리는 이런 종류의 생각이 필요하다.

그래서 우린 여기서 무엇을 해야 할까? 여기에 내 생각이 있다.

우리는 건축가가 시공자의 지식을 인정할 필요가 있다고 납득시켜야 한다. 그들은 시공자가 우리에게 결점에 대해 경고할 때 주의 깊게 들을 필요가 있다. 마지막으로 우리가 원하는 것은 우리의 지시를 따르고 나서 "우리는 그것이 작동하지 않을 거라는 것을 알고 있다."라고 말하는 시공자이다.

"마음을 돌리거나 그렇게 할 필요가 없다는 선택의 기로에 서면, 거의 대부분의 사람들이 그럴 필요가 없다고 증명하기에 바쁘다." ....John Kenneth Galbraith

그러나 우리는 끈기가 필요하다. 만약 우리 모두가 증명된 것만 사용하려 한다면, 우리는 절대 한계를 넘을 수 없다.

설계자들은 시공자들이 설계의 신뢰도를 걱정하고, 설계혁신에 신중하다는 것을 깨달아야 한다. 시공자들도 초기 아이디어가 발전할 수 있는지 듣고 관찰할 필요가 있다. 만약 시공자가 설계자에게 주는 첫인상이 그들의 아이를 다치게 하는 것과 같다면, 그들은 팀워크를 다지지 못할 것이다. 시공자는 자기 자신을 긍정적인 방향으로 이끌어야 한다. 만약 연구 이후에 그게 좋은 아이디어가 아니라고 확신한다면, 그 아이디어는 버려야 한다.

한편, PgMr은 이런 기본적인 설계자와 시공자 간의 차이를 이해하고, 카운슬러(marriage counselor) 역할을 해야 한다.

향후 전망(A Look Ahead)

이 책을 통해 작은 역사가 만들어진다. 나는 끊임없는 변화를 겪으면서 이러한 관리기술 및 프로젝트 발주전략을 내 자신에게 상기시키기 위하여 지난 과거를 계속 돌이켜보고 있다. 이에 내가 현재의 프로세스들에 대해 기술했을지라도, 나는 당신이 이 책을 읽을 시점에서 또 다른 변화가 있을 것이라는 그 신념에 의해 큰 부담을 갖고 있다. 새롭고 보다 나은 아이디어들은 현재의 사고방식을 대체시킬 것이다. 나는 이 책을 머지않아 업데이트해야 할 것이다.

나는 나의 사고를 과거에 두어 시대에 뒤떨어지는 것보다, 오히려 살얼음판을 다시 걷고 건설산업이 어떻게 진화할 것인지 또는 보다 정확히 표현하면 어떻게 진화하고 있는지에 대한 관찰력을 기를 것이다.

전문화는 계속될 것이다. 더 많은 개인과 회사들은 프로그램에 참여할 것이다. 건물들은 보다 스마트하고 안전하며 지속가능하고 안전하게 될 것이며, 결국 그들은 그 직업과 산업으로부터 더 많은 지식을 요구하게 될 것이다. 경쟁은 제조업체들로하여금 보다 많은 연구개발을 하도록 이끌게 될 것이며, 건설생산물은 보다 정교해질 것이다. 건설산업은 계속해서 글로벌화될 것이며, 프로덕트는 여러 국가에서 수입될 것이다.

미국은 계속 경제성장을 할 가능성이 크다. 경기호황은 전세계로 퍼질 것이다. 연속발주자들을 포함한 더 많은 발주자들은 훌륭한 설계안을 원할 것이다. 지속적인 건설 프로그램에서 일하는 건축가들에 대한 기회는 다수 프로젝트에 더욱 혁신적인 아이디어를 적용할 것이고, 보다 많은 연구를 수행할 것이며, 그에 대한 비용을 다수의 건설 프로그램으로부터 조금씩 상환 받을 것이다.

21세기 건축가들은 Frank Lloyd Wright, Mies van der Rohe, Antonio Gaudi, Adolf Loos, Alvar Aalto 그리고 Le Corbusier의 제한된 건설기술만을 다루지는 않을 것이다. 혁신적인 관리자들과 건축가들은 이미 개인의 이해를 넘어선 기술이 넘쳐 나오는 현실에 직면했다. 그들은 이러한 기술들에 대한 마스터가 될 수 없을 것이다. 성공은 협업능력을 배우고, 그들의 지식 풀을 형성하고, 훌륭한 성과를 공유하는 관리자들, 건축가들, 시공자들과 제조업자들에게 올 것이다.

스크램블이라고 불리는 골프게임이 있다. 스크램블에서 보통 한 팀은 4인으로 구성된다. 각각의 플레이어들은 각자의 공을 친 뒤, 가장 좋은 결과를 낸 공의 위치에서 다시 각각 다음 샷을 한다. 플레이어 중 적어도 한 사람은 좋은 샷을 칠 것이므로, 평범한 클럽 플레이어로 구성된 팀은 파 이하의 플레이를 할 것이고, 최상급 프로투어에서 이길 것이다.

설계와 시공도 마찬가지일 것이다. 설계와 시공에도 항상 개인적인 우수한 능력과 뛰어난 리더십, 그리고 혁신적인 아이디어에 대한 보상이 있다. 그러나 협력적인 팀은 거의 모두 승리할 것이다.

프로그램에 관련된 더 많은 회사들이 있을 것이지만, 상위 하수급자들은 증가하지 않을 수 있다. 원수급자가 함께 일할 50개에서 100개의 하수급자들은 이미 원수급자가 합리적으로 구현 가능한 관리의 영역을 뛰어넘어 일하고 있다. 그러나 하수급자의 하수급자는 급증할 것이고, 일부 하수급자들은 종합수급자와 유사한 형태로 될 것이다. 더 많은 하수급자들은 그들의 전문업무체계에 대한 DBr이나 CMr이 될 것이다. 다수의 그룹화된 하수급자가 존재하게 될 것이며, 실질적인 상위 하수급자는 소수가 될 것이다.

설계와 시공에 대한 대부분의 기술적 지식은 전통적인 설계업으로부터 제조업자들이나 전문 하수급자에게 넘어가고 있다.

따라서 건축가와 엔지니어의 역할은 점점 산업화된 빌딩시스템과 공급자에 의해 설계된 구성요소를 평가하고 통합할 것이다. 그 주시공자는 국제적인 대규모의 팀이 될 것이다.

시공도서가 완성되기 이전에 이러한 회사들과 계약을 맺고 그들의 지식을 추출해 내는 방법을 찾는 것은 더욱 더 중요해질 것이다. 프로그램 관리자는 아웃소싱된 회사이든 발주자 조직의 사내부서이든 설계과정에 참여하기 위하여 전문 하수급자 및 제조업자와 함께 계약을 맺기 위한 방법을 찾을 것이다. 일부는 총액입찰로 선정이 될 것이고, 다른 일부는 브리징방식 또는 우리가 논의한 그 밖에 다른 방식으로 선정될 것이다. 그들은 아마도 HEB가 철근조이스트를 위해 적용하는 것 또는 스타벅스가 집기류 및 기기류에 적용하는 것처럼 수평적 조달방식을 적용할 것이다. 이러한 접근방식은 프로젝트 발주프로세스에 대한 신뢰도를 향상시키고 제조업자나 하수급자들의 기술지식 적용에 대한 매우 유용한 기회를 제공하여 프로세스 초기에 비용에 대한 피드백을 제공할 것이다.

발주자들은 그들의 점진적으로 증가하는 통합된 포트폴리오를 관리하기 위하여 내부적으로 직원을 고용할 것이다. 그러나 그들은 설계와 프로그램 관리 및 건설관리 용역업무를 제공하는 최고의 업체들로부터 능력과 기술적 지식이 있는 직원들을 보강할 것이다.

인터넷, 협업 소프트웨어, BIM과 같은 정보기술은 점진적으로 매우 중요한 역할을 하게 되어, 머지않아 실무에서 필수조건이 될 것이다. 제조업자들은 그들의 산출물과 전자시스템을 갖게 되어, 전통적으로 제조업자가 제공한 시공상세도는 종합적이고 통합된 실시설계도서로 작성될 것이다. 그 실시설계도서 그 자체는 광범위한 문자와 숫자조합의 정보형태를 포함하는 데이터베이스로부터 4-D와 전자보고서로 바뀔 것이다. 수급자는 컴퓨터 시뮬레이션 도구들 활용에 있어 전문가가 될 것이다. 건축물 시공은 현장으로 나가기 전에 시뮬레이션되고 테스트될 것이다. 인쇄는 매일 특정 업무를 위하여 가설 현장사무소에서 이루어질 것이며, 각종 도서를 위한 공간은 줄어들 것이다.

설계전문가와 시공자, 제조업자의 국제적 집합체로부터 지식을 통합하는 것에 대한 도전은 거대할 것이다. 따라서 보상이 따를 것이다. 이러한 다수의 산업, 다수의 국가, 다수의 협업으로부터 지식자본을 축적하는 것은 건축가와 엔지니어, 그리고 건설관리자에게 매우 훌륭한 결과를 가져다 줄 것이다. 그리고 우리는 보다 나은 건축물을 만들 수 있을 것이다.

용어해설(Glossary)

Agency : 에이전트(대리인을 의미하나, 이 책에서는 미공병단, 조달청 등 공공발주기관을 의미하고 있다)
Alliancing : 연합방식
American Institute of Architects(AIA) : 미국건축사협회
Architect & Engineers(AE) : 설계자
Architect : 설계자, 건축가
Associated General Contractors(AGC) :미국종합건설사협회
Best Practice : 모범사례
Building Information Modeling(BIM) : 건물정보모델링
Building Systems and Equipment Group : 빌딩시스템과 장비관리 그룹
Capital Building Program : 대형 건설 프로그램
Capital Improvement Program : 자본 개선 프로그램
Capital Plan : 자본계획
Change Orders : 설계변경
Chief Financing Officer(CFO) : 재무총괄책임자
Client : 고객
Construction Document : 시공도서
Construction Documents(CD) : 실시설계
Construction Industry Institute(CII) : 미국건설산업연구원
Construction Management Association of America(CMAA) : 미국건설관리협회
Construction Management(CM) : 건설사업관리
Construction Manager(CMr) : 건설사업관리자
Contingency : 예비비
Contract Documents(CDs) : 계약도서, 계약문서
Cost-plus-a-GMP : 상한가보증 실비정산방식

Cost-Reimbursable Contract : 실비상환계약
Corps of Engineer(COE) : 미육군 공병단
Current Work Standard(CWS) : 현재작업표준
Defence Commissary Agency(DeCA) :미국방식료청
Delivery : 조달, 구매, 발주
Delivery Strategy : 발주전략
Design-Bid-Build(DBB) : 설계시공분리방식
Design-Build(DB) : 설계시공일괄방식
Design-Build Institute of America(DBIA) : 미국디자인빌드협회
Designer : 설계자
Detailed Drawing : 상세도면
Economies of Scales : 규모의 경제
Entitle Agencies : 인허가기관
Executives : 경영진
Extended Program Team : 확장된 프로그램 팀
Facility Executive Officer(FEO) : 시설총괄책임임원
Facility Information Officer(FIO) : 시설정보팀장
Facility Operations Officer(FOO) : 시설운영팀장
Facility Requirements Officer(FRO) : 시설요구사항관리팀장
Facility Systems Officer(FSO) : 시설시스템관리팀장
Fast-Track : 설계시공병행방식, 패스트트랙
Fellow of the American Institute of Architects(FAIA) : 미국건축사협회 명예회원
Fiduciary : 수탁자
Fixed-Price Lum-Sum : 확정금액 총액계약
Fixed Limit of Construction Cost(FLCC) : 확정한도공사비
General Conditions : 일반조건
(General) Contractor(GC) : 수급자, 종합건설업자
General Services Administration(GSA) : 미국조달청
Generally Accepted Accounting Principles(GAAP) : 일반회계원칙
Governance : 상위의사결정권자, 의사결정구조
Guaranteed Maximum Price(GMP) : 상한가보증방식, 보증된 상한가
Heating, Ventilating and Air Conditioning(HVAC) : 난방, 환기, 공기조절
Job Order Contracting : 업무수행계약
Joint Venture(JV) : 조인트벤처
Leadership : 리더십, 임원진
Manufacturer : 제조업자
Markup : 일반관리비+이윤
Mechanical Electrical Plumbing(MEP) : 기계/전기/위생설비

Naval Facilities Engineering Command(NAVFAC) : 미해군 시설사령부

Negotiated Cost-Reimbursable Contract : 협상에 의한 실비상환계약

Overhead : 간접비

Owner : 발주자

Parameter : 매개변수

Parameter Estimates : 매개변수 견적

Prime Contractor :원수급자

Procedures Manuals : 업무절차서

Procurement : 조달, 구매

Product : 건설생산물

Program Management Information System(PgMIS) : 프로그램관리 정보시스템

Program Management : 프로그램 관리

Program Manager(PgMr) : 프로그램 관리 회사

Program Requirements Group : 프로그램 요구사항 정의 그룹

Programming : 기획설계, 프로그래밍

Project Definition Rating Index(PDRI) : 프로젝트정의 평가지수

Project Management(PM) : 프로젝트 관리

Project Management Information System(PMIS) : 프로젝트관리 정보시스템

Prototype Design : 표준설계, 프로토타입 설계

Regulator : 인허가기관

Request for Information(RFI) : 정보요청서

Request for Proposals(RFP) : 입찰안내서

Request for Qualifications(RFQ) : 자격심의요청서

Requirements : 요구사항

Retail Chain : 창고형 할인매장 체인

Royal Institute of British Architects(RIBA) : 영국왕립건축사협회

Schematic Estimates : 개산견적

Serial Builder : 연속발주자

Service Provider : 용역수행자

Shop Drawing : 시공상세도면

Specialty Subcontractor : 전문하수급자, 전문건설업자.

Strategic Plan : 전략계획

Subcontractor : 하수급자, 전문건설업자

Submittal Workshop : 제출물 워크샵

Travertine : 석회암

Trade Contractor : 전문건설업자

Value Engineering(VE) : 가치공학

Vendor : 공급자, 시공자

Appendix

As we assembled the thoughts for this book, Jessie, Miriam, Jim and I gained invaluable insight from conversations with individuals throughout the building industry who spoke to us about their programs. I' d like to thank the many people who were generous with their time and candor for their contribution to this study. They include:

Dr. William Akers, Professor Emeritus of Chemical Engineering and former Vice President of Administration of Rice University

Andy Anway, President, Amaze Design

Mike Bailey, Director of Facilities and Planning, Placentia-Yorba Linda Unified School District

Phillip Bernstein, Vice President, Building Solutions Division, Autodesk

Mark A. Bodenschatz, Director of Design and Construction, Office of Physical Plant, Pennsylvania State University

William Bonham, Division Director, Facility Construction and Space Management, Texas Building and Procurement Commission

Joseph Borgert, Manager of Architecture, Property Development, Target Corporation

Boyce Bourland, Facilities Program Manager, Defense Commissary Agency

Charlie Brady, Associate Director for Engineering, Office of Facilities Planning and Construction, University of Texas System

Steve Brandt, Strategic Account Manager, Trane

Bill Breyfogle, Director of Construction and Support Services, Minnesota State Colleges and Universities

Raymond Brochstein, Chairman, Brochsteins Inc.

Deborah Brochstein, President and CEO, Brochsteins Inc.

Barbara White Bryson, Associate Vice President, Facilities Engineering and Planning, Rice University

Brad Burdic, National Manager, Johns Manville

Art Chen Jr., Director of Facilities Programs, Foundation for California Community Colleges

Jim Cowell, Deputy Chief Facilities Executive, New Construction, Los Angeles Unified School District

Paul Curley, Head of Capital Construction, MIT

William Daigneau, Vice President of Operations and Facilities Management, University of Texas MD Anderson Cancer Center

Donald Dana, Executive Vice President, Corporate Properties Group, Wells Fargo Bank

Megan Davis, Director of Finance, Land and Buildings, Stanford University

Warren Dean, Group Vice President, Jacobs Facilities Inc.

Michael Dell' Isola, Vice President, DMJM

David Dixon, Associate Director for Project Management, Office of Facilities Planning and Construction, University of Texas System

Dennis Doran, Senior Consultant, FMI Corporation

Stephan Fairfield, President/CEO, Covenant Community Capital Corporation

Ed Feiner, Director, Washington D.C. office, Skidmore, Owings & Merrill, formerly Chief Architect, General Services Administration

David Faulkner, Retail Development Management, Inc.

Raymond Floyd, Management and Efficiency Expert, formerly Worldwide Manager of Manufacturing, ExxonMobil Chemical

Dean Fox, Major General, Air Force Civil Engineer, United States Air Force

Stephen Fox, Adjunct Lecturer, Rice University

Bob Fraga, Manager, Supply Management Facilities Portfolio, USPS

George Gottuso, Senior Project Officer, New Jersey Schools Construction Corporation

Stephen Hagan, Project Knowledge Center, Property Development Division, General Services Administration

Clifford Ham, Senior Project Architect, Judicial Council of California, Administrative Office of the Courts

David Harris, President, National Institute of Building Sciences

John Harris, Executive Vice President, Conceptual Construction, Hines

George Heery, Chairman and CEO, Brookwood Program Management

Ray Herman, President, Herman/Stewart Construction

Gerald D. Hines, Chairman, Hines

Bob Hixon, Project Executive, Capitol Visitor Center

William Hoy, Senior Vice President, Design and Project Management, Marriott International

Bruce Kendall, Deputy Chief Facilities Executive, Modernization and Repair, Los Angeles Unified School District

Steve Knisley, JMJ Associates

Jim Koutris, Senior PM, Deputy Program Director, Marriott International

Barry Kumar, General Services Administration

Bert Landry, Chief of the Design and Construction Division, Defense Commissary Agency

Ray Landy, President, DMJM

Jerrold Lea, Vice President, Conceptual Construction, Hines

Claude Le Feuvre, Parsons Infrastructure & Technology Group, Inc.

Susan Lipka, Executive Director, Capital Planning & Management, University of Texas MD Anderson Cancer Center

Charles Pollard, Senior Architect, Design Division, Houston Airport System

Stephen Makredes, Director of Construction, Property Development, Target Corporation

Robert Masch, Team Manager for Southern California, Kaiser Permanente

Wright Massey, Brand Architecture;

Jim McConnell, formerly Chief Facilities Executive Los Angeles Unified School District

Guy Mehula, Chief Facilities Executive, Los Angeles Unified School Disrict

Don Meister, Senior Director, Real Estate & Development, Apple

John Messervy, Director of Capital and Facilities Planning, Partners HealthCare System

Doug Nelson, Director, Property Development Division, National Capitol Region, General Services Administration

Christopher Noble, Noble & Wickersham LLP

Courtney Peterson, Director of Purchasing Programs, Foundation for California Community Colleges

Linda Phillips, General Services Administration

Thomas Regan, Dean, College of Architecture, Texas A&M University

Bill Reynolds, Senior Vice President of Facility Alliance, HEB

David J. Rodd, University Architect, Rice University

Rick Rusk, Chief, Real Estate Services, Project Management Branch, State of

California Department of General Services

Sid Sanders, Vice President, Facilities and Construction, The Methodist Hospital System

Carl Sapers, Adjunct Professor, Department of Architecture, The Graduate School of Design, Harvard University

James Sartain, Assistant Director, Manager, Design Division, Houston Airport System

Amanda Scarano, Production Executive, Irish DreamTime

Stan Scott, Assistant Director for Project Controls, Office of Facilities Planning and Construction, University of Texas System

Bob Seeger, Senior Vice President and Chief Architect, Wells Fargo Properties, Inc.

Scott Simpson, President, President and CEO, The Stubbins Associates

Bill Sims, former Vice President of Architecture, Disney Imagineering

Dennis Smith, Superintendent, Placentia-Yorba Linda Unified School District

Les Shepherd, Acting Chief Architect, General Services Administration

Victoria Sirianni, Chief Facilities Officer, MIT

Marc Steadman, Vice President of Construction, Property Development, Target Corporation

Jeff Stephens, President and CEO, BSW International

Ujwala Tamaskar, Manager, HQ Design and Construction, USPS

Douglas P. Tomlinson, Assistant Vice President, Project Management and Engineering, Rice University

Larry Toy, President, CEO, Foundation for California Community Colleges

Jerry Trevino, Architects, Defense Commissary Agency

Jan Tuchman, Editor-In-Chief, Engineering News Record

Rich Varda, Vice President of Store Planning and Design, Property Development, Target Corporation

Perry Waughtal, former Chief Financial Officer, Hines

Glenn Weiblen, Defense Commissary Agency

Kathryn E. West, Director of Real Estate Operations, Partners HealthCare System

Robert Workman, Chairman and CEO, BSW International.

저자소개

Chuck Thomsen은 건설 프로그램을 갖고 있는 고객을 컨설팅하고 있다. Chuck은 Parsons의 고문이사이며, Rice Building Institute의 이사회 의장이자 FMI 이사회의 일원이다.

Chuck은 1982년 3D/International에 입사하였고, 2006년 Parsons와 합병할 때까지 사장과 회장직을 수행했다. 그 전에 Chuck은 미국 내 최초 CM회사 중 하나인 CRS사에서 18년 동안 몸 담았고, 사장직 및 모회사의 CEO직을 수행했다.

Chuck은 20개국에서 수백개의 프로젝트를 수행했고, 설계자와 시공자, 건설관리자 모두의 입장에서 거의 모든 사업발주방식을 경험했다.

Chuck은 American Institute of Architects (AIA)와 Construction Management Association of America (CMAA)의 첫 번째 Fellow로 선출되었고, 2007년에는 CMAA College of Fellows의 총장으로 선출되었다.

Chuck은 Massachusetts Institute of Technology에서 건축석사학위를 받았으며, University of Oklahoma에서 건축학사학위를 받았다.

역자소개

책임역자

현창택_서울시립대학교 건축학부 교수

김옥규_충북대학교 건축공학과 교수

공동역자

김주형_한양대학교 건축공학부 교수

김진이(Jin-Lee Kim)_California State Univ., Long Beach Dept. of Civil Eng. & Construction Eng. Mgmt. 교수

민경석_남서울대학교 건축공학과 교수

이민재_충남대학교 토목공학과 교수

최재현_한국기술교육대학교 건축공학부 교수

손명기_(주) 삼우종합건축사사무소 사장

김해곤_서울시립대학교 도시과학연구원 연구원

김 환_(주) 삼우종합건축사사무소 이사

윤유상_서울시립대학교 건축학부 연구교수

문현석_서울시립대학교 건축학부 연구교수